자연선택 이론에 기여

Contributions to the Theory of Natural Selection

by Alfred Russel Wallace

Published by Acanet, Korea, 2023

한국연구재단총서 학술명저번역 650
Academic Library of NRF

자연선택 이론에 기여

Contributions to the Theory of Natural Selection

앨프리드 러셀 월리스 지음 | 신현철 옮김

아카넷

일러두기

1. 원서에서 강조의 뜻으로 사용된 대문자 단어와 이탤릭체는 각각 볼드체와 고딕체로 표시했다.
2. 지은이 주는 별표(*)로, 옮긴이 주는 아라비아숫자로 구분했다.
3. 과명(family name)의 표기에 국립국어원 표기 규정인 사이시옷을 적용하지 않았다.

차례

서문

    이 책은 내가 15년 동안 여러 학술지에 기고하고 과학학회에서 발표한 논문들과 여기에서 처음으로 발표하는 논문으로 구성되어 있다. 이 책의 앞부분에 나오는 두 논문은 수정 없이 그대로 실었는데, 이 두 논문은 나에게 '자연선택' 이론의 독립적인 창시자라는 명성을 얻게 해주어, 어느 정도 역사적 가치가 있다고 생각했기 때문이다. 이 두 논문에는 한두 개의 아주 짧은 주석을 추가했으며, 책 나머지 부분과의 통일성을 유지하기 위해 주제에 따라 소제목을 붙였다. 다른 논문들은 아주 세심하게 수정했고, 분량을 종종 상당히 늘렸으며, 어떤 부분은 거의 다시 썼는데, 현재 내 관점을 보다 더 온전하고 더 분명하게 표현하려고 했기 때문이다. 이렇게 수정한 논문들 대부분은 원래 발행 부수가 많지 않은 출판물에 실렸던 것이므로, 이 책 대부분의 내용이 많은 내 동료들과 독자들에게 새로울 것이다.

나는 이제 이 책을 출판하게 된 이유에 대해 몇 마디 하려고 한다. 두 번째 논문은 특히 첫 번째 논문과 관련하여 보면, 내가 다윈 씨가 하는 연구의 범위와 내용을 거의 알지도 못할 때 생각했던 종의 기원 이론에 (다윈 씨는 나중에 '자연선택'이라는 용어를 사용했다.) 대한 대략적인 밑그림을 포함하고 있다.[1] 이 논문들은 연구하는 자연사학자들 이외에는 누구의 관심도 끌 것 같지 않은 방법으로 출판되었고, 이에 대해 들어본 적이 있는 많은 사람들도 이 논문들이 실제로 얼마나 많이 또는 얼마나 적게 포함하고 있는지 전혀 파악하지 못했다고 확신하는 바다. 따라서 어떤 작가들은 내가 받을 만한 것보다 더 많은 인정을 해주는 데 반해, 다른 작가들은 나를 웰스[2] 박사와 패트릭 매슈[3] 씨와 같은 수준으로 아주 자연스럽게 간주하는 일이 발생하기도 했다. 다윈 씨가 이 두 사람을 『종의 기원』 4판과 5판에 나오는 「역사적 개요」 부분에서[4] 언급했는데, 이 두 사람은 모두 다윈 자신보다 먼저 '자연선택'의 근본적인 원리를 확실하게 제기했으나, 그 원리를 더 이상 활용하지도 않았고, 그 광범위하고 대단히 중요한 응용들을 알아

∴

1　월리스는 첫 번째 논문을 1855년에, 두 번째 논문을 1858년에 발표했다. 그리고 다윈은 1859년 『종의 기원』을 발간하기 전까지 진화와 관련된 생각을 주변에 있는 몇 사람을 제외하고는 널리 알리지 않았다. 따라서 월리스 역시 다윈의 생각을 알지 못했을 것이다. 월리스는 앞 문단에서 설명한 것처럼 자신이 자연선택 이론의 독립적인 창시자라는 명성을 얻을 것으로 생각했다. 오늘날 자연선택 이론은 다윈과 월리스가 공동으로 제안한 것으로 받아들이고 있다. 특히 두 번째 논문에 나오는 기린의 목이 길어지는 과정을 진화론적으로 설명한 부분은 한때 다윈이 제안한 것으로 알려져 있으나, 지금은 월리스가 처음 설명한 것으로 받아들이고 있다.

2　Wells, William Charles(1757~1817).

3　Patrick Matthew(1790~1874).

4　다윈은 『종의 기원』 3판에서부터 서문에 앞서 「역사적 개요」라는 제목으로 다윈 이전에 진화를 주장하거나 설명한 사람들의 연구 성과를 언급했다. 3판에는 웰스 박사의 주장은 소개되어 있지 않고, 매슈의 주장만 설명되어 있으나, 4판부터는 두 사람 주장을 모두 설명했다.

내지도 못했다.

이 책은 내가 법칙을 발견한 당시에 법칙의 가치와 범위를 모두 알았고, 그 이후에 이 법칙을 원래의 몇 가지 조사 방향에서 어떤 목적에 적용할 수 있었다는 것을 증명한다고 나는 감히 생각한다. 그러나 이 책에서 내 주장은 그만하려고 한다. 다윈 씨가 나보다 훨씬 전부터 연구하고 있었다는 사실과 나에게는 '종의 기원'과 관련된 책을 쓸 기회가 남지 않았다는 점에서 가장 진정으로 만족스럽다는 것을 내 생애 전반에 걸쳐 느꼈고 여전히 느끼고 있다. 나는 오랫동안 내 능력을 평가해오면서 내 능력이 그런 책을 쓰기에는 상당히 불리하다는 사실을 잘 안다. 나 자신보다 훨씬 더 능력 있는 사람들마저도 가장 다양한 종류의 방대한 사실들을 모으는 데 지치지 않는 인내, 그 사실들을 활용하는 놀라운 능력, 폭넓고 정확한 생리학에 대한 지식, 실험을 고안하는 예리함과 수행하는 기술들, 그리고 설득력 있고 분별력이 있으면서도 한눈에 보더라도 명쾌하게 글을 구성할 수 있는 존경할 만한 능력을 가지지 못했다고 고백할 것이다. 그런데 이러한 자질들을 고루 겸비한 다윈 씨는 아마도 현존하는 사람들 가운데 그가 착수해서 성취한 위대한 연구에 가장 잘 맞는 사람일 것이다.

나 자신의 더 제한된 능력은 실제로도 사실인데, 나로 하여금 때때로 유용하지 않은 사실에서 일부 눈에 띄는 무리를 포착하여 알려진 법칙으로부터 그것들을 이끄는 어떤 일반화 과정을 찾아내게 한다. 그러나 내 능력은 정교한 귀납적 결론을 이끌어내는 좀 더 과학적이고 좀 더 힘든 과정에 적합하지 않아, 다윈 씨의 손에서 이처럼 뛰어난 결과가 만들어진 것이다.

지금 내가 이 책을 출판하게 된 또 다른 이유는 몇 가지 중요한 논의의 핵심에서 나와 다윈 씨의 의견이 다르고, 이에 다윈 씨의 새 책이 출판되기 전에, (이미 출판되었다고 알려져 있는데) 나는 내 의견을 쉽게 접근할 수 있는 형태의 기록으로 남기고 싶다. 나는 이 논란거리가 되는 질문들 대부분이 충분히 논의될 것으로 믿는다.

이제 나는 이 책에 있는 각 논문들의 출판 날짜와 출판 방식에 대한 정보뿐만 아니라 기존에 출판된 내용 중 수정된 결과를 제시한다.

「1장 새로운 종의 출현을 조절하는 법칙에 대하여」

『자연사 연보』 1855년 9월에 처음 발표했다. 수정하지 않고 이 책에 다시 수록했다.

「2장 원래 종과는 지속적으로 달라지려는 변종들의 경향에 대하여」

『린네학회 회보』 1858년 8월에 처음 발표했다. 문법이 이상한 한두 군데를 제외하고는 수정하지 않고 이 책에 다시 수록했다.

「3장 동물들 사이에서 나타나는 의태와 자신을 보호하기 위한 유사성」

『웨스트민스터 평론』 1867년 7월에 처음 발표했다. 몇 군데 수정하고 몇 가지 중요한 부분을 추가하여 다시 수록했는데, 그중에서도 특히 제너 위어[5] 씨가 새들이 먹거나 게워낸 애벌레의 색깔에 관련해 수행한 관찰과 실험을 언급하고자 한다.

5 John Jenner Weir(1822~1894).

「4장 자연선택 이론의 예시로서 말레이제도의 호랑나비과(Papilionidae) 나비들」

『린네학회 보고서』 25권에 「말레이 지역의 호랑나비과(Papilionidae) 나비들이 보여주는 변이와 지리적 분포 양상」이라는 제목으로 (1864년 3월에 구두로 발표하고) 처음 발표했다.[6] 이 논문의 서론을 일부 추가하고 몇 군데는 수정해서 이 책에 다시 수록했는데, 표와 도판 등에 대한 언급은 삭제했다. 내가 논문을 구두로 발표하고 논문집에 수록하는 중간에 펠더[7] 박사가 『호위함 노바라 탐험기(나비목(Lepidoptera)』를 출간했기 때문에, 내가 신종으로 발표한 몇몇 종들은 펠더 박사가 부여한 학명으로 변경해야만 했다.[8] 이러한 점 때문에 내가 구두로 발표한 원래 논문에 나오는 학명과 이 책에 나오는 학명 중 일부는 서로 일치하지 않게 되었음을 알린다.

「5장 인간과 동물의 본능에 대하여」
이전에 발표하지 않았다.

∙∙

6 논문으로는 1865년 25권, 1~71쪽에 걸쳐 발표되었다. 논문의 원 제목과 이 책에서의 제목은 조금 다르다.

7 Felder, Baron Cajetan von(1814~1894).

8 먼저 발표된 학명을 명명규약에 맞는 이름으로 사용할 수가 있다. 따라서 월리스가 비록 학회에서 구두발표로 학명을 먼저 발표했다고 하더라도 실제로 출판되지는 않았으므로, 명명규약에 따라 월리스 논문 앞에 발표된 펠더 박사의 학명이 먼저 발표된 것으로 간주해야만 한다. 월리스가 논문으로 출판한 연도는 1865년이고, 펠더 박사의 책은, 논란의 여지가 있는데, 1864년부터 1867년에 걸쳐 발간되었다. 펠더 박사의 『호위함 노바라 탐험기(*Reise Fregatte Novara*: *Zoologischer Theil.*, Lepidoptera, Rhopalocera)』에 나오는 나비목(Lepidoptera)의 발간 연도는 Higgins(1963)의 논문을 참조하시오.

「6장 새들이 짓는 둥지의 과학」

『지적인 관찰자』1867년 7월에 처음 발표했다. 상당 부분을 수정하고 추가하여 다시 게재했다.

「7장 새 둥지에 대한 이론: 새 암컷에서 나타나는 특정한 색상의 차이와 둥지 만들기 방식의 관계」

『여행과 자연사학 잡지』1868년 2호에 처음 발표했다. 상당 부분을 수정하고 추가하여 이 책에 다시 수록했는데, 나를 비평한 사람들이 잘못 이해하고 있는 부분에 대해 내가 의도하는 바를 좀 더 명확하게 표현하고, 좀 더 완벽한 예를 제시하려고 노력했다.

「8장 법칙에 따른 창조」

『계간 과학 잡지』1867년 10월에 처음 발표했다. 몇 군데 수정하고 추가하여 이 책에 다시 수록했다.

「9장 자연선택 법칙으로 발달한 인류의 인종들」

『인류학 평론』1864년 5월에 처음 발표했다. 몇 가지 중요한 부분을 수정하고 추가하여 이 책에 다시 수록했다. 나는 이 논문을 상당히 확장할 의향이 있었으나, 확장할 때 많은 논란거리를 덧붙이지 않고서는 기대한 바가 약해질 것이라는 점을 파악했다. 그에 따라 내 의도를 완벽하게 드러낼 수 없는 몇 군데 잘못 읽히는 문장을 제외하고는, 처음에 썼던 그대로 두는 것이 더 좋을 것이라고 판단했다. 현재 상태에서, 나는 한 가지 중요한 진실에 대해 분명히 말한 것이 포함되어 있다고 믿는다.

「10장 자연선택이 인류에게 적용될 때 나타나는 한계」

『계간 평론』1869년 4월에 「지질학적 시간과 종의 기원」이라는 논문으로 처음 발표했는데, 이 논문의 말미에 몇 개의 문장을 덧붙여 내 주장을 더욱더 발전시켰다. 과학의 한계 바깥에서 자주 논의되는 문제들을 주제별로 과감하게 다루었으나, 언젠가는 과학의 영역 안으로 들어올 것이라고 믿는다.

처음 출판된 논문 원본에 익숙한 사람들의 편의를 위하여, 나는 지금 이루어진 보다 중요한 추가 부분과 수정 부분을 참조해서 언급하고자 한다.

처음 출판된 논문에 추가되고 수정된 부분들

1장과 2장은 변경된 부분이 없으나, 짧은 주석을 48, 53, 61, 72쪽에 추가했다.

「3장 동물들 사이에서 나타나는 의태와 자신을 보호하기 위한 유사성」

89쪽. 에메랄드점박이나무비둘기와 유럽울새 사례에서 볼 수 있는 보호색의 추가적 예시

99쪽. 새의 똥과 모르타르를 닮은 나방에 대하여

124~125쪽. 아프리카 호랑나비속(*Papilio*) 나비들의 일부 학명을 수정하고 트리멘[9] 씨의 관찰 결과 언급

∴

9 Trimen, Roland(1840~1916).

●●

10 최근에는 학명으로 *Spilosoma lubricipedach*를 사용한다.
11 *Oxyrhopus trigeminus*를 false coral snake로 부르고 있어 가짜산호뱀으로 번역했다. 남아메리카에만 분포한다.
12 Salvin, Francis Henry(1817~1904).
13 수리과(Accipitridae)에 속하는 육식성 조류를 총칭하는 이름이다.
14 최근에는 학명으로 *Hypolimnas anomala*를 사용한다.
15 Butler, Arthur Gardiner(1844~1925).
16 Baker, John Gilbert(1834~1920).

255쪽. 술라웨시섬[17]에 특이한 조류의 속, 술라웨시난쟁이물총새속
(*Ceycopsis*)[18] 추가

258~260쪽. 결론

「6장 새들이 짓는 둥지의 과학」

282쪽. 제비갈매기류와 도요새류의 둥지에 대하여, 다시 씀

284~286쪽. 데인스 배링턴[19]을 비롯한 다른 사람들의 새 노래에 관하여

286쪽. 어린 새들이 기억과 모방으로 둥지 만들기를 배우는 것에 대하여

289쪽. 르바양,[20] 둥지 만들기 방식에 대하여

294쪽. 새가 만든 둥지의 불완전한 적응에 대하여

「7장 새 둥지에 대한 이론: 새 암컷에서 나타나는 특정한 색상의 차이와
둥지 만들기 방식의 관계」

229~300쪽. 서론에 있는 문장을 변형하고 일부는 삭제

301쪽. 체제의 변화가 둥지 형태에 어떻게 영향을 미치는가

302쪽. 아이들과 야만인의 습관 실례

303쪽. '유전적 습성'이라는 용어의 반론에 대한 대답

305쪽. 둥지 만들기와 관련해서 좀 더 변하려는 형질에 관하여 문장을
다시 썼음

••

17 인도네시아에 속하는 섬으로, 필리핀의 민다나오섬 남쪽과 인도네시아의 보르네오섬 동쪽에
　있다.

18 오늘날에는 속명으로 *Ceyx*를 사용한다.

19 Daines Barrington(1727/28~1800).

20 Levaillant, François(1753~1824).

1870년 3월
런던에서

••

21 진화라는 의미로 사용한 것으로 보인다. 다윈도 『종의 기원』에서 변천이라는 용어를 단 한 번 사용했다.

세부 차례[1]

∵

1 세부 차례는 원서의 차례이다. 세부 차례에 나오는 소제목과 본문에 나오는 소제목이 일치하지 않을 경우, 본문의 소제목을 차례에 썼다.

을 위한 몸부림 | 종 개체군의 법칙 | 생존 조건에 대한 다소 완벽한 적응으로 결정되는 종의 풍부도 또는 희귀성 | 유용한 변이는 증가하는 경향이 있는 반면, 유용하지 않거나 해로운 변이는 사라지는 경향이 있다 | 우월한 변종들은 원래 종을 궁극적으로 완전히 몰살한다 | 사육 변종의 부분적인 회귀에 대한 설명 | 라마르크의 가설은 현재 발전한 가설과는 완전히 다르다 | 결론

3장 동물들 사이에서 나타나는 의태와
자신을 보호하기 위한 유사성

진짜 이론과 가짜 이론의 검증 | 유용성 원리의 중요성 | 동물의 색에 대한 보편적인 이론 | 색에 영향을 미치는 은폐의 중요성 | 색의 특별한 변형 | 보호색과 관련된 이론 | 위험한 것으로 간주되는 색깔은 자연계에 존재하지 않는다는 주장에 대한 반론 | 의태 | 나비목(Lepidoptera)에서 나타나는 의태 | 다른 곤충을 의태하는 나비목(Lepidoptera) 나비들 | 딱정벌레들 사이에서 나타나는 의태 | 다른 곤충을 의태하는 딱정벌레들 | 다른 목에 속하는 종들을 의태하는 곤충들 | 척추동물 사이에서 나타나는 의태 사례들 | 뱀들 사이에서 나타나는 의태 | 새들 사이에서 나타나는 의태 | 포유동물 사이에서 나타나는 의태 | 베이츠 씨가 주장한 의태 이론에 대한 반론 | 곤충의 암컷에서만 나타나는 의태 | 조류 암컷에서 나타나는 흐릿한 색깔의 원인 | 많은 애벌레가 지닌 현란한 색깔의 용도 | 요약 | 자연에서 나타나는 색깔에 대한 일반적인 추론 | 결론

4장 자연선택 이론의 예시로서 말레이제도의
호랑나비과(Papilionidae) 나비들

5장 인간과 동물의 본능에 대하여

6장 새들이 짓는 둥지의 과학

7장 새 둥지에 대한 이론: 새 암컷에서 나타나는 특정한 색상의
차이와 둥지 만들기 방식의 관계

8장 법칙에 따른 창조

9장 자연선택 법칙으로 발달한 인류의 인종들

• •

2 본문에는 소제목이 없다.

3 변천(transmutation)은 다윈의 『종의 기원』에도 단 한 번 나온다. 다윈은 진화의 의미로 사용한 것으로 알려져 있다.

택이 동물과 인간에 미친 서로 다른 영향 | 인간 마음의 발달에 미친 외부 자연 요인의 영향 | 하등한 종족의 절멸 | 인류 인종의 기원 | 인간의 유물과 관련된 견해들의 이해 | 인간의 존엄성과 우월성에 대한 그들의 태도 | 인류의 미래 발달에 대한 그들의 태도 | 요약 | 결론

10장 자연선택이 인류에게 적용될 때 나타나는 한계

자연선택이 할 수 없는 일 | 야만인에게 필요 이상으로 큰 두뇌 | 털로 덮인 포유동물 피부의 용도 | 인간 몸의 특정 부위에는 항상 털이 없다는 주목할 만한 현상 | 털이 있는 피부가 결핍되었을 때 야만인의 느낌 | 자연선택으로는 만들어질 수 없는 털이 없는 인간의 피부 | 자연선택 이론의 난제로 간주되는 인간의 발과 손 | 가능한 것이 아니라 유용한 변이를 보존함에 따라 만들어진 인간 정신 능력의 기원 | 도덕적 감각의 기원에 대한 어려움 | 인간의 발달을 설명하는 자연선택 이론이 불충분하다는 논의의 요약 | 의식의 기원 | 물질의 속성 | 결론

1장

새로운 종의 출현을 조절하는 법칙에 대하여*

* 이 논문은 1855년 2월 보르네오섬의 사라왁에서 집필했으며, 그해 9월 『자연사 연보』에 게재되었다.

지질 변화에 따라 결정되는 지리적 분포

동식물의 지리적 분포라는 주제에 관심이 있는 자연사학자[1]라면 **모두** 동식물 분포가 보여주는 이례적인 사실들에 흥미를 느껴야만 한다. 이러한 사실들 중 상당수는 기대한 것과는 상당히 다르며, 지금까지 무척 알고 싶었음에도 설명할 수 없는 것으로 간주되었다. 린네 이후 시도한 설명들 중 오늘날 만족스러운 설명은 단 하나도 없다.[2] 또한 그 당시에 알려졌던

∴

1 자연사(Natural History)는 생물, 광물과 같은 자연의 역사를 탐구하는 분야이다. 박물학으로 번역되기도 했으나, 최근 자연사 또는 자연사학으로 번역하고 있으며, 이를 연구하는 사람을 자연사학자(Naturalist)라고 부른다.
2 린네는 신이 지구상에 있는 모든 종을 창조했다고 믿고 있었기에 종은 불변이며, 변종 역시 불변이라고 주장했다. 그러나 린네는 특히 식물에서의 변종이 자연에서 만들어질

사실들을 충분히 설명할 수 있는 단 하나의 그럴듯한 원인이라든가, 그 이후 지금까지 축적되고 지금도 날마다 발견되는 새로운 사실들을 포함하여 종합적으로 설명할 수 있는 단 하나의 원인이라도 제시한 설명 역시 단 하나도 없다.**3** 그러나 최근에는 이러한 주제에 지질학 연구가 엄청난 실마리를 제공하고 있다.**4** 지질학 연구는 지구와 오늘날 지구에 살고 있는 생물들의 현재 상태가 오랜 시간에 걸쳐 끊임없이 나타난 일련의 변화 과정의 마지막 단계에 불과하다는 점을 보여주고 있는데, 이러한 변화를 언급하지 않고서 현재 상태를 설명하고 기록하려는 노력은 (지금까지 자주 했던 것처럼) 매우 불완전하고 잘못된 결론으로 이어지게 될 것이다.

지질학이 입증하는 사실들을 간단히 요약하면 다음과 같다. ① 상상할 수 없을 정도로 오래되었으나 정확하게 알지 못하는 기간 동안 지구 표면은 지속적인 변화를 겪었다. 육지는 바다 아래쪽으로 가라앉았고, 이러는 사이 새로운 대륙이 바다에서 솟구쳤다. 산맥들이 높아졌다. 섬들은 대륙과 연결되었고, 대륙은 섬으로 될 때까지 물에 잠겼다. 이러한 변화는 단 한 번에 일어난 것이 아니라 아마도 수백 번, 수천 번에 걸쳐 일어났다. ② 모든 지각 활동은 다소 연속적이었으나, 그 진행 과정은 같지 않았으

⁘

수 있다고 생각했다. 그에 따라 종과 변종의 차이점에 대한 논란과 함께 종의 불변성에 대한 논의가 지속적으로 전개되어 왔지만, 월리스는 이에 대한 만족스러운 설명이 없었다고 설명하는 것 같다.
3 이 논문은 다윈의 『종의 기원』이 출판되기 전에 발표되었다. 따라서 당시까지는 진화라는 개념으로 동식물 분포를 설명하지 못했을 것이다.
4 당시 지구 역사는 약 6,000년으로 간주되었는데 이처럼 짧은 시간이라면 생물의 진화가 일어날 수 없었을 것으로 생각했다. 하지만 라이엘이 『지질학 원리』에서 이보다는 더 오래되었을 것이라고 주장했다. 이러한 주장으로 인하여 생물이 진화할 수 있는 시간적 여유가 있었을 것으로 생각하게 되었다.

므로, 이러한 지각 활동이 일어나는 동안 지구에서 살아가는 모든 일련의 생물들은 이에 상응하여 하나씩 교체되었다. 이런 교체는 단계적이었으나 완벽하게 일어났다. 특정한 기간이 지나면, 이 기간이 시작될 때 살던 생물들은 단 한 종도 생존하지 못했다. 이처럼 진행된 생명 유형들의 완벽한 교체가 몇 번이나 반복해서 일어났다. ③ 마지막 지질시대부터 현재, 즉 역사시대[5]까지 생물의 변화는 단계적이었다. 오늘날에는 살아 있는 동물들의 최초 출현 시기를 많은 사례에서 추적할 수가 있는데, 좀 더 최근에 만들어진 누층[6]에서는 이런 생물의 수가 증가하는 반면, 다른 종들은 지속적으로 사라지고, 그에 따라 생물 세계의 현재 상태는 최근의 지질시대부터 종의 단계적인 절멸과 창조[7]라는 자연적인 과정에 의해 명확하게 형성된 것이다. 따라서 우리는 한 지질시대에서 다른 지질시대로 넘어갈 때 나타났던 비슷한 단계적인 변화와 자연적인 순서를 순조롭게 추론할 수가 있다.

그런데 이러한 추론을 지질 탐사 결과를 가장 적절하게 설명한 것으로 간주한다면, 우리는 오늘날 지구에서 살아가는 생물의 지리적 분포가 틀림없이 지구의 표면과 이곳에 정착했던 생물들 둘 다에서 이전까지 나타난 모든 변화의 결과임을 알 수 있다. 의심할 여지 없이, 우리가 알지 못한 상태로 남겨진 많은 원인들이 작용했을 것이고, 그에 따라 우리는 설명하기

..

5 문자로 기록되어 문헌상으로 역사의 내용을 알 수 있는 시대로, 지질학에서는 현세라고 부른다. 역사시대 이전을 선사시대라고 부른다.
6 바위 두께가 균일한 부위로 지층의 단위인 단층이 여러 층으로 이루어진 것이다.
7 창조(creation)라는 단어는 신이 생물을 만들었다는 의미가 아니라 생물이 진화한 결과로 만들어졌음을 의미한다. 창조라는 단어를 사용해서 일부 혼란이 있었으나, 이는 월리스와 당시 시대 사람들의 표현 양식을 이해하지 못한 결과로 추론된다.

매우 힘들고 많은 세세한 것들을 발견할 것으로 기대할 수가 있다. 그리고 한 가지 원인이라도 설명하려고 시도한다면, 비록 우리가 이러한 원인 각각의 작용에 대한 직접 증거는 하나도 갖고 있지 않지만, 우리는 나타났을 가능성이 매우 높은 지질 변화의 도움을 반드시 받아야만 한다.

지난 20년 동안 현재와 과거의 생물 모두에 대한 우리의 지식이 엄청나게 증가해서 일련의 사실들로 축적되었고, 그 결과 이들 생물 모두를 포함하여 설명할 수 있는 포괄적인 법칙을 만드는 데 충분한 기초가 되었을 뿐만 아니라 새로운 연구에 필요한 방향성을 제공해주었다. 현재 이 소논문을 쓰는 내가 이런 법칙을 생각한 지도 10년 정도 되는데, 그때부터 줄곧 나는 모든 새롭게 알려진 사실들을 파악하거나 스스로 관찰하는 방법을 동원해 기회가 될 때마다 검증해왔다.[8] 이 모든 것들은 나로 하여금 내가 세운 가설이 정확하다는 점을 확신하는 데 기여했다. 이 주제에 보다 완벽하게 들어가려면 많은 공간이 필요하며, 이 주제에 대해 최근에 발표된 일부 견해들은, 내 생각으로는 잘못된 방향으로 간 결과이므로, 나는 지금 내가 생각한 기본적인 개념을 대중에게 과감하게 드러내려고 하는데, 단지 논증에 필요한 명백한 예시들과 함께 모든 참고문헌과 정확한 정보로부터 내가 추출한 결과들을 순서대로 제시할 것이다.

··

8 월리스는 이 논문이 발표되기 10년 전인 1845년부터 다니던 직장을 그만두고 곤충채집에 몰두했으며, 1848년부터 1852년까지는 남아메리카, 특히 아마존 일대의 생물을 채집하고 조사했다. 이 지역에서 월리스는 여러 생물 종의 많은 개체들을 채집했고, 변종이라는 실체를 명확하게 인식할 수 있게 되었다. 그러면서 변종들은 개체 간에 나타난 사소한 차이가 축적되어 만들어졌을 것으로 추정했다. '종의 기원'에 대한 실마리를 찾은 것이다. 그리고 이러한 실마리를 가지고, 말레이제도에서 '종의 기원'에 대해 궁리한 것이다.

널리 알려진 지리학적, 지질학적 사실로부터 추정한 법칙

생물과 관련된 **지리학**과 **지질학** 분야에서 제안된 다음의 내용들은 가설의 기초가 되는 주요 사실을 제공하고 있다.

지리학

1. 강과 목처럼[9] 커다란 무리는 일반적으로 지구 전체에 퍼져 있는 반면, 이보다 작은 과와 속 같은 무리는 흔히 한 지역에, 때로는 매우 제한된 구역에 퍼져 있다.

2. 아주 넓게 분포하는 과에서 속은 분포 범위가 때로는 제한되어 있다. 넓게 분포하는 속에서 뚜렷한 특징을 지닌 종 무리들은 저마다의 지리적 구역에 분포하는 특징이 있다.

3. 한 무리가 한 구역에만 국한되어 있으면서 이 무리 내에 종의 수가 풍부할 때에는, 거의 변함없이 가장 가까운 동류종[10]들이 같은 지역 또는 아주 가까이 인접한 지역에서 발견되며, 그에 따라 친밀성[11]에 근거한 종

∴

9 강과 목은 종—속—과—목—강—문—계로 이어지는 분류 체계의 한 계급이다. 목은 과들이 모여서 만들어진 것이므로, 상당히 많은 종들을 포함하는데, 강은 이런 목들이 모여서 만들어진 계급이기에, 훨씬 더 많은 종들을 포함한다. 우리나라에서 꽃이 피는 식물은 약 3,500종류이나, 이들은 목련강(Magnoliopsida)과 백합강(Liliopsida) 2개의 강에 소속될 뿐이다.

10 같은 종류나 부류를 지칭한다. 예를 들어 고래와 호랑이는 같은 포유류라는 점에서는 동류이다. 이러한 동류 관계가 종 수준에서 논의될 때 동류종으로 표현한다. 다윈은 『종의 기원』에서 하나의 공통부모에서 유래하며 거의 같은 구조, 체질 그리고 습성을 공유하는 생물을 지칭했다. 그리고 가까운 동류종이란 한 속에 속하는 또는 한 아속에 속하는 종들로, 이들은 공통조상에서 파생되었다.

11 공통조상으로부터 물려받은 형질, 특히 구조나 체질에서 나타나는 형질의 유사성을 의미한

의 자연적인 순서[12]도 지리적 속성에 따른다.

4. 비슷한 기후를 지닌 나라이지만 넓은 바다 또는 높은 산맥으로 격리되어 있는 경우, 한 지역에 분포하는 과와 속, 그리고 종은 때로 다른 지역에 특이하게 분포하는 아주 가까운 동류인 과와 속, 그리고 종으로 대표된다.[13]

지질학

5. 공간적으로 볼 때, 가까운 과거에 살았던 생물의 분포는 현재의 분포와 아주 비슷하다.

6. 몸집이 상대적으로 크고 개체수가 조금은 적은 무리 대부분은 지질학적으로 몇 시기에 걸쳐 생존한다.

7. 각 시기마다, 그러나 그 어디에도 발견되지 않는 특이한 무리들이 발견되며,[14] 이들은 하나 또는 여러 개의 누층에 걸쳐 있다.

8. 같은 지질학적 시기에 발견되는 한 속에 속하는 종들이나 한 과에 속

∴

다. 고래와 어류는 외관상 유사성이 있으나, 이들의 조상은 각기 다르므로 친밀성은 없다고 간주된다. 그러나 이 두 종류도 무척추동물과 비교할 때에는, 척추를 지니는 친밀성이 있는 것으로 간주한다.

12 진화 과정을 의미한다.

13 울릉도에는 한반도에 자생하는 식물과 비슷한 동류종인 식물들이 제법 있는데, 이 가운데 울릉도에 분포하는 섬노루귀(*Hepatica maxima*)는 한반도에 분포하는 노루귀(*H. asiatica*)와 유사하며, 섬나무딸기(*Rubus takesimensis*)는 한반도의 산딸기(*R. crataegifolius*)와 비슷하다.

14 지질학적 시기는 생물들로 대표된다. 흔히 공룡으로 부르던 생물들은 쥐라기와 백악기에 번성했으나 이후에는 나타나지 않는다. 이후 이들을 대신해서 포유류가 번성했다. 그리고 다른 시기에는 발견되지 않았다는 말은 공룡처럼 지구상에서 절멸했다는 의미로 간주된다.

하는 속들은 다른 시기에 발견되는 종들이나 속들에 비해 좀 더 가까운 동류이다.

9. 지리학에서는 일반적으로 어떤 종이나 속이 중간 장소에서 발견되지 않은 상태에서 아주 멀리 떨어진 두 지역에서 나타나는 종 또는 속은 없기 때문에, 지질학에서도 한 종 또는 한 속의 생물은 중단되지 않는다. 달리 말해, 그 어떤 무리나 종도 두 번 존재하지는 않는다.[15]

10. 다음에 설명하는 법칙은 이러한 사실들로부터 추론할 수 있다. 즉, **종 하나하나는 같은 시공간에서 기존에 존재하던 가까운 동류종[16]과 함께 출현했다.**[17]

이 법칙[18]은 다음에 설명하는 주제의 소주제들과 연결된 모든 사실과 잘 일치하며, 또한 이들을 잘 설명할 뿐만 아니라 예시도 들 수 있다. 소주제로는 첫 번째로 자연적인 친밀성의 체계, 두 번째로 공간적인 동식물의 분포, 세 번째로 대표적인 무리들이 보여주는 모든 현상을 포함하는 시간적인 동시성인데, 이 점은 포브스[19] 교수가 극성[20]을 증명할 때 사용한 것

∙∙

15 생물 종이 한번 절멸하고 나면, 다시는 이 종이 지구에 나타나지 않는다는 의미이다. 비슷한 종이 나타날 수는 있지만, 이 종과 절멸한 종의 공통조상은 다르기에, 서로 다른 종으로 간주해야만 한다는 설명이다.

16 '가까운 동류종'은 같은 종에 속하는 변종들 또는 같은 속에 속하는 종들을 의미한다. 동류 유형들이 공통적으로 지닌 속성이 다른 동류 유형들에 비해 더 많은 경우를 지칭한다.

17 이는 새로운 종이 이미 존재하던 종에서 파생되어 나온다는, 즉 진화한다는 의미이다. 그러나 다윈은 이를 이미 예정되어 있는 순서대로 연속적으로 종들이 만들어지는, 즉 창조되는 과정으로 이해했다. 다윈은 이 법칙의 의미를 제대로 이해하지 못했다. 그리고 다윈은 이 논문을 "새로운 것이 전혀 없다"고 평가했다(데스먼드 · 무어, 2009: 729).

18 오늘날 사라와 법칙이라고도 부른다.

19 Forbes, Edward(1815~1853).

20 월리스가 이 논문을 쓰기 1년 전인 1854년 포브스는 「시간에 따라 생물체의 분포에서 나타나는 극성의 발현에 대하여(On the Manifestation of Polarity in the Distribution of

이며, 그리고 네 번째로 흔적기관 현상이다. 우리는 이들 소주제 하나하나가 지닌 의미를 간략하게라도 보여주기 위해 노력해야 한다.

이 법칙으로 결정되는 유형[21]들의 진정한 분류 체계

만일 앞에서 선언한 법칙이 사실이라면, 친밀성을 보여주는 자연적인 계열은 몇몇 종들의 출현한 순서를 나타낼 것인데, 각각의 종은 처음 출현할 당시에 존재하던 가까운 동류종을 자신과 가장 가까운 대조형[22]으로 지닌다. 둘 또는 세 종류의 뚜렷하게 구분되는 종들이 하나의 공통 대조형을 가질 수가 있으며, 이들 종 각각은 다시 또 다른 가까운 동류종들을 만드는 대조형이 될 수 있다는 것도 분명 가능하다. 이러한 결과는 각각의 종이 자신을 모델로 해서 출현한 단지 하나의 새로운 종을 가지고 있

∷

Organized Beings in Time)』라는 논문을 『왕립기관 회원 모임 회의록(*Notices of the Proceedings of the Meetings of the Members of the Royal Institution*)』 1권, 428~433쪽에 발표했다. 이 논문에서 그는 생물들은 (상동성에 근거한) 친밀성(affinity), 대응관계(analogy), 대표성(representation), 그리고 극성(polarity)을 지니고 있다고 설명하면서 극성을 제외한 세 가지 속성은 많은 사람들이 설명했다고 주장했다. 그러면서 극성은 이상적인 구 또는 원에서 정반대되는 지점을 의미하는데, 생물학적으로 볼 때에는 식물과 동물처럼 서로 반대되는 방향으로 발전하는 경향을 보이는 것을 극성이라고 설명했다. 이런 경향을 당시까지 분화(divergence)라는 용어로 설명했으나, 이와는 다르다고 주장했다. 오늘날에는 이런 개념으로 극성이란 용어는 거의 사용하지 않고 있으나, 월리스가 이를 인용한 것이다. 46쪽부터 51쪽까지 포브스가 주장한 극성 이론을 반대하는 월리스의 주장이 나온다.

21 월리스는 27쪽에서 생명 유형(forms of life)이라고 표기했는데, 유형(form)이라는 용어를 단순히 생물을 의미하는 용어로도 사용했다. 그러나 때로는 생물의 생김새, 즉 형태를 지칭했다.

22 X란 종이 존재하던 시기에 이와 비슷한 A라는 종이 출현했다면, X는 A의 대조형이자 동류종이다.

는 한 직계[23]의 친밀성은 단순할 것이고 직접적인 연속성[24]으로 직계에 몇몇 종을 배치하여 나타낼 수 있을 것이다. 그러나 만일 둘 또는 그 이상의 종이 공통 대조형의 계획에 따라 독립적으로 출현했다면, 친밀성 계열은 복합적으로 나타날 것이고, 두 갈래 또는 여러 갈래로 갈라진 직계로 나타났을 것이다. 오늘날, 생물체를 **자연 분류**[25]하고 배열하려는 모든 시도는 이 두 계획이 창조 과정에서 비롯되었음을 보여준다. 때로는 친밀성 계열이 종에서 종으로, 또는 무리에서 무리로 직접 발달한 것으로 한 공간에서 잘 표현되기도 하나, 일반적으로 이런 식으로 계속하는 것은 불가능한 것으로 밝혀졌다. 한 기관에서 나타나는 둘 또는 그 이상의 변형들, 또는 뚜렷하게 구분되는 두 개의 기관에서 나타나는 변형들이 지속적으로 나타나는데, 이러한 변형들은 뚜렷하게 구분되는 두 종의 계열로 우리가 인식하도록 하며, 이렇게 나타난 종들은 뚜렷하게 구분되는 속들이나 과들이 서로서로 다른 것만큼이나 아주 다르다. 이러한 종들이 자연사학자들이 인식하는 평행 계열 또는 대표적인 무리이며, 이들은 서로 다른 나라에서 나

..

23 한 종이 두 종으로 분리될 때, 부모종이 지닌 형질을 그대로 유지하는 무리를 지칭한다. 상대적으로 부모종과는 다소 다르게 발달한 무리는 방계라고 부른다. 월리스는 'straight line' 또는 'line'으로 표기했는데, 다윈은 『종의 기원』에서 'the line of descent'로 표기했다.

24 월리스는 진화(evolution)라는 단어 대신 연속성(succession)이라는 표현을 사용했다. 당시 연속성이라는 단어는 지질학적 시간 동안 한 종이 다른 종으로 바뀌어 나타나는 현상을 의미했는데, 이는 오늘날 진화를 의미한다.

25 자연 분류는 생물들이 지닌 속성들 대부분을 조사하여, 이러한 결과를 토대로 생물들을 배열하고자 한다. 자연 분류에 앞서 고안된 분류 체계는 린네의 분류 체계로 대표되는데, 린네는 생물들이 지닌 한두 가지 속성을 중시하고, 이런 속성만으로 생물들을 분류했다. 예를 들면, 린네는 식물들을 수술의 수로 구분했는데, 수술을 한 개만 지닌 무리, 수술 두 개 무리, 수술 세 개 무리 등이었다. 그리고 수술의 수로 구분된 무리는 다시 암술의 수로 세분했다. 이런 분류보다는 자연 분류를 하려는 많은 시도들이 1700년대 이후 유럽 학계에서 나났다.

타나거나 서로 다른 누층에서 화석으로 발견된다. 그리고 이들은 자신의 공통 대조형으로부터 상당히 멀어지게 되나, 과 수준에서는 유사성을 보존하고 있게 될 것인데, 이렇게 되었을 때 이들은 서로서로 대응관계[26]에 있다고 부른다. 따라서 우리는 사례 하나하나에서 나타난 관계가 대응관계인지 또는 친밀성인지를 구분하는 것이 얼마나 어려운 일인지를 알 수 있는데, 우리가 공통 대조형 쪽으로 평행 계열,[27] 또는 분기 계열[28]을 따라 거슬러 올라감으로써 두 무리 사이에 존재하는 대응관계가 친밀성으로 변하는 것이 명백하기 때문이다. 또한 우리는 작고 완벽한 무리조차도 진정한 분류에 도달하는 것에 어려움이 있다는 점을 잘 알고 있다. 자연 상태에서는 실제로 거의 불가능한데, 종 자체가 너무 많고, 형태와 구조에서 나타나는 변형이 너무나 다양하고, 기존에 존재하던 종에 대응하는 대조형으로 간주되는 수많은 종들로부터 종들이 만들어지고, 그에 따라 친밀성을 지닌 직계들이 마치 로브참나무[29]의 어린가지나 사람의 혈관계처럼, 복잡하게 갈라지기 때문이다. 다시 말해서, 우리가 이 거대한 체계의 오직 일부 조각들만을 가지고 숙고한다면, 우리가 전혀 알지 못하는 절멸 종들

••

26 'analogy'를 번역한 것이다. 흔히 유사성으로 번역하기도 하나 무엇이 유사한지 유사한 실체가 모호하다. 대응관계란 어떤 두 대상을 서로 짝으로 만들어주는 관계이다. 한 종에서 진화해서 두 종이 만들어졌을 경우, 한 종은 부모종으로, 새롭게 만들어진 두 종은 자손종으로 부른다. 이때 두 자손종은 부모종이 지닌 형질을 일부 공유하게 되는데, 이러한 속성을 대응관계라고 부른다.

27 한 조상에서 파생된 둘 또는 그 이상의 생물이 공간적으로 멀리 떨어진 곳에서 각기 변형되어 서로 다른 종으로 진화한 경우, 이들 생물들을 평행 계열이라고 부른 것으로 추정된다.

28 월리스는 한 종에서 원래 종과는 다른 새로운 종이 만들어질 경우를 분기 계열이라고 부른 것으로 추정된다.

29 *Quercus robur*. 참나무과에 속하는 낙엽 교목으로 유럽에 널리 분포한다. 수피가 울퉁불퉁하게 생겨서 영어로 gnarled oak라고 부른다.

은 줄기와 큰 가지를 의미할 텐데 대부분의 큰 나뭇가지와 잔가지들, 그리고 거기에 산발적으로 붙은 잎들은 우리가 순서에 맞게 제자리로 위치시켜야 한다. 또한 다른 잎들의 제자리를 고려하여 이들이 처음 시작한 진정한 위치를 밝혀내려고 한다면, 우리는 진정한 **자연 분류 체계**가 지닌 전체적인 어려움을 아주 분명히 알 수 있다.

따라서 우리는 스스로 종들이나 무리들을 원형으로 배열하는 모든 분류 체계[30]를 부득이 거부할 뿐만 아니라, 무리 하나하나에 소속된 문의 수를 제한된 수로 고정하는 것[31] 역시 거부해야만 할 것이다. 후자의 분류는 자연 분류 체계와는 정반대되기에, 자연사학자들이 한때 지지했음에도 불구하고 일반적으로 널리 받아들이지 않고 있다. 그러나 친밀성을 원형으로 배열하는 체계는 많은 뛰어난 자연사학자들이 견고하게 받아들이고 있는 것처럼 보이며, 이들은 어느 정도 이 체계를 확장하고 있다.[32] 하지만 원형 체계에서 하나하나의 원에 속하는 무리들이 직접적이면서도 가까운 친밀성으로 둘러싸인 사례를 결코 발견할 수가 없었다. 많은 사례는 쉽사리 알

∴

30 생물들을 분류한 무리를 원으로 묶는 분류 체계이다. 흔히 5원형 체계(Quinarian system)라고도 부른다. 5원형 체계는 생물들을 모두 다섯 가지의 속성으로 구분할 수 있다는 사고방식의 결과로, 다섯 개의 무리는 다시 각각 다섯 개의 무리로 구분한다. 이렇게 구분해갈 때, 원 내부에 하나도 소속시킬 수가 없게 될 경우, 이 무리는 아직 사람들이 발견하지 못한 것으로 간주했다.

31 종-속-과-목-강-문-계로 이어지는 분류 체계의 한 계급이다. 문의 수를 고정한다는 의미는 앞에서 설명한 5원형 체계에서는 모든 생물을 다섯 분류 체계로 한정한다는 의미이다. 즉, 문의 수도 다섯 개, 강의 수도 다섯 개, 목의 수도 다섯 개이며, 이를 벗어날 수는 없다고 주장하는 것이다.

32 1819년 곤충학자인 매클레이(Macleay)가 처음 고안했고, 이후 조류학자인 스웨인슨(Swainson), 자연철학자인 카웁(Kaup), 동물학자인 비고스(Vigors) 등이 발전시켜, 19세기에 영국에서만 널리 유행했다. 그러나 이후 다윈의 진화론이 등장하면서 사라졌다.

수 있는 대응관계로 대체되었으며, 일부 사례는 친밀성이 매우 모호하거나 모든 것이 의심스러웠다. 광범위한 무리에 나타나는 친밀성을 지닌 직계를 복잡한 가지치기로 보여주는 것은 이처럼 완전히 인위적으로 배열할 수 있는 가능성을 보여주는 데 필요한 온갖 편의를 제공한다고 할 수 있다. 원형 분류 체계에 대한 치명타가 지금은 고인이 된 스트릭랜드[33]의 뛰어난 논문에서 나왔는데, 『자연사 연보』[34]에 게재된 이 논문에서[35] 그는 **자연 분류 체계**를 발견하는 진정한 종합적인 방법을 너무나도 명확하게 보여주었다.

생물의 지리적 분포

만일 우리가 지구에서 살아가는 동식물의 지리적 분포를 고려한다면, 여기에서 제시한 가설과 아주 잘 일치할 뿐만 아니라 쉽게 설명할 수 있는 모든 사실들을 발견할 수 있을 것이다. 어떤 나라에 특이한 종과 속, 그리고 과 전체가 나타나는 것은 이 나라가 아주 오랫동안 격리됨으로써 필연적으로 나타난 결과인데, 이 기간은 기존에 존재하던 종의 기준형[36]으로부터

••

33 Hugh Edwin Strickland(1811~1853).
34 월리스는 *Annals of Natural History*라고 표기했으나, 원 잡지명은 *The Annals and Magazine of Natural History*이다.
35 『자연사 연보(*The Annals and Magazine of Natural History*)』1841년 6권, 184~194쪽에 발표된 「동물학과 식물학의 자연 분류 체계를 발견하는 진정한 방법(On the True Method of Discovering the Natural System in Zoology and Botany)」이다. 이 논문에서 스트릭랜드는 자연 분류 체계는 "종들이 지닌 기본적인 형질들의 유사성의 정도에 따라 종을 배열하는" 것으로 정의했다. 그리고 파악된 유사성을 종과 종 사이의 거리로 환산해야 한다고 설명했다.
36 특정 무리를 대표하는 유형을 의미하는데, 여기에서는 여러 종을 만들어냈던 부모종으로 풀이된다.

많은 계열이 만들어지는 데 충분했을 것이며, 동시에 초기에 만들어졌던 많은 종들이 절멸해버림에 따라 마치 무리들이 격리된 것처럼 보이게 만들어졌을 것이다. 만일 대조형의 분포 범위가 매우 넓다면, 한 종 내에서 둘 또는 그 이상의 무리가 만들어졌을 것인데, 이들 하나하나는 서로서로 다른 방식으로 변했고, 그에 따라 몇몇의 대표적인 또는 대응하는 무리로 만들어졌을 것이다. 유럽에 분포하는 휜떡딱새과(Sylviidae)[37]와 북아메리카에 분포하는 아메리카솔새과(Sylvicolidae),[38] 남아메리카에 분포하는 표범나비과(Heliconidae)[39]와 동양에 분포하는 까마귀나비속(*Euploea*)[40] 나비들, 아시아에 서식하는 비단날개새속(*Trogon*)[41] 무리, 그리고 남아메리카에 특이하게 분포하는 무리들은 이러한 방식을 설명해주는 사례들이다.

이러한 현상은 갈라파고스제도[42]에서 볼 수 있다. 이 제도에는 이곳에

∴

37 원문에는 Sylviadae로 표기되어 있으나, 오늘날에는 Sylviidae로 표기한다. 주로 구대륙 저위도 지역에 서식한다. 한때 굴뚝새사초속(*Chamaea*)이 미국 서해안에 분포하는 것으로 알려졌으나, 오늘날에는 굴뚝새사초과(Paradoxornithidae)에 소속시키고 있다.

38 오늘날에는 과명을 Parulidae로 쓴다. 신대륙에 국한되어 분포한다. 한때 휜떡딱새과(Sylviidae)와 가까운 관계로 알려졌는데, 오늘날에는 이 둘 모두가 참새목(Passeriformes)에 속하는 정도로 파악하고 있다.

39 오늘날에는 과명을 네발나비과(Nymphalidae)로 쓰며, 표범나비과(Heliconidae)는 표범나비아과(Heliconiinae)로 부르고 있으나, 독립된 과로 간주하기도 한다. 주로 남아메리카에 분포한다.

40 네발나비과(Nymphalidae)에 속한다. 주로 인도에서부터 호주에 걸쳐 분포한다.

41 영어 이름 'Trogon'은 비단날개새목(Trogoniformes)에 속하는 유일한 과인 비단날개새과(Trogonidae)에 속하는 40여 종의 새들을 지칭하거나, 이 과에 속하는 비단날개새속(*Trogon*) 새들을 지칭한다. 주로 열대 숲에 서식하며, 곤충과 열매를 먹고 산다.

42 남아메리카에서 서쪽으로 약 1,000킬로미터 떨어져 있는 곳에 위치한 섬들이다. 이들 모두는 바다에서 용암이 분출하여 만들어진 화산섬이다. 따라서 이들 섬들이 처음 만들어졌을 때에는 생물들이 살지 못했을 것이나, 현재에는 많은 생물들, 특히 이 제도에서만 살아가는 생물들이 있어 많은 진화생물학자들의 관심을 받고 있다. 다윈도 비글호를 타고 항해할 때, 이 제도에 약 한 달간 머물렀다.

서만 특이하게 살아가는 소수의 동식물이 있으나, 이들 동식물은 남아메리카에서 살아가는 생물들과 아주 가까운 동류종이며, 지금까지 억측과 같은 설명조차도 받아본 적이 없다.[43] 갈라파고스제도는 아주 오래전에 형성된 화산섬들로, 현재보다 대륙에 더 가깝게 연결된 적은 없는 것 같다. 새롭게 만들어진 다른 섬들에서처럼, 이 섬들에는 틀림없이 바람이나 해류의 작용으로 생물들이 처음 살기 시작했을 것이며, 이동해온 원래 종들은 전멸하고 원형의 변형만이 남아 있을 정도로 시간이 상당히 흘렀을 것이다. 같은 방식으로, 우리는 자신만의 특이한 종들을 지니고 있는 격리된 섬들을 두 가지로 추정해서 설명할 수가 있다. 하나는 같이 이동한 원래 이주생물들이 섬 전체에 걸쳐 살았는데, 이들 종으로부터 서로 다르게 변형된 원형들이 만들어졌다는 것이다. 다른 하나는 생물들이 섬 하나하나마다 건너가면서 살게 되었으나, 이미 존재하던 생물들의 계획에 따라 새로운 종들이 하나씩하나씩 만들어졌다는 것이다. 세인트헬레나섬[44]은 이와 비슷한 사례로, 비록 식물상은 다소 빈약하지만 이 섬에서만 전적으로 특이하게 살아가는 식물들이 있는 아주 오래된 섬이다.[45] 이와는 반대로, 지질학적으로 최근에 (말하자면 제3기 후기에) 형성된 것으로 확인된 섬이면서, 여기에서만 특이하게 발견되는 속 또는 과 무리, 또는 많은

: :

43 다윈은 월리스의 이런 표현에 화가 났던 것으로 알려져 있다. 다윈이 1839년에 이미 『비글호 항해기』에서 갈라파고스제도에 대해 이런저런 논의를 했고, 1845년에 출판된 2판에서는 보다 상세하게 논의했음에도 불구하고 1855년에 발표된 이 논문에서 월리스가 이를 무시했기 때문이다.

44 아프리카 앙골라에서 서쪽으로 약 2,800킬로미터 떨어져 있는 섬이다. 이 역시 화산섬이다.

45 이 섬에는 852종의 식물이 자라고 있는데, 이 가운데 85종이 이 섬에서만 나타나는 고유종이다. Peters(2011:18)를 참조하시오.

종들이 살아가는 사례는 알려진 바가 없다.

산맥이 아주 높게 융기해서 오랜 지질학적 시기 동안 그 상태로 유지되었다면, 이 산맥의 양쪽 바닥과 그 주변에 있는 종들은 특정 속에 속하지만 때로 서로 아주 다른 대표적인 종들이며, 심지어 속 전체가 한쪽 끝에만 위치할 정도로 특이한데, 안데스산맥[46]과 로키산맥[47]에서 이런 점을 보여주는 뚜렷한 사례를 발견할 수 있다. 섬을 아주 이른 시기에 대륙으로부터 분리하면 이와 비슷한 현상이 나타난다. 말라카반도,[48] 자와섬, 수마트라섬 그리고 보르네오섬은 아마도 처음 만들어졌을 때에는 하나의 대륙이었거나 커다란 섬이었을 것인데, 자와섬과 수마트라섬에 있는 화산 지대가 높아짐에 따라 잠겼을 것이다. 이들 지역의 일부 또는 전 지역에 걸쳐 공통적으로 나타나는 상당히 많은 동물 종들에서 우리는 생물학적 격리를 보는 것과 동시에, 각각에 특이하게 분포하는 가까운 동류성인 대표적인 종들을 볼 수 있는데, 이러한 종들은 이 섬들이 분리된 지 상당한 시간이 흘렀음을 보여준다. 따라서 이 논문에서 주장하는 원리들이 명확하게 입증된다면, 지리적 분포와 지질학이 보여주는 사실들은 의심스러운 사례들을 하나하나 설명할 수 있을 것이다.

최근의 지질시대에 섬 하나가 대륙으로부터 떨어져 나오거나 또는 화산이나 산호 작용으로 바다에서 솟아 오르거나, 또는 산맥이 융기하는 모든 사례들에서는 특이한 무리나 대표적인 종이 단 하나라도 나타나는 현상은

---

46 남아메리카 서쪽에서 남북으로 길게 뻗어 있는 산맥이다.

47 북아메리카 서쪽에서 남북으로 길게 뻗어 있는 산맥이다.

48 오늘날에는 말레이반도라고 부른다. 미얀마 동남부와 태국 남서부에서 적도 방향으로 길게 뻗어 나온 반도로 싱가포르까지 이어진다.

발견되지 않을 것이다. 우리가 살고 있는 섬은 지질학적으로 최근에 대륙에서 분리된 사례 가운데 하나인데, 결과적으로 우리는 이 섬만의 특이한 종을 거의 갖지 못하고 있다.[49] 이에 비해 최근에 융기한 산맥들 중 하나인 알프스산맥 지역은 기후와 위도만의 특징으로는 거의 차이가 없던 동물상과 식물상이 구분되게 만들었다.

지리적으로 서로서로 가까운 곳에서 발견되는 많은 종으로 이루어진 무리에 속하는 가까운 동류종들과 관련된 **설명 3**[50]에서 암시하는 일련의 사실들은 아주 놀랄 만하고도 중요하다. 로벨 리브[51] 씨는 불리물리스달팽이속(*Bulimus*)[52]의 **분포**에 관한 자신의 뛰어나면서도 흥미로운 논문에서[53] 이런 점을 예시로 잘 보여주었다. 벌새와 왕부리새에서도 똑같이 이런 점을 볼 수 있는데, 마치 개인적으로 검증할 수 있는 아주 좋은 행운을 주는 것처럼, 가까운 동류인 두 종이나 세 종으로 이루어진 극히 조그만 무리들이 같은 또는 거의 가까운 구역에서 때로 발견된다. 어류들도 비슷한 종류의 증거를 보여준다. 각각의 커다란 강에는 저마다의 독특한 속들이 분포하며, 좀 더 널리 분포하는 속들에는 가까운 동류종 무리들이 있다. 그

∴

49 오늘날 영국이 위치한 그레이트브리튼섬은 유럽 대륙과 한때 연결되어 있었으나, 빙하기가 지나면서 분리된 것으로 알려져 있다. 그에 따라 대부분 고유종들은 아종 수준으로 분류되며, 식물의 경우 그레이트브리튼섬에는 121종의 고유종이 분포하고 있는 것 알려져 있다. 이 섬과 비슷한 면적의 우리나라에는 400여 종의 고유종이 분포하고 있다. 그레이트브리튼섬의 자료는 Rich(2020)의 170쪽을 참조하시오.

50 29쪽 지리학 부분의 세 번째 설명이다.

51 Lovell Augustus Reeve(1814~1865).

52 최근에는 학명으로 *Bulimulus*를 사용한다.

53 1848년 『자연사 연보』 1권, 270~274쪽에 발표된 「공기 중에서 호흡하는 연체동물인 불리물리스달팽이속(*Bulimus*)의 습성과 지리적 분포(On the Habits and Geographical Distribution of *Bulimus*, a Genus of Air-breathing Mollusks)」라는 논문이다.

러나 이러한 현상은 **자연계** 전체에서 널리 나타난다. 동물의 강 그리고 목 하나하나는 비슷한 사실을 제공할 것이다. 지금까지 그 누구도 이러한 특이한 현상을 설명하려고 시도하거나, 이러한 현상이 어떻게 발생했는지를 보여주려고 하지 않았다. 야자나무와 난초 종류에 속하는 속들은 거의 모든 사례에서 왜 지구의 반구 한쪽에만 분포한단 말인가?[54] 왜 매우 가까운 동류종인 동양에 분포하는 비단날개새의 등은 갈색인 반면, 서양에 분포하는[55] 새들은 초록색이란 말인가? 금강앵무새[56]와 코카투앵무[57]는 왜 분포 범위가 제한적이란 말인가? 곤충들도 비슷한 수많은 사례들을 보여준다. 이러한 사례들에는 아프리카에 분포하는 골리앗꽃무지속(*Goliathus*), 인도제도[58]에 분포하는 새날개나비속(*Ornithoptera*), 남아메리카에 분포하는 표범나비과(Heliconidae), 동양에 분포하는 제왕나비과(Danaidae)[59] 등이 있으며, 그리고 대체로 가장 가까운 동류종들이 지리적으로 아주 가까운 곳에서 발견된다. 왜 이런 일들이 나타나는가라는 질문이 모든 사고에 영향을 미친다. 이런 생물들의 창조와 분산을 조절하는 법칙이 전혀 없기 때문에 이러한 분포 양상이 나타나는 것은 아니다. 이 논문에서 발표한 법

∴

54 야자나무와 난 종류들은 적도를 기준으로 남반구보다는 북반구에 많이 분포한다.

55 월리스는 서양(West)이라고 표현했으나, 비단날개새류는 아시아와 아프리카, 그리고 중남아메리카에 서식하며, 서양이라고 부르는 유럽에는 서식하지 않는다. 아시아에 서식하는 종류는 등이 갈색인 반면, 아프리카와 중남아메리카에 서식하는 종류는 초록색을 띤다.

56 앵무과(Psittacidae)에 속하는 금강앵무속(*Ara*)을 비롯하여 6개의 속에 속하는 새들을 지칭하는 이름으로, 중남아메리카에 주로 서식한다.

57 관앵무과(Cacatuidae)에 속하는 20여 종을 지칭하는 이름으로, 필리핀에서 인도네시아 동부, 뉴기니, 그리고 오스트레일리아 등지에서 주로 서식한다.

58 인도의 동쪽과 서쪽, 그리고 남쪽에 있는 섬들을 지칭하는 용어이다.

59 최근에는 네발나비과(Nymphalidae)에 속하는 제왕나비아과(Danainae)로 간주한다.

칙은 우리가 관찰하는 사실들이 존재하고 있음을 단순히 설명하는 것이 아니라 이런 사실들을 필요하게 만드는데, 지구에서의 광대하면서도 오래 지속된 지질 변화는 여기저기에서 나타나는 예외와 명백한 불일치를 쉽게 설명해준다. 글쓴이가 현재의 불완전한 방식으로 자신의 관점을 제시하는 까닭은 다른 사람의 생각을 시험하기 위함이며, 자신의 관점과 일치하지 않는 것으로 간주되는 모든 사실을 알기 위함이다. 글쓴이의 가설은 자연계에 존재하는 사실들을 설명하고 연결하기는 했지만 이를 받아들이라고 주장하는 것이기 때문에, 글쓴이는 자신의 가설이 틀릴 가능성에 대한 선험적인 주장을 하는 것이 아니라 가설을 부정할 수 있는 사실들만을 기대하는 것이다.

생명 유형의 지질학적 분포

지질학적 분포라는 현상은 지리적 분포와 정확하게 대응한다. 가까운 동류종들은 같은 지층에 서로 연관되어 나타나며, 종에서 종으로의 변화는 마치 같은 공간에 있는 것처럼 시간에 따라 단계적으로 나타난다. 그러나 비록 지질학이 종의 생성과 절멸이 어떻게 진행되었는지에 대한 정보를 제공하지 않지만, 이와 관련된 많은 긍정적인 증거를 제공한다. 종의 절멸 과정을 파악하는 것에는 어려움이 거의 없는데, 왜냐하면 그러한 진행 방식은 라이엘 경의 존경스러운 저작 『지질학 원리』에 아주 잘 제시되어 있다. 단계적으로 나타나는 지질 변화는 때로 외부 조건을 어떤 종의 생존이 불가능할 정도로 변형시킨다. 절멸은 대부분의 종들이 단계적으로 자취를 감추게 하는 결과를 만드나, 어떤 사례에서는 제한된 범위에 분포하는 종들을 갑작스럽게 파괴하기도 한다. 최근의 지질학적 시기에 절멸한 종이 시간이 흐르면서 어떻게 새로운 종으로 대체되는가를 찾는 일은 지구의 자연사를 연구할 때 가장 어려운 일임과 동시에 가장 흥미로운 주제이다. 알려진 사실들에 근거하여 어떤 시기에 어떤 종이 출현할 수 있고 실제로 출현했는가를 결정한 법칙을 어느 정도 필요 없게 만드는 현재 진행 중인 탐사가 아마도 완벽한 해답으로 정확하게 나아가는 한 단계로 간주될 것이라고 기대한다.

이 법칙과 일치하는 아주 오래된 동물의 고등한 체제

'지구상에 존재하는 생명체의 연속성이 하등한 체제에서 고등한 체제로 이어졌는가'라는 질문과 관련해서 최근 몇 년 사이에 많은 논의가 진행되었다. 지금까지 받아들여지는 사실들은 일반적이나, 상세한 내용은 파악이 안 되는 진보가 일어났음을 보여주는 것 같다. 연체동물과 방사대칭동물[60]은 척추동물에 앞서 존재했고, 어류에서 파충류와 포유류로의 진보와, 하등한 포유류에서 고등한 포유류로의 진보는 반론의 여지도 없다. 반면에, 가장 초기에 나타난 연체동물과 방사대칭동물이 현재 존재하는 이들의 엄청난 무리보다 매우 고등한 체제를 유지하고 있으며, 지금까지 발견된 가장 초기에 나타난 어류들이 이 강에서 가장 하등한 체제를 결코 지니

∴

60 몸이 중앙을 지나는 여러 선에 대해 겹치는 동물을 말한다. 불가사리나 해파리 등을 들 수 있다. 사람을 비롯하여 많은 동물들은 좌우대칭동물이라고 부르는데, 이는 중앙을 지나는 한 선에 대해서만 좌우가 대칭이기 때문이다.

고 있지 않다는 주장도 있다. 이제는 가설이 오늘날 이러한 모든 사실들과 더 잘 조화를 이룰 것으로, 그리고 사실들을 설명하는 데 큰 도움이 될 것으로 믿는다. 비록 어떤 독자들은 이러한 점을 근본적으로 진보 이론인 것처럼 받아들일 수도 있지만, 실제로는 단 한 단계의 변화일 뿐이다. 그러나 체제라는 규모에서 실질적인 진보가 모든 외형과 완벽하게 일치하거나 심지어 명백한 퇴보도 이런 방식으로 일어남을 보여주는 것은 결코 어렵지 않다.

종들과 이들이 계속해서 만들어낸 창조물의 자연적인 배열을 보여주는 가장 좋은 방식으로 가지를 치는 나무를 대응관계라는 관점에서 바라보자. 그러면 초기 지질시대에는 그 어떤 무리라도 (예로 연체동물의 한 강을 들 수가 있는데) 엄청난 종 풍부도와 고도의 체제를 지니고 있었다고 가정해보자. 이제 동류종들이 만들어내는 이 엄청난 가지가 급격한 지질학적 변천으로 완벽히 또는 부분적으로 파괴되었다고 가정해보자. 그럼에도 계속해서 같은 나무줄기에서 새로운 가지가 생겨난다. 다시 말해서, 체제가 더 하등한 같은 종을 대조형으로 갖고 있는 새로운 종이 계속해서 창조되는데, 이 하등한 종 역시 이전에 있던 무리의 대조형이었지만 자신을 파괴한 변형된 조건에서도 살아남은 것이다. 새롭게 만들어진 이 무리는 자신을 둘러싸고 있는 변화한 조건에 쉽게 영향을 받아 자신이 지닌 체제와 구조에 변형이 나타나게 되며, 또 다른 지질 누층에서 이전에 있던 무리를 대표하는 무리가 된다. 그러나 시간이 흘러감에 따라 한 종의 새로운 계열이 아무리 해도 이전에 존재하던 계열처럼 거의 완벽할 정도의 체제에 결코 도달하지 못하게 되어 결과적으로 절멸하게 되며, 같은 뿌리에서 만들어진 또 다른 변형된 생물에게 자리를 양보하게 된다. 그리고 이 변형된 생물은 이전에 존재하던 종에 비해 체제가 고등하거나 하등할 수도 있고, 또한 종의 수가 다소 많을 수도 있으며, 형태와 구조가 다소 쉽게 달라질 수도 있다. 이와는 반대로, 이렇게 새롭게 만들어진 각각의 무리가 완전히 절멸하지 않을 수도 있을 텐데 소수의 종, 즉 이전에 계속된 시기마다 존재하던 장엄하면서도 호사스러웠던 과거를 뚜렷하게 기억하는 변형된 원형들로 존재할 것이다. 따라서 명백한 회귀를 보여주는 모든 사례는, 숲을 다스리는 어떤 군주의 팔다리가 사라지면 미미하고 허약한 대체재가 대신해서 만들어지는 것처럼, 비록 잠깐 중단되지만 실제로는 한 번의 진보일 수도 있다. 앞에서 언급한 사례는 연체동물문(Mollusca)에 적용할 수가 있는데, 연체동물문(Mollusca)은 아주 이른 시기에 고도의 체제에 도달하게 되어, 패각을 지닌 두족류[61]에서는 엄청나게 다양한 형태의 종으로 발달했다. 시간이 계속해서 흐름에 따라, 변형된 종들과 속들은 아마도 절멸했을 이전의 종들과 속들을 대신하게 되었을 것이다. 그리고 현재와 가까워질수록 이 무리에는 극소수의 조그만 대표적인 유형들만 남게 되는 반면, 복족류[62]와 이매패류[63]는 그 수가 어마어마하게 많아졌다.[64] 지구가 오랫동안 계속된 변화를 겪을 때, 생명체로 가득 채우는 과정이 끊임없이 반복되었고, 고등

··

61 몸이 연하고 외투막을 지닌 조개, 굴, 홍합, 꼬막 연체동물 가운데 몸이 좌우대칭이며 몸통이 머리의 위에 붙어 있고, 머리의 밑에 다리가 존재하는 동물들이다. 패각이 있는 종류와 없는 종류가 있는데, 갑오징어, 낙지, 문어 등에는 패각이 없으며, 앵무조개류는 패각을 지니고 있다. 오늘날 앵무조개류는 몇 종 되지 않지만, 화석으로 발견되는 종들은 거의 10,000종이 넘는 것으로 알려져 있으며 현재 1,000~1,200여 종만이 남아 있다.

62 연체동물 가운데 가장 많은 종을 포함하는 무리로, 배에 발이 달려 있는 특징이 있다. 달팽이, 소라, 전복, 다슬기가 이 무리에 속한다.

63 좌우대칭인 두 개의 껍데기를 가지고 있는 연체동물 무리이다. 조개, 굴, 홍합, 꼬막 등이 이 무리에 속한다.

64 복족류는 60,000~80,000여 종으로, 그리고 이매패류는 약 30,000종으로 구성된다.

한 어떤 무리가 거의 또는 완전히 절멸했을 때마다 변형된 물리적 조건에서 더 잘 버틴 하등한 유형들이 대조형으로 역할을 수행했는데, 이 대조형에서 새로운 군종[65]들이 만들어졌다. 이러한 방식만으로도 계속해서 이어진 지질학적 시기에 나타난 대표적인 무리들뿐만 아니라 체제의 규모에서 나타난 발달과 퇴화 사례 하나하나를 설명할 수 있을 것으로 믿고 있다.

포브스가 주장한 극성 이론에 대한 반대

최근에 에드워드 포브스 교수가 매우 이른 초창기와 오늘날에는 속 수준에서 유형들이 풍부해진 반면, 중간 시대에는 고생대와 2기 경계에서 최소에 도달할 때까지 그 수가 단계적으로 감소하여 빈곤해진 점을 설명하려고 극성 가설을 제안했으나, 우리가 볼 때에는 이미 만들어진 원리들이 이러한 사실들을 아주 쉽게 설명해주기 때문에 상당히 불필요한 것으로 여겨진다. 포브스 교수는 고생대부터 신생대 사이에 걸쳐 존재한 종은 거의 없고, 엄청나게 많은 속과 과가 새롭게 탄생한 속과 과로 대체되면

••
65 영어로 race로 표기된 부분이다. 생물학에서는 한때 race를 아종과 비슷한 분류 계급의 하나로 간주하거나, 사람들이 옛날부터 생육해왔으나 품종으로 고정되지 않던 개체들로 간주해왔다. 분류 계급의 하나로 간주할 경우, 한 종 내에서 유전적으로 구분되거나 지리적 또는 생리적으로 다른 개체들과는 구분되는 개체들을 의미했는데, 이런 의미로는 변종, 아종, 품종 등과 비슷하게 군종(群種)으로 번역했다. 단순히 무리를 이루는 분류 계급이라는 의미이다. 그리고 생육하는 개체들로 품종과 비슷한 의미로 사용되었을 경우에는 옛날부터 생육해왔다는 의미로 재래종으로 번역했다. 한편 인류학에서는 race를 조상이 같고 같은 계통의 언어와 문화를 지니고 있는 사람들을 의미하며, 흔히 종족 또는 인종으로 번역하고 있어, 사람들에게 적용된 race는 인종 또는 종족으로 번역했다.

서 사라진다고 생각했다. 생물계에서 나타나는 이러한 변화는 반드시 오랜 시간이 흘러야만 가능한 것이라고 보편적으로 받아들이고 있다. 우리는 이 시간 동안에 대한 어떠한 기록도 가지고 있지 않다. 아마도 우리가 연구할 수 있도록 노출되어 있는 초기 누층의 모든 영역이 고생대 말기에 융기되었고, 또한 2기의 동물상과 식물상으로 귀결되는 생물들의 변화가 나타나는 데 필요한 시간 동안 그렇게 남아 있었기 때문일 것이다. 이 시간의 기록은 지구의 4분의 3을 덮고 있는 바다 밑에 묻혀 있다. 오늘날 어떤 구역의 물리적 조건이 오랜 기간 정지 또는 안정 상태라면 생명 유형이, 개체 수준뿐만 아니라 종에 속하는 변종과 속에 속하는 무리 수준에서, 엄청나게 많은 수로 존재하는 데 가장 유리했을 가능성이 매우 높아 보인다. 마치 우리가 개체의 급격한 성장과 증가에 가장 적합한 열대지방 같은 장소가 온대와 극 지방과 비교해서 엄청나게 많은 종과 다양한 유형을 포함하고 있음을 알고 있는 것과 같다. 이와는 반대로, 어떤 구역에서 나타나는 물리적 조건이, 만일 빠르게 변한다면 변화가 작더라도, 혹은 만일 크게 변한다면 변화가 단계적이더라도 개체들이 생존하는 데 아주 유리하지는 않았을 것이므로 많은 종들을 절멸로 이끌 수 있으며, 아마도 새로운 종이 탄생하기에도 똑같이 유리하지 않을 정도로 개연성이 있어 보인다. 마찬가지로 우리가 살고 있는 지구의 현 상태에서도 우리는 대응관계를 발견할 수 있을 것이다. 온대와 한대 지역에서는 물리적 조건이 변화할 때 실질적인 평균 상태보다 극단적일 뿐만 아니라 빠르게 나타나기 때문에, 온대와 한대 지역은 열대 지역보다 후손을 덜 생산하게 한다. 이러한 점은 열대 지역에서 아주 멀리 떨어진 곳의 기후가 열대 지역과 같다면 열대 지역의 유형들이 이 지역까지 침투할 수 있다는 사례와, 온대 지역과는 다르게 기후가 일정하게 유지되는 열대 산악 지역에서 종과 유형이 풍부하게 나타나는 사례로 실증된다. 그러나 지질학적으로 휴지기 상태에서 우리가 창조된 것으로 알고 있는 새로운 종이 나타날지도 모르지만, 이러한 창조가 절멸된 종 수를 넘어서게 되고, 그에 따라 종 수가 증가한 것으로 가정하는 것이 타당할 것이다. 이와는 반대로, 지질학적으로 활동기 상태에서는 절멸된 종 수가 창조된 종 수를 능가할 것이며, 그에 따라 종 수는 감소할 것이라고 가정할 수가 있다. 이러한 결과가 우리가 전가한 원인과 관련해서 나타났다는 사실은 석탄층이 만들어진 사례에서 볼 수 있는데, 이 시기에는 엄청난 활동기와 격렬한 격동기를 보여주는 단층과 비틀림이 있었으며, 이 시기 바로 다음에 생성된 누층에서는 생명 유형이 아주 명백하게 빈약했다. 그렇다면 우리는 고생대가 끝나는 미지의 엄청난 시기에 어느 정도 비슷한 작용이 일어난 오랜 기간이 있었고, 다시 2기를 거치면서 격렬함과 급속함이 감소하면서 지구상에 다양하게 변한 유형들이 다시 단계적으로 번성하는 계기가 만들어졌다고만 가정해야 하는데, 이렇게 하면 모든 사실들을 설명할 수 있다.* 그렇기 때문에 우리가 알고 있는 원인 이외에 그 어떤 원인**66**에 의지하지 않고서도 특정 시기에 생명 유형들이 증가하고, 또 다른 시기에는 감소하는 현상에서 우리는 이러한 원인들로부터 추론할 수 있는 결과에 대한 단서를 가지고 있다. 초기 누층에서 나타난 지질 변화가 정확하게 어떤 방식으로 일어났는지는 매우 모호하기

---

* 램지 교수는 빙하기가 페름기 누층이 생성될 시기에 나타났을 것으로 가정하는데, 아마도 이러한 설명이 상대적으로 종의 빈곤함을 더 합리적으로 설명하는 것 같다(이 주석은 원래 논문에는 없었으나 책으로 발간하면서 추가되었다—옮긴이).

∴

66 포브스 교수가 주장하는 극성이라는 원인이다. 극성은 이 장 20번 주석을 참조하시오.

때문에, 우리가 직관적으로 그리고 관찰한 결과 같지 않음을 알고 있는 과정이 어떤 시기에는 지연되고, 혹은 다른 어떤 시기에는 가속되어 나타난 중요한 사실들을 설명하려고 할 때, 너무나 단순한 원인을 극성이라는 너무나 모호하고 가설적인 원인보다 선호하는 경향이 확실히 있는 것 같다.

　나는 또한 포브스 교수의 이론이 지닌 근본적인 속성에 반대하는 몇 가지 이유를 과감하게 제안하고자 한다. 어떤 지질학적 시기에 생존했던 생물들에 대한 우리의 지식은 필연적으로 매우 불완전하다. 지질학자들이 발견한 수많은 종과 무리를 조사해보면, 이런 점은 의심의 여지가 있지만, 우리는 이들의 수를 단순히 오늘날 지구상에 존재하는 생물 수와 비교할 것이 아니라 훨씬 더 많은 수와 비교해야만 한다. 과거 어떤 시기에 지구상에 생존했던 종 수가 오늘날의 종 수보다 훨씬 더 적었을 것이라고 믿어야 할 그 어떤 이유도 우리에게는 없다. 여하튼 지질학자들이 가장 잘 알고 있는 수역(aquatic portion) 부분은 아마도 종종 많거나 훨씬 더 많았을 것이다. 오늘날 우리는 종이 완벽하게 변한 수많은 사례를 알고 있다. 수없이 절멸해버린 오래된 종들이 차지하고 있던 장소에 일련의 새로운 생물들이 소개되었다. 그에 따라 지질학적으로 가장 이른 시기부터 지구상에 존재했던 생물의 전체 수는, 지구상에서 살다가 죽은 인간 전체 수와 오늘날 인구가 같은 것처럼, 현재 살아 있는 생물과 거의 같은 수임에 틀림없을 것이다. 다시 말해서, 지질학적 시기마다 매번, 지구 전체는 의심할 여지 없이 오늘날처럼 어느 정도는 생물들의 공연장이었다. 종들이 하나하나씩 세대를 반복하면서 죽어감에 따라 이들의 잔해와 보존될 수 있는 부위들은 이들이 당시에 생존했던 바다와 해양 모든 지역에 걸쳐 퇴적되었는데, 이들이 오늘날보다 더 협소하게 있었던 것이 아니라 오히려 더 광범위하게 퍼져 있었을 것으로 추정하는 이유가 있다. 그렇기 때문에 초기 지구와 이 지구에서 살던 정착생물과 관련하여 파악할 수 있는 지식을 이해하려면 지구 지각을 연구하는 지질학적 조사의 모든 영역의 분야가 아니라 지구 전체에 걸쳐 서로 떨어져 있는 각각의 누층에 대하여 조사한 분야를 반드시 비교해야 한다. 예를 들어, 실루리아기 동안, 지구 전체는 실루리아기 상태였다. 일부 동물은 살아 있고 일부 동물은 죽었으며, 이들의 유체는 어느 정도 지구 전체에 걸쳐 퇴적되었고, 아마도 이들은 (적어도 종들은) 오늘날처럼 서로 다른 고도와 위도 지방에서 대체로 다양하게 변했을 것이다. (보다 광범위한 실루리아기 구역이 바다 위보다는 아래에 있기 때문에) 지구, 육지 그리고 바다의 전체 표면에서 실루리아기 구역이 얼마큼의 면적을 차지하며, 알려진 실루리아기 구역 중 얼마나 많은 부분에서 화석을 실제로 조사했을까? 실제로 우리 눈에 보이는 암석 지역은 지구 표면의 천분의 일 또는 만분의 일이 될까? 어란상 석회암[67] 또는 백악[68]과 관련해서, 또는 심지어 화석이 상당히 다른 특정 지층들과 관련해서 지층마다 똑같은 질문을 던지게 되면, 우리가 알고 있는 전체의 일부분이 얼마나 작은지를 짐작할 수 있을 것이다.

그러나 이보다 더 중요한 것은 엄청난 지질학적 기록을 포함하는 누층 전체가 우리의 손이 거의 전적으로 닿지 않는 해양 아래에 묻혀 있다는 가능성, 아니 거의 확실함이다. 이 기록은 지질학적 계열에서 나타나는 간극 대부분을 채울 수는 있을 것이다. 그리고 미래에 지질학적 변혁이 일어나 아래에 묻혀 있는 동물들을 물 위로 올려놓아, 어떤 지적인 존재가 우

..

67 석회암 속에 지름 0.25~2밀리미터 크기의 물고기 알처럼 생긴 화석이 들어 있는 암석이다. 강한 해류가 흐르는 얕고 따뜻한 바다에서 만들어진다.
68 지중해와 유럽 일대에서 발견되는 하얀색이 도드라지는 석회암을 지칭한다. 백색 연토질 석회암이라고 풀어 쓰기도 한다.

리의 뒤를 이어갈 것인가에 대한 연구에 필요한 자료를 제공할 때까지, 이들은 묻혀 있을 것이다. 아마도 이들은 동물학자가 영원히 해결할 수 없을 것으로 보이는 수수께끼인 수많은 격리된 무리들 사이의 친밀성을 밝히는 데 도움이 되는 알려지지 않은 상상하기 힘든 수많은 동물들일 것이다. 이러한 고려는 우리로 하여금 지구상에 이전에 생존했던 정착생물의 계열 전체에 대한 우리의 지식이, 오늘날 지구에 존재하는 생물에 대해 우리가 알고 있는 지식 정도와 비슷하게, 필연적으로 불완전하고 파편에 불과하다는 결론에 도달하게 하는데, 우리는 제한된 영역의 몇몇 장소에서만 화석을 채집하고 관찰할 수 있으며, 실제로도 이들을 채집할 수 있는 장소는 얼마 되지 않는다. 그런데 포브스 교수의 가설은 근본적으로 지구상에 생존했던 생명체의 전반적인 계열에 대한 우리의 지식이 엄청나게 완벽했을 것이라고 가정한다. 이러한 점은 다른 모든 고려 사항과는 무관하게, 포브스 가설의 치명적인 결점으로 보인다. 이러한 주제와 관련된 모든 이론에 대해 동일한 반대 이유가 있다고 말할 수 있으나 반드시 그렇지는 않다. 이 논문에서 제안하는 가설은 생물 세계의 이전 조건은 우리가 알고 있는 지식의 완벽함과는 전혀 상관이 없으나, 광대한 전체의 부분들만 우리가 알고 있다는 사실을 받아들여 이 부분들에서 파악한 사실들로부터 자연에 대한 무언가와 우리가 절대로 상세하게 알 수 없는 전체를 유추하려고 한다. 이 가설은 서로 떨어져 있는 여러 무리의 사실들에 근거하고 있으므로, 사실들이 이처럼 서로 떨어져 있다는 점을 인식하고, 이런 사실들로부터 서로 떨어져 있는 부분들 사이에 존재하는 속성들을 유추하려고 노력한다.

흔적기관

최근에 발견된 법칙과 아주 잘 일치하며, 심지어 이 법칙으로부터 필연
적으로 유추할 수 있는 또 다른 중요한 일련의 사실들은 흔적기관과 관련
되어 있다. 이 사실들은 실제로 확실히 존재함에도 대부분의 사례에서 동
물의 경제[69]에는 특별하게 작용하지 않는데, 비교해부학 분야에서는 첫 번
째로 중요한 것으로 인정받고 있다. 뱀과 비슷한 많은 도마뱀 종류의 피부
아래에 숨어 있는 조그만 팔다리, 왕뱀(*Boa constrictor*)[70]의 항문 주변에 있
는 고리,[71] 바다소[72]와 고래의 지느러미에 들어 있는 완벽한 한 벌의 손가
락뼈 등은 가장 널리 알려진 사례 가운데 일부이다. 식물에서도 비슷한 많
은 사실들이 오래전부터 알려져 왔다. 발육이 부진한 수술, 흔적으로 된
꽃덮개[73]와 미발달한 심피[74]가 가장 흔히 발견된다. 골똘히 생각하는 자연
사학자라면 그 누구라도 다음과 같은 질문을 반드시 던져야 한다. 이것들

••

69 경제는 생태계를 의미한다. 동물의 경제는 동물생태학 또는 동물생태계를 의미한다.

70 왕뱀과(Boidae), 왕뱀속(*Boa*)에 속하는 유일한 종으로 북아메리카, 중앙아메리카, 남아메
리카, 카리브해 등지에 서식한다.

71 1~3개의 인편을 의미하는데, 뒷다리의 흔적으로 간주하고 있으며, 흔히 발톱으로 부른다.

72 바다소과(Trichechidae), 바다소속(*Trichechus*)에 속하는 해양성 포유동물이다. 주로 바닷
말을 주식으로 하는 초식동물로 열대와 아열대의 산호초가 있는 연안에서 생활한다.

73 호두나무속(*Juglans*) 식물은 암꽃과 수꽃이 따로 피는데, 수꽃은 두 장의 포와 네 장의
꽃받침잎으로 이루어져 있다. 그러나 이들이 서로 연결되어 있고, 마치 꽃차례에서 수꽃
을 덮고 있는 덮개처럼 보여 꽃덮개라는 용어로 한때 불렸다. 오늘날에는 꽃덮개(floral
envelope)라는 용어 대신 단순히 인편이라고 부르기도 한다.

74 꽃에서 밑씨, 암술대, 암술머리를 모두 부르는 이름이다. 한때 이들을 암술이라고 불렸으
나, 암술은 심피를 총칭하여 부르는 이름이다. 암술은 한 개의 심피로 구성될 수도 있고, 여
러 개의 심피로 구성될 수도 있다.

은 무엇을 위해 존재하는가? 위대한 창조의 법칙과 관련해서 이것들은 어떤 일을 하는가? 이것들은 우리에게 **자연**의 체계를 알려주지 않는가? 각각의 종이 독립적으로 창조되었다면, 그리고 이전에 존재하던 종들과 그 어떤 필연적인 연관성이 없다면, 이러한 흔적들과 이처럼 명백하게 불완전함은 또 무엇을 의미한단 말인가? 이것들이 존재하는 이유가 틀림없이 있다. 이것들은 어떤 위대한 자연법칙에 따른 불가피한 결과임에 틀림없다. 지금 이것들이 보여주려고 노력한 바와 같이, 동물과 식물이 함께 지구상에서 살아가도록 조절하는 위대한 법칙이 있다면, 모든 변화는 단계적으로 나타날 것이다. 그리고 과거에 존재하던 창조물과 어떤 점에서라도 상당히 다른 새로운 창조물이 나타나지 않으면서 **자연**에 있는 다른 모든 창조물이 보여주는 것처럼 새로운 창조물에 단계적인 조화가 있다면, 이것들은 필연적으로 **자연**의 체계를 이루는 근본적인 요소 가운데 하나일 것이다. 예를 들어, 더 고등한 척추동물이 형성되기 전까지는 많은 단계가 필요했고 많은 기관들은 그들만이 아직도 가지고 있는 흔적 상태에서부터 변형 과정을 반드시 거쳐야 했다. 우리는 펭귄의 지느러미처럼 보이는 앞다리에서 비행에 적합한 날개라는 대조형 윤곽이 여전히 남아 있는 것을 볼 수 있다. 처음에는 팔다리가 피부 아래에 숨어 있다가 약하게 튀어 나와 있는데, 이 과정은 다른 것들이 완벽하게 이동에 적합하게 만들어지기 전에 거쳐야 하는 필연적인 단계였다.* 우리가 더 많은 변형들을 주시해서 이들의 더 많은 완벽한 계열을 생존이 중단된 모든 유형이라는 관점에서 바라

---

* 자연선택 이론은 이런 구조들이 팔다리가 만들어지는 단계가 아님을 우리에게 가르쳐주며, 흔적기관 대부분은 질병 때문에 나타난 발육의 부진으로 발생했다고 다윈 씨가 설명했다 (이 주석은 원래 논문에는 없었으나, 책으로 발간하면서 추가되었다—옮긴이).

보게 된다면 어류, 파충류, 조류 그리고 포유류 사이에서 나타나는 엄청난 간극들이 의심할 여지 없이 중간형태 무리들로 완화되어 전 생물계가 단절되지 않고 조화로운 하나의 체계로 보일 것이다.

결론

비록 간단하면서도 불완전하지만, '종 하나하나는 같은 시공간에서 기존에 존재하던 가까운 동류종과 함께 출현했다'는 법칙이 어떻게 독립적으로 존재하던 그리고 지금까지 설명되지 않았던 수많은 사실들을 서로 연결하여 이해할 수 있게 하는지를 이제는 보여주고 있다. 이 법칙으로 생명체의 자연 분류 체계에 따른 배열, 지리적 분포, 지질학적 순서, 생물들에서 나타나는 모든 변형을 보여주는 대표적이고 대체된 무리들의 특이한 현상, 해부학적 구조가 지닌 가장 독특한 특이성 등이 모두 현대 자연사학자들의 연구 분야에서 같이 발견된 수많은 사실들과 완벽하게 일치함을 설명할 수 있으며 명확해진다. 그리고 이 사실들은 그 어느 것도 실질적으로 반대하지 않는다고 믿어진다. 이 법칙이 단순히 설명하는 것이 아니라 무엇이 존재해야 하는지를 필연적으로 요구한다는 점에서 볼 때 이전의 가설들보다 탁월하다고 단언한다. 이 법칙을 당연하다고 한다면, 중력 법칙에 따라 행성이 타원 궤도를 도는 것처럼 **자연**에서 발견해도 달리 해석할 수가 없었던 가장 중요한 수많은 사실들이 거의 필연적인 법칙으로 추론될 수 있다.

2장

원래 종과는 지속적으로 달라지려는 변종들의 경향에 대하여*

* 이 논문은 1858년 2월 테르나테에서 작성되었으며, 그해 8월 『린네학회 회보』에 게재되었다 (본 번역문은 역자가 2016년에 출판한 『진화론은 어떻게 진화했는가』의 부록으로 게재된 것을 수정, 보완한 것이다-옮긴이).

종의 영구적인 뚜렷함을 증명하기 위해 제안된 변종의 불안정성

종이 처음부터 영구적이고 뚜렷한 특징을 지녔다는 것을 증명하기 위한 사례로 제시되는 논증 가운데 가장 설득력 있는 하나는, 사람이 사육하면서 만들어진 **변종**[1]이 실제로는 불안정하며, 이렇게 만들어진 변종은 가만히 내버려두면 종종 부모 세대에서 나타났던 정상적인 원래 종의 유형으로 되돌아가려는 경향을 보인다는 것이다. 이러한 불안정성은 모든 변종, 심지어 자연 상태에 있는 야생동물에게서 생겨난 변종에서도 나타나는 독특

⋮

1   오늘날 동물분류학에서는 변종이라는 분류 계급을 사용하지 않고, 아종이라는 계급만을 사용한다. 단지 월리스 시대에는 사육 동물을 대상으로 변종이라는 계급을 사용했으나, 야생 동물에서는 이 계급을 적용하지 않았다. 그래서 월리스는 다음 문단에서 "야생동물에서 발생하는 변종에 대한 사실과 관찰이 아예 없거나 부족한 상황"이라고 설명했다.

한 특징으로 간주되어 왔고, 처음 창조되어 서로 뚜렷하게 구분되는 종들이 변하지 않고 보존될 수 있는 대책으로 여겨왔다.[2]

야생동물에서 나타나는 **변종**에 대한 사실과 관찰이 아예 없거나 부족한 상황에서, 이러한 논증은 자연사학자에게 커다란 중압감이 되었으며,[3] 종의 안정성에 대한 매우 일반적이면서 약간은 편견에 찬 믿음이 만들어지도록 하였다. 게다가 '영구적인 혹은 진정한 변종'이라 불리는 것에 대한 믿음도 똑같이 일반적으로 받아들여졌는데, 자신과 비슷하지만 다른 군종과는 (항상) 사소한 차이를 보이며 자손을 지속적으로 번식하는 동물 군종이 있을 때, 한 무리를 또 다른 무리의 **변종**으로 간주했다. 그러나 한 군종이 자신과는 다르지만 다른 군종을 닮은 자손을 생산한다고 알려진 아주 드문 경우를 제외하고는 무엇이 **변종**이고 무엇이 원래의 **종**인지 결정하는 일반적인 방법은 없다. 그럼에도 이러한 믿음은 '종의 영구적인 불변성'과는 일치하지 않는 것처럼 보였는데, 이 어려움은 변종이 극도로 제한되어 있다고, 그리고 변종이 이 제한을 넘어서서 원래의 유형과는 결코 달라질 수가 없다고 가정함으로써 해결되었다. 그리고 비록 확실하게 입증되지는 않았지만, 사육동물과의 대응관계로부터 변종이 종으로 되돌아갈 가능성이 높은 것으로 간주되었다.

이 논증은 자연 상태에서 발생하는 **변종**이 사람이 사육한 동물의 경우

••

2 오늘날에는 변종 또는 아종을 종의 진화 단계에서 나타나는 것으로 간주하고 있으나, 월리스 시대에는 변종이 새로운 종으로 만들어지는 것이 아니라, 다시 원래 종으로 회귀하는 것으로 생각했다. 따라서 일부 사람들은 변종이 만들어지더라도 종의 안정성에 아무런 문제가 없고, 오히려 종이 창조되었기에 이러한 안정성이 확보된 것이라고 주장했다.

3 변종이 만들어지고 이 변종이 다른 종으로 진화한다고 주장해야 하는데, 변종이 원래 종으로 돌아가버리면 새로운 종이 만들어질 수가 없으니, 즉 진화할 수가 없으니, 진화를 주장하는 자연사학자들에게는 중압감이 되었을 것이다.

와 모든 측면에서 전적으로 유사하거나 심지어 동일하며, 변종의 영구성과 계속해서 만들어질 변이에 대해 같은 법칙이 지배한다는 가정에 전적으로 의존하고 있음을 보게 될 것이다. 그러나 이 논문의 목적은 이러한 가정이 전적으로 오류임을 보여주려는 것이다. 즉, 자연계에는 많은 **변종들**이 부모종들보다 더 오래 살아남게 하고, 원래의 유형에서 점점 멀어지도록 더 많은 변이가 만들어지는 일반적인 원리가 있다는 것이다. 그리고 이 원리는 사육한 동물들의 변종들이 부모 유형으로 돌아가려는 경향성도 만든다.

생존을 위한 몸부림[4]

야생동물의 삶은 생존을 위한 몸부림이다. 자신의 생존 자체를 유지하고 어린 새끼들을 키우려면 자신이 지닌 능력과 에너지를 최대한 발휘해야한다. 먹이를 찾기 어려운 기간에 먹이를 조달하는 능력과 천적의 공격으

:·

4 'the struggle for existence'를 번역한 단어이다. 흔히 생존경쟁 또는 생존투쟁으로 번역하는데, 다윈은 『종의 기원』에서 이 용어를 "한 생명체가 다른 생명체에 의존하는 관계와 (이보다는 더 중요하게) 개체들의 일생뿐만 아니라 자손들을 성공적으로 남기는 것을 포함하는 넓은 의미로 은유적으로 사용했다"고 설명한다. 즉, 다윈은 단순히 한 생명체가 다른 생명체에 의존하는 관계 중의 하나인 경쟁만을 지칭한 것이 아니다. 따라서 'struggle'을 다른 생물과 경쟁하는 의미가 아니라 한 생명체가 자신이 이루려는 일에 전념한다는 의미에서 몸부림으로 번역한 것이다. 이 용어로 맬서스는 인구가 유지되는 과정을 설명했는데, 이를 다윈과 월리스는 생물의 진화와 관련하여 사용했다. 단지 다윈의 『종의 기원』이 1858년 11월 24일 발간되었으므로, 이 용어를 월리스가 먼저 사용한 것처럼 보인다. 그러나 다윈은 『종의 기원』의 원고를 정리하면서 1857년 3월 3일에 이 용어를 사용했다(Satuffer, 1975: 172). 추후 누가 먼저 이 용어를 어떤 의미로 사용했는지에 검토가 필요할 것이다.

로부터 도망가는 능력이 개체와 종 전체의 생존을 결정하는 일차적인 조건이다. 이러한 조건이 그 종의 개체군[5]을 결정하게 된다. 그리고 모든 상황들을 세심하게 고려하면, 언뜻 보기에는 너무나 설명할 수 없을 것처럼 보이는 것, 즉 어떤 종의 개체수는 너무나 많은 반면 그 종과 가까운 동류인 종의 개체수는 매우 적은 사례를 우리는 충분히 이해할 수 있고 어느 정도는 설명할 수 있다.

종 개체군의 법칙

특정한 동물들 무리 사이에서 반드시 있어야 할 일반적인 비율은 쉽게 볼 수 있다. 몸집이 큰 동물은 작은 동물처럼 그 수가 많을 수 없다. 마찬가지로 육식동물은 반드시 초식동물보다 그 개체수가 적어야 한다. 독수리와 사자가 비둘기와 영양보다 절대로 더 많을 수 없으며, 타타르[6] 사막의 야생 당나귀들의 수가 더 비옥한 초원지대인 아메리카 대륙의 프레리[7]와 팜파스[8] 지역에서 살아가는 말들의 수와 같을 수 없다. 동물의 생식능력이 좋고 나쁨은 그 종의 개체수가 많은지 적은지를 결정하는 일차적인 요소가 된다고 종종 여겨진다. 그러나 사실들을 고려하면 생식능력과 그 종의 개체수는 거의 또는 전혀 관련이 없음을 알게 될 것이다. 심지

∵

5   개체군 크기, 즉 개체수를 의미한다.
6   오늘날 중앙아시아 지역을 말한다.
7   북아메리카 중앙부에 위치한 초원 지대이다. 흔히 대초원으로 부른다.
8   남아메리카의 아르헨티나를 비롯하여 우루과이와 브라질에 걸쳐 있는 초원 지대이다.

어 동물들 중 새끼를 가장 적게 낳는 종일지라도 억제되지 않는다면 개체수가 빠르게 증가할 것이다. 반면에 지구상의 동물 개체수는 정체되어 있거나, 혹은 아마도 인간의 영향으로 감소하는 것이 분명하다. 변동은 있겠지만, 특별히 제한된 구역을 제외하고 개체수의 영구적 증가는 거의 불가능하다. 예를 들어, 새들이 자연적으로 증가하는 것이 강력하게 억제가 되지 않으면, 이들의 개체수는 매년 기하급수적으로 증가하겠지만, 그렇지 않음을 우리는 관찰 결과 확신하고 있다. 극소수의 새들만이 매년 두 마리 미만의 자손을 낳을 뿐, 많은 새들은 여섯 내지 열 마리의 자손을 낳는다. 네 마리의 자손을 낳는 것은 분명히 평균 이하일 것이다. 각각의 쌍이 자신의 수명 동안 오직 4회에 걸쳐 자손을 낳는다고 가정하고, 물론 이 횟수 또한 평균 이하일 것임이 분명한데, 먹이가 엄청나게 부족해지거나 비명횡사해도 이들 모두가 죽지 않는다고 가정해보자. 그럼에도 이 속도로 증가한다면 한 쌍의 새들는 몇 년 만에 개체수가 얼마나 엄청나게 증가하겠는가! 간단히 계산을 해보면, 한 쌍의 새로 시작한 개체수가 15년이 지나면 거의 천만* 마리로 증가한다! 그러나 우리는 어떤 나라에 사는 새들의 개체수가 15년이 지나든 150년이 지나든 이런 식으로 증가한다는 것을 믿을 이유가 없다. 이렇게 증가한다면 개체군은 각 종의 부모종으로부터 불과 몇 년 만에 분명히 그 한계치에 도달했을 것이고, 정체되었을 것이다. 따라서 엄청난 수의 새들이 반드시 죽어야 함은 자명한데, 실제로도 태어난 만큼 죽는다. 가장 적게 잡고 계산해도 부모 세대에 비해 자손들의 수는 매

---

* 이 숫자도 과소평가된 것이다. 아마도 20억 이상이 될 것이다(원래 논문에는 없었으나, 책으로 발간하면서 월리스가 추가한 설명이다―옮긴이).

년 두 배인데, 어떤 한 나라에 사는 종의 평균 개체수가 몇 마리이든 간에 매년 그 두 배나 많은 수의 개체가 죽어야 함은 분명하다. 결과가 충격적이나, 두 배라는 것이 적어도 가능성은 높아 보이며, 아마도 이 수치 또한 사실보다는 많은 것이 아니라 적은 편일 것이다. 따라서 한 종이 존속해온 기간과 개체들의 평균 수를 고려할 때, 많은 자식을 낳는다는 것이 불필요함을 드러낸다. 평균적으로 하나 이상의 자식을 낳으면, 나머지 모든 자손들은 매, 솔개, 살쾡이, 족제비의 먹이가 되거나, 겨울이 되어 추위나 배고픔으로 죽는다. 이러한 점은 특정한 종의 사례를 보면 놀라울 만큼 잘 입증되는데, 이들 개체의 풍부도가 자손을 생산하는 생식능력과 전혀 관계가 없기 때문이다.

아마도 엄청난 개체수를 보유한 조류의 사례로는 미국의 여행자비둘기[9]를 들 수 있다. 여행자비둘기는 오직 한 개 또는 많아야 두 개의 알을 낳는데, 일반적으로 이 알들 중 하나만을 선택하여 그것만 기른다고 알려져 있다. 왜 다른 조류들은 이보다 두세 배는 더 많은 알을 낳으면서도 개체수가 적은데, 여행자비둘기의 수는 이례적으로 많은가? 설명하기 어렵지 않다. 여행자비둘기가 좋아하면서 가장 잘 번성할 수 있게 하는 먹이는 아주 넓은 지역에 걸쳐 풍부하게 분포하고 있고, 토양과 기후가 다르더라도, 그 영역의 한 부분 또는 다른 부분에서의 먹이 공급이 절대 부족하지 않

••

9 *Ectopistes migratorius*. 여행비둘기, 나그네비둘기라고도 부르는데, 북아메리카 대륙 동해안에서 서식했으며, 개체수는 약 50억 마리로 추정되었다. 조류를 연구한 오드본은 1838년 일기에 머리 위를 통과하는 여행자비둘기의 무리가 사흘 밤낮 동안 계속 날았다고 기록했다고 할 정도이다. 그러나 인간의 남획으로 1906년 사냥된 것을 마지막으로 야생에서는 종적을 감추었고, 1914년 9월 1일 미국 오하이오주의 신시내티 동물원에서 사육하던 마지막 개체가 죽으면서 여행자비둘기는 지구상에서 완전히 사라졌다.

기 때문이다. 이 새는 아주 빠르고 오랜 시간 비행할 수 있어, 서식하는 지역 전체를 지치지 않고 지나갈 수 있다. 그리고 한 지역에서의 먹이 공급이 감소하는 즉시 또 다른 신선한 먹이로 가득한 땅을 찾을 수 있다. 이 사례는 어떤 종에 유리한 먹이의 지속적인 공급 여부에 따라 개체수가 증가할 수 있음을 보여주는데, 제한된 번식능력이나 맹금류와 사람에 의한 무절제한 공격이 개체수 증가를 제어할 만큼 충분히 없었기 때문이다. 다른 조류들에는 이러한 특별한 상황이 놀랄 만큼 잘 들어맞지 않는다. 먹이의 수가 준다거나, 날개의 힘이 충분치 못하여 넓은 영역을 돌며 먹이를 찾을 수 없다거나, 또는 어떤 계절에는 먹이가 매우 부족해져서 완벽하진 않지만 대체할 만한 다른 먹이를 찾아야 하는 경우도 생긴다. 따라서 더 많은 자손을 낳을 수 있다고 하더라도, 이들의 개체수는 먹이를 구하기 힘든 계절에 구할 수 있는 먹이의 양보다 많을 수는 없다.

많은 조류들은 먹이가 부족해지면 더 비옥한, 혹은 적어도 기후라도 다른 지역으로 이동하는 방법으로만 살아남을 수 있다. 이런 식으로 이동하는 조류들의 수가 극단적으로 많은 경우가 거의 없는데, 분명 이 조류들이 이동해가는 지역이 조류들에게 알맞은 먹이를 충분하게 꾸준히 제공하지 않는다. 주기적으로 먹이를 찾기 어려울 때 체질적으로 다른 지역으로 이동할 수 없는 조류들은 그 수가 절대 많을 수 없다. 이것이 바로 딱따구리가 우리 주변에는 많지 않지만, 열대 지역에서는 홀로 살아가는 조류들 가운데에서는 가장 많은 수를 차지하는 이유이다. 따라서 집참새**10**가 유럽

··

10 *Passer domesticus.* 참새과(Passeridae)에 속하는 새로, 사람의 거주 지역과 밀접하게 관련이 있어, 인간의 개발 지역에서 멀리 떨어진 삼림지대나 초원 등지에는 서식하지 않는다.

울새[11]보다 그 수가 더 많다. 집참새의 먹이가 더 풍부하고 꾸준히 공급될 수 있기 때문인데, 겨울 동안 보존되는 벼풀[12]의 씨앗과 농가의 마당, 그리고 그루터기들이 있는 곳은 거의 무한한 먹이를 제공한다. 그렇다면 왜 일반적으로 물새, 특히 바닷새들의 개체수가 많은가? 이들의 번식력이 다른 종들보다 뛰어나서가 아니다. 오히려 일반적으론 그 반대이다. 이들의 먹이는 거의 떨어질 일이 없는데, 해변이나 강기슭에는 매일 작은 연체동물이나 갑각류로 넘쳐난다. 이와 같은 경우를 포유류에도 완전히 같은 법칙으로 적용할 수 있을 것이다. 삵[13]의 경우를 살펴보면, 삵은 번식력도 뛰어나고 천적도 거의 없다. 그런데 왜 삵의 개체수는 굴토끼[14]처럼 많지 않은가? 여기에 대한 가장 합리적인 대답은 삵의 먹이 공급이 더 불안정하기 때문이라는 것이다. 따라서 한 지역이 물리적으로 변하지 않는 이상, 그곳에 서식하는 동물들의 개체군은 실질적으로 거의 증가할 수 없음이 명백하다. 한 종의 수가 증가하면, 같은 먹이를 먹는 다른 종의 수는 그에 따라 감소해야 한다. 결국 매년 죽어야 하는 동물의 수는 엄청나게 된다. 이때 어떤 동물의 생존 여부는 각각의 개체에 따라 달라지므로 결국 죽는 경우

••

11 월리스는 단순히 'redbreast'라고만 표기했는데, 유럽울새(*Erithacus rubecula*)를 영어로 robin redbreast라고 부르고 있어, 유럽울새로 번역했다. 딱새과(Muscicapidae)에 속하며 암수 모두 가슴에 오렌지색을 띠는데, 유럽 일대에 서식하며 주로 작은 곤충을 먹는다.

12 벼과에 속하는 식물들 가운데 대나무와 같은 풀임에도 나무처럼 성장하는 목본상 종류를 제외한 식물을 지칭한다. 많은 종류의 곡물을 만드는 식물들이 벼풀에 속한다.

13 *Prionailurus bengalensis*. 살쾡이라고도 부르는데, 고양이과(Felidae)에 속하는 육식동물로 쥐 종류를 비롯하여 두더지, 꿩, 멧토끼, 청설모, 다람쥐, 잉어, 송어, 붕어 등을 잡아먹는다.

14 토끼과(Leporidae)에 속하는 조그만 동물을 지칭하는 이름이다. 흔히 rabbit은 굴을 파고 집단생활을 하는 종류로, hare는 굴을 파지 않고 독립생활을 하는 종류로 구분하며, rabbit은 굴토끼로, hare는 산토끼로 번역한다.

는 가장 약한, 즉 너무 어리거나, 늙었거나, 병든 개체인 반면에 생존을 유지할 수 있는 개체는 건강 상태도 완벽하고 혈기도 왕성한, 즉 규칙적으로 먹이를 가장 잘 구할 수 있고, 천적으로부터도 가장 잘 도망칠 수 있는 경우이다. 바로 가장 약하고 가장 덜 최적화된 종들이 반드시 굴복해야 하는 것인데, 여기에서 우리는 처음으로 '생존을 위한 몸부림'이라고 말하고자 한다.

생존 조건에 대한 다소 완벽한 적응으로 결정되는 종의 풍부도 또는 희귀성

한 종에 속하는 개체들 사이에서 일어난 사건이 하나의 무리를 형성하는 여러 동류종 사이에서도 발생해야 함은 분명하다. 즉, 규칙적으로 먹이를 찾는 데 적합하고, 천적의 위협과 계절의 변동으로부터 살아남을 수 있는 종들이 필수적으로 개체군을 유지하고 우위를 차지한다. 반면에 힘이나 생물학적 구성에 결함이 있어 먹이와 기타 등등의 공급에 차질이 있는 종들은 반드시 그 수가 줄어드는데, 극단적인 경우에는 그 종이 완전히 절멸한다. 이러한 두 극단적인 경우들 사이에 있는 다수의 종들은 매우 다양한 생존 수단을 보여주며, 그에 따라 우리는 종의 풍부도 또는 희귀성[15]을 설명하게 된다. 일반적으로 우리의 무지가 결과에 대한 원인을 알아가는 데 방해가 될 것이다. 우리가 동물의 다양한 종들의 체제와 습성을 완벽히

15 한 종에 속하는 개체수가 많고 적음을 의미한다.

알 수 있다면, 그리고 자신을 둘러싸고 있는 모든 변화하는 상황에 대해서 각각의 종이 안전과 생존을 위해 대처하는 능력을 측정할 수 있다면, 우리는 아마 그에 따른 필연적인 결과로서 개체들의 적절한 풍부도를 계산할 수도 있다.

이제 우리는 다음의 두 가지 점을 확립하는 데 성공했다고 하자. 첫 번째, 한 지역에 서식하는 동물 개체군은 먹이와 기타 억제 요인의 주기적인 부족 때문에 감소하나 일반적으로 정체되어 있다. 그리고 두 번째, 여러 종의 개체들의 상대적인 풍부도나 희귀성은 전적으로 그 개체들의 체제와 그에 따른 습성에 기인하는데, 체제와 습성이 어떤 경우에는 다른 경우보다 먹이를 규칙적으로 획득하고 개체의 안전 확보를 더 어렵게 만들어, 풍부도나 희귀성이 어떤 지역에 존재해야만 하는 개체군의 차이에 따라 균형을 이루게 된다. 이제는 지금까지 논의한 내용들을 변종들에 직접적으로 아주 중요하게 적용하여 검토할 수 있는 상태가 되었을 것이다.

유용한 변이는 증가하는 경향이 있는 반면, 유용하지 않거나 해로운 변이는 사라지는 경향이 있다

한 종의 기준형16에서 만들어진 대부분 혹은 아마도 모든 변이들은 그 종에 속하는 개체들의 습성이나 능력에 아무리 사소한 것이라도 분명한 영향을 끼쳐야 한다. 심지어 몸색이 바뀌는 것만으로도 더 또는 덜 눈에

••

16 특정 유형의 기본 또는 근거가 되는 표준 또는 근거가 되는 대표적인 유형을 의미한다.

띄게 만들어줌으로써 종의 안전에 영향을 끼치게 되며, 털이 더 또는 덜 발달한 것도 그들의 습성을 변화시킬 수 있다. 힘의 증가, 팔다리 길이의 증가, 또는 어떤 외부 기관의 증가와 같이 더 중요한 변화는 대체로 먹이를 얻는 방식이나 그들이 살아가는 분포 범위에 영향을 주게 된다. 또한 대부분의 변화들이 긍정적이든 부정적이든 간에, 생존을 지속하도록 만드는 능력에 영향을 줄 수 있다는 것은 분명하다. 더 짧거나 더 약한 다리를 가진 영양은 고양이과에 속하는 육식동물의[17] 공격에 명백히 더 취약할 것이다. 더 약한 날개를 가진 여행자비둘기는 조만간 규칙적으로 먹이를 획득하는 데 영향을 받을 것이다. 그리고 이 두 경우 모두 필연적으로 변형된 종의 개체군이 줄어드는 결과로 이어진다. 반면에 어떤 종이라도 생존하는 데 필요한 힘을 조금이라도 더 가진 변종이 생긴다면, 그 변종은 틀림없이 제때에 개체수에서 우위를 점하게 된다.[18] 이러한 결과는 노령화, 무절제, 또는 먹이 공급의 부족과 마찬가지로 사망률을 높인다. 두 경우 모두 개체에 따른 많은 예외가 있지만 평균적으로 규칙은 언제나 유효한 것으로 판명될 것이다. 따라서 모든 변종들은 두 부류로 나뉘게 될 것인데, 한 부류는 같은 조건에서 부모종의 개체수에 결코 도달하지 못할 것이고, 다른 한 부류는 제때에 수적 우위를 획득하고 유지할 것이다. 이제, 한 지역에 장기간의 가뭄, 메뚜기 떼의 식생 파괴, '새로운 초지'를 노리고 온 어떤 새로운 육식동물의 침입 등과 같은 물리적 조건의 변화가 일어나면, 종들의 생

••

17 고양이과(Felidae) 동물들은 육식성이 매우 강하며 사자, 호랑이, 표범, 재규어, 치타, 스라소니, 삵, 퓨마 등이 있다.

18 부정적인 변이가 나타난 개체들을 모두 사라져서 변종으로 발달하지 못한 반면, 긍정적인 변이를 지닌 개체들을 살아남아, 그 변이를 유지하면서 변종으로 발달한다는 설명이다.

존을 더 어렵게 하는 사실상의 변화로 이어져서, 문제가 되는 종은 몰살되지 않으려고 자신이 가진 모든 역량을 쏟아부어야 한다. 그러면 한 종을 이루는 모든 개체들 가운데 수가 가장 적고 생물학적 구성이 가장 약한 것이 가장 먼저 어려움을 겪을 것이고, 이러한 압박이 더 심해진다면 이들이 가장 먼저 절멸될 것이다. 같은 요인들이 지속적으로 작용한다면, 부모종이 그다음으로 어려움을 겪게 되면서 점차적으로 그 수가 줄어들 것이며, 비슷한 불리한 상황이 재발하면, 부모종 역시 절멸할 것이다. 따라서 우수한 변종만 홀로 남을 것이고, 생활하기에 적합한 환경이 되면 그 수는 다시 급격하게 증가하고, 절멸한 종과 변종이 점유하던 장소[19]를 차지하게 될 것이다.

우월한 변종들은 원래 종을 궁극적으로 완전히 몰살한다

변종은 이제 종을 대체했을 것이고, 더 완벽하게 발달하고, 더 고도로 체계화된 유형이 되었을 것이다. 이 변종은 자신의 안전을 유지하고 개체 하나하나와 군종 자체의 생존을 연장하는 데 모든 측면에서 더 잘 적응했을 것이다. 원형은 이제 더 열등하게 되었고, 자신의 생존을 위한 변종과의 경쟁에서 결코 이길 수가 없기 때문에, 이렇게 남은 변종은 원형으로 되돌아갈 수 없을 것이다. 그러므로 원형을 생산하려는 '경향'이 있다고 하더라도, 여전히 변종은 수적으로 항상 우위를 유지할 것이며, 불리한 물

∴

19 월리스가 이 논문을 집필할 당시에는 생태학 용어가 발달하지 않았다. 장소(place)는 오늘날 생태학 용어로 생태적 지위 또는 지위와 같은 의미이다.

리적 조건[20]에서 다시금 **홀로 살아남을 것이다.** 그러나 이처럼 새롭게 개선되어 개체수도 많아진 군종도 시간이 흘러감에 따라 또 다른 새로운 변종이 출현할 것이다. 그리고 이 새로운 변종은 형태적으로 다양한 변형을 보일 것이며, 이들 중 생존 능력이 더 향상된 것은 앞에서 설명한 바와 같은 일반적인 법칙에 따라 반드시 우위를 점하게 될 것이다. 비로소 우리는 자연 상태에서 살아가는 동물의 생존을 조절하는 법칙과 변종이 자주 생겨난다는 반박할 수 없는 사실들로부터 계속해서 **나타나는 분화와 진보를** 추론할 수가 있다. 그러나 이 결과가 변하지 않는다고 주장하는 것은 아니다. 어떤 지역의 물리적 조건이 변해서 때로 실질적으로 군종을 변화시키기도 하는데, 조건이 바뀌기 전에는 살아남기에 가장 유리했던 군종이 바뀐 후에는 생존이 가장 어렵게 되기도 하고, 심지어 한때는 더 새롭게 만들어진 우월한 군종이 절멸하기도 한다. 반면에, 오래된 종이거나 부모종, 그리고 이들의 첫 번째 열등한 변종들이 더 번성하기도 한다. 또한 생존 능력에 미치는 영향은 거의 찾을 수 없는 중요하지 않은 부분에서 변이가 일어나기도 한다. 그리고 이렇게 만들어진 변종들은 부모종과 평행관계를 유지하는데, 더 많은 변이를 일으키거나 이전의 유형으로 돌아가려고 한다. 우리가 주장하는 점은, 특정 변종들이 원래의 종보다 더 오래 생존하려는 경향을 보인다는 것이고, 이런 경향은 틀림없이 드러난다는 것이다. 제한된 규모로 확률이나 평균을 가지고 논하는 것은 결코 신뢰할 수 없지만, 많은 수의 경우에 적용해보면 그 결과는 이론이 요구하는 것에 더 가까워지고, 무한히 많은 예들을 분석해보면 거의 완벽할 정도로 정확하게 된다. 지금

∴

20 생물을 둘러싼 있는 환경 요인 중 물, 대기, 땅과 같은 비생물적 요인을 지칭한다.

자연이 작용하는 규모는 너무나 방대해서, 아무리 사소하더라도 그리고 아무리 우연한 상황 때문에 감춰지고 방해받기 쉽더라도, 그 어떤 원인보다 개체들의 수와 거의 무한에 가까운 시간의 흐름이 가장 합리적인 결과를 반드시 도출한다.

사육 변종의 부분적인 회귀에 대한 설명

이제 사육하는 동물들을 대상으로, 이 동물들의 변종들이 이 논문에서 설명한 원리에 어떻게 영향을 받았는지 살펴보자. 야생동물과 사육동물 조건의 근본적인 차이점은 다음과 같다. 야생동물은 건강과 존재 자체가 이들의 감각과 신체적 능력이 최대한 발현되고 건강한 상태여야 한다는 것에 의존한다. 반면에 사육동물은 감각이나 신체적 능력이 일부만 활용되고 어떤 경우에는 전혀 활용되지 않는다. 또한 야생동물은 매번 배를 채울 만한 먹이를 찾아다니는 활동을 해야 하는데, 이를 위해 시각·청각·후각을 활용하여 먹이를 찾고, 위험을 피하고, 혹독한 계절에는 피난처를 구하고, 새끼들을 먹이고 안전을 도모해야만 한다. 야생동물의 모든 근육은 일상적이고 끊임없는 활동에 사용되고, 감각이나 능력은 모두 꾸준한 훈련으로 형성된다. 반면에 사육동물은 먹이가 제공되고, 대피처가 마련되어 있으며, 때로는 계절의 변화로부터 보호받기 위하여 행동에 제한을 받고, 천적의 공격으로부터 안전하고, 새끼를 낳을 때 인간의 도움을 받는다. 사육동물 감각과 능력 중 절반은 쓸모가 없으며, 그나마 나머지 절반도 강도가 약한 활동에 때때로 쓰일 뿐인데, 심지어 이들의 근육계 또한 불규칙하게 사용된다.

이제 사육동물에서 변종이 생겼다고 생각하자. 이 변종이 지닌 기관이나 감각의 힘 또는 능력이 증가했다고 하더라도, 이러한 증가는 전혀 쓸모가 없는데, 실제로 작동된다고 말할 수도 없으며 이러한 증가를 동물 스스로 전혀 느끼지 못할 수도 있다. 이와 반대로, 야생동물은 생존하기 위해서 자신의 능력과 힘을 최대한 사용하기 때문에, 어떤 증가도 곧바로 사용할 수 있는데 훈련을 통해서 강화되고, 심지어 먹이와 습성도 약간이나마 바꾸고, 더 나아가서는 군종의 전반적인 경제[21]를 바꾸기도 한다. 야생동물의 변종은 부모종과는 전혀 다른 동물처럼 되는데 우월한 힘을 가지게 되고, 이 힘으로 그보다 열등한 것들에 비해 개체수를 더 많이 늘리고 더 오래 생존한다.

다시 말해서 사육동물에서는 모든 변이들이 존속할 확률은 동일하다. 이때 어떤 변이가 야생동물에게는 다른 동물과 경쟁하고 살아남는 데 약점이 된다고 하더라도 사육 상태에 있는 동물에게는 그런 것이 전혀 약점이 되지 않는다. 빨리 살찌는 돼지, 다리가 짧은 양, 파우터비둘기, 그리고 푸들(개)은 자연 상태라면 절대로 존재할 수 없었을 것인데, 이처럼 열등한 형태의 변이가 시작되었다는 것 자체로 그 재래종은 빠르게 절멸되기 때문일 것이다. 이런 변종이 오늘날 존재할 수는 있지만, 야생 상태에 존재하는 동류종과 경쟁에서 뒤처질 것이다. 속도는 빠르지만 지구력은 떨어지는 경주용 말, 혹은 쟁기꾼이 통제하기 어려운 힘을 지닌 농사용 말, 재래종들 모두 자연 상태에서는 쓸모가 없다. 만일 팜파스 초원 지대 같은 야생

••

21 월리스 시대에 경제는 생태학을 의미한다. 흔히 자연의 경제(economy of nature)라고 표현했다. 여기에서는 생태학적 특성, 즉 생태적 지위를 의미한다.

으로 돌아간다면, 이런 동물들은 아마도 곧 절멸하거나 혹은 유리한 환경에서는 결코 작동한다고 말할 수 없는 이처럼 극단적인 특성들은 점차 사라질 것이다. 그리고 몇 세대 만에 흔히 보이는 유형, 즉 개체가 가진 다양한 힘과 능력을 먹이를 구하고 안전을 유지하는 데 골고루 잘 분배하는 일반적인 유형으로 되돌아갈 것이다. 이런 유형으로 되어야만 자신의 체제를 이루는 모든 부분을 최대한 활용하여 혼자서도 살아남을 수 있을 것이다. 사육동물의 변종이 야생으로 돌아가게 된다면 반드시 원래 야생에서 살던 무리와 비슷하게 돌아가야 하는데, 그렇지 못하면 완전히 절멸할 것이다.*

따라서 사육동물들 사이에서 발생한 변종들을 관찰하면서 연역적으로 야생동물들의 변종들이 어떻게 될지를 추론하는 것은 불가능하다. 이 두 종류는 이들이 생존하는 환경 자체가 서로서로 너무나 달라서 한쪽에 적용되는 것을 다른 한쪽에는 거의 적용할 수가 없다. 사육동물들은 비정상적이고, 불규칙적이며, 인공적이다. 이들은 자연 상태에서는 절대로 만들어지지 않고, 결코 만들어질 수 없는 변이를 지니게 된다. 이들의 존재 자체는 인간의 돌봄에 전적으로 의존한다. 따라서 이들 대부분은 재래종이라는 자신의 생존을 보존하고 유지하도록 자신만의 자원에 의존하여 홀로 살아가는 수단, 즉 적절히 배분된 능력과 체제의 진정한 균형을 잃어버렸다.

---

* 즉, 이들은 아마 다양하게 변할 것이고, 이들을 야생 상태로 적응시킬 수 있는, 즉 이들을 야생동물과 비슷하게 만드는 변이는 보존될 것이다. 충분하게 변화하지 않는 개체들은 사라질 것이다(이 주석은 원래 논문에는 없었으나, 책으로 발간하면서 추가되었다—옮긴이).

라마르크의 가설은 현재 발전한 가설과는 완전히 다르다

라마르크의 가설, 즉 종의 점진적인 변화는 동물들이 자신의 기관들을 발달시켜 자신의 구조와 습성을 바꾸려고 한 것에서 기인한다는 가설은 종과 변종을 주제로 글을 쓰는 모든 사람들에게 반복적으로 걸핏하면 반박되어왔다. 그리고 라마르크의 가설이 참이라면 종과 변종에 관련된 궁금증들이 마침내 모두 해소된 것처럼 간주하고 있다. 그러나 이 논문에서 주장하는 논점, 즉 자연계에서 끊임없이 작용하는 원리들에 따라 비슷한 결과가 만들어졌다는 것을 보여주게 되면 라마르크의 가설은 불필요한 것이 된다. 오므릴 수 있는 강력한 발톱을 가진 매와 고양이과 동물들은 자신의 의지로 발톱을 만들거나 강력해지는 것이 아니다.[22] 이들 무리에서 먼저 존재했고 덜 체계화된 유형으로부터 분화된 변종들 가운데, 먹이를 잡는 데 가장 뛰어난 기관을 가진 개체들이 항상 오랫동안 살아남은 것이다. 기린이 나무의[23] 더 높은 곳에 있는 잎들을 따먹기 위해서 끊임없이 목을 늘리려고 하다가 기다란 목을 얻은 것이 아니다. 단지 대조형으로부터 생긴 보통보다 더 기다란 목을 지닌 변종이 목이 짧은 다른 기린들보다 같은 곳에서 더 많은 싱싱한 잎들을 뜯어 먹을 수 있었기 때문이다. 그리고 먹이가 부족해지기 시작하자 목이 긴 개체가 짧은 개체보다 더 많이 살아남을 수 있었다. 심지어 동물들의 특이한 색깔, 특히 곤충의 경우에 서식하는 흙이나 땅, 또는 뿌

∴

22 라마르크는 동물이 자신의 기관을 의지로 발달시킨 것으로 설명한다.
23 월리스는 'shrub'으로 표기했으나, 이는 높이가 낮은 관목을 지칭한다. 관목의 잎은 어느 정도 자란 기린은 쉽게 따먹을 수가 있을 것이기에, 관목과 교목을 총칭하는 나무로 번역했다.

리의 색을 매우 닮은 것도 같은 원리로 설명할 수 있다.[24] 세월이 흐르면서 여러 색을 지닌 수많은 변종들이 생겨났지만, 천적에게서 자신을 숨기는 데 가장 최적화된 군종만이 결국에는 가장 오랫동안 살아남은 것이다. 또한 자연에서 자주 관찰되는, 어떤 한 기관계의 결함이 다른 부분들의 발달로 채워지는 것과 같은 균형에 대해서 여전히 설명해야 할 필요가 있는데, 다리는 약하지만 날개가 강하거나, 방어 기관은 상실하였으나 빠르게 날아가면 되는 이처럼 불균형한 결함을 가진 변종은 오래 살아남지 못했기 때문이다. 이 원리의 작용은 증기기관에서 속도조절기의 역할과 거의 같은데, 이 조절기는 이상한 현상들이 나타나기도 전에 그것들을 확인하고 수정한다. 그리고 마찬가지 방법으로 동물계에서 불균형한 결함이 있으면, 절대로 눈에 띌 만한 개체수로 늘어나지는 않는데, 불균형한 결함이 있다는 것 자체가 그 종으로 하여금 생존하기 어렵게 하고, 곧 절멸하는 수순으로 이어지게 됨을 의미하기 때문이다. 이 논문에서 주장하는 기원은 생물체가, 즉 중앙형[25]에서 분기해서 만들어진 많은 직계들이 갖는 형태와 구조의 변형들에서 나타내는 특이한 특성들과 잘 맞는다. 이는 바로 동류종들이 연속성[26]을 거치면서 강화된 특정 기관의 효율성과 힘, 그리고 보다 근본적인 형질은 많이 변했음에도 불구하고 깃털과 털의 질감, 뿔이나 벼슬의 형태와 같은 보다 덜 중요한 부분들이 여러 종을 거치면서 거의 변하지 않은 특성 등이다. 이런 점은 오언 교수가 절멸한 유형에 비해서 최근에 생긴

••

24 이를 보호색이라고 하는데, 4장에서 상세하게 설명한다.

25 한 종이 여러 종으로 나누어질 때, 나누어지기 전 기본형을 유지하는 종을 월리스는 중앙형으로 불렀던 것으로 보인다.

26 당시에는 연속성(succession)이 진화를 의미하는 용어로 사용되었는데, 한 종에서 다른 종이 나타나는 현상을 의미한다.

유형이 지니는 특성이라고 언급한 '더욱 특화된 구조'가 나타난 것을 설명해주는데, 특화된 구조는 분명히 동물의 경제에서 특수한 목적에 따라 특정 기관을 꾸준히 변화시킨 결과일 것이다.

결론

우리는 자연계에서 원형으로부터 점점 더 멀어지려는 특정한 **변종** 무리들이 지속적으로 발달하는 경향이 있음을 목격하고 있다. 그런데 이러한 발전에는 특정한 제한이 있다는 근거는 없는 것 같다. 자연 상태에서 이러한 결과를 유발하는 같은 원리가 왜 사육동물에서 만들어진 변종들이 야생으로 가면 원형으로 돌아가려는 경향을 보이는지를 설명해준다. 종의 생존을 보존할 수 있는 이러한 발전은 조금씩, 여러 방면에 걸쳐, 필요한 조건에 따라 조절되고 균형을 맞춰 가면서, 생물체가 보여주는 여러 가지 현상, 즉 과거에 일어났던 절멸과 연속성, 유형들에서 나타나는 놀라운 변형들, 본능, 그리고 이들이 보여주는 습성과 일치하도록 뒤따라 나타난 것으로 여겨진다.

3장

동물들 사이에서 나타나는 의태와
자신을 보호하기 위한 유사성

진짜 이론과 가짜 이론의 검증[1]

새로운 사실들을 흡수하고 발견하는 힘과 이전에는 설명할 수 없는 비정상으로 간주되었던 현상을 해석하는 능력보다 포괄적인 이론에 담겨 있는 진실이 보여주는 좀 더 설득력 있는 증거는 없다. 그래서 과학자들이 만유인력 법칙과 빛의 파동설을 확립하고 보편적으로 받아들이고 있는 것이다. 연달아 파헤쳐진 여러 사실들은 법칙들과 명백히 일치하지 않는다고 제기되었고, 바로 이 사실들이 처음에는 반증된 것처럼 보였던 법칙의 결

:.

1 차례에는 이 부분에 「진짜 이론과 가짜 이론의 검증」이라는 소제목이 있으나, 본문에는 누락되어 있어, 본문에 소제목을 추가했다.

과로 판명되었다. 가짜 이론은 이러한 검증을 결코 견딜 수 없을 것이다. 지식의 발전은 가짜 이론이 다룰 수 없는 사실들 전부를 밝히는 것이며, 가짜 이론을 뒷받침할 수 있는 능력과 과학적 기술에도 불구하고 가짜 이론을 옹호하는 사람들의 수는 꾸준히 감소할 것이다. 에드워드 포브스의 위대한 명성도 "시간에 따른 생명체 분포의 극성"[2]이라는 자신의 이론이 자연적으로 사라지는 것을 막을 수는 없다. 그러나 가짜 이론의 행태를 가장 뚜렷하게 보여주는 예시는 매클레이[3]가 기초를 다지고 스웨인슨[4]이 발전시킨 '5원형 체계'에서 발견되는데, 이 체계는 지금까지 거의 넘어설 수 없었던 많은 양의 지식과 독창성을 지니고 있다. 이 이론은 그 자체가 대칭성과 완벽함을 지니고 있을 뿐만 아니라 이 이론으로 밝혀내고 이용했던 다양하게 변하는 대응관계와 친밀성도 지니고 있는데, 이들 두 속성 모두 대단히 매력적이었다. 『라드너[5]의 잡동사니 백과사전』[6]이라는 자연사와 관련된 연속간행물에서 스웨인슨 씨는 동물계의 많은 분야에서 이 이론을 발전시킴으로써 이 이론이 널리 알려졌다.[7] 실제로 이 백과사전은 새롭게 떠오르는 자연사학자들에게 거의 유일한 최고의 대중서로 오랫동안 읽혔다. 이 이론은 아마도 더 적절하게 말하자면 불안정성을 보여주는 징후였을 것이나, 구식 학교에서도 호의적으로 받아들여졌다. 잘 알려진 자연

• •

2 1장 각주 20을 참조하시오.
3 Macleay, William Sharp(1792~1865).
4 Swainson, William John(1789~1855).
5 Lardner, Dionysius(1793~1859).
6 1830년부터 많은 사람들이 썼던 원고를 라드너가 편집한 백과사전으로 1841년까지 133권이 출판되었다.
7 스웨인슨은 『라드너의 잡동사니 백과사전』의 일련의 출판물 중에서 『동물의 습성과 본능』 등 아홉 권을 단독으로, 그리고 『곤충의 자연배열과 역사』 한 권을 공동으로 집필했다.

사학자 상당수는 이 이론을 칭찬하거나 비슷한 마음으로 옹호했는데, 이 백과사전은 몇 년 동안 확실하게 최고의 위치를 차지했다. 만일 이 이론에 진실이라는 그 어떠한 근거라도 있다면, 이처럼 우호적인 소개와 재능 있는 해설자들과 함께 이 이론은 반드시 확립되었을 것이다. 그럼에도 아주 짧은 시기에 이 이론은 사라졌고 이 가설이 존재했다는 그 자체만 오늘날 역사의 한 부분이 되었다. 이 이론은 너무나 빨리 추락했기 때문에 재능을 지녔던 이론의 창조자인 스웨인슨은 이 이론을 믿은 마지막 사람으로 남게 되었다.

가짜 이론은 다음과 같은 과정을 거친다. 진짜 이론은 아주 다른데, 자연선택이라는 주제와 관련된 의견의 진보에서 잘 볼 수 있다. 『종의 기원』은 출판된 지 8년이 채 되지 않았는데도[8] 과학계에 종사하는 뛰어난 사람들 대부분의 마음에 확신을 심어주었다. 새로운 사실들과 새로운 문제들, 그리고 새로운 어려움들이 나타나면, 이 이론으로 수용하고 해결하거나 제거하였다. 그리고 이 원리는 잘 확립된 여러 분야에서 인류 지식의 발전과 결론으로 설명되고 있다. 이 논문의 목적은 설명할 수 없는 이례적인 것으로 간주되어 왔던 흥미로운 다양한 사실들이 최근에 어떻게 서로서로 연결되어 설명되는지를 보여주는 데 있다.

:

8 이 책은 1870년에 출판되었으나, 이 논문은 1867년에 발표되었고, 『종의 기원』은 논문보다 8년 전인 1859년에 출판되었다.

유용성 원리의 중요성

다윈 씨가 우리에게 너무나 진심 어린 감명을 준 것만큼 이토록 생산적인 결과를 만든 독창적인 원리가 아마도 지금까지 발표된 적은 없었다. 이 원리는 **자연선택** 이론으로 필연적으로 추론된 결과이다. 즉, 생물 세계가 보여주는 명확한 사실들, 특별한 기관, 특징적인 유형 또는 표식, 특이한 본능 또는 습성, 종들 사이에 또는 종 무리 사이에서 나타나는 연관성 등은 그 어떤 것도 존재할 수 없으나, 이 원리가 현재 또는 한때나마 이러한 특징들을 지닌 개체들이나 재래종들에게 **유용했음**은 틀림없다. 이처럼 위대한 원리는 우리에게 수많은 난해한 현상들에 대해 연구해서 끝까지 찾을 수 있는 하나의 실마리를 제공하고, 어떤 명확한 형질의 의미와 목적을 상세하게 찾도록 유도한다. 그런데 우리가 찾지 않는다면 이 형질은 의미가 없거나 사소한 것으로 간주되고 거의 대부분 그냥 넘어갔을 것이다.

동물의 색에 대한 보편적인 이론

동물들이 자신들의 살아가는 조건에 맞추어 몸의 색이 드러나는 적응은 오래전부터 인식되어왔고, 원래부터 창조된 특이성이나 토양, 먹이 등이 직접 작용한 결과에 귀속되어왔다. 전자의 설명이 받아들여진 곳의 조사는 완벽하게 저지되었을 터인데 왜냐하면, 우리가 적응하는 사실보다 더 멀리 갈 수 없었기 때문이다. 이 문제에 대해 알려진 것은 하나도 없다. 후자의 설명은 다양하게 변하는 현상들의 모든 양상을 다루기에는 정말로 부적절하며, 또한 널리 알려진 많은 사실들과 상충된다는 점이 곧 밝혀졌다. 예를 들면, 야생 굴토끼는 항상 회색이나 갈색을 띠기 때문에 벼풀[9]이나 고사리 종류들 사이에 몸을 숨기기에 유리하다. 그러나 이들 굴토끼를 기후나 먹이가 바뀌지 않은 상태에서 사육하면[10] 이들은 하얀색 또는 검은색으로 변하며, 이러한 변이를 지닌 개체들은 어느 정도까지 증식을 할 수 있어서 하얀색 또는 검은색 군종으로 만들어졌다. 정확하게 같은 일이 집비둘기에서도 나타났다. 시궁쥐와 생쥐의 사례를 보면, 하얀색 변이체는 기후나 먹이 또는 기타 외부 조건의 변화와 아무런 관련이 없는 것으로 밝혀졌다. 곤충의 날개에서 볼 수 있는 많은 사례들은 이들이 쉬는 나무껍질이나 잎의 정밀한 색조에 적응한 것으로 추정될 뿐만 아니라 잎의 형태나 잎맥 또는 나무껍질의 정밀한 굴곡 정도를 모방한 것으로도 추정된다. 그리고 이러한 상세한 변형을 기후나 먹이 탓으로 돌리는 것은 합리적이지 않은데, 왜냐하면 많은 사례에서 종은 자신과 닮은 것을 먹지 않으며, 먹는다고 하더라도 추정된 원인과 그에 따라 만들어진 결과 사이에 그 어떤 합리적인 관련성이 존재하지 않기 때문이다. 이러한 모든 문제들과 처음에는 이 문제들과 직접 연결되지 않은 것으로 보인 또 다른 문제들의 해결은 **자연선택** 이론에 남겨 두었다. 후자의 문제를 지성으로 이해하려면 유용하거나 보호를 위한 유사성이라는 주제로 분류될 수 있는 현상들 전반에 대한 윤곽을 보여주는 것이 필요할 것이다.

..

9   벼과(Poaceae)에 속하는 식물 중 대나무 종류처럼 딱딱하게 자라는 종류를 제외한 나머지를 지칭하는 명칭이다.
10 야생 굴토끼를 사육해서 집토끼를 만든 것으로 알려져 있다.

색에 영향을 미치는 은폐의 중요성

다소 완벽한 은폐는 많은 동물들에게 유용한데, 어떤 동물에게는 절대적으로 필요하다. 재빠르게 움직이지 못하여 수많은 천적으로부터 피할 수 없는 동물들은 은폐함으로써 자신의 안전을 도모한다. 다른 생물을 먹고 살아가는 동물들은 반드시 먹이가 되는 생물이 자신의 존재나 자신이 접근하는 것을 알아차리지 못하도록 몸을 만들어야만 하며, 그렇지 않으면 이들은 곧 굶어 죽을 것이다. 이런 점에서 자연이 얼마나 많은 동물들에게 이러한 혜택을 주는지 주목할 만하다. 동물들은 자신의 적으로부터 도망가거나 반대로 자신의 먹이 생물을 포획하는 데 최고의 역할을 해주는 색조로 자신의 몸을 색칠한다. 사막에서 살아가는 동물들은 일반적으로 사막과 비슷한 색을 띤다. 사자는 이러한 사례의 대표적인 보기인데 모래나 사막의 바위와 돌 사이에 자신의 몸을 웅크리고 있으면 거의 보이지 않는다. 영양은 모두 모래색에 가깝다. 낙타는 너무나도 탁월한 색을 지니고 있다. 이집트고양이[11]와 팜파스고양이[12]는 모래색이거나 흙색이다. 호주에서 살아가는 캥거루도 비슷한 색조를 띠며, 야생에서 살아가는 말은 원래 모래색 또는 점토색이었을 것으로 추정하고 있다.

사막에서 살아가는 조류들은 잠자코 있는데, 동화 색조[13]로 신기하게도 보호받고 있다. 북아프리카와 아시아의 사막에 많이 서식하는 검은딱

∵

11 고양이(*Felis catus*)의 품종으로 몸에 반점이 있다. 전 세계에서 사육하는 고양이의 조상으로 간주된다. 이집션마우(Egyptian Mau)라고도 부른다.
12 *Leopardus colocola*. 남아메리카에서 살아가는 고양이과(Felidae)에 속하는 동물이다.
13 주변 환경의 색과 자신의 색을 일치시킨 것이다.

새류, 종다리류, 메추라기류, 쏙독새류, 뇌조류 등은 자신이 살아가는 지역 토양의 평균적인 색과 겉모습과 놀라울 정도로 정확하게 닮으려고 모두 옅은 색조를 띠고 얼룩덜룩한 무늬를 가지고 있다. 트리스트럼[14] 목사는 『국제조류학회지』 1권에 게재한 북아프리카에 서식하는 조류 목록[15]에서 "교목이나 관목, 심지어 땅 표면에 적으로부터 조금이라도 숨을 수 있는 기복조차 없는 사막에서는, 인접한 지역의 색에 자신의 색을 동화시키는 변형이 절대적으로 필요하다. 그러므로 종다리류, 유럽울새류, 실바인새,[16] 사막꿩 등 새 하나하나의 몸 위쪽에 달리는 깃털, 조그만 모든 포유동물의 털가죽, 모든 뱀과 도마뱀의 피부 등에는 예외가 없이 균일하게 회황색이거나 모래색이다"라고 주장했다. 이처럼 뛰어난 관찰자의 증언을 들은 다음에는, 사막 동물이 지닌 보호색의 사례를 더 이상 제시할 필요가 없을 것 같다.

거의 비슷하게 놀랄 만한 사례로 북극에서 살아가는 동물을 들 수 있는데, 이들은 눈이나 빙하 위에서 자신의 몸을 숨기는 데 최고인 하얀색을 띠고 있다. 북극곰은 몸이 하얀 유일한 곰 종류로 눈과 얼음 사이에서 계속해서 살고 있다. 북극여우, 북방족제비, 고산산토끼 등은 겨울철에만 몸색이 하얗게 변하는데, 여름에는 하얀색이 다른 색보다 눈에 잘 띄어서 자신을 보호하기보다는 위험에 노출되기 때문이다. 그러나 북극산토끼는 거

··

14 Tristram, Henry Baker(1822~1906).

15 트리스트럼은 1859년에 발간된 『국제조류학회지』 1권에 논문 두 편을 발표했다. 이 가운데 목록으로 되어 있는 「알제리 남서쪽과 튀니지에 있는 사하라 대사막에서 채집한 조류 신종의 특징(Characters of apparently new species of Birds collected in the great Desert of the Sahara, southwards of Algeria and Tunis)」이라는 논문을 말한다.

16 어떤 새 종류인지 확인할 수가 없다.

의 만년설 지역에서 살아가므로 1년 내내 하얀색을 유지한다. 같은 북쪽 지역에서 살아가는 동물들 가운데 일부는 몸색을 결코 바꾸지 않는다. 검은담비[17]가 좋은 사례인데, 시베리아 겨울의 혹한 속에서도 진한 갈색 털가죽을 지니고 있다. 그러나 이들의 서식지는 색의 보호가 필요 없는데, 이들은 겨울철에 열매와 장과[18]에 의존하고 나뭇가지 사이에 있는 조그만 새들을 잡으려고 나무 위로 활발하게 올라갈 수 있기 때문이다. 이 밖에 캐나다에서 살아가는 그라운드호그[19]는 진한 갈색 털가죽을 지니고 있는데, 땅에 굴을 파고 살아가면서 강둑으로 자주 가서 물속 또는 물 근처에 있는 물고기와 조그만 동물을 잡아먹고 살기 때문이다.

조류 가운데에는 뇌조[20]가 보호색을 보여주는 아주 좋은 사례이다. 여름에는 깃털 색이 지의류가 덮고 있는 돌의 색과 정확하게 일치해서 돌들 사이에 이들이 앉아 있을 때 사람이 이들 무리 속으로 걸어간다고 해도 단 한 마리도 볼 수 없다. 겨울에는 깃털이 거의 눈과 비슷하게 하얗게 변해 보호받는다. 흰멧새, 흰바다매, 흰올빼미 등도 깃털이 하얀색으로 된 조류들로 북극 지역에서 살아가는데 이들의 몸색이 어느 정도 보호 역할을 하고 있음은 의심할 여지가 없다.

야행성 동물도 비슷하게 좋은 사례를 제공한다. 생쥐, 시궁쥐, 박쥐, 두

••

17 *Martes zibellina*. 족제비과(Mustelidae)에 속하는 동물로, 여름에는 검은색을 띠나 겨울에는 황갈색을 띤다. 우리나라 북부 지방을 비롯하여 시베리아 일대에 서식한다.

18 장과도 열매의 일종이므로, 열매로만 써도 될 것이다. 그럼에도 구분한 것은 아마도 장과는 수분이 많은 열매이고, 그냥 열매는 수분이 없기에 구분한 것으로 보인다.

19 *Marmota monax*. 다람쥐과(Sciuridae)에 속하는 설치류의 일종으로, 마멋, 우드척, 땅돼지라고도 부른다. 북아메리카 일대에 서식한다.

20 뇌조속(*Lagopus*)에 속하는 새들을 지칭하는 이름으로, 여름과 겨울에 털갈이를 하여 모습이 크게 뒤바뀌는 것으로 널리 알려져 있다.

더지 등은 눈에 거의 띄지 않는 색조를 지니고 있는데, 그 어떤 빛이라도 순간적으로 나타날 때에는 이들을 아주 쉽게 볼 수 있다. 올빼미와 쏙독새는 검은 무늬가 있는 색조를 띠는데, 나무껍질과 지의류에 동화되어 있어 낮에도 자신을 보호할 수 있고, 해가 질 때에도 눈에 잘 띄지 않는다.

잎을 절대로 떨구지 않는 열대지방의 숲속에서는 몸색이 주로 초록색으로 된 일련의 조류 무리를 발견할 수 있다. 앵무새가 가장 두드러진 사례이나 동양에서는 초록색 비둘기 무리를 볼 수 있다. 또한 오색조, 개똥지빠귀류, 벌잡이새류, 동박새류, 부채머리새류 그리고 몇몇 이보다 작은 무리들은 자신의 깃털을 초록색과 매우 흡사하게 만들어 잎들 사이에서 자신을 충분히 숨길 수 있다.

색의 특별한 변형

지금까지 동물과 이들의 서식지 사이에서 나타나는 것으로 밝혀진 색조의 순응성은 어느 정도 일반적인 특성이다. 우리는 이제부터 좀 더 특별한 적응을 살펴볼 것이다. 만일 모래색인 사자가 사막에서 단순히 웅크리고 앉은 것만으로도 자신을 은폐할 수 있다면, 아마도 다음과 같은 질문을 할 수 있을 것이다. 호랑이, 재규어 그리고 몸집이 큰 다른 고양이과 동물들도 이 이론에 들어맞는다고 물어볼 수 있을까? 우리는 이들을 다소 특별한 적응을 보여주는 일반적인 사례라고 대답할 것이다. 호랑이는 숲속에서 살아가는 동물로 자신의 몸을 벼풀이나 대나무 다발에 숨기며 이러한 위치에서 위아래로 새겨진 줄무늬가 몸을 장식하듯 하늘을 향해 자라는 대나무 줄기와 동화되어, 자신에게 다가오는 먹이가 자신을 보지 못하게 은폐하는 것을 도와주었을 것이다. 사자와 호랑이를 제외한 다른 고양이과에 속하는 큰 동물들은 모두 나무들이 있는 곳에서 살아가며, 몸에 눈처럼 생긴 또는 반점이 있는 외피를 지니고 있어, 이런 특징으로 이들은 잎들이 있는 배경과 자신의 몸을 섞이도록 하는데, 이 얼마나 놀라운 일인가? 반면 한 가지 예외를 퓨마에서 볼 수 있는데, 퓨마는 잿빛 갈색의 털가죽을 지니고 있으며, 네 다리로 나무에 찰싹 달라붙는 습성이 있어, 먹이 동물이 나무 아래를 지나가면서도 나무껍질과 자신을 거의 구분하지 못하도록 한다.

앞에서 언급한 새들 가운데 뇌조는 특별한 적응을 보여주는 놀랄 만한 사례이다. 남아메리카에서 살아가는 모래색쏙독새(*Caprimulgus rupestris*)[21]는 또 다른 사례이다. 이 새는 아마존강 상류인 리오네그로강 근처의 조그만 섬들의 거의 노출된 바위 위에서 밝은 햇빛을 받으며 살아가는데, 이곳에서 이 새들은 비정상적으로 엷은 색깔을 띠고 있어 바위나 모래의 색과 거의 비슷하고, 그에 따라 이들은 잘못하여 밟히기 전까지 발견되지 않는다.

아가일 공작[22]은 자신의 저서 『법칙의 지배』[23]에서 멧도요[24]의 색깔이 자신을 보호하려는 놀라운 적응이라고 언급했다. 이 새는 낙엽이 있는 곳에서 발견되는 갈색, 노란색, 연회색 등 다양한 색이 모두 자신의 깃털에 나타나게 함으로써 습성에 따라 나무 아래의 땅 위에서 쉴 때, 이 새를 발견

··

21 최근에는 학명으로 *Chordeiles rupestris*를 사용한다.
22 George John Douglas Campbell, 8th Duke of Argyll(1823~1900).
23 1867년에 초판이 발간되었다. 이 책과 관련된 내용은 8장에서 상세하게 다루었다.
24 *Scolopax rusticola*. 유럽과 아시아에 걸쳐 서식하는데, 은밀하게 위장하고 있는 새로 널리 알려져 있다.

하기란 거의 불가능하다. 도요새[25]는 색을 늪지대 식생의 일반적인 형태와 색깔과 거의 똑같이 조화를 이루도록 변형할 수 있다. 레스터[26] 씨는 럭비 학교자연사학회에서 읽은 원고에서 "에메랄드점박이나무비둘기[27]가 자신이 좋아하는 전나무속(*Abies*) 식물의 나뭇가지 사이에 있는 횃대에서 쉴 때에는 거의 찾을 수가 없는데, 이보다 연한 색을 띤 잎들 사이에 있을 때에는 파랑과 자줏빛 무늬가 있는 깃털이 이들을 배신한다. 유럽울새[28] 역시 가슴에 붉은 무늬를 지니고 있어 눈에 쉽게 띄지만 실제로는 이 무늬 때문에 절멸 위기에 처하지는 않았는데, 황갈색 또는 황색으로 변하는 잎들 사이에서 일반적으로 살아가기 때문이다. 이런 곳에서는 붉은색이 가을의 색조와 아주 잘 맞아떨어지며, 몸의 다른 부위에서 나타나는 갈색은 잎이 다 떨어진 나뭇가지와 잘 맞아떨어진다"고 관찰 결과를 발표했다.

파충류도 비슷한 사례를 많이 제공한다. 나무에서 삶의 대부분을 살아가는 도마뱀 종류인 이구아나는 자신이 먹는 잎과 마찬가지로 초록색이고, 다알채찍뱀[29]은 잎과 비슷한 색을 띠고 있어, 이들이 잎 사이를 지나갈 때는 거의 발견할 수 없다. 초록색을 띤 조그만 나무개구리[30]가 동물원 정

..

25 도요새과(Scolopacidae)에 속하는 20여 종의 새를 부르는 이름이다. 이들은 매우 길고 가느다란 부리, 머리 위로 올려진 눈, 그리고 은밀하게 위장할 수 있는 깃털이 특징이다.
26 Lester, J.M. 확인할 수가 없다.
27 *Turtur chalcospilos*. 비둘기과(Columbidae)에 속하며, 아프리카 동부와 남부에 걸쳐 살아간다.
28 *Erithacus rubecula*. 산지 숲과 인가 부근 숲에서 자라는 조류로, 유럽 지역에 널리 분포한다.
29 *Platyceps najadum*. 중앙아시아에서 발칸반도에 이르는 지역에 서식하는데, 영어 이름이 'Dahls whip snake'이어서 다알채찍뱀으로 번역했다.
30 나무에서 대부분의 일생을 보내는 개구리 종류를 부르는 이름이다. 분류학적으로 청개구리과(Hylidae)를 포함하여 여러 과에 속한다.

원의 유리 상자 안에 있는 작은 식물의 잎에 앉아 있을 경우, 때때로 발견하기가 얼마나 힘이 드는가. 그럼에도 이들은 늪지 숲속의 축축한 새로 나온 푸른빛의 잎들 사이에 자신의 몸을 훨씬 더 잘 숨기고 있다. 북아메리카에서 살아가는 개구리[31]는 지의류로 덮인 바위나 벽 표면에서 발견되는데, 이런 곳의 색은 개구리 색과 거의 똑같아서 개구리들이 가만히 있으면 이들을 발견할 수 없다. 도마뱀붙이[32]의 일부 종들은 열대지방의 교목 줄기에 거의 움직이지 않고 달라붙어 있는데, 이들이 지닌 아주 기묘한 대리석 색은 자신이 쉬고 있는 나무껍질과 정확하게 일치한다.

열대지방 어디에서나 볼 수 있는 나무뱀[33]은 큰 가지와 떨기나무 사이를 꼬면서 다니거나, 잎이 무성한 곳에 용수철처럼 꼬인 상태로 있다. 이들은 뚜렷하게 구분되는 많은 무리들로 나누어지는데, 독성 여부로 종류가 구분된다. 그러나 이들 대부분은 화사한 초록색을 띠며, 때때로 다소 하얗거나 거무스름한 줄무늬와 반점으로 장식되어 있다. 이들 뱀에게 이러한 색깔이 이중으로 유리하다는 사실은 의심할 여지가 없는데, 몸색이 자신을 천적으로부터 은폐해주며, 또한 자신의 먹이가 위험을 의식하지 못한 상태로 자신에게 접근하기 때문이다. 귄터[34] 박사는 진정한 나무뱀 종류의 한

••

31 월리스의 정보가 정리되어 있는 Wallace online(http://wallace-online.org/)에서 제공하는 이 책 이미지 파일에는 "Hyla?"라고 손글씨로 부기되어 있다. 'Hyla'는 청개구리속을 의미한다.
32 도마뱀붙이는 도마뱀붙이하목(Gekkota)에 속하는 종류들을 총칭하는데, 이 하목에는 1,500종류가 포함되어 있는 것으로 알려져 있다. 흔히 게코라고도 부른다.
33 호주 동부와 북부, 인도네시아, 말레이시아 등지에 서식하며 독성이 있는 갈색나무뱀(*Boiga irregularis*)과 파키스탄, 중국 남부에서부터 인도네시아, 필리핀, 호주 등지에 서식하며 독성이 없는 나무뱀속(*Dendrelaphis*)의 뱀 종류, 그리고 멕시코를 비롯하여 중앙아메리카, 남아메리카 북부 등지에 서식하는 무딘머리뱀속(*Imantodes*)의 뱀 종류를 나무뱀(tree-snakes)이라고 부르고 있다.
34 Gunther, Albert Charles Lewis Gotthilf(1830~1914).

속인 달팽이먹이뱀속(*Dipsas*)³⁵의 몸색이 아주 드물게 초록색이나 검은색과 갈색, 그리고 짙은 황록색 등의 다양한 색조를 지니고 있다고 알려주었다. 이들은 모두 야행성 파충류이며 낮에는 구멍 속에 자신의 몸을 숨긴다. 그에 따라 보호에 필요한 초록색이라는 색조는 이들에게 아무런 소용이 없으며, 이들은 자신에게 좀 더 유용한 파충류만의 색조를 유지하고 있다.

어류도 비슷한 사례를 보여준다. 예를 들어 도다리나 홍어와 같은 많은 가자미 종류³⁶는 이들이 습관적으로 쉬는 곳의 자갈이나 모래의 색과 똑같다. 동부 산호초의 해양꽃정원³⁷에서 살아가는 어류들은 하나하나가 다양한 화려한 색을 하고 있다. 그러나 열대지방의 하천에서 살아가는 어류에게도 화사하거나 눈에 띄는 표식이 있다고는 하지만 이런 경우는 매우 드물다. 이러한 적응의 사례로 호주의 해마속(*Hippocampus*)³⁸ 동물은 매우 흥미로운데, 이들 중 일부는 바닷말³⁹과 비슷하게 긴 잎처럼 생긴 부속체를 지니고 있으며, 밝게 빛나는 붉은색을 띤다. 이들은 비슷한 색조의 바닷말들 속에서 살아가는 것으로 알려져 있어, 이들이 쉴 때에는 분간이 거의 되지 않는다. 오늘날 동물학회와 관련된 수족관에는 가느다란 초록실고기⁴⁰가 살고 있는데, 이들은 물건을 잡을 수 있는 자신의 꼬리를 이용하여 바닥을 비롯해 어떤 물체에도 자신을 고정할 수 있으며, 해류를 따라

••

35 이 무리에 속하는 뱀 종류를 영어로 snail-eater라고 불러, 영어 이름을 그대로 번역했다.
36 가자미과(Pleuronectidae)에 속하는 몸이 편평한 어류를 지칭하는 이름이다.
37 멕시코만에 있는 산호초이다. 동서 두 곳에 만들어져 있다.
38 바다에서 살아가는 어류의 일종으로, 머리가 말 머리와 비슷하여 바다에 있는 말이라는 의미로 해마라고 부른다.
39 바다에서 살아가는 여러 종류의 해조류를 지칭한다. 미역, 다시마, 김 등이 이에 해당한다.
40 *Corythoichthys intestinalis.* 실고기과(Syngnathidae)에 속하는 어류로, 인도-태평양의 열대 해역에 서식한다.

떠다니는데 단순한 대롱처럼 생긴 해조류와 매우 비슷하게 보인다.

그러나 동물이 살아가는 환경에 이처럼 적응하는 원리가 곤충 세계에서는 가장 완벽하면서도 눈에 띄게 발달되어 있다. 이 원리가 얼마나 일반적인지를 이해하려면 어느 정도는 상세하게 살펴볼 필요가 있는데, 앞으로 논의하게 될 여전히 더 놀라운 현상들이 지니는 의미를 더 잘 이해할 수 있을 것이다. 곤충들이 보호색을 띠는 이유는 이들의 동작이 느리고 방어 수단이 없는 것과 비례하는 것으로 보인다. 열대지방에서는 수천 종의 곤충들이 낮에는 죽거나 떨어진 나무의 껍질에 달라붙어 휴식을 취한다. 그리고 이들 거의 대부분은 회색이나 갈색을 띤 미묘한 얼룩을 지니고 있는데, 이 얼룩은 대칭으로 배치되어 있으며 무한히 다양하게 변한다. 그럼에도 나무껍질의 통상적인 색과 너무나 완벽하게 혼합되어 있어, 60~90센티미터 거리에서도 이들을 구분하기란 거의 불가능하다. 한 종의 곤충이 한 종의 나무만 찾는 사례도 있다. 남아메리카에서 흔하게 살아가는 긴뿔하늘소(*Onychocerus scorpio*)가 바로 이런 사례인데, 베이츠[41]씨가 나에게 알려준 바에 따르면, 이 종은 아마존 일대에 분포하며 타피리라[42]라고 부르는 거칠거칠한 껍질의 나무에서만 발견된다. 이 종의 개체수는 엄청 많으나, 색깔과 굴곡진 정도가 나무껍질과 너무나 비슷하여 나뭇가지에 달라붙어 있으면, 이들이 움직이기 전에는 절대로 찾을 수가 없다! 동류종인 동심원하늘소(*O. concentricus*)는 명확하게 구분되는 또 다른 나무인 파라고무나무[43]에서만 발견되는데, 이 나무의 껍질과 똑같이 생겼다. 이 두 종은

••

41 Bates, Henry Walter(1825~1892).
42 *Tapirira guianensis*. 타피리라라고도 부르는데 중남아메리카에 자생하는 상록성 교목이다.
43 *Hevea brasiliensis*. 남아메리카에 자생하는 낙엽성 교목이다.

풍부하기 때문에, 우리는 이들은 자신이 만든 이상한 은폐 장치로 보호받으며, 이러한 이유로 군종이 번성하게 된 것이라고 공정하게 결론을 내려도 될 것 같다.

길앞잡이속(*Cicindela*)에 속하는 많은 곤충들은 이런 방식의 보호를 잘 보여준다. 초록길앞잡이(*C. campestris*)는 벼풀이 많은 강둑을 찾아다니며 아름다운 초록색을 띠는 반면, 해변길앞잡이(*C. maritima*)는 모래로 된 해안에서만 발견되며 연한 청동빛이 도는 황색을 띠어 거의 발견되지 않는다. 내가 말레이제도에서 발견한 수많은 종들도 비슷한 보호색을 하고 있었다. 멋있는 글로리오사길앞잡이(*C. gloriosa*)는 아주 짙은 벨벳 같은 초록색을 띠고 있는데, 산 계곡의 밑바닥에 있는 축축하고 이끼가 낀 돌 위에서만 채집할 수 있었다. 이런 곳에서 이들을 발견하기란 엄청나게 어려운 일이다. 용사길앞잡이(*C. beros*)는 숲속에 나 있는 길 위의 죽은 잎에서 발견된다. 염습지의 축축한 진흙을 제외하고는 결코 발견되지 않는 이 종은 광택이 나는 짙은 황록색을 하고 있어 진흙색과 너무나 같아 햇빛이 내리쬘 때에만 자신이 만든 그림자 때문에 발견된다! 모래사장이 산홋빛이거나 거의 하얀색인 지역에서 나는 아주 연한색을 띤 길앞잡이속(*Cicindela*)에 속하는 종을 발견했고, 화산 근처의 검은색 지역에서는 같은 속에 속하는 어두운 색을 띤 종들을 확실하게 만날 수 있었다.

동양에는 비단벌레과(Buprestidae)에 속하는 조그만 딱정벌레들이 있는데, 이들은 일반적으로 잎의 중앙맥에서 쉬는데 새 똥의 파편과 너무나 비슷하여 자연사학자들은 때로 이들을 떼어내기 전에 주저한다. 커비[44]

44 Kirby, William(1759~1850).

와 스펜스[45]는 조그만 딱정벌레인 광대풍뎅이붙이(*Onthophilus sulcatus*)[46]와 산형과[47] 식물의 씨앗을 같은 생물로 언급했다. 또 다른 조그만 바구미는 찰흙색과 정확하게 같으며, 찰흙 구멍에서 특히 많은 개체들이 발견되는데, 머리먼지벌레속(*Harpalus*)에 속하는 포식성 딱정벌레들이 이들을 상당히 괴롭힌다. 베이츠 씨는 조그만 딱정벌레인 사마귀잎벌레(*Chlamys pilula*)[48]와 애벌레 똥을 눈으로는 구분할 수 없으며, 남생이잎벌레과(Cassidae)[49]에 속하는 일부 딱정벌레들은 반구형 몸집과 진줏빛이 도는 황금색을 띠고 있어 잎에 떨어진 빛나는 이슬처럼 보인다고 언급했다.

갈색을 띠며 얼룩덜룩한 조그만 바구미 대다수는 어떤 물체가 접근할 때 자신이 앉아 있던 잎에서 구르는 것과 동시에 자신의 다리와 더듬이를 잡아당기는데, 이렇게 만들어진 둥그런 형태는 너무나 완벽해서, 이들은 단순한 타원형의 갈색 덩어리처럼 보이게 된다. 이렇게 된 곤충들이 움직이지 않고 가만히 있는 동안에는 비슷한 색깔의 조그만 돌과 흙 알갱이들 사이에서 이들을 찾는 일은 거의 가망이 없다.

나비와 나방의 색깔 분포는 이러한 관점에서 볼 때 저마다 매우 유익하다. 나비의 날개 넉 장의 윗면은 모두 화려한 색인 반면, 아랫면은 거의 항상 수수한 색이지만 때로 아주 어둡고 칙칙하다. 이와는 반대로 나방은 일반적으로 뒷날개만 자신이 가진 최고의 색을 띠는 반면, 앞날개는 흐릿한

••

45 Spence, William(1783~1860).
46 최근에는 학명으로 *Onthophilus punctatus*를 사용한다.
47 산형과(Umbelliferae=Apiaceae)는 꽃이 우산처럼 생긴 산형화서에 꽃이 무리지어 피는 특징이 있다. 미나리, 당근 등이 산형과에 속한다.
48 최근에는 학명으로 *Carcinobaena pilula*를 사용한다.
49 우리나라에서는 남생이잎벌레아과(Cassidinae)로 간주하고 있다.

회색을 띠고, 때로는 다른 것을 모방하는 색조를 띠는데, 이러한 색들은 대체로 자신이 쉴 때 뒷날개를 은폐시켜준다. 색깔이 이렇게 배열된 것은 자신을 확실하게 보호하기 위함인데, 나비는 항상 자신의 날개를 세운 상태로 쉬기 때문에 화려하지만 위험한 자신의 날개 윗면을 은폐하고 있다. 우리가 이들의 습성을 충분히 관찰할 수 있다면, 아마도 우리는 나비 날개의 아랫면이 모방적이고 보호적인 경우가 아주 많다는 점을 발견할 것이다. 우드[50] 씨는 오렌지색꼬리나비[51]가 때로 밤에 산형과 식물의 초록색과 흰색의 화서 위에서 쉬고 있을 때 이러한 위치에서 나비를 관찰하게 되면, 나비의 아랫면이 아름다운 초록색과 흰색 얼룩으로 꽃의 화서와 완벽히 동화되어 있어, 이런 창조물을 보기가 엄청 어렵다는 점을 지적했다. 공작나비,[52] 쐐기풀나비,[53] 붉은제독나비[54] 등의 날개 아랫면이 진하고 어두운 색깔로 된 것도 아마 비슷한 목적으로 그러할 것이다.

항상 남아메리카에서 자라는 나무의 줄기에서 살아가는 두 종류의 흥미로운 나비인 얼룩말무늬나비(*Gynecia dirce*)[55]와 호랑이무늬나비(*Callizona acesta*)[56]의 아랫면에는 묘한 줄무늬와 얼룩이 있는데, 비스듬히 바라보면 많은 종류의 나무에서 발달한 고랑이 있는 나무껍질과 외관상 거의 동화

●●

50 Wood, Thomas(1839~1910).

51 *Colotis etrida*. 흰나비과(Pieridae)에 속하며, 스리랑카와 파키스탄 일대에 분포한다. 날개 끝부분만 노란색이다.

52 *Aglais io*.

53 *Aglais urticae*.

54 *Vanessa atalanta*. 날개는 검은색이나 붉은색 줄무늬와 하얀 반점이 있다. 북아프리카, 아메리카, 유럽과 아시아 일대에 널리 분포한다.

55 오늘날에는 *Colobura dirce*라는 학명을 사용한다.

56 오늘날에는 *Tigridia acesta*라는 학명을 사용한다.

되어 있다. 그러나 내가 지금까지 관찰한 나비 종류의 보호 유사성과 관련해서 가장 놀랍고도 의심할 여지가 없는 사례는 흔히 발견되는 인도가랑잎나비(*Kallima inachis*)와 말레이반도에서 발견되는 동류종인 말레이가랑잎나비(*K. paralekta*)가 보여준 색이다. 이들 곤충의 윗면은 크고 진한 푸른빛이 도는 바탕에 진한 오렌지색 줄무늬로 장식이 되어 있어 매우 뚜렷하고 보기에도 좋다. 아랫면은 색깔이 아주 다양하게 변하여 50개 표본 가운데 그 어떤 두 표본도 정확하게 같지 않으나, 이들 하나하나는 어느 정도 은빛이 도는 회색이나 갈색 또는 황토색 음영을 하고 있어 죽어서 메마르거나 썩어가는 잎들 사이에서 발견된다. 위쪽 날개의 정단부는 열대지방의 관목이나 교목의 잎에서 흔히 볼 수 있는 것처럼 뾰족한 침처럼 되어 있고, 아래쪽 날개는 아주 짧고 폭이 좁은 꼬리처럼 되어 있다. 이 두 지점 사이에 굽은 진한 선이 있는데 마치 잎의 중앙맥과 거의 비슷하며, 이 선에서 양쪽으로 약간 경사진 선은 마치 잎의 중앙맥에서 빠져나와 발달한 측맥처럼 보인다. 이러한 특징은 날개 아래쪽의 바깥쪽 부위와 중앙에서 정단부로 가는 안쪽 부위에서 더 명확하게 볼 수 있다. 이 무리가 지닌 통상적인 가장자리와 횡단하는 줄무늬가 잎의 잎맥을 모방하여 적응하는 과정에서 어떻게 변형되고 견고해졌는지를 관찰하는 일은 매우 흥미롭다. 이제 우리는 모방이라는 훨씬 더 이례적인 속성에 이르렀다. 우리는 다양하게 얼룩이 지고 흰곰팡이가 슬어 구멍이 뚫리는 부패의 모든 단계와 많은 사례에서 가루처럼 생긴 검은 점들이 모여서 반점들로 되어 불규칙하게 잎의 표면을 덮고 있는 모습을 발견할 수 있다. 이러한 모습은 죽은 잎에서 살아가는 아주 다양한 종류의 조그만 곰팡이가 하는 일과 너무나 닮아서 얼핏 보면 나비 그 자체를 곰팡이가 진짜로 공격했다는 생각을 하지 않는다는 것이 어려울 정도이다.

그러나 이러한 유사성은, 아무리 비슷하다고 해도, 곤충의 습성이 이 유사성과 조화롭지 않으면 거의 쓸모가 없다. 만일 다른 나비들처럼 이 나비가 잎이나 꽃에 앉는다면, 또는 날개 윗면을 펼치기 위해 날개를 벌리거나 자신의 머리와 더듬이를 노출하고 움직인다면, 이 위장술은 아무런 쓸모가 없을 것이다. 하지만 우리는 다른 사례들과의 대응관계로부터 곤충의 습성이 이처럼 남을 속이는 외모를 계속해서 도와줄 것이라는 점을 확신할 수 있다. 그러나 우리가 반드시 이처럼 가정할 필요는 없는데, 나 자신도 수마트라섬에서 말레이가랑잎나비(*Kallima paralekta*)에 새겨진 줄들을 관찰할 좋은 기회를 가졌고, 또한 상당히 많은 개체들을 채집했으며, 다음에 설명할 자세한 사항들이 보여줄 정확성을 확인할 수 있기 때문이다. 이 나비들은 건조한 숲속을 자주 방문하며 매우 신속하게 날아다닌다. 이들이 꽃이나 초록색 잎에 앉아 있는 것을 결코 볼 수 없으나 덤불이나 죽은 잎을 달고 있는 나무에서는 이들을 여러 번이나 놓쳤다. 이런 경우에 이들을 찾는 것은 일반적으로 헛된 일이 되는데, 이들이 한번 사라진 모든 곳을 골똘히 응시하는 동안 갑자기 날쌔게 튀어나와 1.8~4.5미터 떨어진 곳으로 다시 사라져버리기 때문이다. 한두 경우에는 곤충이 쉬고 있을 때 찾았는데, 그때 이들이 주변에 있는 잎들과 얼마나 완벽하게 동화되어 있는지를 알게 되었다. 이 곤충은 거의 수직으로 자란 어린가지에 앉아 있었고 날개는 서로 등을 맞대고 있어 더듬이와 머리는 은폐되어 있었는데 날개 사이로 끌어당겨져 있다. 아래에 있는 날개의 조그만 꼬리는 나뭇가지와 닿아 있어 완벽한 잎자루처럼 보였는데, 가늘고 눈에 띄지 않는 가운뎃다리 쌍에 달린 발톱으로 자신의 자리를 유지하고 있었다. 날개의 불규칙한 윤곽은 정확하게 오므라들어 있는 잎을 보여주는 것 같은 효과를 보여준다. 따라서 우리는 크기, 색깔, 형태, 표식, 습성 등의 모든 것이 함께 모여 절대적으로 완벽하다고 말할 수 있는 위장을 보고 있으며, 이러한 위장이 제공하는 보호는 위장한 개체들이 풍부하다는 점에서 충분히 알 수 있다.

조지프 그린[57] 목사는 영국에 서식하는 나방의 가을과 겨울의 날개 색깔과 그 계절에 우세하게 나타나는 색조와의 놀라운 조화에 주목했다. 가을에는 다양한 황색과 갈색 색조가 우세한데, 그는 이 계절에 날아다니는 52종 가운데 무려 42종이 상응하는 색깔을 지니고 있음을 확인했다. 낡은무늬독나방(*Orgyia antiqua*), 고노스티그마독나방(*O. gonostigma*),[58] 노랑날개뾰족밤나방속(*Xanthia*), 도망자나방속(*Glaea*), 가시나방속(*Ennomos*)나방 등이 이런 사례에 속한다. 겨울에는 회색과 은빛이 도는 색조가 우세한데, 함정나방속(*Chematobia*) 나방과 피나무고리나방속(*Hybernia*)에속하는 몇몇 종들이 이 계절에 날아다니며 상응하는 색조를 지닌다. 자연 상태에서 나방의 습성을 좀 더 자세히 관찰할 수 있다면 의심할 여지 없이 우리는 특별한 보호색과 관련된 유사성을 보여주는 많은 사례를 발견할 수 있을 것이다. 몇 가지 사례는 이미 알려졌다. 멋진오늘나방(*Agriopis aprilina*)[59]과 흙탕저녁나방(*Acronycta psi*)을 비롯한 많은 나방들은 나무 줄기의 북쪽 면에서 낮 동안 쉬는데, 나무 줄기를 덮고 있는 회녹색의 지의류와 이들을 구분하는 것은 매우 어렵다. 죽은참나무잎나방(*Gastropacha querci*)은 모양과 색깔이 갈색의 마른 잎과 거의 비슷하다. 널리 잘 알려진 가죽장식나방[60]이 쉬고 있을 때에는 마치 지의류로 뒤덮인

••

57 Joseph Greene(생몰연대 미상).
58 오늘날에는 *Orgyia antiqua*와 같은 종으로 처리하면서, 이 학명은 *O. antiqua*의 이명으로
     간주한다.
59 최근에는 학명으로 *Griposia aprilina*를 사용한다.
60 *Phalera bucephala*.

나뭇가지의 부러진 끝을 보는 것과 같다. 잎에 떨어진 새똥과 정확하게 닮은 작은 나방들의 사례도 일부 있다. 이런 나방과 관련해서 시지윅[61] 씨는 럭비학교자연사학회에서 낭독한 논문에서 자신이 최초로 관찰한 결과를 "나 스스로도 작고 희끗희끗한 납작새똥나방(*Cilix compressa*)을 잎에 떨어진 새똥 조각으로, **역으로** 똥을 나방으로 여러 번 오인했다. 초록대리석나방(*Bryophila Glandifera*)[62]과 대리석나방(*B. perla*)[63]은 이들이 쉬는 모르타르 벽의 이미지와 정말 똑같다. 이번 여름에만 해도 스위스에서 나는 아마도 세점아욱나방(*Larentia tripunctaria*)일 것으로 생각하는데, 바로 내 앞에서 펄럭이는 나방을 잠시 즐긴 적이 있었다. 그리고 나서 몇 미터 떨어진 돌 벽에 도착해서는 아주 정확하게 일치하는 이들을 발견하지 못했다"고 발표했다. 아마도 자연의 쉼터에 있는 자신만의 장소에서 많은 종들을 찾기 어려운 이유는 관찰되지 않은 대다수의 이러한 유사성 때문일 것이다. 애벌레 또한 비슷하게 보호된다. 많은 종류들이 자신이 먹은 잎의 색조와 정확하게 일치하며, 다른 종류들은 약간은 갈색을 띤 어린가지와 같다. 많은 종류들은 너무나 이상한 표식이 있거나 혹이 나 있어 움직이지 않고 있을 때에는 이들을 살아 있는 창조물이라고 전혀 생각할 수 없다. 앤드루 머리[64] 씨는 공작나방(*Saturnia pavonia-minor*)의 애벌레의 바탕색이 자신이 먹어치우는 히더[65]의 어린 눈 바탕색과 밀접하게 조화를 이루고 있으

---

61 Sidgwick, Arthur(1840~1920).
62 최근에는 학명으로 *Cryphia muralis*를 사용한다.
63 최근에는 학명으로 *Cryphia domestica*를 사용한다.
64 Andrew Murray(1812~1878).
65 *Calluna vulgaris*. 진달래과에 속하는 상록성 관목이다.

며, 또한 장식되어 있는 분홍색 반점들이 같은 식물체의 꽃과 꽃눈의 색과 일치되어 있음을 언급했다.

메뚜기목(Orthoptera)에 속하는 메뚜기, 로커스트메뚜기,[66] 귀뚜라미 등은 자신이 살아가는 식생이나 흙의 색과 자신의 몸색을 조화시키는데, 이처럼 특별한 유사성을 보여주는 놀랄 만한 사례를 다른 무리에서는 볼 수 없다. 열대지방에서 사는 사마귀과(Mantidae)와 메뚜기과(Locustidae)[67] 곤충 대부분은 자신이 습관적으로 쉬는 나뭇잎의 색깔과 정확하게 같은 색조를 지니며, 게다가 이들 중 상당수는 잎의 맥을 정확하게 모방하여 날개 맥을 변형시켰다. 이러한 점은 아주 놀라운 잎사귀벌레속(*Phyllium*) 동물에서 더욱더 확장되었는데, 잎사귀벌레속(*Phyllium*) 곤충을 '걸어 다니는 잎'이라고 부른다. 이 곤충은 하나하나 세부 사항들까지 완벽하게 잎을 모방한 날개뿐만 아니라 잎처럼 편평하고 넓은 가슴과 다리를 만든다. 그에 따라 살아 있는 이들이 자신이 먹으려는 잎들 사이에 쉬고 있을 때에는 동물과 식물을 가까이 가져가도 때로는 구분할 수가 없다.

대벌레과(Phasmidae)에 속하며 흔히 대벌레라고 부르는 곤충들은 다소 모방을 하고 있는데 대다수가 어린가지나 가지와 독특하게 닮아 있어 '걸어 다니는 막대기 곤충'이라고 부른다. 이들 중 일부는 길이가 30센티미터, 두께는 사람 손가락 정도이며 전체적인 몸색·형태·굴곡 정도·머리·다리 그리고 더듬이의 배열 등은 이들을 죽은 가지와 완전히 똑같이 보이도

● ●
●

66 메뚜기과(Acrididae)에 속하는 곤충들로 무리를 지어 산다. 이에 비해 메뚜기는 메뚜기과(Acrididae)를 포함하는 메뚜기아목(Caelifera)에 속하는 곤충들을 부르는 이름이다. 로커스트메뚜기는 메뚜기와는 달리 떼를 지어 살아가는 무리를 부르는 이름으로 사용한다.
67 최근에는 학명으로 Acrididae를 사용한다.

록 만든다. 이들은 숲속에 있는 관목에 느슨하게 매달려 있으며, 좀 더 완벽하게 속이려고 자신의 다리를 비대칭적으로 쭉 펴는 아주 이상한 습성이 있다. 내가 직접 보르네오섬에서 채집한 이러한 창조물 가운데 하나인 보행막대기벌레(*Ceroxylus laceratus*)는 깨끗한 올리브빛이 도는 초록색의 잎처럼 생긴 돌기로 덮여 있어, 기어다니는 나방이나 망울이끼와 거의 정확하게 닮아 있다. 나에게 이 개체를 가져다준 다야크족**68**은 이끼와 함께 자란다고 분명히 이야기했으나, 보다 상세하게 조사한 다음, 나는 이끼가 아니라고 확신했다.

동물의 상세한 형태와 색깔이 얼마나 중요한가를 보여주는 더 많은 사례와 이들의 존재 그 자체가 적으로부터 자신을 은폐하려는 수단에 달려 있다는 것을 보여주는 더 많은 사례를 우리가 제시할 필요는 없다. 이러한 종류의 보호는 모든 강이나 목에 속하는 동물에서 명백하게 발견할 수 있는데, 우리가 동물의 전 생애와 관련된 상세한 사항에 대한 충분한 지식을 얻을 수 있는 곳이라면 어디에서나 발견되기 때문이다. 보호는 단순히 눈에 띄는 색깔이 없거나 자연에서 우세하게 나타나는 색조와 일반적으로 조화를 이루는 정도에서부터 동화에 나오는 부적처럼 인식될 수 있는 무생물 또는 식물의 구조와 미세하고도 세부적으로 유사한 정도까지 다양하게 나타나는데, 자신을 보이지 않게 만드는 능력을 생물들에게 제공한다.

∙∙

68 보르네오섬 원주민 부족 중 하나이다.

보호색과 관련된 이론

이제 우리는 이처럼 놀라운 유사성이 어떻게 가장 그럴듯하게 생겨났는 지를 보이려고 노력해야 한다. 고등동물로 돌아가서, 온대나 열대지방의 자연 상태에서 살아가는 포유동물 또는 조류에서는 하얀색이 드물게 나타 난다는 주목할 만한 사실을 고려해보자. 유럽에는 북극 또는 고산에서 살 아가는 극소수의 생물을 제외하고는 보호색으로 하얀색을 띤 육지 새나 사지동물이 단 하나도 없다. 그럼에도 이들 창조물 가운데 많은 종들에서 하얀색을 피하려는 경향성을 물려받은 생물은 없는 것 같다. 왜냐하면 이 들을 사육하면 하얀색 변종들이 직접적으로 나타나며, 다른 생물들처럼 번성하기 때문이다. 우리는 하얀 생쥐와 시궁쥐, 그리고 하얀 고양이, 말, 개, 소, 그리고 하얀 가금류, 집비둘기, 칠면조 그리고 오리, 그리고 하얀 굴토끼를 기르고 있다. 이 동물들 가운데 일부는 오랫동안 사육해왔으며, 몇 종은 단지 몇 세기 동안만 사육했다. 그러나 한 종류의 동물이 완전하 게 사육된 거의 모든 사례에서 부분적으로 다른 색을 띤 하얀색 변종들이 만들어지고 영구적으로 유지되고 있다.

자연에 있는 동물은 때때로 하얀색 변종들을 만들어낸다는 것도 잘 알 려져 있다. 대륙검은지빠귀,[69] 유럽찌르레기,[70] 그리고 까마귀에서도 때때 로 하얀 개체가 보이며 코끼리, 사슴, 호랑이, 산토끼, 두더지를 비롯한 많 은 다른 동물들에서도 하얀색이 보이나 항구적인 하얀색 군종은 그 어떤

••

69 *Turdus merula.*
70 *Sturnus vulgaris.*

경우에도 만들어지지 않는다. 지금으로서는 정상적인 색깔을 지닌 부모가 사육할 때 자연에서보다 하얀색 자손을 더 자주 만든다는 통계적 자료는 없다. 그리고 사실을 통계 자료가 없어도 설명할 수 있다면 우리에게는 이렇게 가정할 권리가 없다. 그러나 동물들의 색깔이 진짜로 앞에서 언급한 다양한 사례에서처럼 자신을 은폐하고 보존하는 데 도움이 된다면, 하얀색이나 또 다른 눈에 잘 띄는 색은 해로울 터인데, 대부분 사례에서 동물의 수명을 단축시킴에 틀림없다. 하얀 굴토끼는 좀 더 확실히 매나 말똥가리 등의 먹이가 될 것이며, 하얀 두더지 또는 야생 생쥐는 경계를 늦추지 않고 있는 올빼미로부터 멀리 도망가지 못할 것이다. 따라서 육식성 동물들로부터 은폐하는 데 가장 잘 적응된 색조에서 벗어난 개체들은 먹이를 찾기가 훨씬 더 어려워질 것이며, 자신의 동료에 비해 불리한 처지에 놓이게 될 것이며, 곤궁한 시기에는 굶어 죽게 될 것이다. 이와는 반대로, 어떤 동물이 온대 지역에서 북극 지역으로 이동하면 조건은 변한다. 1년 중 많은 시간을 생존 때문에 극도로 몸부림을 쳐야 할 때가 되면, 하얀색은 자연에서 우세한 색조가 되며, 어두운 색은 눈에 가장 잘 띄게 될 것이다. 이제 하얀색 변종은 유리한 점을 가지게 될 것이며, 이들은 자신의 적으로부터 피할 수 있게 되거나 식량을 확보할 수 있게 될 것이다. 반면 이들의 갈색 친구들은 잡아먹히거나 굶어 죽게 될 것이다. 그리고 "비슷한 것이 비슷한 것을 낳는다"는 말이 자연에서 확립된 규칙인 것처럼, 하얀색 군종은 항구적으로 자리를 잡게 될 것이며, 어두운 변종들은 때때로 나타나기도 하나 자신을 둘러싼 환경에 적응하지 못하여 곧 죽게 될 것이다. 각각의 사례에서 최적자는 생존할 것이고, 군종은 결국 자신이 살아가는 조건에 적응할 것이다.

우리는 여기에서 단순하면서도 효과적인 수단의 한 가지 예시를 들 수 있는데, 동물들은 이 수단으로 자연에 있는 쉼터와 조화를 이룬다. 우리가 때로 우연하거나 비정상적인 것으로, 또는 주목할 만한 가치가 거의 없을 정도로 미미한 것으로 간주하는 종 하나하나에서 나타나는 약간의 변이성[71]이 놀라우면서도 조화로운 유사성 모두의 근본이 되며, 이러한 유사성은 자연의 경제[72]에서 중요한 역할을 담당한다. 변이는 일반적으로 크기로 볼 때는 매우 작으나 필요한 모든 것인데, 어떤 동물이 직면하는 외부 조건의 변화가 일반적으로 아주 느리고 간헐적이기 때문이다. 이러한 변화가 급격하게 일어날 때에는 때때로 종의 절멸이라는 결과로 이어진다. 그러나 일반적인 규칙은 기후 변화와 지질학적 변화가 서서히 진행되며 동물의 색깔과 형태, 그리고 구조에서 사소하지만 지속적인 변이가 개체들에게 이러한 변화에 적응할 기회를 제공한다는 것이며, 변화한 개체들은 변형된 군종들의 조상이 될 것이다. 급격한 증식과 끊임없이 나타나는 사소한 변이, 그리고 최적자생존은 생물 세계가 무생물 세계와, 그리고 생물 그 자체들과 지금까지 조화를 유지하도록 했던 법칙이다. 우리는 앞에서 언급한 보호를 위한 유사성의 모든 사례뿐만 아니라 독자들에게 아직까지 설명하지 못한 좀 더 흥미로운 사례들을 바로 이 법칙들이 만들었다고 믿고 있다.

좀 더 놀라운 예시들에는 일반적이거나 특별한 유사성이 있음을 항상

∴

71 변이성(variability)은 변이(variation)와는 다른 개념이다. 변이성은 변화하는 상태나 특성 또는 변화하는 정도를 의미하며, 변이는 변화한 사물의 한 가지 특징이다. 예를 들어, 사람의 혈액형은 A형, B형, AB형, 그리고 O형으로 구분되는데, 이들 혈액형 하나하나는 변이에 해당하며, 혈액형이 이 네 가지 특징으로 만들어지는 특성을 변이성이라고 부른다.
72 자연의 경제는 오늘날 생태계를 의미한다.

명심해야 하는데, 걸어 다니는 잎,[73] 이끼처럼 생긴 잎벌레,[74] 그리고 잎처럼 생긴 날개를 달고 있는 나비[75]는 수많은 세대를 거치는 동안에 변형이 진행되면서 만들어진 드문 사례로 대표된다. 이들은 모두 열대 지역에서 나타났는데, 이 지역은 생존 조건이 가장 좋으며 기후 변화는 오랫동안 감지할 수 없을 정도로 나타났다. 이들 가운데 색깔, 형태, 구조 그리고 본능이나 습성 등에서 유리한 변이들이 우리가 지금 목격하는 완벽한 적응으로 이어지기 위해 만들어졌음이 틀림없다. 이 모든 것들은 다양하게 변하는 것으로 알려져 있고, 불리한 변이를 지닌 다른 것들을 동반하지 않을 때 유리한 변이는 확실히 생존할 것이다. 한때 미약한 발걸음을 이 방향으로 나아가도록 만들었고, 조건이 변화하면서 때때로 오랜 시간에 걸쳐 만들어졌던 것이 쓸모가 없는 것으로 되는 또 다른 때에는 엄청나게 크고 갑작스러운 물리적 변형이 나타나 완벽함에 근접했던 것처럼 보이는 어떤 군종을 절멸시키기도 하는데, 우리가 아무것도 모르는 수많은 억제 과정이 완벽한 적응으로 가는 과정을 지연시켰을 수도 있다. 그에 따라 이렇게 보호받은 창조물이 풍부하고 널리 퍼져 나간 것으로 드러나는 완벽하게 성공한 결과를 얻은 사례가 거의 없다는 점에 우리는 전혀 놀라워하지 않는다.

••

73 잎사귀벌레속(*Phyllium*) 곤충들이다.
74 보행막대기벌레(*Ceroxylus laceratus*)이다.
75 말레이가랑잎나비(*Kallima paralekta*)이다.

위험한 것으로 간주되는 색깔은 자연계에
존재하지 않는다는 주장에 대한 반론

이제부터는 많은 독자들이 의심할 여지 없이 제기하는 반론에 대해 답을 하려고 하는데, 만일 보호색이 모든 동물에게 유용하다면, 그리고 변이가 최적자가 생존하는 방식으로 너무나 쉽게 얻을 수 있다면 눈에 띄는 색깔을 지닌 창조물은 하나도 없어야만 한다는 반론이다. 또한 화려한 새들, 그림을 그려놓은 것처럼 보이는 뱀들, 그리고 우아한 곤충들이 어떻게 전 세계에 걸쳐 그렇게 수없이 나타나는지를 설명하라고 요청할 수도 있다. 우리가 '의태'라는 현상을 이해할 수 있도록 하려면 이러한 질문에 보다 완전하게 대답하는 것이 바람직할 터인데, 의태는 이 논문에서 예시하고 설명하려는 특별한 주제이다.

동물들의 삶을 최소한이라도 관찰해보면, 이들은 수많은 방법으로 자신의 적으로부터 도망치면서 먹이를 얻으며, 자신의 다양하게 변한 습성과 본능이 생존 조건의 모든 경우에 적응되어 있음을 우리에게 보여준다. 호저[76]와 고슴도치[77]는 수많은 동물들의 공격으로부터 자신을 지키기 위해 방어용 갑옷을 갖고 있다. 거북이는 눈에 띄는 색깔을 지닌 자신의 껍데기 때문에 다치지는 않는데, 대부분 껍데기가 자신을 효과적으로 보호하기 때문이다. 북아메리카에서 살아가는 스컹크[78]는 참을 수 없는 고약

..

76 호저과(Hystricidae)와 아메리카호저과(Erethizontidae)에 속하는 동물들을 총칭하는 이름으로, 천적으로부터 자신을 보호하려고 몸에 뾰족한 가시털이 달려 있다.

77 고슴도치과(Erinaceidae)에 속하는 동물로, 호저처럼 천적으로부터 자신을 보호하려고 몸에 뾰족한 가시털이 달려 있다.

한 냄새를 뿜어내는 능력으로 자신의 안전을 도모한다. 물에서 살아가는 비버[79]는 견고하게 지은 자신만의 집이 있다. 어떤 경우에는 동물에 가해지는 치명적 위험이 자신이 생존하는 특정 시기에만 나타나며, 이 시기에 천적들로부터 보호받는다면, 이들의 숫자는 쉽게 유지될 수 있을 것이다. 많은 조류에서도 이런 일이 나타나는데, 새들의 알과 어린 개체들이 특히 심각한 위험에 노출되어 있기 때문에 새들은 이들을 지키기 위해 경이로운 장치를 다양하게 만들었음을 발견한다. 우리는 벼풀의 가느다란 잎끝이나 물 위로 뻗어 있는 가지에 매달려 있는, 또는 아주 작은 구멍이 있는 나무의 움푹한 곳에 자리를 잡은 조심스럽게 감추어진 둥지들을 볼 수 있다. 이러한 예방 수단이 성공했을 때에는, 가장 힘든 계절에 먹이를 찾아 양육할 때보다 더 많은 개체들을 양육할 수 있어, 천적들의 먹이가 될 수 있는 약하고 미숙한 수많은 어린 개체들이 항상 생존할 수 있을 것이며, 그에 따라 보다 강하고 건강한 개체들에게 강함과 활동력 이외에 더 필요한 다른 보호 장치는 없을 것이다. 이러한 경우에 자손을 만들고 양육하는 데 가장 유리한 본능이 가장 중요할 것이며, 최적자생존은 이러한 본능을 유지하고 발전시키기 위하여 작동할 것이다. 반면 색깔과 표식을 변형하려는 경향이 있는 다른 원인들은 거의 억제되지 않은 채 계속해서 작동할 것이다.

우리는 동물들이 방어용 또는 은폐용으로 사용하는 다양한 수단들을 아마도 곤충에서 가장 잘 연구할 수 있을 것이다. 많은 곤충에서 나타나

∵

78 스컹크과(Mephitidae)에 속하며 고약한 냄새를 풍기는 육식성 동물로 널리 알려져 있다.
79 비버속(Castor)에 속하는 반수생 설치류로, 물가에 댐을 만드는 동물로 널리 알려져 있다.

는 인광[80]의 용도 가운데 하나는 아마도 적을 놀라게 하여 물러나게 하는 것이다. 커비와 스펜스는 딱정벌레속(*Carabus*) 곤충들이 스스로 빛을 내는 순각류[81]를 공격하는 것이 마치 두려운 것처럼 이들 주변만을 빙빙 도는 것을 관찰했다고 말했다. 엄청나게 많은 곤충들이 독침을 가지고 있으며, 가시개미속(*Polyrachis*)[82]에 속하는 독침이 없는 일부 개미들은 등에 강하고 날카로운 가시로 무장하고 있는데, 이러한 무장은 곤충을 잡아먹고 사는 수많은 조그만 조류들이 이 개미들을 싫어하게 만들었다. 바구미과(Curculionidae)에 속하는 많은 바구미들은 날개 상자와 다른 몸 부위를 매우 단단하게 만들어서 침이 들어갈 구멍을 먼저 뚫기 전에는 이들에게 침을 꽂을 수가 없는데, 모든 종류의 바구미들이 이처럼 과도하게 단단한 보호 수단을 찾았을 것이다. 많은 수의 곤충들은 꽃잎들 사이에, 혹은 나무 껍질과 목재에 나 있는 틈에 자신을 숨긴다. 마지막으로 광범위한 무리들, 심지어 여러 목에 속하는 곤충 전체가 다소 강력하고 역겨운 냄새와 맛을 지니고 있는데, 이들은 이 냄새와 맛을 영구적으로 지니거나 수시로 내뿜을 수 있다. 일부 곤충들의 태도도 자신을 보호할 수 있는데, 무해한 반날개과(Staphylinidae) 곤충들에서 나타나는 꼬리를 위로 향하는 습성은 의심할 여지 없이 어린 개체들을 제외한 다른 동물들에게 이들이 찌를 수 있다는 믿음을 갖게 한다. 박각시과(Sphingidae)에 속하는 애벌레들이 보여주

80 물체에 빛을 비쳐준 다음 빛을 제거해도 물체에서 빛이 나오는 현상 또는 이때 나오는 빛을 의미한다. 화학 원소의 하나인 인(phosphorus)이 외부에서 열을 받으면서 빛을 내는데, 이 빛을 인광이라 한다. 열 자극이 사라지더라도 얼마 동안 빛이 나온다.

81 지네와 그리마를 포함하는 절지동물로, 대부분 돌 밑, 흙 속 또는 나무나 습기 찬 곳에서 서식한다.

82 원문에는 'polyrachis'로 되어 있으나, 'polyrhachis'의 오기로 판단된다.

는 별난 태도는 아마도 안전장치일 것이며, 모든 호랑나비 종류의 애벌레의 목에서 갑자기 피가 튀어 나오는 것처럼 보이는 빨간 촉수 역시 안전장치일 것이다.

이처럼 고도로 다양한 보호 장치를 지니고 있는 무리들 가운데, 우리는 가장 눈에 잘 띄는 색깔을 하고 있거나 최소한의 보호를 위한 모방조차 가장 완벽하게 갖추지 않은 경우를 발견한다. 독침이 있는 벌목(Hymenoptera)의 곤충들, 즉 말벌·꿀벌·호박벌 등은 하나의 규칙으로서 매우 보기 좋고 화려한데, 이들 가운데 식물이나 무생물과 비슷해지려는 색깔을 지닌 사례는 단 하나도 없다. 청벌과(Chrysididae)에 속하는 청벌은 독침이 없지만 대용품으로 몸을 공처럼 구르는 능력이 있는데, 몸이 단단하고 광택이 나서 마치 금속으로 만든 것처럼 보인다. 이들은 모두 가장 화사한 색깔로 장식되어 있다. 노린재를 포함하는 노린재목(Hemiptera) 전체 곤충은 지독한 냄새를 내뿜으며, 이들 중 상당수는 화려한 색깔을 하고 있어서 눈에 잘 띈다. 무당벌레과(Coccinellidae)와 동류인 무당벌레붙이과(Eumorphidae)에 속하는 동물들은 때로 마치 자기에게 관심을 가져달라고 하는 것처럼 밝은 반점들을 지니고 있으나, 두 무리 모두 매우 불쾌한 속성의 액체를 내뿜는데, 일부 새들은 이들을 완전히 거부하며 아마도 그 어떤 새들도 이들을 절대로 먹지 않을 것이다.

엄청나게 많은 종들을 포함하는 딱정벌레과(Carabidae)에 속하는 곤충들은 대부분 불쾌하고 아주 톡 쏘는 어떤 냄새를 풍기며, 몇몇 종들은 폭탄벌레라고도 불리는데[83] 담배 연기처럼 보이는 휘발성이 매우 강한 액체

..

83 다윈이 곤충 채집을 하면서 양손에 곤충을 잡고 있다가 또 다른 곤충을 채집하려고, 이 곤충을 잠시 입에 넣었다가 이들이 내뿜는 물질에 놀라 다시 뱉은 사건은 널리 알려져 있다.

를 탕탕거리는 소리와 함께 폭발적으로 분출하는 독특한 특성이 있다. 아마도 이 곤충들은 주로 밤에 활동하는 육식성이기 때문에 좀 더 분명한 색조를 드러내지는 않을 것이다. 이들이 완전히 검은색을 띠지 않을 때에는 화려한 금속성 색조나 칙칙한 붉은 반점에 특히 주목할 만한데, 곤충을 먹는 동물들이 이들이 내뿜는 나쁜 냄새와 맛 때문에 이들을 멀리하는 낮에는 이들이 눈에 아주 잘 보인다. 그러나 자신의 먹이가 자기와 가까이 있음을 알아차리지 못하는 것이 중요한 밤에는 이들이 쉽게 보이지 않는다.

어떤 경우에는 보호 수단이 이를 지닌 동물에게 처음에는 위험한 원인으로 보이나, 실제로는 보호 수단으로 확인되는 경우도 있을 것이다. 화려하지만 힘없이 날아다니는 많은 나비들은, 브라질 숲속에서 살아가는 모르포나비속(*Morphos*) 나비와 동양의 커다란 호랑나비속(*Papilio*) 나비처럼 매우 넓게 펼쳐지는 날개가 있다. 그럼에도 이들은 상당히 많은 개체수를 유지하고 있다. 마치 나비들이 새들에게 잡혔다가 도망친 것처럼 나비 날개에 구멍이 뚫리고 찢어진 상태로 채집되기도 한다. 그러나 만일 몸 전체에 대해 날개가 차지하는 비율이 이보다 작다면, 몸에서 중요한 부분이 더 자주 찔리거나 구멍이 뚫릴 가능성이 있을 것이므로, 날개의 넓이가 커진 것이 간접적으로 유리할 것이다.

다른 경우에는 한 종에 속하는 개체들이 증가할 수 있는 능력이 너무 커서 많은 완벽한 곤충들이 죽더라도 자신의 군종을 계속해서 유지할 수 있는 충분한 수단을 지니고 있다. 쉬파리, 파리, 모기파리, 개미, 붉은야자나무바구미, 로커스트메뚜기 등이 이 부류에 속한다. 꽃무지과(Cetoniadae)[84]

---

84 최근에는 꽃무지아과(Cetoniidae)로 간주한다.

에 속하는 곤충 전부는 화려한 색깔로 완전히 덮여 있는데, 아마도 어떠한 조합의 공격으로부터도 자신을 지킬 수가 있을 것이다. 이들은 아주 빠르게 지그재그 또는 물결에 따라 움직이는 것처럼 날아다닌다. 또한 이들은 날다가 순간적으로 꽃의 꽃부리나 썩은 나무, 나무의 갈라진 틈새나 텅 비어 있는 곳 등에 내린다. 이들은 일반적으로 아주 단단하면서도 광택이 나는 쇠사슬 갑옷으로 둘러싸여 있어 새와 같이 자신을 잡을 수 있는 동물에게는 부적절한 먹이가 된다. 색깔이 발달하도록 유도하는 원인을 지금은 선택할 수가 없으나, 우리는 화려한 색깔을 지닌 많은 곤충이 만들어낸 엄청난 다양성이라는 결과로 간주한다.

우리가 동물의 생활사에 대해 상당히 부정확하게 알고 있지만, 자신의 적으로부터 보호받거나 자신의 먹이로부터 은폐하기 위하여 획득한 광범위하게 다양해진 수단들이 있음을 여기에서 볼 수 있다. 이들 중 일부는 너무나 완벽하고 효과적이어서 동물 무리들이 원하는 모든 것들에 답을 줄 수 있으며, 또한 가장 큰 그럴듯한 개체군을 유지하도록 유도한다. 이런 일이 나타날 때, 우리는 색깔의 변형으로 만들어질 수 있는 그 이상의 보호 기능이 사소한 용도로는 사용될 수 없으며, 가장 화려한 색조가 종에 그 어떤 불리한 효과를 주지 않고 발달할 수 있음을 이해할 수가 있다. 현재는 색깔의 발달을 결정하는 법칙의 일부에 대해 말할 수 있다. 모호하거나 모방한 색조로 은폐하는 것은 동물들이 자신의 생존을 유지하기 위해 수없이 만든 방법 가운데 단지 하나일 뿐임을 보여준다. 그리고 이렇게 함으로써 우리는 '의태'라고 불렀던 현상을 고려할 준비를 끝냈다. 그러나 이 단어를 여기에서는 자발적인 모방이라는 의미로 사용하는 것이 아니라 어떤 특별한 종류의 유사성을 암시하고 있음에 특히 주목해야 한다. 이때 유사성은 내부 구조가 아니라 외부 형태의 유사성을 의미하는데, 이는 단지 눈으로 볼 수 있는 부분들에서의 유사성으로 사람을 속일 수도 있다. 이러한 유형의 유사성은 자발적인 모방, 즉 의태와 같은 효과를 만들어내며, 우리에게 필요한 의미를 표현하기 위한 단어가 없기 때문에, '의태'라는 단어를 베이츠 씨가 채택했고 (그가 처음으로 사실들을 설명했다), 일부 오해도 유발했다. 그러나 만일 '의태'와 '모방'이 모두 은유적 의미로 사용되고 있음을 기억한다면, 서로서로 외부 형태가 비슷하다는 말이 구조에서 비슷하지 않은 사물들을 오인하도록 암시하듯이, 필요한 것은 아무것도 없게 된다.

의태

곤충학자들은 특정 곤충들이 실제적인 친밀성도 전혀 없는 뚜렷하게 구분되는 속이나 과, 심지어 목에 속하는 다른 종류들과 기묘한 외적 유사성을 보인다는 것을 오래전부터 알고 있었다. 그러나 그 사실은 '대응관계'라는 미지의 어떤 법칙, 즉 수많은 곤충 유형들을 설계하도록 창조자를 안내했으면서 우리가 결코 이해하기를 바랄 수 없는 '자연의 체계' 또는 '일반적인 계획'이라는 어떤 법칙에 의존하는 것으로 일반적으로 간주된다. 하나의 사례에서만 유사성이 유용하고, 또 명확하고 알기 쉬운 목적을 위한 수단으로 설계되었다고 생각했던 것 같다. 대모꽃등에속(Volucella)에 속하는 쇠파리들은 자신의 알을 안전하게 두려고 꿀벌의 둥지로 들어가는데, 이들의 유충은 꿀벌 유충을 먹이로 삼는다. 그리고 이 쇠파리들은 각각 기생하는 꿀벌들과 놀라울 정도로 비슷하다. 커비 씨와 스펜스 씨는 이러한 유사성, 즉 '의태'가 꿀벌의 공격으로부터 쇠파리를 보호하려는 특별한 목적이 있으며, 그 연관 관계가 너무나 명백해서 이러한 결론을 회피하는 것은 거의 불가능하다고 믿었다. 그러나 나방과 나비 또는 꿀벌, 딱정벌레와 말벌, 그리고 로커스트메뚜기와 딱정벌레와의 유사성은 이미 저명한 작가들이 여러 번 주목해 왔다. 하지만 지난 몇 년 동안 이러한 유사성이 그 어떤 특별한 목적을 가지고 있거나, 혹은 곤충 자신에게 직접적으로 유리한 점이 있는 것으로 간주된 적은 거의 없다. 이러한 관점에서 볼 때, 유사성은 놀랍지만 설명할 수 없는 자연에서 우연히 나타난 '흥미로운 대응관계'의 사례로 간주되었다. 그러나 최근에 이러한 사례들이 엄청나게 많이 발견되었다. 유사성의 속성이 좀 더 신중하게 조사되었고, 때로 관찰자를 속이려는 목적이 있음을 암시하는 세부 사항들까지 밝혀졌다. 더욱이 이런 현상들은 어떤 명확한 법칙을 따르는 것으로 나타났는데, 이 현상들은 모두 '최적자생존' 또는 '생존을 위한 몸부림에서 선호된 군종의 보존'이라는 좀 더 일반적인 법칙에 의존하고 있음을 다시금 알려주고 있다. 아마도 여기에서 이러한 법칙이나 일반적인 결론이 무엇인지를 분명히 말하고, 그런 다음 이를 뒷받침하는 사실을 어느 정도 설명하는 것이 좋을 것 같다.

첫 번째 법칙은 의태와 관련된 압도적 다수의 사례에서 서로 닮은 동물들이 (또는 이들의 무리가) 같은 국가, 같은 구역에서 서식하며 대부분의 경우에 바로 그 자리에서 같이 발견된다는 것이다.

두 번째 법칙은 이러한 유사성이 무작위로 나타나는 것이 아니라 특정 무리에 국한되어 있다는 것인데, 이들 무리는 모든 경우에서 종과 개체 수 준에서 그 수가 많으며, 때로 어떤 특별한 보호를 받고 있는 것을 확인할 수 있다.

세 번째 법칙은 우세한 무리를 닮은 또는 '의태'하는 종들이 개체수 수준에서 비교적 덜 풍부하며 때로는 매우 드물다는 것이다.

이들 법칙은 다양한 동물 무리에서 나타나는 진정한 의태의 모든 사례에서 효과가 있는 것으로 발견되는데 이제는 이런 점이 독자들의 관심을 끌고 있다.

나비목(*Lepidoptera*)에서 나타나는 의태

의태의 사례 가운데 가장 많고 놀라운 사례는 나비에서 나타나므로, 이 무리에 대한 좀 더 두드러진 예시를 첫 번째로 살펴볼 것이다. 이들 곤충이 속하는 하나의 큰 과인 표범나비과(Heliconidae)[85] 나비들이 남아메리카에 서식하고 있는데, 여러 측면에서 매우 주목할 만하다. 이 과에 속하는 나비들은 아메리카 열대지방의 숲이 우거진 곳에서 너무나 풍부해서 특징적인데, 이들은 거의 모든 지역에서 다른 어떤 나비들보다도 훨씬 자주 보일 것이다. 이들 나비는 매우 길쭉한 날개와 몸통, 그리고 더듬이로 구분되며, 이들의 색깔은 과할 정도로 아름답고 아주 다양한데, 검은색, 파란색 또는 갈색 바탕에 노란색, 빨간색 또는 순백색의 조그맣고 커다란 점들이 나타나는 것이 가장 일반적이다. 이들은 주로 숲을 자주 방문하는데 모두 천천히 가냘프게 날아다닌다. 비록 이들이 눈에 잘 띄고 식충성 조류에게 그 어떤 다른 대부분의 곤충들보다 좀 더 쉽게 잡히지만, 이들이 살고 있는 지역 거의 전체에 걸쳐 엄청나게 풍부하다는 점은 이들이 그렇게 고통을 받고 있지 않음을 보여준다. 또한 이들이 쉬는 동안 자신을 보호하기

••

85 오늘날에는 네발나비과(Nymphalidae)에 속하는 표범나비아과(Heliconiinae)로 간주하고 있다. 전 세계에 널리 서식하나, 남아메리카 열대 지역에서 많이 볼 수 있다. 유충에는 유독 성분이 함유되어 있어 새들은 이들을 잡아 먹지 않는 것으로 알려져 있다.

위한 그 어떤 적응 색깔도 지니고 있지 않는다는 점에 특히 주목할 만한
데, 이들의 날개 아래쪽이 위쪽과 같거나, 혹은 최소한 똑같이 눈에 잘 띄
는 색깔을 지니고 있기 때문이다. 이들은 해가 지고 나면, 밤 동안에 자신
의 자리가 될 나뭇가지나 잎끝에서 매달린 상태로 발견되기도 하는데, 이
들에게 어떤 천적이라도 있다면 천적의 공격에 완전히 노출된 상태가 된
다. 그러나 이처럼 아름다운 곤충들은 약간 향기가 있지만 의약품과 같은
강하게 자극적인 냄새를 풍기고 있는데, 자신의 몸 전체에 즙액이 퍼져 있
는 것처럼 보인다. 곤충학자가 이들 가운데 한 마리를 잡아서 손가락 사이
에 넣어 죽인 다음 가슴을 쥐어짜 내면, 노란 액체가 스며 나오면서 피부
를 물들이는데 그 냄새는 시간이 흐르고 여러 번 반복해서 씻어야만 제거
할 수 있다. 이런 점에서 우리는 천적의 공격에 대하여 이들이 보여준 방어
의 원인을 아마도 찾을 수 있을 것인데, 특정 곤충이 새들을 너무나 구역
질나게 만들어서 새들이 어떤 상황에서도 곤충들을 만지지 않는다는 엄청
나게 많은 증거들이 있기 때문이다. 스테인턴[86] 씨는 자신이 밤새 '설탕을
모으는' 나방들을 모아두었는데, 한 배의 어린 칠면조가 아무 쓸모 없는
나방을 탐욕스럽게 모두 집어삼키는 것을 관찰했다. 그런데 어떤 칠면조
는 나방을 한 마리씩 잡은 다음, 이들 사이에 존재하던 하얀 나방 한 마리
를 버렸다. 많은 종류의 애벌레를 먹는 어린 꿩과 자고새는 흔히 까치밥나
방[87]의 저항에 확실하게 두려움을 느끼는 것 같은데, 이들 새는 이 나방을
결코 만지려고 하지 않으며, 오스트레일리아울새[88] 종류와 또 다른 조그

••

86 Stainton, Henry Tibbats(1822~1892).
87 *Eupithecia assimilata*.
88 *Petroica macrocephala*. 오스트레일리아울새과(Petroicidae)에 속하는 새이다.

만 새들도 같은 종의 나방을 절대로 먹지 않는다. 그러나 우리는 표범나비과(Heliconidae) 나비에서 같은 효과를 보이는 직접적인 증거들을 볼 수 있다. 브라질 숲에는 자카마,[89] 비단날개새,[90] 뻐끔새[91] 등과 같은 수많은 식충성 조류들이 살아가고 있는데, 이 새들은 날아다니는 곤충들을 잡는다. 그리고 새들이 많은 나비들을 공격한다는 것은 나비들의 날개가 때때로 자신의 몸이 게걸스럽게 먹힌 곳의 땅바닥에서 발견된다는 점으로 알 수 있다. 그러나 땅바닥에서 표범나비과(Heliconidae) 나비들의 날개는 발견되지 않는 반면, 네발나비과(Nymphalidae) 나비들은 크고 보기 좋은 날개로 보다 신속하게 날아다니는데 이들의 날개도 때로 발견된다. 또한, 브라질에서 최근에 귀국한 한 신사는 곤충학회 모임에서 나비를 잡고 있는 한 쌍의 뻐끔새를 직접 관찰한 적이 있다고 하는데, 이들이 자신의 어린 새끼들을 먹이려고 둥지로 갔지만, 표범나비과(Heliconidae)의 나비 수는 엄청나게 많고 굼뜨게 날기 때문에 다른 나비들에 비해 좀 더 쉽게 잡을 수도 있었을 것인데도, 30분 동안 새들은 이 나비를 단 한 마리도 둥지로 가져가지 않았다고 발표했다. 벨트[92] 씨도 가장 흔한 곤충들이 모두 이처럼 지나쳐 가는지를 이해할 수 없었기에 오랫동안 이런 상황을 관찰했다. 베이츠 씨 역시 자신은 다른 나비들에게는 갑자기 덤벼드는 도마뱀이나 포식성 파리들이 이 나비들을 괴롭히는 것을 결코 본 적이 없다고 말했다.

따라서 표범나비과(Heliconidae) 나비들이 자신이 내뿜는 특이한 냄새와

∙∙

89 딱따구리목(Piciformes)의 자카마과(Galbulidae)에 속하는 조류로, 남아메리카와 중앙아메리카의 열대 지역에 분포한다.
90 비단날개새과(Trogonidae)에 속하는 조류로, 영어로는 trogon이라고 부른다.
91 뻐끔새과(Bucconidae)에 속하는 조류로, 영어로는 puffbird라고 부른다.
92 Belt(생몰연대 미상).

맛 때문에 천적의 공격으로부터 효과적으로 잘 보호받는다는 점을 (물론 입증되지 않는다고 해도) 매우 그럴듯하다고 우리가 받아들인다면, 우리는 이들이 지닌 주요 특징들, 즉 엄청나게 많은 개체수, 느린 비행, 현란한 색깔, 날개 아랫면에 보호를 위한 색조의 완전한 부재 등을 우리는 좀 더 쉽게 이해할 수 있다. 이러한 특성은 도도새, 키위새, 모아새처럼 해양섬에서 살아가는 날개가 없는 기묘한 새들에게 그들만의 장소[93]를 차지할 수 있게 만들었는데, 이들 조류는 자신을 잡아먹는 육식성 사지동물이 섬에 없어서 날아다니는 능력을 잃어버린 것으로 추정된다. 나비들은 서로 다른 방식으로 보호받고 있으나 매우 효과적이다. 그리고 그 결과 도망갈 필요가 하나도 없었기에 느리게 날아다니는 그 어떤 나비도 공격받지 않았으며, 숨을 필요가 하나도 없었기에 밝은 색깔을 지닌 변종들도 결코 전멸하지 않았고, 주위에 있는 사물들과 잘 동화하려는 경향과 같은 것도 보존되지 않았다.

이제 이런 종류의 보호가 어떻게 작동하는지 살펴보자. 열대 지역에 자라는 식충성 조류들은 아주 높은 나무의 죽은 가지나 숲속에 나 있는 길로 돌출된 가지에 아주 빈번하게 앉아서 주위를 집중해서 응시하다가 거리가 상당히 떨어진 곳에 있는 곤충을 잡기 위해 주기적으로 날쌔게 움직이는데, 이들은 일반적으로 게걸스럽게 먹으려고 자신의 자리로 되돌아온다. 새 한 마리가 느리게 날아다니며 눈에 잘 띄는 표범나비과(Heliconidae) 나비들을 잡기 시작하다가 이들이 너무 불쾌감을 주어서 이들을 먹을 수 없다는 것을 알게 된다면, 몇 번 더 시도해보다가 잡은 것을 모두 놓아줄 것

93 오늘날 의미로는 생태적 지위이다.

이다. 그리고 이들의 전체적인 모습·형태·색깔, 날아다니는 방식 등이 너무 특이해서 새들은 의심할 여지 없이 먼 거리에서도 이들을 구분하는 것을 배우게 될 것이고, 이들을 잡으려고 더 이상 시간을 낭비하는 일을 결코 하지 않을 것이다. 이런 상황에서, 새들에게 게걸스럽게 먹히는 것에 익숙해진 또 다른 나비 무리는 마치 불쾌한 냄새를 습득한 것처럼 표범나비과(Heliconidae) 나비들과 외관상 매우 닮아 보이도록 하여 거의 똑같이 보호받으려고 시도하는 것이 명백할 것인데, 항상 엄청나게 많은 수로 이루어진 표범나비과(Heliconidae) 나비들 중에 이 나비들은 소수의 개체만이 있다고 가정해야 한다. 새들이 이 두 종류의 나비를 외관상 구분할 수 없어서 먹을 수 없는 50마리의 나비 중에서 평균적으로 한 마리만 먹을 수 있다면, 심지어 먹을 수 있는 나비들이 존재한다고 알더라도 새들은 먹을 수 있는 나비 찾기를 곧 포기할 것이다. 이와는 반대로, 먹을 수 있는 특정한 나비 무리가 자신이 지니고 있던 특징적인 형태와 색깔을 유지한 채로, 표범나비과(Heliconidae) 나비들처럼 불쾌한 맛을 습득했다면, 이것은 실질적으로 어떤 변화가 일어났든 아무런 소용이 없을 것이다. 새들은 자신이 먹을 수 있는 동류 무리 가운데에서 (이들 무리에서는 거의 이런 일이 일어나지 않는다는 점과 비교해 볼 때) 변화한 무리를 계속해서 잡으려고 할 것이기 때문에 먹히지 않더라도 이 무리는 상처를 입고 부상당할 것이고, 이 무리의 개체들의 증가는 마치 이들이 수없이 잡아먹힌 것처럼 효과적으로 억제될 것이다. 따라서 만일 먹을 수 있는 나비들로 이루어진 방대한 과에 포함되는 그 어떤 한 속이라도 곤충을 먹는 새들 때문에 전멸할 위험에 처하게 된다면, 그리고 만일 두 종류의 변이가 이들 사이에서 만들어진다면, 사소하지만 불쾌한 맛을 내는 변이를 지닌 일부 개체들과 표범나비과(Heliconidae) 나비들과 약간의 유사성을 지닌 다른 개체들 중 후자 무리가 전자 무리보다 질적으로는 훨씬 더 가치가 있다는 점을 이해하는 것이 중요하다. 냄새의 변화는 이전처럼 변종들이 포획되는 것을 결코 막지 못할 것이며, 새들이 먹다가 내뱉기 전에 이들은 치명적인 부상을 당할 것이 거의 확실하다. 그러나 표범나비과(Heliconidae) 나비들과 색깔과 형태에서 비슷해지려는 접근은 아마도 약간의 이익이더라도 맨 처음에는 긍정적일 것이다. 아주 짧은 거리에서는 이들 변종이 쉽게 구분되고 먹히겠지만, 조금 먼 거리에서는 새들이 먹을 수 없는 무리의 한 종류로 잘못 인식하게 되고, 그에 따라 새들이 지나쳐서 변종들이 또 다른 하루의 삶을 얻게 되기 때문이다. 많은 사례에서 하루의 삶은 엄청나게 많은 알을 낳고 수많은 자손을 남기기에 충분하며, 이들 중 상당수는 자신의 부모를 안전하게 보호했던 특질을 물려받았을 것이다.

이처럼 가설로 설명되는 사례가 남아메리카대륙에서 일어났다. 흰나비과(Pieridae)를 구성하는 하얀 나비들 중에는 (이들 대부분은 배추흰나비[94]의 겉모습과 엄청나게 다르지는 않은데) 종 수가 다소 적은 한 속, 즉 호랑이모방흰나비속(Leptalis)이 있다. 이 속에 속하는 일부 종들은 동류종들처럼 몸은 흰색이지만, 많은 종류가 형태와 날개 색깔이 표범나비과(Heliconidae) 나비들과 똑같다. 이 두 과는 사지동물을 이루는 육식성 동물과 반추성 동물이 다른 것처럼 구조적 특징에 따라 서로 뚜렷하게 구분된다는 점, 그리고 동물학자들이 곰과 아메리카들소를 두개골과 치아로 확실하게 구분한다고 말하듯이 곤충학자들도 다리의 구조로 이 둘을 구분하고 있다는 점을 항상 기억해야만 한다. 그럼에도 한 과에 속하는 한 종이 다른 과에 속하

94 *Pieris rapae*. 흰나비과(Pieridae)에 속하는 나비로, 유럽과 아시아에 널리 서식한다. 날개가 하얀색이다.

는 다른 종과의 유사성이 때로 너무나 커서 베이츠 씨와 나 자신도 몇 번이나 잡을 때마다 속았고 두 곤충의 분명한 차이점을 이들의 근본적인 차이를 파악하기 위한 보다 면밀한 조사가 끝나기 전까지는 발견할 수가 없었다. 아마존 계곡에서 11년 동안 머무르면서,[95] 베이츠 씨는 호랑이모방흰나비속(Leptalis)의 수많은 종과 변종들을 발견했는데, 이들 하나하나는 표범나비과(Heliconidae) 나비들이 서식하는 지역에 있는 한 종류를 거의 정확하게 복제한 것 같았다. 그의 관찰 결과는 『린네학회보고서』에 논문으로 발표되었는데,[96] 그는 처음으로 '의태'라는 현상을 자연선택의 결과로 설명했고, 식물이나 무생물의 형태에 보호적인 유사성을 지니게 되었다고, 원인과 목적이라는 관점에서 의태의 실체를 증명했다.

호랑이모방흰나비속(Leptalis) 나비들이 표범나비과(Heliconidae)에 속하는 나비들을 모방한 정도는 형태와 색깔에서 놀랍다. 날개는 같은 정도로 길어졌고, 더듬이와 복부도 둘 다 늘어났는데, 이전에 존재하던 과에서는 특이한 상태에 해당할 정도로 커진 것이다. 색깔의 경우 몇 가지 유형이 표범나비과(Heliconidae)의 서로 다른 속들에서 발견된다. 호랑이날개나비속(Mechanitis)은 일반적으로 검은색과 노란색 줄무늬가 있는 진한 반투명 갈색이다. 투명날개나비속(Methona)은 아주 큰 속으로, 날개는 뿔처럼

••

95 베이츠는 월리스와 함께 1848년 아마존에 도착해서 생물들을 관찰하고 채집했다. 월리스는 1852년에 영국으로 되돌아왔지만, 베이츠는 1859년에 귀국해서 자신이 관찰하고 채집한 14,000여 종의 생물 목록을 발표했는데, 대부분은 곤충이었으며, 8,000여 종은 학계에 새로운 생물, 즉 신종으로 발표했다.

96 1861년 11월 21일 린네학회에서 구두로 발표했고, 1862년 『런던 린네학회회보(Transactions of the Linnean Society of London)』 23권, 495~566쪽에 「아마존 계곡의 곤충상에 대한 견해(Contributions to an Insect Fauna of the Amazon Valley)」라는 제목의 논문으로 출판되었다.

투명하며 검은색 가로 줄무늬가 있다. 이토미아투명나비속(*Ithomia*)의 우아한 나비들은 모두 다소 투명하고, 시맥과 테두리는 검은색이며 때로 주황빛이 도는 빨간색 줄무늬가 가장자리와 시맥 근처에 있다. 이처럼 서로 다른 형태들을 모두 호랑이모방흰나비속(*Leptalis*)의 다양한 종류들이 복사했는데 줄무늬와 반점, 색깔의 색조, 다양하게 변한 투명도 등을 정확하게 재현했다. 이처럼 보호를 위해 모방하면서 가능한 모든 유리한 점을 끄집어 낼 것처럼 호랑이모방흰나비속(*Leptalis*) 나비들의 습성은 너무나 변형되어 일반적으로 모방 대상이 다니던 지점을 정확하게 찾아서 자주 다니고 동일한 방식으로 날아다녔다. 그리고 이들은 항상 개체수가 아주 적기 때문에 (베이츠 씨는 이들의 수를 이들의 모방 대상 나비 무리의 천분의 일로 추정했는데) 천적에게 발견될 가능성은 거의 없었다. 거의 모든 사례에서 서로 닮아 있는 특징적인 이토미아투명나비속(*Ithomia*) 나비와 표범나비과(Heliconidae) 나비들의 다른 종들은 매우 흔한데 개체들이 떼를 지어 다니며, 나라 전체에 걸쳐서 발견되는 것으로 알려진 점 또한 매우 주목할 만하다. 이러한 점은 종의 오래됨과 영속성을 나타내며, 유사성을 발달시키는 데 도움이 될 뿐만 아니라 유용성을 증가시키는 데도 틀림없이 가장 필수적인 조건이다.

그러나 호랑이모방흰나비속(*Leptalis*) 나비들이 대단한 보호성 무리인 표범나비과(Heliconidae) 나비들을 모방하여 자신의 생존을 연장한 유일한 곤충은 아니다. 아메리카대륙에 서식하는 전혀 다른 과에 속하는 속의 사랑스럽고 작은 나비 대부분, 부전네발나비과(Erycinidae),[97] 그리고 주행성

---

97 최근에는 학명으로 Riodinidae를 사용한다.

나방의 세 속에서도 종종 같은 우세 유형을 모방하는 종이 나타난다. 예를 들어, 상파울루[98]에 서식하는 일레르디나네발나비(*Ithomia ilerdina*)[99]는 서로 많이 다른 세 종류의 곤충들 가운데 일부 몇 마리와 같이 날아다니는데, 이들은 모두 같은 형태·색깔·표식 등이 딱 들어맞게 위장되어 있어 날고 있을 때에는 거의 구분할 수가 없다. 다시 말하면, 표범나비과(Heliconidae) 나비들이 비록 가장 흔한 모방 대상으로 언급되지만, 이들이 모방된 유일한 무리는 아니다. 남아메리카에 서식하는 호랑나비속(*Papilio*)의 검은색과 빨간색 무리들, 잘생긴 에릭시니안[100] 나비인 금속표식네발나비속(*Stalachtis*)에 속하는 나비들은 표범나비과(Heliconidae)를 모방한 몇 안 되는 무리들이다. 그러나 이러한 사실이 아무런 어려움도 제공하지는 않는데, 이들 두 무리가 표범나비과(Heliconidae) 나비들만큼이나 거의 지배적이기 때문이다. 이들은 둘 다 매우 느리게 날아다니며, 눈에 잘 띄는 색깔을 하고, 많은 개체수를 유지한다. 따라서 이들이 표범나비과(Heliconidae) 나비들과 비슷한 방식으로 자신을 보호하는 수단을 가지고 있다고 믿어야 할 하나하나의 이유가 있고, 그에 따라 이들을 다른 곤충으로 오인하도록 만드는 것이 마찬가지로 유리하다. 또 다른 이례적인 사실도 있는데, 아직은 우리가 이 사실을 명확하게 이해할 수 있는 위치에 있지는 않다. 표범나비과(Heliconidae) 일부 나비들은 이 과에 속하는 다른 무리를 모방했다. 긴날개나비속(*Heliconius*)에 속하는 종들은 호랑이날개나비속(*Mechanitis*) 나비를 모방했고, 나포투명날개나비속(*Napeogenes*)의

••

98 브라질 남부에 있는 도시로, 해발 800미터의 고지대에 위치한다.
99 최근에는 학명으로 *Oleria ilerdina*를 사용한다.
100 로마 신화에 나오는 여신의 한 종류로 추정되는데, 에릭스(Eryx)라는 지역의 여신이다.

종 하나하나는 또 다른 표범나비과(Heliconidae) 나비를 모방했다. 이는 한 과에 속하는 모든 구성원들이 맛이 고약한 분비물을 비슷하게 만들지 않으며, 보호를 위한 모방이 부족하면 이러한 분비물이 만들어진다고 보여주는 것 같다. 아마도 표범나비과(Heliconidae) 나비들 사이에서 나타나는, 예를 들어 엄청나게 다양한 색깔을 지니면서도 균일한 유형을 유지하는 것과 같은, 일반적인 유사성이 하나의 원인일 터인데, 한 과에 속하는 구성원들이 서로 같게 보이는 것이 중단된 어떤 일탈한 곤충들은 다른 생물들이 먹을 수는 없지만 불가피하게 공격받아서 상처를 입고 결국 전멸할 것이다.

세계의 다른 지역에서도 정확하게 평행관계인 일련의 사실들이 관찰된다. 구세계 열대지방에서 서식하는 제왕나비과(Danaidae)[101]와 아크라에아나비과(Acraeidae)[102] 나비들은 표범나비과(Heliconidae) 나비들과 함께 실제로 하나의 거대한 무리를 이룬다.[103] 이들은 일반적으로 같은 형태와 구조, 그리고 습성을 가진다. 비록 이들의 색깔이 그렇게 다양하게 변하지는 않지만, 이들은 검은 바탕에 파란 반점과 하얀 반점이 있는 유형이 가장 일반적이며, 보호를 위해 같은 냄새를 풍기고 개체수도 거의 비슷하게 풍부하다. 이들을 모방한 곤충들로는 주로 호랑나비속(*Papilio*)과 암붉은오색나비속(*Diadema*)[104]에 속하는 나비들이 있는데, 암붉은오색나비

101 최근에는 네발나비과(Nymphalidae)에 속하는 왕나비아과(Danainae)로 분류한다.
102 최근에는 네발나비과(Nymphalidae)에 속하는 아크라에아나비족(Acraeini)으로 분류한다.
103 이들은 모두 오늘날 네발나비과(Nymphalidae)에 속한다.
104 최근에는 속명으로 *Hypolimnas*를 사용한다.

속(*Diadema*)은 공작나비,[105] 쐐기풀나비[106] 등과 동류속이다.[107] 아프리카 열대지방에는 제왕나비속(*Danais*)[108] 나비들이 있는데, 이들은 진한 갈색과 푸른빛이 도는 하얀색을 띠며 띠 또는 줄무늬가 있다. 이들 가운데 한 종인 니아비우스왕나비(*Danais niavius*)[109]를 비행손수건나비(*Papilio hippocoon*)[110]와 디아뎀오색나비(*Diadema anthedon*)[111] 두 종이 정확하게 모방했다. 또 다른 종인 우두머리나비(*Danais echeria*)[112]를 케네아비행손수건나비(*Papilio cenea*)[113]가 모방했다. 나탈[114] 지방에서는 제왕나비속(*Danais*)의 한 변종이 발견되는데, 날개 끝 부분에 하얀 반점이 있으며, 이에 상응하는 하얀 반점을 지닌 호랑나비속(*Papilio*)의 한 변종과 같이 발견된다. 에파에아호랑나비(*Acraea gea*)[115]의 매우 특징적인 색깔 양식은 흰줄무늬호랑나비(*Papilio cynorta*)의 암컷, 거짓방랑자나비(*Panopœa hirce*),[116] 그리고 아프리카야자나비(*Elymnias phegea*)[117]의 암컷에 복제되었다. 칼라

∵

105 *Aglais io*.
106 Aglais urticae.
107 이들은 모두 네발나비과(Nymphalidae)에 속한다.
108 *Danaus*를 잘못 표기한 것으로 보인다.
109 오늘날에는 학명으로 *Amauris niavius*를 사용하는데, *Amauris*는 *Danaus*와 함께 제왕나비아족(Danaina)을 이룬다.
110 오늘날에는 학명으로 *Papilio dardanus*를 사용한다.
111 오늘날에는 학명으로 *Hypolimnas anthedon*을 사용한다.
112 오늘날에는 학명으로 *Amauris echeria*를 사용한다.
113 오늘날에는 학명으로 *Papilio dardanus cenea*를 사용한다.
114 두 곳이 검색되는데, 한 곳은 남아프리카공화국이며, 다른 한 곳은 인도네시아 수마트라섬이다. 어디를 지칭하는지 명확하지 않다.
115 오늘날에는 학명으로 *Bematistes epaea*를 사용한다.
116 오늘날에는 학명으로 *Pseudacraea eurytus*를 사용한다.
117 오늘날에는 학명으로 *Elymniopsis bammakoo*를 사용한다.

바르[118]에 서식하는 에우리타호랑나비(*Acræa euryta*)[119]는 거짓방랑자나비 (*Panopæa birce*)의 암컷 변종과 같은 장소에서 살아가는데, 이 암컷이 에우리타호랑나비를 정확하게 복사했다. 그리고 트리멘[120] 씨는 1868년『린네학회회보』에 게재한 「아프리카 나비들 사이에서 나타나는 의태와 관련된 대응관계」라는 논문에서 암붉은오색나비속(*Diadema*)과 동류속에 속하는 종과 변종의 사례 16건 이상과 호랑나비속(*Papilio*)의 사례 10건의 목록을 제시했는데, 이들의 색깔과 표식은 같은 지역에 서식하는 제왕나비속(*Danais*) 또는 아크라에아호랑나비속(*Acraea*)의 종 또는 변종을 완벽하게 모방했다.

인도에서 발견된 사례를 살펴보자. 왕나비(*Danais tytia*)[121]가 있는데, 날개는 반투명한 푸른빛이 돌며 가장자리는 진한 붉은빛이 도는 갈색이다. 이처럼 놀라운 색깔은 황갈색광대나비(*Papilio agestor*)와 나마홍점알록나비(*Diadema nama*)[122]에 정확하게 재현되었는데, 인도 다르질링[123]에서는 이 세 종류의 곤충이 드물지 않게 같이 채집된다. 필리핀제도에 있는 몸집이 크고 흥미로운 종이연나비(*Idea leuconoe*)의 날개는 반투명한 하얀색이며, 시맥과 반점은 검은색인데 같은 제도에 있는 희귀한 검은띠제비나비(*Papilio idaeoides*)[124]에 복사되어 있다.

∴

118 아프리카 나이지리아 크로스리버주의 주도이다.

119 오늘날에는 *Pseudacraea eurytus*와 같은 종으로 간주하고 있다. 단지 윌리스는 서로 다른 종으로 간주했으므로 국명도 다르게 표기했다.

120 Trimen, Roland(1840~1916).

121 최근에는 학명으로 *Parantica sita*를 사용한다.

122 최근에는 학명으로 *Hestina nama*를 사용한다.

123 히말라야 동쪽 해발 2,100미터에 위치한 도시로 부탄, 방글라데시, 네팔 등과 인접해 있다.

124 최근에는 학명으로 *Graphium idaeoides*를 사용한다.

말레이제도에는 아주 흔하고 아름다운 푸른점박이까마귀나비(*Euploea midamus*)가 있는데, 두 종류의 희귀한 호랑나비 종류인 진푸른광대나비(*Papilio paradoxa*)와 애니그마진푸른광대나비(*P. aenigma*)[125]가 정확하게 모방했다. 나는 이 두 종이 좀 더 흔한 종이라는 인상을 갖고 이들을 채집했다. 그리고 거의 비슷하게 흔하면서 심지어 조금 더 아름다운 까치까마귀나비(*Euploea radamanthus*)의 날개에는 광택이 나는 푸른빛과 검은빛이 도는 바탕에 순백색 줄무늬와 반점이 있는데, 이 특징은 카우누스호랑나비(*Papilio caunus*)에 재현되어 있다. 암붉은오색나비속(*Diadema*)에도 같은 무리를 모방한 종들이 둘 또는 세 사례가 있으나, 우리는 이 주제와 관련된 또 다른 분야와 연결해서 이유를 더 제시해야만 할 것이다.

남아메리카에는 호랑나비속(*Papilio*) 한 무리가 있는데, 이들은 모두 보호받는 군종의 모든 특징을 지니고 있으며, 또한 이들에서 나타난 특이한 색깔과 표식을 보호받지 못하는 다른 나비들이 모방했다. 동양에서도 매우 유사한 무리가 있는데, 아주 비슷한 색깔을 지니며 서식지도 같다. 그리고 서로는 가까운 동류종은 아니나 같은 속에 속하는 다른 종들과 다른 과에 속하는 몇 종이 이들을 모방했다. 헥토르사향제비나비(*Papilio hector*)[126]는 인도에서 흔히 발견되는 나비로 진홍색으로 얼룩진 짙은 검은 반점들이 있으며, 로물루스흰띠제비나비(*Papilio romulus*)[127]가 이런 특징을 아주 비슷하게 복사했는데, 이 종은 한때 헥토르사향제비나비의 암컷으로 간주되었다. 그러나 자세히 조사한 결과, 이 종은 본질적으로 달라

125 최근에는 진푸른광대나비(*Papilio paradoxa*)의 아종으로 간주하고 있다.
126 최근에는 학명으로 *Atrophaneura hector*(=*Pachliopta hector*)를 사용한다.
127 최근에는 흰띠제비나비(*Papilio polytes*)의 아종으로 간주하고 있다.

서 이 속의 다른 절에 속하는 것으로 확인되었다. 테세우스흰띠제비나비 (*P. theseus*)[128] 변종들이 검은제비꼬리나비[129] 종류로 진홍 반점을 가진 수마트라호랑나비(*Papilio antiphus*)[130]와 꼬마사향제비나비(*P. diphilus*)[131]를 모방했는데, 몇몇 사람들은 이들을 모두 같은 종으로 간주했다. 티모르섬에서만 발견되는 티모르꼬리제비나비(*Papilio liris*)[132]는 티모르섬에서 티모르호랑나비(*P. oenomaus*)와 함께 서식하는데, 티모르호랑나비 암컷은 티모르꼬리제비나비를 너무나 꼭 닮아 이들이 표본상자 안에 있을 때에는 거의 구분할 수 없으며, 특히 날고 있을 때에는 정말로 구분할 수 없다. 그러나 가장 흥미로운 사례 가운데 하나는 미세한 노란 반점이 있는 곤봉꼬리호랑나비(*Papilio cöon*)[133]로 멤논제비나비(*P. memnon*)의 암컷 꼬리 형태를 명백하게 모방하였다. 이들은 모두 수마트라섬에 서식하나, 인도 북부에서는 곤봉꼬리호랑나비(*Papilio cöon*)가 붉은곤봉꼬리호랑나비 (*P. doubledayi*)라는 종으로 대체되었는데, 이 종은 노란 반점 대신 붉은 반점을 지닌다. 그리고 같은 지역 내에서 여왕호랑나비(*Papilio androgeus*)에 상응하는 꼬리를 지닌 암컷을 때로 멤논제비나비(*P. memnon*)의 변종으로 간주하는데, 이들은 꼬리에 비슷하게 붉은 반점이 있다. 웨스트우드[134]

••

128 최근에는 흰띠제비나비(*Papilio polytes*)의 아종으로 간주하고 있다.
129 *Papilio polyxenes*. 북아메리카에 자생한다. 그러나 본문에서는 말레이제도에 자생하는 나비로 설명하고 있어, 윌리스가 이름을 잘못 사용한 것으로 보인다.
130 최근에는 학명으로 *Pachliopta antiphus*를 사용한다.
131 최근에는 학명으로 *Atrophaneura aristolochiae*를 사용한다.
132 최근에는 학명으로 *Pachliopta liris*를 사용한다.
133 최근에는 학명으로 *Losaria coon*을 사용한다.
134 Westwood, John Obadiah(1805~1893).

씨는 인도 북부에서 특이하게 낮에 날아다니는 나방, 즉 오리엔탈제비꼬리나방속(*Epicopeia*)에 속하는 몇 종을 기재했는데, 이 종들은 호랑나비속(*Papilio*)에 속하는 나비들의 형태와 색깔을 지녔고, 이들 중 두 종은 역시 인도 북부에 서식하는 붉은반점제비꼬리나비(*Papilio polydorus*)[135]와 박쥐날개나비(*Papilio varuna*)[136]를 아주 잘 모방했다.

의태의 거의 모든 사례들은 열대지방에서 발견되는데, 이곳에서는 생명 유형들이 훨씬 풍부하고, 곤충의 발달도 특히 상상외로 풍부하다. 그러나 온대 지역에서도 한두 사례가 발견된다. 북아메리카에는 크고 보기 좋으며 붉은색과 검은색이 조화롭게 배열된 남부제왕나비(*Danais erippus*)[137]가 아주 흔하다. 그리고 같은 나라에 제왕나비속(*Danais*) 나비를 닮은 총독줄나비(*Limenitis archippus*)가 서식하는데 이 나비는 자신이 속한 속에 있는 모든 종들과 완전히 다르다.

영국에서 의태라고 발견된 유일한 그럴듯한 사례는 다음과 같다. 스테인턴 씨는 어린 칠면조가 걸신들린 듯이 먹어치우는 수백 마리의 서로 다른 나방들 가운데 아주 흔한 흰흑점나방(*Spilosoma menthastri*)을 먹지 않는 것을 발견했다. 새마다 계속해서 이 나방을 붙잡고 있다가 먹기에는 너무 끔찍스러운 듯이 다시 던져버렸다. 제너 위어 씨도 멋쟁이새, 푸른머리되새, 노랑멧새, 붉은머리멧새 등은 이 나방을 먹지 않으나 유럽울새는 한참 주저하다가 먹는 것을 관찰했다. 따라서 이 종은 많은 새들의 마음에 들지 않아서 공격으로부터 자신을 보호하고 있는데, 이러한 이유로 우리

∵

135 최근에는 학명으로 *Pachliopta polydorus*를 사용한다.
136 최근에는 학명으로 *Atrophaneura varuna*를 사용한다.
137 최근에는 학명으로 *Danaus erippus*를 사용한다.

는 이 종이 눈에 잘 띄는 하얀색을 하고 있음에도 엄청나게 풍부하다는 합리적인 결론을 내릴 수 있다. 이제 같은 시간에 출현하고 오직 암컷만이 흰색인 모술태극나방(*Diaphora mendica*)이라는 또 다른 나방이 있다는 사실이 신기하게 느껴진다. 이 나방은 흰흑점나방(*Spilosoma menthastri*)과 거의 같은 크기이고, 어두컴컴한 곳에서는 확실히 비슷하며 개체수도 적은 편이다. 그러므로 표범나비과(Heliconidae)와 제왕나비과(Danaidae) 나비들처럼, 이들 종은 서로서로 다양한 과에 속하는 의태성 나비들과 같은 연관관계를 맺고 있을 것이라고 간주하는 것이 개연성이 있다. 모든 하얀 나방을 대상으로 새들이 이들 대부분을 일반적으로 먹이로 삼는지 여부를 실험하는 것도 아주 재미있을 것이다. 밤에 움직이는 곤충들에게 하얀색은 모든 색깔 중에서 눈에 가장 잘 띄어서 이들에게 다른 보호 장치가 없다면 스스로에게 분명히 아주 해롭기 때문에, 실험 결과가 어떻게 될지 예상할 수 있을 것이다.

다른 곤충을 의태하는 나비목(*Lepidoptera*) 나비들

앞에서 설명한 사례에서, 우리는 나비목(Lepidoptera)에 속하는 나비들이 같은 목에 속하는 다른 종을 모방하고 있음을 보았다. 그리고 우리는 모방한 종만이 많은 식충성 창조물의 공격으로부터 자유로워졌다고 믿을 충분한 이유를 가지고 있다. 그러나 자신이 속한 목에 속하는 무리들이 지닌 외형을 완전히 잃어버리고 대신 몸에 있는 침으로 자신을 명백하게 보호하는 꿀벌이나 말벌의 외형을 지닌 또 다른 사례가 있다. 낮에 돌아다니는 나방의 두 과, 즉 유리나방과(Sesiidae)와 심술쟁이유리날개나방과(Aegeriidae)[138]의 나방들은 이런 점에서 특히 주목할 만한데, 다양한 종들에 부여된 이름들만 간단히 조사해보면 이들이 보여주는 유사성에 모두가 충격을 받을 것이다. 꿀벌 모양, 말벌 모양, 맵시벌 모양, 배벌 모양, 구멍벌 모양(꿀벌처럼 생긴, 말벌처럼 생긴, 맵시벌처럼 생긴 등등)을 비롯하여 많은 다른 이름을 가지고 있는데, 이들은 모두 침이 있는 벌목(Hymenoptera) 곤충들과의 유사성을 보여준다. 영국에서는 특별히 검은테유리나방(*Sesia bombiliformis*)[139]에 주목해야 하는데, 이 나방은 몸집이 크고 흔히 발견되는 정원땅벌(*Bombus bortorum*)의 수컷과 아주 비슷하게 닮았다. 말벌과 비슷한 색깔로 된 달말벌나방(*Sphecia craboniforme*)[140]은 (제너 위어의 말에 따르면) 표본상자에 있을 때보다 살아 있을 때 날개를 움직이는 방식이 말벌과 더 비슷하다. 그리고 까치밤투명날개나방(*Trochilium tipuliforme*)[141]은 조그만 검은 말벌인 버들집말벌(*Odynerus sinuatus*)[142]을 닮았는데, 제철에는 정원에 이 말벌이 매우 많다. 이러한 유사성을 자연의 경제 내에서 아무런 역할을 하지 않는 단순한 흥미로운 대응관계로만 바라보는 것은 너무나 흔한 관례가 되었다. 전 세계 다양한 곳에 있는 이러한 무리에 속하는 살아 있는 수백 종이 보여주는 습성과 외부 형태, 또는 이들이 특별하게 유사한 벌목(Hymenoptera)의 곤충들과 얼마나 관련이 있는지에 대해서 우리가 제대로 관찰한 내용은 거의 없다. 인도에는 (웨스트우드 교수

••

138 최근에는 유리나방과(Sesiidae)와 통합하고 있다.
139 이 학명은 검색이 되지 않아 *Milittia bombiliformis*로 간주했다.
140 이 학명은 검색이 되지 않아 *Sesia bembeciformis*의 이명으로 나열된 *Sphinx crabroniformis*로 간주했다.
141 최근에는 학명으로 *Synanthedon tipuliformis*를 사용한다.
142 최근에는 학명으로 *Symmorphus bifasciatus*를 사용한다.

가 자신이 쓴 『동양의 곤충학』[143]에서 설명한 것처럼) 매우 넓게 털이 빽빽하게 달려 있는 뒷다리를 지닌 많은 종들이 있는데, 이들은 이 나라에 많이 있는 깃털다리꿀벌류(Scopulipedes)를 정확하게 모방했다. 이 사례에서 우리는 단순히 색깔의 유사성 이상을 볼 수 있는데, 자신의 습성으로 볼 때에는 거의 용도가 없음에도 한 무리에서 기능적으로 중요한 구조를 다른 무리가 모방했다.

딱정벌레들 사이에서 나타나는 의태

만일 다른 생물이 한 창조물을 모방한 것이 실제로 약하고 쇠퇴하는 종을 보호하는 역할을 한다면, 이와 비슷한 사례를 나비목(Lepidoptera) 이외에 다른 무리들 사이에서도 발견될 것이라고 합리적으로 예측할 수 있다. 그리고 이런 사례를 발견할 수 있기는 하지만, 이미 이 목에 속하는 곤충들에서 지적한 것처럼 두드러진 경우가 드물고 쉽게 인식하기도 어렵다. 그럼에도 아주 흥미로운 몇 사례를 다른 곤충들 대부분의 목에서 찾을 수 있다. 딱정벌레목(Coleoptera)에 속하는 딱정벌레들은 같은 목에 속하며 뚜렷하게 구분되는 무리들을 모방하는데, 이들은 열대 지역에 상당히 많으며, 이러한 현상은 앞에서 설명한 법칙에 따라 일반적으로 조절된다. 다른 생물들이 모방하는 곤충은 항상 특별한 보호 수단을 지니고 있는데, 이러한 수단은 조그만 곤충을 먹는 동물들을 위험한 상태에 처하게 만

••

143 1848년에 발간된 『동양의 곤충학 표본상자(The cabinet of oriental entomology)』이다.

들거나 먹을 수 없게 만들어 자신들을 회피하게 만든다. 일부는 (표범나비과(Heliconidae) 나비들에서 나는 맛처럼) 역겨운 맛을 지니고 있다. 또 다른 것들은 단단하고 돌 같은 껍데기를 가지고 있는데, 이 껍데기는 부서지지 않고 소화도 되지 않는다. 세 번째 무리는 매우 활동적이고 강력한 턱으로 무장하고 있을 뿐만 아니라 불쾌한 물질을 분비한다. 점무늬무당벌레붙이과(Eumorphidae)[144]와 남생이잎벌레과(Hispidae)[145]에 속하는 몇몇 종은 작고 편평하거나 반구형인 딱정벌레류로 개체수가 지나치게 많고 불쾌한 물질을 분비하는데, 이와는 매우 뚜렷하게 구분되는 무리인 하늘소 종류들이 모방했다. (하늘소류 무리 중 사향하늘소[146]를 하나의 사례로 들 수 있다.) 특이하게 조그만 바테시하늘소(*Cyclopeplus batesii*)는 스콜피오하늘소(*Onychocerus scorpio*)와 동심원하늘소(*O. concentricus*)와 같은 아과에 속하는데,[147] 이들이 습관적으로 방문하는 나무의 껍질을 놀라울 정도로 정확하게 모방한 것으로 이미 알려져 있다. 그러나 겉모습은 동류종끼리 하나하나가 전체적으로 다르지만, 구형의 코린딱정벌레속(*Corynomalus*)의 모습과 색깔을 정확하게 모방했는데, 이 속에 속하는 동물은 아주 작고 악취를 풍기며 곤봉처럼 생긴 더듬이를 지니고 있다. 길고 가느다란 더듬이를 만드는 무리에 속하는 곤충이 곤봉처럼 생긴 더듬이를 어떻게 모방했는지 궁금하다. 바테시하늘소속(*Cyclopeplus*)이 속한 아니소세루스아과(Anisocerinae)[148]에 속하는 모든 구성원들은 더듬이 중간에 조그만 혹 또

••

144 최근에는 방귀무당벌레붙이아과(Lycoperdininae)로 간주한다.
145 최근에는 잎벌레과(Chrysomelidae)에 속하는 남생이잎벌레아과(Cassidinae)로 간주한다.
146 *Aromia moschata*.
147 월리스 시대에는 아니소세루스아과(Anisocerinae)에 속하는 것으로 처리했으나, 최근에는 목하늘소아과(Lamiinae)에 속하는 것으로 간주한다.

는 부푼 마디가 있는 특징을 공유한다. 이 혹이 바테시하늘소(Cyclopeplus batesii)에서는 상당히 커져 있으며, 이 혹을 지나 더듬이 끝부분은 너무나 작고 가늘어 거의 볼 수 없으며, 그에 따라 뛰어난 대체품으로 코린딱정벌레속(Corynomalus)에서는 짧은 곤봉처럼 생긴 더듬이가 만들어졌다. 또 다른 흥미로운 종류인 붉은산호하늘소(Erythroplatis corallifer)는 몸이 넓고 편평한 딱정벌레인데 그 누구도 하늘소 무리라고 생각하지 않았다. 왜냐하면 이 종은 남아메리카에 분포하는 남생이잎벌레과(Hispidae)에서 가장 흔한 종 가운데 하나인 저격수잎벌레(Cephalodonta spinipes)와 거의 정확하게 닮았기 때문이다. 그리고 더욱더 주목할 만한 사례로 하늘소류 가운데 뚜렷하게 구분되는 붉은반점입술하늘소(Streptolabis hispoides)가 있다. 베이츠 씨가 발견한 이 종은 거의 미세한 부분까지 앞에서 언급한 곤충을 닮았는데, 두세 개의 뚜렷하게 구분되는 무리에 속하는 종들이 긴날개나비속(Heliconius)에 속하는 동일한 종을 의태한 사례처럼, 나비 무리에서 발견된 것과 정확하게 평행관계이다. 부드러운 날개를 가진 딱정벌레인 병정벌레류(Malacoderms)[149]는 개체 수준에서 과도하게 많은데, 특히나 다른 종들이 놀랄 정도로 이 무리를 닮았기에, 아마 이들도 어떤 비슷한 보호 수단을 가지고 있을 것이다. 하늘소 종류 중 자메이카하늘소(Pœciloderma terminale)[150]는 자메이카에서 발견되는데, 이 종은 같은 섬에서 살아가는 (병정벌레류의 한 종인) 그물날개하늘소속(Lycus)에 속하는 곤충과 채색 방

---

148 최근에는 학명으로 목하늘소아과(Lamiinae)를 사용한다.

149 월리스는 곤충 무리를 'Malacoderms'라고 표기했으나, 이는 부드러운 날개를 의미하는 단어이다. 'Malacodermata'로 표기해야 하는데, 최근에는 학명으로 Cantharidae를 사용한다.

150 최근에는 학명으로 Pseudothonalmus terminalis를 사용한다.

식이 정확하게 같다. 호주에 분포하는 파우어리하늘소(*Eroschema poweri*)는 같은 무리 중의 다른 한 종으로 확실히 착각하도록 하며, 말레이제도에 분포하는 몇몇 종들은 똑같이 기만적이다. 술라웨시섬에서 나는 아주 진한 파란 색깔로 뒤덮인 몸 전체와 보호용 겉날개를 지닌 생물 한 무리를 발견했는데 머리만은 주황색이었다. 그리고 이와 동일하게 같은 채색을 지녔지만 전적으로 다른 과인 찰깍소리딱정벌레과(Eucnemidae)에 속하는 곤충도 같이 있었는데, 이 곤충의 크기와 형태도 살아 있는 생물들과 거의 같아 이 곤충들을 잡을 때마다 채집하는 사람들이 완전히 헷갈려 했다. 최근에 내가 조그만 새 무리를 쫓고 있던 제너 위어 씨로부터 받은 정보에 따르면, 이 새들 가운데 그 어떤 개체도 우리가 흔히 '병정과 선원'이라고 부르는(병정벌레류에 속하는) 종[151]과 접촉하지 않았다고 한다. 그럼에도 곤충 개체수가 매우 많고 눈에 띄는 색깔을 지니고 있으며 어떤 사물을 모방했다는 사실에 근거해서 이들이 보호받는 무리라는 믿음을 확신하게 했다.

겉날개와 몸을 덮고 있는 전체가 너무나 단단하여 곤충학자들이 표본으로 고정할 때 항상 핀이 옆으로 비켜나서 엄청나게 성가시던 몸집이 큰 열대 바구미의 많은 종류들이 있다. 이런 경우에 나는 핀을 곤충 안으로 집어넣기 전에, 먼저 날카로운 조그만 주머니칼로 한 지점에 아주 조심스럽게 홈을 파는 것이 필요하다는 것을 알게 되었다. 기다란 더듬이를 가진 (동류종 무리인) 곰팡이바구미과(Anthribidae) 바구미들도 같은 방식으로 간주해야만 한다. 조그만 새들이 이 곤충들을 먹으려고 찾는 것이 아무런 쓸모가 없다는 점을 알고 난 이후, 새들이 눈으로만 곤충들을 확인하

••

151 병대벌레과(Cantharidae)에 속하는 딱정벌레류를 지칭하는 이름이다. 성체가 마치 갑옷을 입은 모양을 하고 있어 병정과 선원이라는 이름이 붙었다.

면서, 심지어 그냥 놔두고 가버리게 되면 상대적으로 부드럽게 먹을 수 있음에도 이런 곤충으로 오인된 곤충들에게는 유리하다는 점을 우리는 쉽게 이해할 수 있다. 따라서 우리는 자신의 구역에서 '단단한 딱정벌레'를 놀라울 정도로 닮은 수많은 하늘소 종류가 있다는 점에 놀랄 필요는 없다. 브라질 남부에는 세가시하늘소(*Acanthotritus dorsalis*)가 단단한 껍데기를 지닌 헤일리플러스속(*Heiliplus*)[152] 곤충과 놀라울 정도로 비슷하다. 베이츠 씨는 자신이 크라토소무스바구미속(*Cratosomus*)의 단단한 바구미 종류가 서식하는 같은 나무에서 크라토소모이데스하늘소(*Gymnocerus cratosomoides*)[153]를 발견했다고 나에게 장담했는데, 전자가 후자를 확실하게 모방했다. 다른 사례로, 예쁜 하늘소 종류인 카시오모르파하늘소(*Phacellocera batesii*)[154]는 단단한 곰팡이바구미과(Anthribidae)의 길고 가느다란 더듬이를 가진 흰점줄무늬하늘소속(*Ptychoderes*)에 속하는 한 종을 모방했다. 인도네시아 말루쿠제도에서는 조그만 하늘소 종류인 안쓰리보이데스하늘소(*Cacia anthriboides*)[155]를 발견할 수 있는데, 우리는 이 종이 서식하는 같은 지역에서 살아가는 곰팡이바구미과(Anthribidae)의 아주 흔한 종으로 쉽게 잘못 판단한다. 그리고 매우 드물게 발견되는 스티기움하늘소(*Capnolymma stygium*)는 채집한 서식지에서 풍부한 가젤바구미(*Mecocerus gazella*)를 비슷하게 모방한다. 필리핀제도에서 발견된 원형반점하늘소(*Doliops curculionoides*)와 이들의 동류종들은 형태와 색

••

152 월리스는 "a Curculio of the hard genus Heiliplus"로 썼는데, 'Heiliplus'는 검색이 되지 않는다.
153 최근에는 학명으로 *Gymnocerina cratosomoides*를 사용한다.
154 최근에는 학명으로 *Caciomorpha batesii*를 사용한다.
155 최근에는 학명으로 *Cacia semiluctuosa*를 사용한다.

깔 모두 바구미과(Curculionidae)에 속하는 밝은색을 띤 경계색바구미속 (*Pachyrhynchi*) 곤충들과 엄청나게 기묘하게 닮아 있는데, 경계색바구미속 (*Pachyrhynchi*)은 이 섬에 서식하는 무리 가운데 가장 특이하다. 딱정벌레 목(Coleoptera)에서 가장 흔하게 모방하는 종류를 포함하는 과는 길앞잡이 과(Cicindelidae)[156]이다. 희귀하지만 흥미로운 길앞잡이인 개호랑이길앞잡 이(*Collyrodes lacordairei*)는 호랑이길앞잡이속(*Collyris*)의 곤충들과 형태와 색깔이 정확하게 같다. 한편, 거저리상과(Heteromera)[157]에 속하나 아직 기 재되지 않은 종들은 테라테스속(*Therates*)에 속하는 한 종과 정확하게 비 슷한데, 이 종은 이 무리의 습성처럼 큰키나무의 줄기를 타고 달린다. 호 랑나비속(*Popilio*)과 표범나비과(Heliconidae) 나비들이 자신의 동류종들 을 모방한 사례처럼 하늘소 종류가 하늘소 종류를 모방한 기묘한 사례도 한 가지 있다. 힙세로미니아과(Hypselominae)[158]에 속하는 말루쿠하늘소 (*Agnia fasciata*)와 목하늘소아과(Lamiinae)에 속하는 그레이네모파스하늘 소(*Nemophas grayi*)는 말루쿠제도의 암본섬에 쓰러져 있는 한 나무에서 동 시에 채집되었고, 보다 상세하게 조사하기 전까지 같은 종으로 간주되었 다가, 구조적으로 상당히 다르다는 것이 확인되었다. 이들 곤충의 색깔은 매우 주목할 만한데, 진한 강청빛이 나는 검은색이며 넓은 주황색의 털 줄 무늬가 있다. 지금까지 알려진 수천 종의 하늘소 무리 중에서 이런 색깔 을 띤 종은 단지 두 종에 불과할 것이다. 그레이네모파스하늘소(*Nemophas grayi*)는 좀 더 크고, 좀 더 강하며, 좀 더 좋은 무기를 장착한 곤충으로 더

∴

156 최근에는 딱정벌레과(Carabidae)에 속하는 길앞잡이아과(Cicindelinae)로 처리한다.
157 최근에는 학명으로 Tenebrionoidea를 사용한다.
158 최근에는 목하늘소아과(Lamiinae)의 이명으로 간주한다.

널리 분포할 뿐만 아니라 우세한 무리에 속하는데, 이 무리는 종 수준이나 개체 수준에서 그 수가 굉장히 많다. 따라서 다른 종들이 모방하려는 대상이 될 종일 가능성이 매우 높다.

다른 곤충을 의태하는 딱정벌레들

이제 딱정벌레가 다른 곤충을 모방하고, 다른 목에 속하는 곤충이 딱정벌레를 모방하는 몇 가지 사례를 살펴보고자 한다.

남아메리카에 서식하는 하늘소 종류인 벌하늘소과(Necydalidae)[159]에 속하는 멜리포나벌하늘소(*Charis melipona*)[160]는 멜리포나벌속(*Melipona*)에 속하는 조그만 벌과 비슷해서 이름이 이렇게 붙었다. 이는 가장 놀라운 의태의 한 유형인데, 딱정벌레는 가슴과 몸 전체에 벌처럼 털이 빽빽하게 달려 있고, 다리에는 딱정벌레목(Coleoptera)에 속하는 곤충들과는 아주 다르게 깃털이 다발로 달려 있기 때문이다. 또 다른 하늘소 종류로 오디네로이데스하늘소(*Odontocera odyneroides*)[161]가 있는데, 복부에는 노란 줄무늬가 있고 기부는 압축되어 있다. 이 종은 도공말벌속(*Odynerus*)에 속하는 조그만 말벌 종류를 거의 정확하게 닮았는데, 베이츠 씨는 이 종에게 손가락을 쏘일 수 있다는 공포감에 사로잡혀 채집망에서 꺼내는 것이 무서웠다고

159 최근에는 하늘소과(Cerambycidae)에 속하는 벌하늘소아과(Necydalinae)로 처리하고 있다.
160 월리스가 *Charis meliponica*라는 학명을 잘못 쓴 것으로 보이며, 최근에는 이 학명 대신 *Epimelitta scoparia*를 사용한다.
161 최근에는 학명으로 *Acutiphoderes necydalea*를 사용한다.

나에게 얘기해 주었다. 베이츠 씨가 곤충에 대해 예전보다 관심을 덜 보였다면, 배고픈 새들의 부리에서 곤충들이 의심할 여지 없이 때로 빠져나오듯이, 이 곤충의 위장은 베이츠 씨의 핀으로부터 자신을 구했을 것이다. 보다 큰 곤충인 철염하늘소(*Sphecomorpha chalybea*)는 몸집이 크고 금속 비슷한 푸른빛이 도는 말벌 종류의 한 종과 매우 비슷하며, 말벌 종류처럼 가슴과 복부가 작은 자루로 연결되어 있어 철염하늘소의 속임수를 가장 완벽하게 인상적으로 만든다. 사과하늘소속(*Oberea*)에 속하며 동양에서 살아가는 많은 하늘소 종류가 비행 중일 때에는 잎벌과(Tenthredinidae) 곤충들과 어김없이 닮아 있고, 유사말벌하늘소속(*Hesthesis*)에 속하는 대부분의 작은 종들은 목재 위를 다니는데 개미들과 거의 구분할 수 없다. 작은조각노린재속(*Scutellera*)에 속하는 곤충을 모방한 것으로 보이는 종류의 한 속이 남아메리카에 있다. 카푸치누스노린재(*Gymnocerous capucinus*)는 광대노린재과(Scutelleridae)에 속하는 섬유상광대노린재(*Pachyotris fabricii*)와 엄청 닮았다. 보기 좋은 단맛광대노린재(*Gymnocerous dulcissimus*)도 역시 같은 무리의 곤충과 엄청 닮았는데, 정확하게 일치하는 종은 알려지지 않았다. 그러나 이 부분은 놀랄 일이 아닌데, 열대지방의 노린재목(Hemiptera)에 속하는 곤충들이 상대적으로 채집가들의 관심을 거의 끌지 못했기 때문이다.

다른 목에 속하는 종들을 의태하는 곤충들

다른 목에 속하는 곤충이 딱정벌레를 모방하는 사례 가운데 가장 주목할 만한 것은 필리핀제도에 분포하는 귀뚜라미과(Gryllidae)에 속하는 한 종인 보르네오귀뚜라미(*Condylodera tricondyloides*)이다. 이 종은 호랑이 딱정벌레속(*Tricondyla*)에 속하는 한 종과 너무나 똑같이 닮아 웨스트우드 교수와 같이 능숙한 곤충학자도 자신이 잘못했음을 깨닫기 전까지 이 종을 오랫동안 표본상자에 방치했다! 이 두 곤충은 교목의 줄기를 따라 움직이는데 호랑이딱정벌레속(*Tricondyla*)에 속하는 곤충은 아주 많은 반면에 이를 모방한 곤충은 다른 모든 사례에서처럼 매우 드물다. 베이츠 씨도 자신이 아마존강 유역의 산타렝[162]에서 긴강털수염길앞잡이속(*Odontochelia*)의 한 종을 모방한 로커스트메뚜기 한 종을 발견했는데, 이 두 종이 모두 같은 나무에 서식하고 있다고 알려주었다.

말벌이나 꿀벌을 매우 닮았으며 날개가 두 장인 파리목(Diptera)[163] 곤충들이 상당수 있는데, 의심할 여지 없이 이들 곤충들은 흥분하면서 엄청난 공포를 유발하여 이익을 얻는다. 미다스파리(*Midas dives*)[164]를 비롯하여 브라질에 서식하는 몸집이 큰 다른 종류의 파리들은 어두운 날개와 금속 느낌이 나는 푸른색의 기다란 체형을 지녀, 같은 나라에 서식하는 커다란 침이 있는 박각시과(Sphegidae) 곤충을 닮았다. 그리고 강도파리속(*Asilus*)에 속하는 매우 큰 파리들은 검은 줄무늬가 있는 날개와 끝이 진한 주황색 복부를 지니는데, 조그만 벌인 메리아나난초벌(*Euglossa dimidiata*)[165]과 너무나도 꼭 닮았으며, 이 두 종이 남아메리카의 같은 지역에서 발견된다.

⁙

162 오늘날 브라질 북부에 위치한 파라주에 있는 도시 이름이다. 아마존강과 타파조스강이 합류되는 지점이다.
163 파리목(Diptera)에 속하는 곤충들은 주로 한 쌍의 날개만을 지니며, 뒤쪽에 있는 날개는 곤봉처럼 만들어졌는데 몸의 회전에 대한 정보를 감지하는 감각기관인 평균곤으로 전환되었다.
164 최근에는 학명으로 *Mydas*를 사용한다.
165 최근에는 학명으로 *Eulaema meriana*를 사용한다.

또한 우리는 영국에서 재니등에속(*Bombylius*) 곤충을 볼 수 있는데 이들은 벌과 거의 똑같다. 이들 사례에서 의태로 얻는 최종 목적은 의심할 여지 없이 천적으로부터 자유로워지는 것이지만, 때로는 전혀 다른 목적을 지니기도 한다. 자신의 유충이 꿀벌 종류의 유충을 먹고 살아가는 많은 기생성 파리들이 있는데, 영국에 서식하는 대모꽃등에속(*Volucella*) 곤충들과 열대지방에 서식하는 재니등에속(*Bombylius*)의 많은 곤충들이 이러한 유형이다. 이들 대부분은 자신의 먹이가 되는 특정한 꿀벌 종류와 정확하게 같아 벌집에 들어가서 아무런 의심 없이 알을 낳는다. 꿀벌 종류를 모방한 벌 종류도 있다. 뻐꾸기벌속(*Nomada*)에 속하는 벌들은 애꽃벌과(Andrenidae)에 속하는 벌들에게 기생하며, 말벌이나 채굴꿀벌속(*Andrena*)에 속하는 벌들을 닮았다. 뻐꾸기뒤영벌속(*Apathus*)[166]에 속하는 기생성 뒤영벌 종류는 자신의 둥지를 만드는 뒤영벌 종류와 거의 똑같다. 베이츠 씨는 아마존에 서식하는 '뻐꾸기'벌 종류들과 파리들을 많이 발견했는데, 이들 모두가 같은 나라에서 독특하게 일벌의 역할을 담당하고 있다고 나에게 알려주었다.

열대지방에는 개미를 먹는 조그만 거미류로 이루어진 하나의 속이 있는데, 이들은 개미 그 자체인 것처럼 너무나도 정확하게 같아서 의심할 여지 없이 자신의 먹이를 잡을 더 많은 기회를 갖는다. 베이츠 씨는 아마존에서 사마귀목(Mantis)에 속하는 종들이 자신이 잡아먹는 흰개미[167]와 덤불여치속(*Scaphura*)에 속하는 몇몇 종들과도 꼭 닮았음을 발견했는데, 덤불여치는 몸집이 큰 모래말벌과 참으로 멋지게 닮았고, 모래말벌은 자신의 집을

∵

166 최근에는 뒤영벌속(*Bombus*)에 속하는 뻐꾸기뒤영벌아속(*Psithyrus*)으로 간주하고 있다.
167 월리스는 'white ants'라고 표기했는데, 이들은 개미도 아니고 개미와는 아무런 연관도 없다. 이들은 흰개미아목(Isoptera)에 속하는 곤충들이다.

만들려고 항상 덤불여치를 찾는다고 나에게 알려주었다.

아마도 이 모든 사례 중 가장 놀라운 것은 베이츠 씨가 언급한 커다란 애벌레인데, 이 애벌레가 조그만 뱀과 매우 닮아서 그를 깜짝 놀라게 했다. 머리 아래쪽에 있는 첫 번째 세 마디는 곤충의 의지에 따라 팽창할 수 있으며, 몸 양쪽에는 몸의 다른 부위 색과는 다른 하나의 커다란 검은 반점이 있는데 파충류의 눈과 흡사하다. 게다가 이 애벌레는 무해한 뱀이 아니라 독사를 닮았는데, 애벌레가 뒤로 갈려고 할 때, 움츠러든 발로 만들어낸 앞부분이 용골비늘**168**을 모방한 것으로 증명되었다!**169**

열대지방에 서식하는 많은 거미류의 태도는 가장 이례적이고 기만적이지만 이들에게는 관심을 거의 두지 않았다. 이들은 때로 다른 곤충을 모방한다. 그리고 베이츠 씨가 확신하기로는, 일부 거미류가 꽃눈과 정확하게 같고, 잎이 달리는 마디인 잎겨드랑이에 자신의 보금자리를 만드는데 이자리에서 자신의 먹이를 움직이지 않고 기다린다는 것이다.

••

168 용골 비늘은 외부에 돌출되어 있는 미세구조의 하나로 뱀류, 도마뱀류, 거북류 등이 포함된 파충류 집단에서 나타나는 뚜렷한 형태적 특징 중 하나이다. 용골의 기능은 주로 빛을 산란시켜 반사율을 최소화함으로써 몸을 숨기는 기능이 있는 것으로 알려져 있다(구교성 외)(2017: 208).

169 이 부분은 베이츠가 『런던 린네학회회보(*Transactions of the Linnean Society of London*)』 23권, 495~564쪽에 게재한 논문 「아마존 계곡의 곤충상 보고: 나비목(Lepidoptera) 긴날개나비아과(Heliconiae)」, 509쪽에 있는 내용이다. 원문에는 "keeled scales on the crown"으로 되어 있으나, 학명에 대한 언급이 없어, crown이 무엇을 의미하는지 정확하게 파악하기 힘드나, 발이 움츠러들면서 crown 구조를 만드는데, 이 구조가 파충류에서 볼 수 있는 용골비늘을 닮았다는 의미로 추정된다. 흔히 곤충들의 애벌레가 뱀처럼 보이는 경우, 이를 가짜뱀(fake snake)이라고 부른다.

척추동물 사이에서 나타나는 의태 사례들

곤충들 사이에서 의태가 얼마나 다양하고 이례적인 방식으로 나타나는 지를 보여주었으므로, 이제부터는 척추동물들 사이에서도 관찰되는 비슷한 양상이 혹시라도 있다면 이를 살펴보려고 한다. 우리가 아주 좋은 속임수와 같은 모방을 만드는 데 필요한 모든 조건들을 고려한다면, 우리는 고등동물에서 이러한 현상이 아주 드물게 나타난다는 점을 바로 알게 될 것인데, 이들은 곤충의 체제가 본질적으로 지닌 성질로 외부 형태를 거의 무한하게 변형시키는 능력을 전혀 가지고 있지 않기 때문이다. 곤충의 외피는 다소 단단한 각질로 되어 있어, 곤충들은 내부 구조에 어떤 근본적인 변형을 유발하지 않고서도 형태와 외형을 얼마든지 변형할 수 있다. 날개는 많은 무리에서 대단히 많은 특징을 제공하는데 이 기관은 아마도 자신만의 특수한 기능을 방해하지 않고서도 형태와 색깔 모두 상당히 변형될수 있다. 다시 말하면, 곤충에 속하는 종들이 너무나 엄청나게 많고, 또한 무리마다 형태와 비율이 엄청나게 다양해서, 한 곤충이 또 다른 무리의 곤충이 지닌 몸집의 크기·형태·색깔 등에 우연히 접근해서 비슷해질 기회가 있다는 점을 상당히 많이 고려해아 한다. 그리고 우연히 비슷해질 이러한 기회가 의태의 기초를 제공하며, 가장 적합한 방향으로 이끌고 가는 경향이 있는 변종들만이 생존해서 지속적으로 발달하여 완벽해진다.

이와는 반대로, 몸 내부에 있는 골격이 척추동물아문(Vertebrata)에 속하는 동물에서는 외부 형태가 전적으로 골격의 비율과 배열 상태에 의존하는데 골격은 다시 동물의 안녕에 필요한 기능들에 엄격하게 적합하게 된다. 따라서 형태가 변이에 의해 급격하게 변형될 수 없으며, 얇고 유연한 외피는 곤충에서 지속적으로 나타나는 이상한 돌기와 같은 것들의 발달을 용인할 수 없다. 같은 나라에 있는 무리 하나하나의 종 수 역시 상대적으로 적고, 그에 따라 자연선택이 작용하는 데 필요한 우연한 유사성이 처음 나타날 기회도 엄청 줄어들게 된다. 엘크사슴이 늑대로부터, 또는 버팔로 들소가 회색곰으로부터 도망가는 데 필요한 모방이 나타날 가능성은 거의 없다고 우리는 예측할 수 있다. 그러나 척추동물아문(Vertebrata)의 한 무리에서는 일반적으로 형태가 유사한 경우가 있는데, 아주 사소한 변형이 만일 색깔도 같이 변한다면, 필요한 정도의 유사성을 만들 수 있다. 그리고 동시에 다른 종류와 유사하게 됨에 따라 이들보다 유리해진 많은 종들이 존재하는데, 이들이 가장 치명적인 공격 무기로 무장하기 때문이다. 따라서 파충류가 우리에게 진정한 의태가 보여주는 매우 뚜렷하면서도 유익한 사례를 제공하고 있음을 알 수 있다.

뱀들 사이에서 나타나는 의태

열대 아메리카에는 산호뱀속(*Elaps*)[170]에 속하는 수많은 맹독성 뱀들이 있는데, 이들은 독특한 방식으로 배치된 화려한 색 무늬로 장식되어 있다. 바탕 색은 일반적으로 밝은 빨간색이며, 이 색 위에 여러 가지 폭으로 된 검은 줄무늬가 있으며, 때로는 노란 고리 두세 개가 줄무늬를 나눈다. 이제는 같은 나라에서 발견되는 몇 개 속에 속하는 무해한 뱀들을 살펴보자. 이들은 앞에서 설명한 뱀과 그 어떤 친밀성은 없지만, 색깔은 정확하게

170 최근에는 학명으로 *Micrurus*를 사용한다.

같다. 예를 들어, 독성을 지닌 아메리칸코브라뱀(*Elaps fulvius*)[171]은 과테말라에서 발견되는데, 몸에 적황색이 감도는 붉은 바탕에 단순한 검은 줄무늬가 있다. 그리고 독성이 없는 균등반점코브라뱀(*Pliocerus equalis*)[172]도 같은 나라에서 발견되는데, 색깔과 줄무늬가 동일한 양상으로 배열되어 있다. 채색코브라뱀(*Elaps corallinus*)[173]의 변종[174]은 같은 붉은 바탕에 노란색으로 좁게 테두리가 둘러져 있는 검은 줄무늬를 지니고 있으며, 독성이 없는 반지고리뱀(*Homalocranium semicinctum*)[175]은 정확하게 같은 표식을 지니고 있는데, 이 두 종은 모두 멕시코에 서식한다. 치명적인 브라질리본산호뱀(*Elaps lemniscatus*)[176]은 폭이 매우 넓은 검은 줄무늬가 있는데, 좁은 노란 고리가 줄무늬마다 세 부분으로 나뉜다. 그리고 이런 특징은 무해한 개반점코브라뱀(*Pliocerus elapoides*)[177]이 그대로 복사했는데, 브라질리본산호뱀과 같이 멕시코에서 발견된다.

그러나 좀 더 주목할 만한 사례가 남아 있는데, 남아메리카에는 뱀 종류의 세 번째 무리가 있다. 삼림불꽃뱀속(*Oxyrhopus*)에 속하는 뱀들은 의심할 여지 없이 독을 품고 있으며, 앞에서 설명한 뱀들과는 직접적인 친밀성은 전혀 없고 붉은색, 노란색, 그리고 검은색 고리가 다양하게 배치되어

••

171 최근에는 학명으로 *Micrurus fulvius*를 사용한다.
172 월리스는 종소명으로 'equalis'라고 표기했으나, 'aequalis'의 오기로 보인다. 최근에는 *Pliocercus elapoides*의 아종으로 간주하면서 *Pliocercus elapoides aequalis*라는 학명으로 표기한다.
173 최근에는 학명으로 *Micrurus corallinus*를 사용한다.
174 동물분류학 분야에서는 최근 변종 계급을 인정하지 않으며, 종 이하 계급은 모두 아종만 인정하고 있으므로 아종으로 간주해야 할 것이다.
175 최근에는 학명으로 *Tantilla semicincta*를 사용한다.
176 최근에는 학명으로 *Micrurus lemniscatus*를 사용한다.
177 최근에는 학명으로 *Pliocercus elapoides*를 사용한다.

색깔이 기묘하게 분포한다. 그리고 이 무리에 속하는 세 종 모두가 비슷한 표식을 하고 있으며, 같은 지역에 서식하는 경우도 있다. 예를 들어, 붉은 꼬리코브라뱀(*Elaps mipartitus*)[178]에는 검은 고리 한 종류만이 있는데, 고리들이 아주 가까이 배치되어 있다. 이 종은 안데스산맥의 서쪽 지역에 서식하며, 코프스개코브라뱀(*Pliocerus euryzonus*)과 삼림불꽃뱀(*Oxyrhopus petolarius*)도 같은 지방에 분포하는데, 이들은 정확하게 같은 무늬 양상을 보인다. 브라질에서는 브라질개코브라뱀(*O. trigeminus*)이 브라질리본산호뱀(*Elaps lemniscatus*)을 복사했는데, 이 두 종은 모두 검은 고리가 세 개씩 연결되어 배열되어 있다. 벌레먹이코브라뱀(*Elaps hemiprichii*)[179]의 경우, 바탕은 검은색인데, 폭이 좁은 두 개의 노란 줄무늬와 폭이 넓은 빨간 줄무늬 하나가 교대로 있다. 그리고 우리는 이러한 양상이 정확하게 중복되어 있는 것을 칼리코뱀(*O. formosus*)에서 볼 수 있는데, 이 두 종은 남아메리카 열대지방 곳곳에서 발견된다.

이러한 유사성이 지닌 이례적인 특징에 덧붙여야 할 것은 아메리카대륙을 제외하고는 전 세계 어디에도 이러한 색조 양상을 지닌 어떤 뱀도 없다는 사실이다. 영국박물관에서 연구 중인 권터 박사는 여기에서 언급한 내용의 상세한 부분을 친절하게 제공해주었는데, 그는 붉은색, 노란색, 그리고 검은색 고리가 전 세계 다른 곳에 있는 뱀들에게서 똑같이 나타나는 것이 아니라 산호뱀속(*Elaps*)에 속하는 뱀들과 이 종들과 매우 면밀하게 닮은 종들에서만 나타나는 사례가 있음을 확인해주었다. 이 모든 사례에서, 몸

∴

178 최근에는 학명으로 *Micrurus mipartitus*를 사용한다.
179 월리스는 종소명을 'hemiprichii'로 표기했으나, 'hemprichii'의 오기로 보인다. 최근에는 학명으로 *Micrurus hemprichii*를 사용한다.

의 크기와 형태는 물론 색깔이 너무나 많이 비슷하여 자연사학자들을 제외한 그 누구라도 독이 있는 종류와 독이 없는 종류를 구분할 수 없을 것이다.

많은 조그만 나무개구리들[180] 역시 의심할 여지 없이 의태한 생물이다. 이들의 자연스러운 태도를 보면서 나는 때로 이들을 잎에 앉아 있는 딱정벌레들이나 또 다른 곤충들과 구분할 수 없었지만, 내가 어떤 종 또는 무리들이 가장 유사한가를 관찰하는 것을 소홀히 했다는 것과, 이 주제가 해외에 있는 자연사학자들의 관심을 아직은 끌지 못했다는 것이 유감스럽다.

새들 사이에서 나타나는 의태

조류 무리에서는 약하고 방어 능력이 없는 새 무리, 예를 들어 뻐꾸기가 매와 닭목(Gallinaceae)[181]에 속하는 조류와의 유사성을 보여 의태에 어느 정도 접근한 많은 사례들이 있다. 그러나 이보다 훨씬 더 나아갈 수 있는 한 사례가 있는데, 이 사례는 앞에서 이미 설명한 곤충의 의태에서 볼 수 있는 많은 사례들과 완전히 같은 성질일 것이다. 호주와 말루쿠제도에는 꿀빨이새라고 부르는 검은꿀빨이새속(*Tropidorhynchus*)[182]에 속하는

••

180 생애 대부분을 교목에서 살아가는 개구리 종류를 말한다. 청개구리과(Hylidae), 산청개구리과(Rhacophoridae), 유리개구리과(Centrolenidae), 풀개구리과(Hyperoliidae) 등 다양한 종류를 청개구리라고 부른다. 단지 우리나라에서는 청개구리과(Hylidae)에 속하는 *Hyla japonica*만을 청개구리라고 부른다.
181 최근에는 학명으로 Galliformes를 사용한다.
182 최근에는 학명으로 *Philemon*을 사용한다.

새들이 있는데 몸집은 적당한 크기이며, 아주 강하고 활동적이며, 강력하게 잡는 갈고리발톱과 길게 구부러진 날카로운 부리를 가지고 있다. 이들은 무리를 짓거나 소규모로 떼를 지어 살아가며, 아주 멀리 떨어진 곳에서도 들을 수 있는 매우 큰 소리로 연락하는데, 위험에 처하게 되면 소리를 질러 함께 모이도록 만든다. 이들은 개체수가 굉장히 많으며, 매우 호전적이고, 흔히 까마귀를 물리치며, 심지어 나무에 몇 마리씩 모여 횃대에 앉아 있는 매까지도 물리친다. 이들은 다소 칙칙하거나 거무스레한 색깔을 띠고 있다. 이제는 한 나라에 있는 꾀꼬리속(*Mimeta*)[183]을 이루는 꾀꼬리 무리를 살펴보자. 이들은 자신의 동류종으로 보통 녹황색이나 갈색을 띤 황금꾀꼬리[184]가 지닌 화려한 색을 잃어버린 상당히 약한 새들이다. 그리고 몇몇 사례에서는 이들이 같은 섬에 서식하는 검은꿀빨이새속(*Tropidorhynchus*)의 새들과 이상하게도 가장 닮았다. 예를 들면, 칙칙한 흙색을 띠는 보르네오꿀빨이새(*Tropidorhynchus bouruensis*)와 이 새를 닮은 보르네오꾀꼬리(*Mimeta bouruensis*)[185]가 보르네오섬에서 발견되는데, 다음과 같은 특징이 비슷하다. 이 두 조류의 위아래 면은 짙은 갈색과 밝은 갈색으로 정확히 같은 색조이다. 검은꿀빨이새속(*Tropidorhynchus*)은 눈 주위에 크게 드러난 검은 반점이 있는데, 이런 특징은 보르네오꾀꼬리(*Mimeta bouruensis*)에 검은 깃털로 복사되어 있다. 검은꿀빨이새속(*Tropidorhynchus*) 새들의 머리 정단부에는 좁은 비늘처럼 생긴 깃털에서 빠져나온 비늘 구조가 있는데, 이런 특징은 넓은 깃털을 지닌 꾀꼬리속

••

183 최근에는 학명으로 *Oriolus*를 사용한다.
184 *Oriolus oriolus.*
185 최근에는 학명으로 *Oriolus bouroensis*를 사용한다.

(*Mimeta*) 새들이 모방해서 거무스름한 선이 양쪽으로 내려온다. 검은꿀빨이새속(*Tropidorbynchus*) 새들의 목덜미에는 회색에 가까운 주름이 있는데, 이상하게 뒤쪽으로 구부러진 깃털이 만들어낸 것이다. (이런 특징 때문에 검은꿀빨이새속(*Tropidorbynchus*)에 속하는 새들 전체에 탁발수사새라는 이름이 붙었다.) 그리고 이 특징은 꾀꼬리속(*Mimeta*) 새들의 같은 부위에 회색에 가까운 줄무늬에 있다. 마지막으로 검은꿀빨이새속(*Tropidorbynchus*) 새들의 부리는 튀어나온 용골처럼 기부에서부터 위로 올라가고, 꾀꼬리속(*Mimeta*) 새들도, 비록 속 전체에서 흔하게 나타나지는 않지만, 같은 특징을 가지고 있다. 그 결과, 이들이 중요한 구조적 차이점을 가지고 있어 그어떤 자연배열 체계로도 서로 나란히 배열할 수는 없지만, 겉으로만 조사하면 이 새들을 같은 종으로 간주하게 된다. 유사성이 실제로 기만적이라는 증거가 있기 때문에, 꾀꼬리속(*Mimeta*) 새들이 귀중한 『아스트롤라베호 탐험기』[186]에서 보르네오꿀빨이새(*Philedon bouruensis*)[187]라는 학명과 함께 꿀빨이새의 일종으로 그림과 함께 기재되었음을 언급하고자 한다!

스람섬[188]으로 넘어가면, 우리는 두 속에 속하는 동류종을 발견한다.[189] 스람탁발수사새(*Tropidorbynchus subcornutus*)[190]는 황토색으로 물든 흙빛

⋅⋅

186 아스트롤라베(L'Astrolabe)호는 프랑스 탐험선이고, 『아스트롤라베호 탐험기』는 이 배로 1826년부터 1829년에 걸쳐 수행된 탐험 결과로 1830년에 발간되었다. 이 책 192쪽에 *Philedon bouruensis*라는 학명이 나오고 기재문이 나온다.

187 최근에는 학명으로 *Oriolus bouroensis*를 사용한다.

188 인도네시아 말루쿠제도를 이루는 섬 가운데 하나로, 이 제도에서 두 번째로 큰 섬이다.

189 엄밀히 말하면 동류종은 아니나, 월리스가 모방한 새와 모방당한 새를 하나로 부르기 위해 동류종이라고 부른 것으로 보인다.

190 월리스는 종소명을 'subcornutus'라고 표기했으나, 'subcorniculatus'의 오기로 보인다. 최근에는 학명으로 *Philemon subcorniculatus*를 사용한다.

갈색이며, 안연부[191]는 없고, 뺨은 거무스름하며, 목덜미에 있는 주름은 일반적으로 하얀색에 가까우며 뒤로 구부러져 있다. 회색깃꾀꼬리(*Mimeta forsteni*)[192]의 경우는 몸의 모든 부분에서 나타나는 색조와 구체적 항목 등이 앞에서 설명한 보르네오섬에 서식하는 새들처럼 같은 방식을 모방해서 완전히 같다. 다른 두 섬에는 앞에서 설명한 두 사례처럼 완벽하지는 않지만 모방으로 볼 수 있는 비슷한 사례가 있다. 티모르섬에 서식하는 티모르꿀빨이새(*Tropidorhynchus timoriensis*)[193]는 위쪽이 보통 흙빛이 도는 갈색을 띠며, 목덜미에 있는 주름은 현저하고, 뺨은 검은색, 목은 거의 하얀색이며 몸 전체에서 아래쪽은 연한 하얀빛이 도는 갈색이다. 이처럼 다양한 색조는 초록빛꾀꼬리(*Mimeta virescens*)[194]에서 재현되었는데, 정확한 모방으로는 볼 수 없는 중요한 차이가 있다. 비록 같은 방향으로 유리한 변이가 지속적으로 생존하면서 좀 더 정확한 모방에 대한 근거를 쉽게 제공할 수 있는 희미하고 어스름한 반점의 징후는 있지만, 검은꿀빨이새속(*Tropidorhynchus*) 새들의 목과 가슴은 단단하고 끝이 뾰족한 깃털로 덮여 있어 비늘투성이 모습을 하고 있는데, 이 특징을 꾀꼬리속(*Mimeta*) 새들은 모방하지 않았다. 또한 검은꿀빨이새속(*Tropidorhynchus*) 새들의 부리 기부에는 커다란 혹이 있는데, 이 부분도 꾀꼬리속(*Mimeta*) 새들은 전혀 모방하지 않았다. (지롤로섬[195]의 북쪽에 있는) 모로타이섬에는 음울한탁발수

∙∙

191 새 종류에서 나타나는 눈 주위의 피부를 의미한다.
192 최근에는 학명으로 *Oriolus forsteni*를 사용한다.
193 최근에는 학명으로 *Philemon buceroides buceroides*를 사용한다.
194 학명이 검색되지 않는다. 단지 *Mimeta viridifusca*라는 학명은 검색되는데, 이 학명은 오늘날 *Oriolus melanotis*의 이명으로 처리되었다.
195 말루쿠제도에 있는 섬으로 할마헤라섬이라고 더 많이 부른다.

사새(*Tropidorbynchus fuscicapillus*)[196]가 서식하는데, 머리 부분이 특히 짙게 그을린 갈색을 띠며, 몸의 아래쪽은 오히려 밝고, 목덜미에 특징적으로 나타나는 주름은 없다. 이제, 지롤로섬과 인접한 섬에서 검은갈색꾀꼬리(*Mimeta phaeochromus*)[197]를 발견한 점이 흥미로운데, 이 새의 위쪽은 정확하게 검은꿀빨이새속(*Tropidorbynchus*) 새들에서 볼 수 있는 것과 같은 짙게 그을린 색조를 띠며, 이처럼 어두운 색을 띠는 종으로는 유일한 것으로 알려졌다. 위쪽은 그렇게 밝은색은 아니나 적당하게 비슷하다. 꾀꼬리속(*Mimeta*) 새들은 희귀하여 모로타이섬에서는 아직은 발견되지 않았지만 확실하게 존재할 것이다. 또한 이와는 반대로, 최근에 일어난 물리적 지형의 변화는 검은꿀빨이새속(*Tropidorbynchus*) 새들이 이 섬에서만 살도록 유도했을 것인데, 이 섬에서는 매우 흔하다.

여기에, 같은 조류 속에 속하는 두 종 사이에서 나타나는 완벽한 의태를 보여주는 두 사례와 그럴듯하게 비슷한 두 사례가 있다. 서로서로 닮은 이들 사례의 세 쌍은 같은 섬에서 함께 발견되며 쌍마다 특이하다. 이 모든 사례에서 검은꿀빨이새속(*Tropidorbynchus*) 새들은 꾀꼬리속(*Mimeta*) 새들보다 다소 크지만, 차이는 종 내에서 나타나는 변이의 한계를 넘어서지는 않으며, 두 속에 속하는 새들은 모두 어느 정도는 비율과 형태라는 측면에서 비슷하다. 의심할 여지 없이 수많은 조그만 새들을 공격하는 약간 특별한 적들은 있을 것이나, 이 적들이 (아마도 일부 매를 포함하여) 검은꿀빨이새속(*Tropidorbynchus*) 새들을 두려워하기 때문에, 그 결과 연약한 꾀꼬리속(*Mimeta*) 새들이 강하고 호전적이며 시끄럽고 개체수가 많은 검은꿀빨

••

196 최근에는 학명으로 *Philemon fuscicapillus*를 사용한다.
197 최근에는 학명으로 *Oriolus phaeochromus*를 사용한다.

이새속(*Tropidorbynchus*) 새들을 모방하여 유리해졌을 것이다.

내 친구 오스버트 샐빈[198] 씨는 조류에서 발견되는 또 다른 흥미로운 사례를 알려주었다. 리우데자네이루 인근에는 곤충을 먹는 매로 적갈색허벅지솔개(*Harpagus diodon*)가 있으며, 같은 지역에서 새를 잡아먹는 매로는 바이컬러매(*Accipiter pileatus*)[199]가 있는데, 이 둘은 서로 매우 비슷하다. 둘 다 아래쪽은 같은 잿빛 색조를 띠며, 허벅지와 복익우[200]는 붉은빛이 도는 갈색을 띠어, 하늘을 날 때 아래에서 바라보면 이 둘을 구분할 수 없다. 그러나 흥미로운 점은 바이컬러매의 분포 범위가 적갈색허벅지솔개보다 더 넓다는 것이고, 곤충을 먹는 종이 발견되지 않는 지역에서는 더 이상 이 둘이 비슷하지 않게 되어, 아래쪽 복익우가 하얀색으로 변한다는 것이다. 그래서 바이컬러매가 적갈색을 유지하게 되면 다른 새들이 바이컬러매를 곤충을 먹는 종으로 오인하도록 만드는 데 효과적이어서 새들이 바이컬러매를 더 이상 두려워하지 않게 된다는 것이다.

포유동물 사이에서 나타나는 의태

포유강(Mammalia) 사이에서 진정한 의태로 간주할 수 있는 사례로는 단 하나가 있는데, 식충성 청서번키기속(*Cladobates*)[201] 동물들이다. 이들은 말레이제도에서 발견되는데 몇몇 종들이 다람쥐와 매우 유사하다. 몸집

••

198 Osbert Salvin(1835~1898).
199 최근에는 학명으로 *Accipiter bicolor pileatus*를 사용한다.
200 새 종류의 깃털 중 날개 안쪽에 있는 작고 부드러운 깃털을 의미한다.
201 최근에는 학명으로 *Tupaia*를 사용한다.

크기는 거의 같고, 기다란 덤불 같은 꼬리도 같은 방식으로 작동하며, 색깔도 아주 비슷하다. 이 사례에서, 유사성이 지니는 용도는 청서번키기속(*Cladobates*) 동물들이 해롭지 않은 열매를 먹는 다람쥐처럼 변장하여 자신이 먹는 곤충이나 작은 새들에게 접근할 수 있도록 하는 데 있다.

베이츠 씨가 주장한 의태 이론에 대한 반론

지금까지 알려진 의태 중에서 가장 두드러지고 주목할 만한 사례들에 대한 조사가 완료되었으므로, 이제부터는 베이츠 씨가 제기한 번식과 관련된 이론에 대한 반론으로 무언가를 말해야만 하는데, 우리는 앞부분에서 이 이론을 예시하고 강력하게 주장하려고 노력했다. 세 가지 반대 설명이 제안되었다. 웨스트우드 교수는 곤충에서 나타나는 의태가 일어난다는 사실과 그럴듯한 용도는 받아들이지만, 의태가 제공하는 보호라는 목적을 위해서 다른 종을 모방하도록 종 하나하나가 창조되었다고 홀로 계속해서 주장했다. 앤드루 머리는 「자연의 속임수」[202]라는 논문에서 먹이와 주변 환경이 비슷한 조건이 되면 어떤 알려지지 않은 방식으로 유사성을 만들어낸다는 견해를 말하고 싶어 했다. 그리고 이 주제가 런던곤충학회에서 논의되었을 때 유전 또는 형태와 색깔의 조상 유형으로의 회귀가 많은 경우

202 1860년에 『에든버러 새로운 철학 잡지(*Edinburgh New Philosophical Journal*)』 11권, 66~90쪽에 「자연의 위장에 대하여: 동식물의 외부 형태와 색깔을 조절하는 법칙에 대한 탐구(On the Disguises of Nature; Being An Inquiry into the Laws which regulate External Form and Colour in Plants and Animals)」라는 제목으로 게재된 논문이다.

에 의태를 유발했다는 세 번째 반론 요인이 제기되었다.

모방하는 종들이 특별히 창조되었다는 주장과는 대조적으로, 특별한 창조 방식에 대한 반대와 어려움이 일부 사례에서 나타나며, 몇 가지 특이한 점도 덧붙일 수 있다. 가장 명백한 것은 의태와 보호를 위한 유사성의 단계를 알고 있다는 점인데, 이는 자연적인 과정이 현재 작동하고 있음을 강력하게 암시한다는 사실이다. 또 다른 아주 심각한 반론은 의태가 희귀하고 아마도 죽어 없어질 종과 무리에게만 유용한 것으로 나타나서, 의태로 인해 두 종의 상대적인 풍부도가 역전된다고 해도 그 어떠한 효과도 없을 것이므로, 한 종은 반드시 풍부하게, 다른 한 종은 희귀하게 창조되었음이 틀림없다는 특별 창조 이론을 따라야 한다는 점이다. 그래서 많은 요인들이 지속적으로 종의 비율을 변경하려는 경향이 있음에도 불구하고 이들 두 종은 반드시 각각의 비율로 특별히 유지되었음에 틀림없거나, 혹은 종 하나하나가 물려받은 자신만의 독특한 형질들에 부여된 그 자체의 목적이 완전히 사라졌다는 것이다. 세 번째 어려움은 의태가 변이와 최적자생존에 의해 어떻게 유발되었는지 이해하는 것은 쉽지만, 창조자가 다른 동물을 모방하게 함으로써 동물을 보호한다는 것은 이상하게 보인다는 것이다. 창조자는 이러한 우회적인 방식의 보호가 필요없도록 창조 능력을 발휘할 것으로 생각되기 때문이다. 이러한 점들이 이 특별한 경우에 대해 특별 창조 이론을 적용하는 데 치명적인 반례로 작용하는 것으로 보인다.

또 다른 두 가지 제안된 설명들은 '비슷한 조건'과 '유전' 이론으로 간략하게 표현할 수 있다. 이들 이론은 의태를 만드는 데 동의하며, 의태가 존재하는 한 우연한 상황은 의태하는 종의 안녕과 반드시 연관된 것은 아니라고 한다. 그러나 가장 놀랍고도 가장 일정하게 인용된 사실들 중 몇몇은 이 두 가지 가설과 곧바로 모순된다. 의태가 몇 무리에만 한정되어 있다는 법칙도 이들 가운데 하나인데, '비슷한 조건'은 반드시 어떤 제한된 지역에 있는 거의 모든 무리에게 작용해야만 하며, '유전'은 반드시 같은 정도로 서로서로 연관된 모든 무리들에게 영향을 주어야만 한다. 다시 말해, 모방된 종들은 풍부한 반면에 다른 생물을 모방한 종들이 희귀하다는 일반적인 사실은 모방된 종에서 어떤 눈에 띄는 보호 방식이 빈번하게 나타나는 것 이상으로 이들 이론 어느 것으로도 절대로 설명되지 않는다. '조상 유형으로의 회귀' 역시 모방한 생물과 모방된 생물이 항상 정확하게 같은 지점에서 서식하는 이유를 전혀 설명하지 못한다. 그럼에도 비슷하든 비슷하지 않든 정도의 차이는 있지만 동류 유형들이 일반적으로 서로 다른 국가나 때로는 지구상에서 멀리 떨어진 곳에서 서식하고 있다. 게다가 '비슷한 조건'도 뚜렷하게 구분된 무리에 속하는 종들 사이의 비슷함이 피상적인 비슷함인 위장일 뿐 진정한 유사성이 아니라는 점을 설명하지 못한다. 또한 나무껍질·잎·막대기·똥 등의 모방과, 서로 다른 목, 심지어 서로 다른 강이나 아계에 속하는 종들 사이의 유사성을 설명하지 못한다. 마지막으로 가을과 겨울의 나방, 북극과 사막의 동물이 보이는 색조의 일반적인 조화와 적응에서부터 육식성 동물뿐만 아니라 가장 경험이 많은 곤충 수집가들과 가장 박식한 곤충학자조차도 속이는 상세한 의태의 완벽한 사례에 이르기까지 나타난 현상들의 단계적인 순서를 설명하지 못한다.

곤충의 암컷에서만 나타나는 의태

그러나 이 주제와 관련된 또 다른 일련의 현상이 있는데, 여기에서 채택한 견해를 상당히 견고하게 만들어주는 반면에 다른 가설들 중 어떤 하나와는 완전히 상반되는 것처럼 보인다. 즉, 동물의 성적 차이에 따른 보호 색깔과 의태와의 연관성이다. 이 점은 모두에게 명확해질 것인데, 만일 '외부 조건'과 '유전적 친연관계'가 정확하게 같은 것으로 간주되는 두 동물에서 착색 양상이 눈에 띄게 달라 한 동물은 보호받는 종과 유사하고 다른 한 동물은 그렇지 않다면, 한 동물에서만 나타나는 유사성을 외부 조건의 영향이나 유전의 결과 탓으로 돌리기는 매우 어렵다. 그리고 더 나아가 만일 한 동물이 다른 한 동물보다 더 많은 보호가 필요하다는 것과 여러 사례에서 한 동물은 보호받는 종을 모방한 반면 최소로만 보호받기를 요구하는 다른 한 동물은 결코 그렇지 않다는 것을 입증할 수 있다면, 보호의 필요성과 의태라는 현상 사이에 실질적인 연줄이 있다는 아주 강력하고 확증적인 증거를 제공할 수 있을 것이다. 이제부터는 곤충의 성별이 우리에게 여기에서 논의한 자연에 대한 시험을 할 수 있게 하며, '의태'라고 부르는 현상이 자연선택으로 만들어졌다는 이론을 지지하는 가장 결정적인 논거 가운데 하나를 제공할 것으로 보인다.

성별의 상대적인 중요성은 동물의 강 수준에 따라 매우 다양하다. 소수의 어린 개체를 낳으며 같은 개체가 여러 해 동안 반복해서 번식하는 곳에서 사는 고등 척추동물에서는 두 성을 모두 보존하는 것이 거의 동등하게 중요하다. 수컷이 암컷과 암컷의 자손을 보호하거나 이들에게 먹이를 제공하는 수많은 사례들에서, 자연의 경제 내에서 수컷의 중요성은 상대적으로 증가하나 암컷의 중요성과 같은 정도는 결코 아니다. 곤충의 사례는 아주 다르다. 곤충은 자신의 생애에서 단 한 번 짝짓기를 하기에 수컷이 장기간 존재하는 것이 대부분의 사례에서 군종의 지속성에는 정말로 불필요하다. 그러나 암컷은 자손들이 발달하고 성장하는 데 적합한 장소에서 자신의 알을 충분히 낳을 만큼 오랫동안 생명을 반드시 지속해야만 한다.

그래서 암컷과 수컷 두 성을 보호할 필요성에는 엄청난 차이가 있다. 따라서 어떤 사례에서는 암컷을 보호하는 특별한 수단이 수컷에는 적거나 아예 결핍되어 있음을 발견할 것으로 예상할 수 있다. 사실은 이러한 예상을 전적으로 확인해준다. 대벌레과(Phasmidae)[203] 곤충들은 때로 암컷 혼자만 놀랄 만큼 잎을 닮았으나 수컷은 단지 대강 닮았을 뿐이다. 암붉은오색나비(Diadema misippus)[204] 수컷은 아주 잘 생겨서 눈에 확 들어옴에도 보호를 위한 색깔이나 모방 색깔을 지니지 않는다. 반면에 암컷은 전적으로 수컷과 다르게 생겼으며, 기록된 가장 훌륭한 의태 사례 가운데 하나인데, 이 암컷과 같이 자주 발견되는 아프리카제왕나비(Danais chrysippus)[205]를 아주 꼭 닮았다. 남아메리카에 서식하는 배추흰나비속(Pieris) 몇몇 종들의 경우, 수컷은 하얀색과 검은색으로 본래 자신의 이름인 '배추'흰나비[206]의 색깔과 비슷한 유형이다. 반면에 암컷은 진한 노란색과 담황색을 띠며, 반점과 표식이 표범나비과(Heliconidae)에 속하는 종들과 너무나 비슷한데, 숲속에서 이 종들과 같이 서식한다. 말레이제도에 서식하는 암붉은오색나비속(Diadema)에 속하는 한 종류는 광택이 나는 금속성 푸른 색조 때문에 항상 수컷으로 간주되어 온 반면, 차분한 갈색을 띠는 그의 동료는 암컷으로 간주되어 왔다. 그러나 나는 이와는 반대인 사례와 암컷의 광택이 나는 진한 색깔이 모방한 것이고 보호를 위한 것임을 발견했다. 왜냐하면 이들이 암컷을 같은 지역에서 살아가는 흔한 푸른점박이까마귀나비(Euploea

••

203 최근에는 학명으로 Phasmatidae를 사용한다.
204 최근에는 학명으로 *Hypolimnas misippus*를 사용한다.
205 최근에는 학명으로 *Danaus chrysippus*를 사용한다.
206 원문에는 "'cabbage' butterflies"로 되어 양배추나비로 번역해야 하나 흔히 배추흰나비로 부르고 있어 번역도 이에 따랐다.

midamus)와 정확하게 닮게 만들었기 때문이다. 이 종은 또 다른 나비인 진푸른광대나비(*Papilio paradoxa*)를 모방한 나비라고 이 논문에서 이미 언급했다. 그 이후로 나는 이 흥미로운 종에 까마귀네발나비(*Diadema anomala*)[207]라는 학명을 부여했다(『곤충학회 보고서』(1869: 285). 이 사례와 암붉은오색나비(*Diadema misippus*) 사례에서는, 두 성에 따른 습성의 차이는 없었고, 비슷한 지역에서 날아다녔다. 따라서 이들 사례에서는 '외부 조건'의 영향을, 남아메리카에 서식하는 파멜라나비(*Pieris pyrrha*)[208]와 동류종의 사례처럼, 끌어낼 수는 없다. 파멜라나비의 하얀색 수컷은 개활지의 해가 잘 비추는 곳을 찾아가나, 표범나비과(Heliconidae) 나비들과 비슷한 암컷은 숲속의 그늘진 곳으로 자주 다닌다.

우리는 같은 일반적인 (힘없이 날아다니며, 공격에 더 많이 노출되고, 그리고 그 무엇보다도 중요한 암컷을 더 많이 보호해야 한다는) 원인 탓으로 돌릴 수 있는데, 사실 곤충 암컷의 색깔은 일반적으로 수컷의 색깔보다 너무나 어둡고 눈에 잘 띄지 않는다. 그리고 은폐와 무관한 어떤 종류의 보호 장치를 가진 무리 내에서 달리 설명할 수 없는 사실은 다윈 씨가 말한 '성선택'으로 보인다기보다는 색깔에서 나타나는 성적 차이가 상당히 부족하거나 약간 발달하기 때문이다. 불쾌한 맛으로 자신을 보호하는 표범나비과(Heliconidae)와 제왕나비과(Danaidae) 나비들의 암컷은 수컷만큼 밝아 눈에 잘 띄는데, 아주 드물게 수컷과 전혀 다르다. 침을 지닌 벌목(Hymenoptera)에 속하는 벌들의 암컷과 수컷 개체는 똑같은 색을 가진다. 딱정벌레과(Carabidae), 무당벌레과(Coccinellidae), 잎벌레과

●●

207 최근에는 학명으로 *Hypolimnas anomala*를 사용한다.
208 최근에는 학명으로 *Perrhybris pamela*를 사용한다.

(Chrysomelidae), 그리고 병대벌레과(Telephori)[209] 곤충들은 두 성 모두 눈에 잘 띄는데, 색깔이 좀처럼 다르지 않다. 바구미속(*Curculio*) 동물들은 단단한 껍데기로 보호받는데, 두 성 모두 밝은색을 지닌다. 마지막으로 꽃무지과(Cetoniadae)와 비단벌레과(Buprestidae)는 단단하고 반짝이는 껍질, 빠른 움직임, 특이한 습성 등으로 보호받는 것처럼 보이는데 색깔과 관련해서는 성별의 차이가 거의 없는 반면 성선택이 뿔, 가시, 또는 다른 돌기물과 같은 구조적 차이를 때로 나타나게 했다.

조류 암컷에서 나타나는 흐릿한 색깔의 원인

같은 법칙이 조류에서도 나타난다. 암컷이 자신의 알 위에 앉아 있는 동안에는 암컷을 수컷보다 훨씬 더 높은 수준으로 보호해주어야만 하는데, 이를 위해서는 이들을 은폐시켜야만 한다. 그에 따라 조류 수컷이 특이하게 밝게 빛나는 깃털을 지니고 있어 암컷과 구분되는 사례 대부분에서 암컷은 훨씬 더 거무스레하며 종종 놀랄 만큼 평범한 색을 지닌 것을 발견한다. 예외는 규칙을 입증하기에 충분한데, 대부분 사례에서 우리는 이러한 예외들을 설명해주는 아주 그럴듯한 원인을 찾을 수 있을 것이다. 특히, 암컷이 수컷보다 단연코 더 화려한 색을 띠는 섭금류[210]와 순계류[211] 종류

••

209 월리스는 'Telephori'라고만 표기했는데, 'Telephoridae'를 줄여 쓴 것으로 추정되며, 최근에는 학명으로 Cantharidae를 사용한다.
210 얕은 물에서 먹이를 찾는 다리가 긴 백로나 학과 같은 새들을 부르는 이름이다.
211 꿩이나 닭, 칠면조 등을 포함하는 닭목(Galliformes)에 속하는 새들을 부르는 이름이다.

에서 몇 가지 실례들을 볼 수 있다. 그러나 전부는 아니지만, 수컷이 알 위에 앉는 많은 사례들이 있다는 아주 이상하고 흥미로운 사실도 있다. 그러므로 통상적인 규칙에 예외가 되는 이러한 사례들은 대부분 한번 진행되는 부화 과정이 매우 중요하고 위험하기 때문에, 거무스레한 색깔로 보호하는 것으로 발달했다. 가장 인상적인 사례는 붉은배지느러미발도요 (*Phalaropus fulicarius*)이다. 겨울에는 깃털의 색깔이 암컷과 수컷 모두 비슷하지만, 여름에는 암컷이 훨씬 더 눈에 잘 띄는데, 암컷은 검은 머리와 거무스름한 날개, 그리고 붉은빛이 도는 갈색 등을 띠나, 수컷은 거의 일정하게 갈색을 띠며 어슴푸레한 반점이 있다. 굴드 씨는 『영국의 새들』에서 겨울과 여름 깃털을 성별에 따라 그림을 그려 설명했고, 일반적인 색이 암컷과 수컷에서 반전되어 있는 이상한 특징에 대해 언급했으며, 또한 알이 노출된 땅에 있는 경우 '수컷 홀로 알 위에 앉는' 좀 더 이상한 사실도 언급했다. 또 다른 영국 조류 사례도 있는데, 흰눈썹물떼새[212]이다. 이 새의 암컷 또한 수컷보다 더 크고 더 밝은색을 띤다. 그리고 수컷이 전적으로 부화를 맡지 않는다고 하더라도 부화 과정에 도움을 주는 것으로 입증되었는데, 굴드 씨는 나에게 "이들이 알 위에 앉아 있었기 때문에 깃털이 노출된 가슴은 총을 맞았다"고 말해주었다. 세가락메추라기속(*Turnix*)에 속하는 메추라기 비슷한 새들의 암컷은 일반적으로 몸집이 크고 밝은 색깔을 띠는데, 쥐던[213] 씨는 『인도의 조류』에서 "원주민들은 암컷들이 교배 시기에는 자신의 알을 버리고 무리만 지어다니는 반면, 수컷들이 알을 부화하는 일에 열중한다고 보고했다"라고 썼다. 암컷이 수컷보다 더 대담하고 호

212 *Charadrius morinellus*.
213 Jerdon, Thomas Caverhill(1811~1872).

전적이라는 사실 또한 확인되었다. 이러한 견해를 더욱더 확신시켜 준 (지금까지 알려지지 않은) 암수 개체가 모두 밝은 색깔을 지닌 대다수 사례들에서 부화가 어두운 구멍이나 둥근 지붕 모양의 둥지에서 진행된다는 사실이 발견되었다. 물총새류[214] 암컷은 종종 수컷과 똑같이 밝은색을 띠며, 이들은 강둑에 있는 구멍을 둥지로 만든다. 벌잡이새류,[215] 비단날개새류,[216] 벌잡이새사촌류,[217] 왕부리새류[218] 등은 모두 구멍에 둥지를 만드는데, 이들은 예외 없이 보기 좋은 새들이지만 이들 중 그 어떤 종류도 성별에는 차이가 없다. 앵무새류[219]는 나무에 구멍을 뚫고, 대부분의 경우에 이들은 암컷을 숨기려고 성별에 따른 그 어떤 차이도 보이지 않는다. 딱따구리류[220]도 같은 부류에 속하는데, 성에 따라 색깔은 종종 다르지만 암컷이 수컷에 비해 일반적으로 눈에 덜 띄는 것은 아니다. 할미새류[221]와 관박새류[222]는 은폐된 둥지를 지으며 암컷은 자신의 짝꿍만큼이나 거의 화사하다. 오스트레일리아에 서식하는 보기 좋은 반점보석새(*Pardalotus punctatus*) 암컷은 몸 윗면에 매우 눈에 잘 띄는 반점들이 있으며, 땅에 구멍을 뚫는다. 화사한 색깔을 띤 찌르레기흉내쟁이아과(Icterinae)[223]에 속하

⁖

214 물총새과(Alcedinidae)에 속하는 조류를 부르는 이름이다.
215 벌잡이새과(Meropidae)에 속하는 조류를 부르는 이름이다.
216 비단날개새과(Trogonidae)에 속하는 조류를 부르는 이름이다.
217 벌잡이새사촌과(Momotidae)에 속하는 조류를 부르는 이름이다.
218 왕부리새과(Ramphastidae)에 속하는 조류를 부르는 이름이다.
219 앵두새목(Psittaciformes)에 속하는 조류를 부르는 이름이다.
220 딱따구리과(Picidae)에 속하는 조류를 부르는 이름이다.
221 할미새과(Motacillidae)의 할미새속(*Motacilla*)에 속하는 조류를 부르는 이름이다.
222 박새과(Paridae)의 관박새속(*Baeolophus*)에 속하는 조류를 부르는 이름이다.
223 최근에는 학명으로 찌르레기흉내쟁이과(Icteridae)를 사용한다.

는 조류들과 화려한 색깔을 띤 풍금조류224는 뚜렷하게 대조가 되는데, 전자는 둥지가 덮여 있어 은폐가 되며 색깔이 성별에 따라 차이가 거의 없거나 없는 반면, 개활지에 둥지를 튼 풍금조류의 암컷은 흐릿한 색깔을 띠며 때로는 대부분 보호성 색조를 띤다. 의심할 여지 없이 여기에서 설명한 규칙의 예외가 되는 많은 개체들이 있을 것인데, 조류의 색깔과 습성을 결정하는 데 많고 다양한 요인들이 관여하기 때문이다. 이들이 서로서로 작용하고 반작용했음에 의심의 여지가 없다. 그리고 조건이 바뀌었을 때 이러한 형질 중 하나는 종종 변형된 반면, 다른 것은 비록 쓸모가 없을 수 있지만, 친연관계에 따른 유전으로 지속되었을 것이며, 그렇지 않다면 이 일반적인 규칙의 명백한 예외로 보일 것이다. 조류들에서 나타나는 색깔과 둥지를 만드는 방식에 있어 성별 차이로 제시된 사실들은 전반적으로 색깔과 형태의 보호 적응이라는 법칙과 완벽하게 조화를 이루는데, 색깔과 형태는 어느 정도는 성선택이라는 강력한 작용에 의해 점검되었을 것이며, 또한 곤충 암컷에서 의심할 여지 없이 나타났던 것처럼 조류 암컷의 색깔에 실질적으로 영향을 주었을 것으로 보인다.

많은 애벌레가 지닌 현란한 색깔의 용도

이 논문이 처음 발표된 이후, 매우 흥미로운 어려움은 보호 색깔이라는 일반적인 원리를 적용하여 명확하게 해결되었다. 많은 애벌레들은 상

••

224 풍금조과(Thraupidae)에 속하는 조류를 부르는 이름이다.

당히 멀리 떨어진 곳에서도 눈에 띄도록 화려한 장식과 색깔을 하고 있으며, 이러한 애벌레들 스스로는 대부분 숨으려 하지 않는다고 알려졌다. 그러나 다른 종은 초록색이나 갈색으로 자신이 먹은 물질의 색깔과 거의 비슷한 반면, 또 다른 종은 막대기를 모방하거나 어린가지에 자신의 몸을 쭉 뻗어 움직이지 않아 나뭇가지처럼 보이게 한다. 애벌레들은 새들 먹이의 상당 부분을 차지하는데, 이들이 이처럼 너무나 밝은 색깔과 장식을 가져 자신이 특별하게 잘 보이도록 만드는 그 이유를 이해하는 것은 쉽지 않다. 다윈 씨는 또 다른 관점에서 어려운 견해를 던졌는데, 그는 동물계에서 밝은 색깔이 나타나는 것은 주로 성선택에 따른 결과이며, 이런 채색은 성이 없는 유충에는 작용하지 않는다고 결론지었다. 여기에서 다른 곤충들과의 대응관계를 적용해보면, 일부 애벌레들은 명백하게 자신이 모방한 색깔로, 그리고 다른 애벌레들은 자신이 가진 가시나 털로 덮인 몸으로 보호받고 있기 때문에, 나는 나머지 애벌레가 지닌 밝은 색깔 또한 어떤 면에서 이들에게 유용해야 한다고 생각했다. 게다가 일부 나비와 나방이 새들에게 게걸스럽게 먹히는 반면, 또 다른 일부는 새들을 불쾌하게 하는데, 특히 후자는 대부분 눈에 잘 띄는 색깔을 지니고 있어, 나는 아마도 애벌레가 지닌 화려한 색깔이 새들에게 불쾌함을 느끼도록 해서 결코 먹히지 않았을 것이라고 생각했다. 그러나 불쾌함만으로는 애벌레에게 거의 도움이 되지 않을 것인데, 이들의 부드럽고 육즙이 많은 몸은 너무나 연약해서 만일 잡힌 다음 새들이 다시 게워내어도, 이들은 거의 확실히 죽은 상태가 되기 때문이다. 따라서 새들이 먹을 수 없는 종류로서 절대로 만지지 못하도록 새들에게 보내는 경고로써 어떤 일정하고 쉽게 인지될 수 있는 불가피한 신호가 필요했다. 그리고 자신을 스스로 완전히 노출하는 습성을 띤 매우 현란하고 눈에 잘 띄는 색깔이 이러한 하나의 신호가 되는데,

초록색이나 갈색 색조와 강렬하게 대비를 이루어서 먹을 수 있는 종류라는 습성을 회피하게 된다. 이 주제로 나는 일전에 곤충학회에서(1867년 3월 4일 자 유인물 참조) 곤충학회 회원들이 다가오는 여름에 관찰할 수 있는 기회를 만들어주겠다고 발표했다. 그리고 나는 『필드』지[225]에 편지를 썼는데, 이 신문 독자 가운데 일부에게 새들이 어떤 곤충을 거부하는지를 관찰해줄 것을 부탁함과 동시에 이 문제가 지닌 엄청난 관심과 과학적 중요성을 완벽하게 설명하는 데 동참해 주도록 간청했다. 이 신문의 시골 독자 중 단순한 자연사에 대한 질문에 관심을 가진 사람이 적다는 점은 하나의 흥미로운 예시인데, 나는 컴벌랜드에 있는 한 신사로부터 단 하나의 대답을 얻을 수 있었다. 그는 나에게 조금은 흥미로운 관찰 결과를 보내주었는데, 모든 새들이 줄노랑얼룩가지나방(*Abraxas grossulariata*)으로 추정되는 '구스베리애벌레'를 일반적으로 싫어하고 질색한다고 했다. 어린 꿩류[226]와 엽조류,[227] 그리고 야생오리[228]는 모두 애벌레를 먹도록 유도할 수 없으며, 집참새[229]와 되새류[230]는 애벌레를 절대 만지지 않으며, 애벌레를 받은 모든 새들은 뚜렷한 공포와 혐오감을 보이며 애벌레를 거부했다. 이러한 관찰은 곤충학회의 두 회원들도 확인해주었는데, 우리는 그들이 제공한 보다 상세한 정보에 은혜를 입고 있다.

•••

225 1853년에 처음 발간된 소식지로 운동하는 사람, 토지 소유자, 농부, 사냥꾼 등 일반적인 시골 신사들을 대상으로 소식을 전했다. https://www.britishnewspaperarchive.co.uk/titles/field에서 좀 더 자세한 사항을 알 수 있다.
226 꿩아과(Phasianinae)에 속하는 조류를 부르는 이름이다.
227 자고새아과(Perdicinae)에 속하는 조류를 부르는 이름이다.
228 청둥오리(*Anas platyrhynchos*)를 지칭한다.
229 *Passer domesticus.*
230 되새과(Fringillidae)에 속하는 조류를 부르는 이름이다.

1869년 3월, 제너 위어 씨는 지난 수 년 동안 관찰한 매우 귀중한 결과를 발표했으나,[231] 좀 더 중요한 경험은 지난 두 번의 여름에 이루어졌는데, 그의 조류사육장에는 다음과 같은 다소 식충성 습성을 지닌 새들이 들어 있었다. 즉, 유럽울새,[232] 노랑멧새,[233] 검은머리쑥새,[234] 멋쟁이,[235] 푸른머리되새,[236] 솔잣새류,[237] 개똥지빠귀류,[238] 나무밭종다리,[239] 검은머리방울새[240] 등이다. 그는 털이 달린 애벌레를 한결같이 게워내는 것을 발견했는데, 뚜렷하게 구분되는 다섯 종은 그가 사육하던 새들에게 전혀 주목받지 못하고 무사히 조류사육장 안을 며칠간 기어다녔다. 쐐기풀나비[241]와 공작나비[242]의 가시가 달린 애벌레도 똑같이 게워냈다. 그러나 두 사례에서 위어 씨는 불쾌함의 원인이 유쾌하지 못한 맛이지 털이나 가시가 아니라고 생각했는데, 털이 달린 종의 아주 어린 애벌레에는 털이 아직 발달하지 않았음에도 새들이 게워냈고, 앞에서 언급한 나비류의 털이 없는 번

⁝

231 1869년 3월, 런던곤충학회에서 「곤충과 식충성 곤충에 대하여, 그리고 특히 나비목 (Lepidoptera) 나비와 애벌레의 색깔과 식용 가능성 사이의 관계(On Insects and Insectivorous Birds; and Especially on the Relation between the Colour and the Edibility of Lepidoptera and Their Larvae)」라는 논문을 구두로 발표했다.
232 *Erithacus rubecula.*
233 *Emberiza citrinella.*
234 *Emberiza schoeniclus.*
235 *Pyrrhula pyrrhula.*
236 *Fringilla coelebs.*
237 솔잣새속(*Loxia*) 조류를 부르는 이름이다.
238 개똥지빠귀과(Turdidae)에 속하는 조류를 부르는 이름이다.
239 *Anthus trivialis.*
240 *Spinus spinus.*
241 *Aglais urticae.*
242 *Aglais io.*

데기도 털이 달린 유충처럼 지속적으로 퇴짜를 맞았기 때문이다. 따라서 이런 사례에서 털이나 가시는 먹을 수 없음을 보여주는 단순한 신호에 불과한 것으로 보인다.

그는 다음 실험으로 털이 없는 화려한 색깔을 지니며 자신을 결코 숨기지 않고 오히려 자신을 누구나 볼 수 있도록 발달한 애벌레를 재료로 사용했다. 실험 재료로는 하얀색과 검은색 반점이 눈에 잘 띄는 줄노랑얼룩가지나방(*Abraxas grossulariata*), 연한 노란색이며 폭이 넓은 파란색 또는 초록색 측면 줄무늬가 있는 파란머리삽나비(*Diloba caeruleocephala*), 초록빛이 도는 하얀색이며 노란 줄무늬와 검은 반점이 있는 뮬레인나방(*Cucullia verbasci*), 그리고 노란색이며 검은 반점이 있는 점박이나방(*Anthrocera filipendulae*)[243]의 애벌레를 사용했다. 이 애벌레들을 새들에게 여러 번 먹이로 주었고, 때로는 게걸스럽게 먹어치운 서로 다른 종류의 애벌레들과 섞어서도 주었으나, 모든 사례에서 이 애벌레들은 명확하게 알지 못한 사이에 게워져서 죽을 때까지 기어다녔다.

그다음 단계는 흐릿한 색깔을 지니면서 보호받는 유충을 관찰했는데, 수많은 실험 결과를 위어 씨는 다음과 같이 요약했다. "야행성인 습성을 지니며 흐릿한 색깔을 지니고, 몸은 뚱뚱하고 피부는 매끈한 모든 애벌레를 최고로 욕심 사납게 먹었다. 애벌레가 초록색인 모든 종도 상당히 맛있게 먹었다. 모든 자나방과(Geometrae)[244]도, 애벌레의 항문 쪽에 있는 다리가 식물에서 솟아난 것처럼 달려 마치 나무의 어린가지처럼 보이지만 반드시 먹었다."

••

243 최근에는 학명으로 *Anthrocera filipendulae*를 사용한다.
244 최근에는 학명으로 Geometridae를 사용한다.

같은 학술 발표회에서[245] 영국박물관의 버틀러 씨가 도마뱀, 개구리, 거미 등을 관찰한 결과를 발표했는데, 위어 씨의 관찰 결과를 놀라울 정도로 확실히 입증해주었다. 그가 몇 년 동안 사육한 유럽모래장지뱀(*Lacerta viridis*) 세 마리는 식욕이 매우 왕성해서 레몬치즈케이크부터 거미에 이르기까지 모든 종류의 먹이를 먹었고, 파리·애벌레·그리고 뒤영벌까지도 게걸스럽게 먹어치웠다. 그런데 도마뱀들이 붙잡았지만 바로 놓쳐버린 일부 애벌레와 나방도 있었다. 이들 중 주요 동물은 줄노랑얼룩가지나방(*Abraxas grossulariata*)과 점박이나방(*Anthrocera filipendulae*)의 애벌레였다. 애벌레들은 처음에는 잡혔지만 메스꺼움 때문에 반드시 떨구어졌고, 그다음부터는 괴롭힘을 당하지 않고 남겨졌다. 계속해서 개구리를 정원에서 애벌레와 같이 기르고 애벌레를 먹이로 주었지만, 이들 중 앞에서 언급한 줄노랑얼룩가지나방(*Abraxas grossulariata*)과 비나방(*Halia wavaria*)[246]의 두 종류 애벌레는 눈에 잘 띄는 하얀색 또는 노란색 줄무늬와 검은 반점을 지닌 초록색인데 항상 게워졌다. 이 종들을 처음 주었을 때, 개구리는 열정적으로 덤벼들어 침을 발라 자신의 입에 넣었다. 그러나 개구리는 곧바로 자신이 마치 저지른 실수를 인지하는 것처럼 행동을 했는데, 구역질 나는 한 입 정도의 음식물 조각들을 뱉을 때까지 앉아서 입을 크게 벌리고 혀를 굴렸다.

거미에게서도 똑같은 일이 일어났다. 유럽정원거미(*Epeira diadema*)[247]와 짧은마디늑대거미속(*Lycosa*)에 속하는 거미가 있는 거미줄에 이 두 애벌

----

245 앞에 나온 위어의 발표에 이어진 발표로, 발표 제목은 「천적들의 구미에 안 맞는 일부 애벌레에 대하여(On Some Caterpillars, &c., Which are Unpalatable to Their Enemies)」이다.
246 최근에는 학명으로 *Macaria wauaria*를 사용한다.
247 최근에는 학명으로 *Araneus diadematus*를 사용한다.

레를 반복해서 놓아두었으나, 전자의 경우에는 애벌레가 토막 나서 아래로 떨어졌고, 후자의 경우에는 포획자의 턱 안으로 사라졌다가 어두운 비단 깔때기 아래로 떨어졌는데, 깔때기 아래에서 또는 다른 방향에서 위쪽으로 성큼성큼 기어가면서 언제나 다시 나타났다. 버틀러 씨는 도마뱀이 뒤영벌과 맞서 싸우고, 결국에는 이들을 게걸스럽게 먹는 것을 관찰했다. 또한 그는 돌을 침대 삼아 앉아 있던 개구리가 펄쩍 뛰어 올라 개구리 머리 위를 날아다니는 벌을 잡아, 벌에 쏘이는 것을 무시하고 삼켜버리는 것도 관찰했다. 그러므로 불쾌한 맛이나 냄새를 소유하는 것이 눈에 잘 띄는 어떤 애벌레나 나방에게는 침을 소유하는 것보다 훨씬 효과적인 보호 수단임이 확인되었다.

이 두 신사의 관찰 결과는 내가 2년 전에 제기한 어려움에 대한 가설처럼 보이는 해결책을 아주 놀랍게 뒷받침해준다. 그리고 진리와 이론의 완벽함에 대한 최고의 검증이 우리에게 부여된 예견할 수 있는 능력이라는 점을 일반적으로 받아들이고 있으므로, 이 사례는 예견 능력이 성공적으로 발휘되어, 나는 **자연선택** 이론이 지닌 진리를 옹호하는 매우 강력한 논거를 제공하고 있다고 합리적으로 주장할 수 있다고 생각한다.

요약

이제 나는 동물의 외부 형태와 색깔이 자신을 적으로부터 또는 자신을 먹고 사는 창조물로부터 숨김으로써 자신에게 유리하도록 적응하는 다양한 수단들에 대해 간단하지만 필연적으로 불완전할 수밖에 없었던 조사를 완료했다. 이 주제는 동물 하나하나가 자연의 경제 내에서 차지하는 자신만의 장소**248**와 이 장소를 유지하려고 노력하는 수단들에 대한 진정한 이해와 관련된 많은 흥밋거리 가운데 하나임을 보여준다. 또한 동물이 지닌 구조에서 가장 미세한 사항이 얼마나 중요한 역할을 수행하는지, 그리고 생물 세계의 평형이 얼마나 복잡하고 정교한지를 우리에게 알려주고 있다.

이 주제에 대한 내 설명에는 필연적으로 어느 정도 길고 세부적인 내용으로 가득 차 있으므로, 그 주요 논의의 핵심을 반복해서 요약하는 것도 좋을 것 같다.

자연에 있는 동물의 색깔과 습성 사이에는 일반적인 조화가 있다. 북극 동물은 하얀색이고, 사막 생물은 모래색이며, 벼풀이나 잎들 사이에서 살아가는 생물은 초록색이며, 야행성 동물은 거무스름하다. 이들 색깔이 보편적이지는 않지만 아주 일반적이어서 반전되는 경우는 거의 없다. 조금 더 나아가서, 우리는 바위나 나무껍질, 잎 또는 꽃과 정확히 잘 어울리는 색조와 반점을 지닌 조류와 파충류, 그리고 곤충을 발견하는데 이들은 그것들 위에서 휴식을 취하는 것에 익숙해져 있으며, 이런 이유로 이들은 효과적으로 은폐된다. 한 단계 더 나아가, 우리는 특별한 잎이나 막대기 또는 이끼가 낀 어린가지나 꽃과 너무나 비슷한 형태나 색깔을 지닌 곤충을 볼 수 있다. 그리고 이런 사례들에서 아주 특이한 습성과 본능은 속임수를 도와주고 좀 더 완벽하게 은폐되도록 작용한다. 이제 우리는 현상들의 새로운 국면으로 들어가서, 자신을 숨기지도 않고 자신을 식물이나 무생물처럼 보이지도 않는 창조물의 색깔에 이르렀다. 이와는 반대로, 충분히 눈에 잘 띄지만, 전혀 다른 무리의 다른 창조물과 완벽하게 닮았는데,

..

248 자연의 경제는 오늘날 생태계를, 자신만의 장소는 생태적 지위를 의미한다.

진짜로 가까운 동류종임을 보여주는 생물 체제의 모든 근본적인 부분은 겉모습과 상당히 다르다. 이들은 즐거움을 위해 옷을 입고 분장하는 배우나 가면무도회 참가자처럼, 또는 잘 알려지고 존경받는 학회의 구성원들에게 자신을 속이려고 노력하는 협잡꾼처럼 보인다. 이처럼 이상하고 서투른 흉내내기의 의미는 무엇일까? 자연이 이러한 사기나 가면무도회를 물려주었을까? 자연은 그렇지 않다고 대답한다. 자연의 법칙은 너무나 혹독하다. 자연이 만든 수제품에는 하나하나 상세한 용도가 있다. 한 동물이 또 다른 동물과 닮은 것은 잎이나 나무껍질, 또는 사막의 모래를 닮은 것과 같은 본질적인 속성을 정확하게 닮은 것이고, 정확하게 같은 목적이라고 대답한다. 한 사례에서는 적들이 잎이나 나무껍질을 공격하지 않아 위장이 보호 장치가 되고, 또 다른 사례에서는 다양한 이유로 닮은 창조물이 무시되어 창조물이 속하는 목의 통상적인 적들로부터 공격받지 않게 됨에 따라 닮은 창조물도 똑같이 효과적인 보호 장치를 가진 셈이 된다는 점도 밝혀졌다. 한 종에 속하는 같은 무리에서 일부 또 다른 무리는 식물을 닮고 일부는 살아 있는 동물을 닮는 경우가 나타나기 때문에, 우리는 위장이 두 사례에서 같은 속성임을 분명히 보았다. 그리고 우리는 비슷한 창조물들이 항상 많은 개체수를 유지하고, 눈에 잘 띄면서도 자신을 숨기지 않고 적으로부터 도망갈 수 있는 눈에 보이는 수단을 일반적으로 가지지 않고서도 공격받지 않는 속성을 소유하고 있음을 알고 있는 반면에, 동시에 메스꺼운 맛이나 소화되지 않는 딱딱함과 같은 자신들을 싫어하게 만드는 특별한 성질이 있다는 점도 때로 매우 분명함을 알고 있다. 앞으로 조사를 더 하게 되면, 두 종류의 위장과 관련된 여러 사례들에서 암컷만 위장한다는 사실도 드러날 것이다. 그리고 암컷이 수컷보다 더 많은 보호가 필요하다는 점과 상당 기간 암컷을 보존하는 것이 군종의 연속성을 위해 절대적으로 필요하다는 점도 알게 될 것이다. 모든 사례에서 유사성이 종의 보존이라는 위대한 목적에 도움이 된다는 점을 보여주는 또 다른 증거 사례를 우리는 가지고 있다.

이러한 현상들이 변이와 자연선택으로 만들어진 것으로 설명하려고 노력하기 위해, 우리는 하얀 변종들이 흔히 나타나며, 이들이 적으로부터 보호받을 때에는 지속적으로 생존하고 개체수가 늘어나는데 무력하지 않다는 사실로부터 시작하려고 한다. 좀 더 나아가서, 우리는 때로 다른 많은 색조를 띤 변종들이 나타나는 것을 알고 있다. 그리고 '최적자생존'은 생존에 불리한 색깔을 띠는 개체를 불가피하게 제거하고 안전 수단으로 작용하는 색깔을 지닌 개체를 보존하므로, 우리는 북극과 사막에서 살아가는 생물들이 지닌 보호 색조에 대해 또 다른 설명 수단을 요구하지 않는다. 그러나 이런 점들을 당연하게 여긴다면, '의태'라고 부를 수 있는 최고로 놀라운 사례들까지 보호를 위한 모방과 관련된 유형 하나하나에 대해 이처럼 완벽하게 연속적이고 단계적인 계열이 있으므로, 우리는 선을 긋고 말할 수 있는 그 어떤 지점도 발견하지 못할 것이다. 변이와 자연선택이 현상을 설명하겠지만, 남은 모든 것을 위해서 우리는 더 가능성이 있는 원인이 필요하다. 제안된 반대 이론, 즉 모방 유형 하나하나가 '특별 창조'되었다는 이론, 어떤 경우에는 '비슷한 생존 조건'이 작용한 결과라는 이론, 다른 유형을 위해서 '조상 유형으로 회귀하고 유전적으로 대물림'되었다는 법칙 이론 등은 모두 최고의 어려움에 포위당한 것으로, 나중에 열거한 두 이론은 설명할 수 있는 가장 일정하고 뚜렷한 사실들의 일부와 직접적으로 상충하는 것으로 나타났다.

자연에서 나타나는 색깔에 대한 일반적인 추론

'보호를 위한 유사성'이 많은 동물 무리의 색깔과 표식을 결정할 때 중요한 역할을 한다는 사실은 우리로 하여금 자연에서 나타나는 가장 놀라운 사실들의 하나인 식물에서 나타나는 색깔의 통일성이 지닌 의미를 동물 세계가 보여주는 훌륭한 다양성과 비교해서 이해할 수 있도록 만들었다. 교목과 관목이 새와 나비에서 볼 수 있는 다양한 색조와 놀랍게 구현된 문양으로 장식되지 않았는지를 설명할 타당한 이유는 없는 것으로 보이는데, 꽃의 현란한 색을 영양 조직들은[249] 보여줄 능력이 없기 때문이다. 그러나 심지어 꽃 자체도 우리에게 이처럼 놀라운 무늬, 다양한 색깔로 된 줄무늬와 점, 그리고 반점들의 복잡한 배열, 선과 줄, 그리고 음영 반점의 조화로운 혼합 등을 전혀 보여주지 않는데 이러한 것들이 곤충에서는 일반적인 특징이다. 다윈 씨의 견해에 따르면, 우리는 꽃이 보여주는 아름다움의 상당 부분을 자신의 수정을 도와주는 곤충을 유인하는 필요성 탓으로 돌려야 한다. 또한 동물 세계에서 색깔의 발달 상당 부분은 일반적으로 색깔로 유인하는 '성선택' 탓이며, 이 선택 때문에 동물의 번식과 증가가 나타난다. 그러나 이 견해를 온전히 받아들이는 반면, 이 논문에서 제기한 사실과 논의는 동물에서 나타나는 색깔과 표식의 **다양함**의 거의 대부분이 은폐라는 작용에 대단히 중요하다는 점을 명백하게 보여준다. 그에 따라

$\vdots$

249 식물의 기관은 크게 두 무리로 구분하는데, 하나는 영양기관인 잎·뿌리·줄기이며, 다른 하나는 생식기관인 꽃·열매·씨 등이다. 생식기관인 꽃은 꽃가루 매개자인 동물을 유인하려고 화려한 색을 띠는 반면, 영양기관은 그럴 필요가 없으므로 화려한 색을 띠지 않는다. 월리스는 영양기관을 영양 조직으로 표현했다.

무기물과 식물에서 나타나는 다양하게 변하는 색조는 동물계에서 직접 재현되었고, 다시 또 좀 더 특별한 보호를 위해 필연적으로 계속해서 변형되었다. 우리는 동물 세계에서 나타나는 색깔의 발달에 미친 두 가지 원인을 알게 될 것이고, 여러 색깔의 결합 작용과 한 색깔만의 단일 작용으로 우리가 지금 보고 있는 엄청난 다양함이 어떻게 만들어졌는지를 이해할 수 있게 될 것이다. 그러나 두 가지 원인은 일반적인 '유용성' 법칙에 따르게 될 것인데, 이 법칙을 지지하는 것은 넓은 의미에서 볼 때 거의 전적으로 다윈 씨에게 신세를 지는 것이다. 이 주제와 관련된 다양한 현상들에 대한 보다 정확한 지식이 하등동물의 감각과 사고 능력에 관련된 정보를 제공하지 않을 것 같지는 않다. 우리에게 기쁨을 주는 색깔 또한 하등동물을 유인할 수 있다면, 또한 이 논문에서 언급한 다양한 위장이 우리를 속이듯이 똑같이 하등동물을 속인다면, 하등동물의 시각 능력과 인지와 감정 능력은 근본적으로 우리 자신과 같은 속성이라는 점이 명백하기 때문에, 우리 자신의 속성과 하등동물과의 진정한 연관성에 관한 본 연구는 사실상 철학적으로 매우 중요하다.

결론

이처럼 다양하고 흥미로운 사실들이 이미 축적되어 있지만, 우리가 논의한 이 주제는 실제로는 상대적으로 거의 알려지지 않은 주제 가운데 하나이다. 열대지방의 자연사는 이런 문제의식을 가지고 '무엇을 관찰해야 할까'라는 관점에 대한 온전한 이해와 함께 현장에서 지금까지 연구된 적이 결코 없다. 동물의 색깔과 형태가 자신을 보호하는 데 활용되는 다양한 방식, 식물이나 무기물처럼 보이게 만드는 동물의 이상한 위장, 다른 생물을 훌륭하게 의태하는 것 등은 동물학자들이 거의 연구하지 않았으며 따라서 무궁무진하게 발견할 수 있는 분야를 제공한다. 또한 이것들은 동물 세계에서 가장 즐거운 특성 가운데 하나를 구성하는 색깔과 음영, 그리고 표식의 놀라운 다양함으로 귀결되는 법칙과 조건이지만, 지금까지 설명하기가 가장 어려웠던 직접적인 원인 등에 대해 많은 실마리를 확실하게 던져줄 것이다.

이처럼 다방면에 걸쳐 있고 그림같이 아름다운 자연의 영역에서 창조자의 직접적인 의지 또는 우연이라고 부르는 신뢰할 수 없는 법칙들에 의해 좌우된 것으로 지금까지 생각해왔던 결과가 실제로는 비교적 널리 알려지고 단순한 원인 탓이라는 점을 내가 보여주는 데 성공한다면, 나는 내가 현재 추구하는 목적을 달성할 수 있을 것이다. 이 목적은 자연사에 대한 좀 더 놀라운 사실들에서 느끼는 너무나 일반적인 흥밋거리를 신기하지만 상당 부분 소홀히 했던 세부 사항들까지 확장하는 데 있다. 게다가 물론 아주 적은 부분이겠지만, 생명 현상에 종속되는 우리의 지식을 '법칙의 지배'[250]까지 확장하고자 한다.

•••

250 8장 법칙에 따른 창조를 참조하시오. 다윈의 진화 이론을 반박하는 이론 가운데 하나이다.

4장

자연선택 이론의 예시로서 말레이제도의 호랑나비과(Papilionidae) 나비들

주행성이라는 속성을 탐구할 수 있는
주행성 나비목(Lepidoptera)의 특별한 가치

자연사학자가 동물의 습성이나 구조, 또는 친밀성을 연구할 때면 그가 스스로 특별히 몰두했던 무리는 거의 중요하지 않다. 모든 무리가 거의 비슷하게 관찰과 연구에 필요한 자료를 끝도 없이 제공하기 때문이다. 그러나 지리적 분포와 국소적, 성적 또는 일반적인 변이 현상을 조사할 목적이라면 몇몇 무리가 지닌 가치와 중요성은 엄청나게 다르다. 어떤 무리는 분포 범위가 극도로 제한되어 있고, 다른 무리는 특별한 유형으로 충분히 다양하게 변하지 않았는데, 무엇보다 가장 중요한 점은 많은 무리들이 자신이 살아가는 지역 전체에 걸쳐 그 어떤 관심도 받지 못했다는 것이다. 그런데 이들 무리들은 자신이 전반적으로 드러내는 현상에 대해 우리가 어떤 정확한 결론에 충분히 도달할 수 있도록 자료를 제공한다. 채집자가 선호하고, 또한 오랫동안 선호해왔던 이러한 무리들에서 생물의 분포와 변이를 연구하는 학생들이 무리의 상대적인 완벽함이라는 관점에서 가장 만족스러운 자신의 연구 재료를 찾게 될 것이다.

이들 무리 중에서 가장 출중한 무리는 주행성 나비목(Lepidoptera)에 속하는 나비 종류로, 이들은 극도의 아름다움과 끝도 없는 다양성을 지니고 있다. 또한 전 세계 모든 지역에서 꾸준하게 채집되고 있으며 수많은 종들과 변종들이 린네와 동시대에 살았던 크라메르[1]의 일련의 연구 결과에서부터 우리 시대의 휴잇슨*이 이룬 모방할 수 없는 엄청난 연구들에 그림으로 남아 있다. 그러나 이들의 풍부함과 전 세계적인 분포, 그리고 이들에 대한 엄청난 관심 이외에 이들 곤충은 이미 언급한 탐구 분야를 설명할 수 있도록 특이하게 자신을 적응시킨 또 다른 특질들을 지니고 있다. 이러한 특질로는 엄청나게 발달해서 특이한 구조로 된 날개가 있는데, 날개는 다른 곤충들과는 형태적으로 훨씬 다양할 뿐만 아니라 날개의 위아래 면에 끝없이 다양한 양상과 색깔, 그리고 질감을 제공하고 있다. 어느 정도 몸을 완전히 덮고 있는 비늘은 공단[2]이나 우단[3]의 풍부한 색조와 섬세한 표면, 금속 광택이 나는 반짝이,[4] 또는 오팔[5]의 다양하게 변하는 빛을

---

* Hewitson, William Chapman. 영국 왈터온템스 인근의 오트랜드 출신의 신사로, 『외래 나비』를 비롯하여 몇 권의 책을 썼는데, 자신이 그린 정교한 채색 그림이 실려 있다. 세계에서 가장 훌륭한 나비 채집물을 소유한 사람이다.
Hewitson, William Chapman(1806~1878). 『외래 나비』의 원제목은 *Illustrations of New Species of Exotic Butterflies*이다(옮긴이).

• •

1 Cramer, Pieter(1721~1776).

모방했다. 이처럼 섬세하게 색칠된 이들의 표면은 체제의 가장 미세한 차이들, 즉 색깔의 음영, 추가적인 줄무늬 또는 반점, 엄청난 규칙성과 고정성을 반복해서 보여주는 윤곽의 사소한 변형을 기록하는 역할을 담당하는 반면, 이들의 몸 전체와 모든 구성원들은 눈에 띄는 차이를 전혀 보여주지 않는다. 나비의 날개는 베이츠 씨가 "자연이 종 변형의 역사를 기록한 명판과 같은 역할을 한다"고 설명한 것처럼, 우리로 하여금 다른 수단으로는 불확실하고 관찰하기 힘든 변화를 감지하게 해주며, 또한 살아 있는 생물체 하나하나에서 나타나는 다소 근본적인 체제에 영향을 주는 기후를 비롯하여 여러 물리적 조건들의 효과를 확대하여 우리에게 보여준다.

변형을 유발하는 원인에 대한 이처럼 엄청난 감수성이 상상이 아니라는 증거는 아마도, 내가 생각하기로는, 나비목(Lepidoptera)이 전반적으로 모든 곤충들처럼 근본적으로 형태·구조·또는 습성이 최소한 변했음에도 불구하고 이들의 특정한 형태의 수로 보면 이들은 자연에서 보다 넓은 영역에서 분포하는 목들에 속하는 무리들과 비교할 때 적지 않으며, 훨씬 더 심도 있는 구조적 변형을 보여준다는 점을 심사숙고하면 도출될 것이다. 나비목(Lepidoptera) 나비들은 유충 상태에서 모두 식물을 먹으며, 완벽한 형태가 되면 과즙이나 기타 액체를 빨아먹는다. 이들 중 가장 멀리 떨어진 무리들은 서로 다르나 일반적인 기준형6과는 거의 다르지 않은데,7 구조나

··

2 두껍고 무늬는 없지만 윤기가 도는 비단으로 고급 비단에 속한다.
3 흔히 벨벳이라고 부르는데 거죽에 곱고 짧은 털이 촘촘히 돋게 심어진 직물이다.
4 의복의 장식에 사용되는 작고 반짝이는 것을 의미한다.
5 백색 또는 무색의 보석으로, 물을 포함하는 규산염 광물이다. 우리말로는 단백석이라고도 부른다.
6 기준형이란 어떤 생물 종 또는 종 이상의 분류 계급이 지닌 대표적인 유형을 말한다. 종의 기준형은 종을 대표할 만한 표본이며, 속의 기준형은 종이 되고, 과의 기준형은 속이 된다.

습성에서 상대적으로 대수롭지 않은 변형이 나타난다. 이와는 반대로 딱정벌레목(Coleoptera), 파리목(Diptera), 또는 벌목(Hymenoptera) 곤충들은 훨씬 더 크고 더 근본적인 변이를 보여준다. 이 목들 가운데 어느 목이든 우리는 식물을 먹는 종류와 동물을 먹는 종류, 수생과 육생, 그리고 기생성 무리를 모두 관찰할 수가 있다. 모든 과들이 자연의 경제 내에서 특별한 부분에 전념하고 있다. 씨앗, 열매, 뼈, 도체,[8] 배설물, 나무껍질 등에는 저마다 독특하면서도 이것들에 서로서로 의존하는 곤충 족[9]들이 있다. 반면에 나비목(Lepidoptera) 나비들은, 물론 몇 가지 예외는 있지만, 살아 있는 식물의 잎을 게걸스럽게 먹는 한 가지 기능만 수행한다. 그러므로 이들의 종-개체군은 비슷하게 같은 생존 방식을 지닌 다른 목에 속하는 절의 종-개체군과 동등할 것이라고 우리는 기대할 수 있다. 그리고 이들의 수는 전체 목에 속하는 수와 거의 비슷하나 체제나 습성에 더 많은 변이가 있다는 사실은, 내가 생각할 때에는, 이들이 일반적으로 특별한 변형에 매우 민감하다는 증거가 될 것이다.

• •

7 나비목(Lepidoptera)에 속하는 나비들은 종 수준에서는 차이가 날 수가 있으나, 이들이 공통적으로 지닌 특징은 거의 비슷하다는 설명이다. 즉, 막질의 날개 두 쌍과 가늘고 긴 빨대주둥이를 지닌 특징은 모든 나비목(Lepidoptera)에 속하는 나비들에서 나타나나, 날개 두 쌍의 구조나 형태, 빨대주둥이의 구조나 형태 등은 종마다 사소한 차이가 있을 것이다.
8 도살한 가축의 가죽, 머리, 발목, 내장 따위를 떼어낸 나머지 몸통이다.
9 분류 체계의 하나로 과와 속 사이에 있는 분류 계급이다.

호랑나비과(*Papilionidae*)의 계급에 대한 질문

호랑나비과(Papilionidae)는 주행성 나비목(Lepidoptera)에 속하는 과의 하나로서 이 목에서 첫 번째 위치를[10] 차지하는 것으로 지금까지 보편적으로 인식되어 왔다. 그리고 최근 이 위치가 부정되었지만, 나는 이 과를 더 낮은 계급으로 낮추자는 제안의 논리에 전적으로 동의할 수가 없다. 베이츠 씨는 『린네학회회보』 23권, 495쪽에 표범나비과(Heliconidae)[11]에 관한 가장 훌륭한 논문을 발표했다.[12] 그는 이 과에 속하는 곤충들의 앞다리가 불완전한 구조로 되어 있다는 점을 주된 이유로 들어 이 과를 가장 높은 위치에 배열해야 한다고 주장했는데, 이 앞다리는 극도의 발육부전 상태에 있어, 모두 완벽한 다리를 지니고 있는 팔랑나비과(Hesperidae)와 나방류(Heterocera)[13]의 다른 과들에게 첫 번째 위치를 물려주었다. 이제 특정 기관의 불완전함이나 발육부전에 따라 단순히 나타나는 차이가 어느 정도 되어야 이런 차이를 보여주는 무리 내에서 보다 높은 수준의 체제를 갖는

∴

10 호랑나비과(Papilionidae)를 나비목(Lepidoptera)에서 가장 발달한 무리로 간주한다는 의미로 보인다. 실제로도 한동안 호랑나비과(Papilionidae)를 나비목(Lepidoptera)에서 가장 발달한 무리로 간주하기도 했으나, 최근에는 나비 종류의 진화 초기에 호랑나비 무리와 다른 나비 무리로 분화한 것으로 간주하고 있다. Kawahara and Breinholt(2014) 논문을 참조하시오.
11 최근에는 네발나비과(Nymphalidae)에 속하는 표범나비아과(Heliconiinae)로 간주한다.
12 1861년 11월 21일 린네학회에서 구두로 발표했고, 1862년 『런던 린네학회회보(*Transactions of the Linnean Society of London*)』 23권, 495~566쪽에 「아마존 계곡의 곤충상에 대한 견해(Contributions to an Insect Fauna of the Amazon Valley)」라는 제목의 논문으로 출판되었다.
13 과거에는 나방과로 불렀으나, 이 무리가 하나의 공통조상에서 기원한 것이 아닌 것으로 확인되어 최근에는 나방류로 부르고 있다.

것이라고 주장할 수 있는지가 문제이다. 하지만 같은 기관에서 완벽한 구조를 지닌 또 다른 무리가 자신에게 특이하게 변형되어 있고, 또한 이들이 속한 목의 나머지 무리에서는 모두 결핍되어 있는 기관도 지니고 있다면, 이러한 처리는 더더욱 용인될 수가 없다. 그러나 호랑나비과(Papilionidae)의 위치는 바로 이와 같다. 완벽한 곤충은 자신에게 매우 특이하게 나타나는 두 가지 형질이 있다. 에드워드 더블데이[14] 씨는 자신의 저서 『주행성나비목(Lepidoptera)』에서 "호랑나비과(Papilionidae)는 다른 과에서 발견되지 않는 형질인 네 갈래로 명백하게 나누어진 정중신경과 앞다리의 종아리다리에 큰며느리발톱을 지니고 있다"고 주장했다. 네 갈래로 나누어진 정중신경은 매우 일정하며, 너무나 특이하고, 너무나 뚜렷하여 사람으로 하여금 나비의 날개만 얼핏 보더라도 이 나비가 이 과에 속하는지 아닌지를 말할 수 있게 한다. 그리고 나는 나비 무리에서 형태의 범위와 변형이라는 관점에서 견줄 만한 그 어떤 다른 무리가 자신의 시맥에서 같은 정도로 확실한 특징이 있음을 알지 못한다. 앞다리의 종아리다리에 있는 큰며느리발톱 역시 팔랑나비과(Hesperidae) 일부에서 발견되므로, 이 두 무리 사이에는 직접적인 친밀성이 있는 것으로 추정된다. 하지만 나는 이러한 점이 시맥과 이들의 체제 모든 부위에서 나타나는 차이를 상쇄할 수 있다고 생각하지 않는다. 그러나 나는 호랑나비과(Papilionidae)의 가장 뚜렷한 특징은, 이 특징이 충분히 강조되지 않았다고 생각하는데, 의심할 여지 없이 애벌레에서 나타나는 특이한 구조이다. 이들은 모두 목에 잘 알려진 두 갈래로 갈라진 Y자 형태의 촉수라는 아주 특별한 기관이 있는데, 이 촉수가

14 Edward Doubleday(1810~1849).

휴식 상태일 때에는 완전히 숨어 있지만, 곤충에게 경고할 때가 되면 순식간에 솟아날 수 있다. 어떤 종에서, 길이가 거의 1.2센티미터에 달하는 이런 독특한 구조를 돌출하도록 했다가 다시 움츠러들게 하는 근육의 배열, 휴식 상태일 때 보여주는 완벽한 은폐성, 붉은 혈액, 쫓아낼 때의 급작스러움 등은 애벌레가 일부 적들이 자신을 움켜잡을 때에 적들을 깜짝 놀라게 하거나 두렵게 함으로써 자신을 보호하는 수단으로 작용하고 있다고 우리는 결론을 내려야 한다고 생각한다. 그에 따라 이 구조는 호랑나비과(Papilionidae) 나비를 오늘날까지 지배적인 무리로서 더 한층 확대하고 영속성을 유지하게 만들었던 여러 원인 가운데 하나로 간주된다. 이처럼 특이한 구조가 아주 사소하게 연속적으로 이런 구조를 지닌 개체들에게 유리한 변이로만 만들어졌다고 믿는 사람들은, 어떤 무리는 이런 기관을 지니나 다른 무리에서는 이 구조가 완벽하게 결핍된 사례에서, 변형이 아주 오래전에 기원하여 아주 오래 지속되었음을 보여주는 증거를 반드시 봐야만 한다. 그리고 중요한 기능에 도움이 되는 이처럼 긍정적인 구조가 과의 체제에 추가된 점은 호랑나비과(Papilionidae)를 이 과가 속하는 전체 목에서 가장 고등하게 발달한 부분으로 간주하는 것이며, 그에 따라 완벽한 곤충이 지닌 크기, 힘, 아름다움, 그리고 이 구조가 제자리에 유지되어 일반적인 구조가 마땅히 지니고 있을 것으로 생각되는 가치를 지니고 있다는 것 그 자체만으로도 충분함을 보장하는 것처럼 보인다.

트리멘 씨는 1868년 『린네학회회보』에 발표한 논문, 「아프리카 나비들 사이에서 나타나는 의태의 대응관계」[15]에서 베이츠 씨가 주장한 제왕나

15 1868년 3월 5일 린네학회에서 구두로 발표했고, 1869년 『런던 린네학회회보』 26권, 497~522쪽에 「아프리카 나비들 사이에서 나타나는 의태의 대응관계(On Some Remarkable

비과(Danaidae)[16]는 상위 계급으로, 호랑나비과(Papilionidae)는 하위 계급으로 간주해야 한다는 관점을 받아들인다고 아주 강하게 주장했으며, 또한 다른 사실들로 볼 때, 호랑나비과(Papilionidae)에 속하는 모시나비속(*Parnassius*) 번데기가 팔랑나비과(Hesperidae) 일부 나비와 나방 종류의 번데기와 의심할 여지 없이 닮았다는 근거를 제시했다. 그러므로 나는 그가 호랑나비과(Papilionidae)가 제왕나비과(Danaidae)는 잃어버린 야행성 나비목(Lepidoptera)이 지닌 몇 가지 형질을 지니고 있음을 증명했다고 받아들이나, 그렇다고 이들이 체제의 규모가 더 낮은 것으로 간주되어야 한다는 점은 부정한다. 다른 형질들은 이들이 제왕나비과(Danaidae) 나비 종류보다 나방 종류로부터 더 멀리 떨어져 있음을 가리키고 있다고 보여준다. 곤봉 모양의 더듬이는 나비와 나방 종류를 구분할 수 있는 가장 뚜렷하고 일정한 특징인데,[17] 모든 나비 종류들에서 호랑나비과(Papilionidae)는 가장 아름답고 가장 완벽하게 발달한 곤봉 모양의 더듬이를 지닌다. 다시 말하면, 나비와 나방은 각기 주행성과 야행성 습관을 지닌 것으로 대체로 구분되는데,[18] 호랑나비과(Papilionidae)는 흰나비과(Pieridae)와 아주 밀접한 동류 무리로 가장 탁월한 주행성 나비인데 이들 대부분은 햇빛을 좋아하여 어스름에 활동하는 종은 단 하나도 없다. 이와는 반대로, (베이츠 씨에 따르

∴

　　Mimetic Analogies among African Butterflies」라는 제목으로 발표된 논문이다.

16 최근에는 네발나비과(Nymphalidae)에 속하는 아과로 간주하고 있으며, 그에 따라 학명으로 Danainae를 사용한다.

17 일반적으로 나비의 더듬이는 가늘고 길며 끝이 뭉툭하다. 그러나 나방은 암수에 따라 생김새가 조금 다른데, 암컷의 더듬이는 가늘고 길어 나비와 비슷하나 끝이 뭉툭하지 않으며, 수컷의 더듬이는 나비와는 다르게 두껍고 털이 많다. 나비와 나방을 더듬이 특징으로 일반적으로 구분하나 예외도 있다.

18 많은 나방은 야행성이나 일부는 주행성인데, 나비는 대부분 주행성이다.

면 제왕나비과(Danaidae)와 표범나비과(Heliconidae)도 아과로 포함하는) 네발나비과(Nymphalidae)에서 큰 무리는 브러시다리나비아과(Brassolidae) 전체와 푸른숲찬미나비속(*Thaumantis*), 새턴나비속(*Zeuxidia*), 황제나방속(*Pavonia*), 그리고 어스름에 활동하는 습성을 지닌 수많은 나비들을 포함하나, 뱀눈나비과(Satyridae) 대부분과 제왕나비과(Danaidae)의 많은 종들은 그늘을 좋아한다. 어떤 생물 무리에서 가장 발달한 유형이 무엇인가라는 질문은 자연사학자들에게 아주 일반적인 관심사 가운데 하나이므로, 나비목(Lepidoptera)을 고등동물의 일부 무리와 비교해서 조금 더 상세히 살펴보는 것이 좋을 것이다.

나비목 기준형은 조류의 기준형처럼 탁월한 공중 생활자로, "그에 따라 보행 기관의 축소는 열등함의 징후라기보다는 보다 철저하게 공중 생활을 하려는 고등함을 아주 강하게 보여주는 것"이라는 트리멘 씨의 주장은 확실히 부적절하다. 공중 생활을 하는 대부분의 조류는 (예를 들어 칼새류와 군함조류는) 조류의 체제로 볼 때 가장 고등하며 걷는 데 매우 부적합한 발 때문에 더욱더 고등하다는 점을 함축하고 있기 때문이다. 그러나 그 어떤 조류학자도 이런 식으로 분류하지 않았고 조류 가운데 가장 상위 무리는 다음에 설명한 세 종류 무리에서만 논쟁해야 한다는 주장도 하지 않았는데, 이 세 무리는 완전히 동떨어져 있다.[19] 이들 가운데 첫 번째는, 매 종류를 들 수 있는데 이들은 일반적으로 육체적인 완벽함, 재빠른 비행, 꿰뚫어 보는 듯한 시각, 신축성 있는 발톱으로 무장한 완벽한 발, 겉으로 드러

..

19 매는 매목(Falconiformes), 앵무새는 앵무목(Psittaciformes), 개똥지빠귀와 까마귀는 참새목(Passeriformes)에 속한다. 그러나 이들 모두는 새 무리를 모두 포함하는 조강(Aves)의 오스트레일리아조류(Australavisians)의 진정매조류무리(Eufalconimorphae)에 속한다.

난 아름다운 풍모, 그리고 동작의 용이함과 민첩성을 지니고 있다. 두 번째는 앵무새 종류로 이들의 발은 걷기에는 부적합하나 잡는 기관으로서는 완벽하며, 높은 지능을 가진 커다란 뇌를 지니고 있으나, 비행 능력은 중간 정도이다. 그리고 마지막으로 세 번째는 개똥지빠귀나 까마귀 종류로, 이들은 전형적으로 횃대에 앉는 새들이며 전반적으로 균형이 잘 잡힌 구조로서 과도하게 눈에 띄는 기관이나 기능은 없다.

　이제는 포유동물강(Mammalia)[20]을 살펴보자. 이 무리는 척추동물 가운데 탁월한 지상 생활형으로, 걷고 달리는 것이 근본적으로 이 무리에서 전형적으로 완벽하다고 주장할 수 있다. 그러나 이런 주장은 사지동물아목(Quadrumana)[21]보다는 말, 사슴 또는 사냥하는 표범이 더 뛰어나다고 말할 수 있다. 우리는 아주 적절한 어떤 사례를 알고 있는데, 사지동물아목(Quadrumana)에 속하는 하나의 무리, 즉 여우원숭이[22] 종류는 의심할 여지 없이 식육목(Carnivora)[23]이나 유제목(Ungulata)[24]보다는 하등한 식

∙∙

20 척추가 있는 동물 가운데 젖을 먹이는 동물이다.
21 분류학적으로 영장목(Primates)에 속하는 영장류를 크게 사지동물아목(Quadrumana)과 사람아목(Bimana)의 두 무리로 구분하던 시절에 사용한 분류 계급 이름으로, 네발동물이라고도 부르며 사람을 제외한 모든 영장류를 지칭한다. 오늘날에는 이 분류 계급을 인정하지 않는다. 영장목(Primates)에 속하는 동물들은 얼굴이 짧고, 가슴에 한 쌍의 유방을 지니며, 맹장이 발달하고, 높은 수준의 사회적 행동을 하는 특징을 지닌다. 오늘날 사지동물은 양서류부터 시작해서 포유류에 이르기까지 네 발로 움직이는 모든 동물을 지칭하는데, 사지상강(Tetrapoda)이라고 부르며, 인간도 여기에 포함된다.
22 마다가스카르섬에서만 서식하는 영장류로, 코가 축축하고 굽어 있으며, 뒷다리의 제2발가락이 갈고리발톱으로 되어 있다. 밤에만 움직이는 야행성으로, 영장류 가운데 제일 먼저 출현한 것으로 알려져 있다.
23 육식만 하는 동물들을 지칭하나, 판다처럼 초식만 하는 동물과 개처럼 잡식성인 동물도 포함한다. 육식성 포유류에서만 발견되는 열육치를 지니고 있는데, 동물의 살을 자를 수 있는 치아이다.
24 발굽을 가진 동물을 지칭하는 이름으로 고래, 말, 바위너구리, 소, 양, 염소, 코끼리 등을 포

충목(Insectivora)[25]과 유대목(Marsupials)[26]에 더 가깝다. 이들이 북아메리카주머니쥐[27]들이 지닌 여러 형질들 가운데 완벽하게 마주 보는 엄지손가락을 지닌 손이 있기 때문인데, 여우원숭이 종류 일부가 지닌 손과 거의 비슷하다. 그리고 흥미로운 필리핀날원숭이속(*Galeopithecus*)[28]은 때로 여우원숭이 무리 또는 식충목(Insectivora) 무리로 분류된다. 게다가 단공목(Ornithodelphia)[29]과 유대목(Marsupials)을 포함한 무태반 포유동물은 태반이 있는 동물들보다 하등한 것으로 받아들이고 있다. 그러나 유대목(Marsupials)의 가장 독특한 형질 가운데 하나는 새끼들이 장님인 상태로 너무나도 불완전하게 태어난다는 점이며, 그에 따라 이 목에서는 새끼가 가장 완벽하게 태어나는 무리가 가장 고등한 무리라고 주장해야만 하는데 하등한 유대목(Marsupials) 유형에서 가장 멀리 떨어져 있기 때문이다. 이런 점이 반추동물(Ruminants)[30]과 유제목(Ungulata)이 사지동물아목

⁚⁚

함한다. 발굽이 짝수인 우제류와 발굽이 홀수인 기제류로 구분했으나, 오늘날에는 고래류와 우제류를 합하여 경우제류(Cetartiodactyla)로 분류하기도 한다.

25 몸집이 작은 식충성 포유동물을 지칭하는 이름으로 고슴도치, 두더지, 땃쥐 등을 포함한다. 그러나 오늘날에는 이 무리가 다계통군으로 확인되어 이 이름을 더 이상 사용하지 않는다. 대신 식충목에 속하던 일부 동물들을 제외하고, 진무맹장목(Eulipotyphla)으로 부른다.

26 포유류이지만 태반이 없거나 불완전하며 어린 새끼가 완전히 성숙하지 않은 상태로 태어나서 암컷 배 부분에 있는 육아낭에서 성숙한다. 캥거루, 코알라 등을 포함한다. 오늘날에는 유대하강(Marsupialia)으로 부른다.

27 북아메리카에 서식하는 유대류 종류로 주머니쥐과(Didelphidae)에 속한다.

28 오늘날에는 학명으로 *Cynocephalus*를 사용한다. 필리핀 민다나오섬과 보홀 지역에 서식한다. 영장목(Primates)에는 속하지 않고, 영장목(Primates)와 함께 영장동물(Euarchonta)로 간주하며, 추후 계통학적 위치가 좀 더 규명되어야 한다.

29 새끼 대신 알을 낳아 파충류로 간주될 수도 있으나, 새끼에게 젖을 먹여 키우는 온혈동물인 포유류의 한 무리로 오리너구리, 바늘두더지가 여기에 속한다. 오늘날에는 학명으로 Monotremata를 사용한다.

30 반추 위를 가지고 있어 한번 삼킨 먹이를 다시 게워내어 씹는 특징을 공유한 동물이다. 기

(Quadrumana)이나 식육목(Carnivora)보다 더 고등한 것으로 만들 것이다. 그러나 포유동물강(Mammalia)은 이러한 추론 방식의 오류를 훨씬 더 눈에 띄게 보여주는 사례를 제공하는데, 만일 한 형질이 다른 형질보다 한 강에 속하는 동물에서 근본적으로 독특하게 나타난다면, 이 형질은 포유동물이 라는 이름에서 유래한 것처럼 젖이 나오는 샘이 있고 새끼에게 젖을 먹이 는 능력이 있다. 이처럼 중요한 기능이 가장 잘 발달한 무리, 즉 새끼를 가 장 잘 그리고 가장 오랫동안 부양하는 무리가 포유동물강(Mammalia)이 지 닌 체제의 규모에서 가장 고등해야만 한다는 주장보다 더 명백하게 합리 적인 것이 무엇일까? 그럴 것 같지는 않지만, 이럴 경우 이 고등한 무리는 유대목(Marsupials)이 되는데,[31] 이들은 태아 상태의 새끼에게 젖을 먹이기 시작해서 이들이 완전히 발달할 때까지 지속적으로 양육하며 그에 따라 새끼는 아주 오랫동안 이러한 양육 방식에 절대적으로 의존한다.

이러한 사례들은, 내가 생각할 때, 어떤 형질이 보다 하등한 무리로 받 아들이는 무리에서 나타나는 형질들과 비슷하다고 또는 다르다고 해서 우리가 어떤 무리의 계급을 정확하게 설정할 수 없음을 증명한다. 그리 고 이 사례들 역시 한 강에서 가장 고등한 무리가 아마도 부모 기준형에 서 방계[32]로 발달해서 훨씬 더 분기된 일부 다른 무리들보다 가장 하등한

••

린, 사슴, 소, 양 등을 포함한다. 오늘날에는 우제목(Artiodactyla)에 속하는 반추동물아목 (Ruminantia)으로 부른다.

31 그러나 오늘날 유대류는 포유류가 진화할 때 단공목(Monotremata)에 이어 출현한, 즉 포 유류의 초기 유형으로 간주하고 있다.

32 한 생물이 두 종류의 생물로 분화할 때, 새롭게 습득한 형질을 유지하는 무리를 의미한다. 반면, 직계는 기존의 형질을 유지하는 무리를 의미한다. 한때 시조새를 조류와 파충류를 연결하는 생물로 간주했으나, 오늘날에는 파충류의 일부가 진화해서 출현한 방계로 간주 한다.

무리와 좀 더 밀접하게 연결되어 있음을 보여주는데, 이 방계 무리는 자신의 구조에서 균형이 무너지거나 너무나 극단적으로 분화되어 높은 수준의 체제에 결코 도달하지 못했다. 사지동물아목(Quadrumana)은 인간과 의심할 여지 없는 친밀성이 있어 아주 귀중한 실례가 되는데, 우리는 이들이 포유동물강(Mammalia)에 속하는 그 어떤 목보다 실질적으로 고등한 반면, 동시에 여러 다른 무리들보다 가장 하등한 무리들과 더 명백히 동류 관계를 맺고 있는 것을 확실히 느끼기 때문이다. 호랑나비과(Papilionidae) 사례는 나에게 이 무리와 정확하게 평행관계를 이루는 것처럼 보인다. 반면에 나는 팔랑나비과(Hesperidae)의 하등한 무리와 나방과의 의심할 여지 없는 친밀성과 관련된 모든 증거들을 인정한다.[33] 그럼에도 나는 이들의 체제를 이루는 부위 하나하나가 완벽하고도 균등하게 발달했다는 점에서 이들 곤충이 나비 기준형을 유지하고 있는 최고의 완벽함을 보이고 있다고, 그리고 모든 분류 체계에서 이들이 맨 앞에 위치할 자격이 있다고 내 나름대로 주장해본다.

∙∙

[33] 오늘날 계통학적으로 나방나비과(Hedylidae)를 나비 종류에서 맨 처음 출현한 무리로 간주하고 있으며, 이 이후 팔랑나비과(Hesperidae)가 출현한 것으로 간주하고 있다. 나방나비과(Hedylidae) 종류를 흔히 나방-나비(moth-butterfly)로 부르는데, 이들의 성체가 자벌레나방 종류(gemometer moth)와 유사하여 계통적으로 연결되어 있을 것이라는 생각을 월리스가 지적한 것으로 보인다.

호랑나비과(*Papilionidae*)의 분포

호랑나비과(Papilionidae)는 지구 전체에 걸쳐 상당히 넓게 분포하고 있으나 특히 열대지방에 풍부한데 이곳에서 이들의 몸집은 가장 크고 아름다우며 또한 가장 다양한 형태와 색깔을 지닌다. 남아메리카와 인도 북부 지방, 그리고 말레이제도에는 이 멋진 곤충이 가장 풍부한데 실제로 이곳에서 이들을 감상하는 것이 대수롭지 않다. 특히 말레이제도에서는 거대한 새날개나비속(*Ornithoptera*) 나비를 경작지와 삼림 지역의 경계 근처에서 흔히 볼 수 있는데 커다란 크기, 위풍당당한 비행, 그리고 화려한 색상은 이들이 일반적인 새들보다 훨씬 더 눈에 잘 띄게 한다. 말라카[34] 마을의 그늘진 교외에는 호랑나비속(*Papilio*)에 속하는 두 종류, 즉 멤논제비나비(*P. memnon*)와 네펠루스제비나비(*P. nephelus*)가 드물지 않게 발견되는데, 이들은 도로를 따라 불규칙하게 날아다니면서 날개를 펄럭이거나, 이른 아침에 날개를 활짝 펴서 기운이 나게 하는 햇빛을 쬐고 있다. 말루쿠제도의 다른 마을과 암본섬[35]에는 화려한 데이포부스제비나비(*P. deiphobus*)와 세베루스제비나비(*P. severus*),[36] 그리고 가끔 감청색 날개를 지닌 큰보라제비나비(*P. ulysses*)가 비슷한 환경에서 흔히 나타나는데, 오렌지나무와 화단에서 펄럭거리거나 혹은 때로는 도시의 좁은 상점가나 지붕으로 덮여 있는 시장에서 길을 잃기도 한다. 자와섬에는 황금색을 띤 아르주나제비나비(*P. arjuna*)[37]를 산지 길가의 축축한 곳에서 사페돈제비

••

34 말레이반도에 있는 도시로, 쿠알라룸푸르 남쪽 바닷가에 위치한다.
35 스람섬 서쪽 끝에서 남쪽에 있는 섬이다.
36 오늘날에는 *Papilio fuscus*와 같은 종으로 처리한다.
37 오늘날에는 *Papilio paris arjuna*로 간주한다.

나비(*P. sarpedon*),**38** 바치클레스제비나비(*P. bathycles*),**39** 꼬리어치제비나
비(*P. agamemnon*)**40** 등과 함께 때로 볼 수 있는데, 아름다운 다섯막대꼬
리제비나비(*P. antiphates*)**41**는 이보다 자주 관찰된다. 이 제도의 좀 더 무
성한 곳에서는 호랑나비속(*Papilio*)에 속하는 나비 3~4종을 보지 않고서는
마을이나 촌락 근처에서 아침 산책을 할 수가 없는데, 때로는 7~8종까지
늘어난다. 이 제도에는 130여 종 이상의 호랑나비과(Papilionidae) 나비들이
알려져 있으며, 이들 가운데 96종은 나도 수집했다. 말레이제도를 이루는
많은 섬들 가운데 가장 많은 종이 서식하는 보르네오섬에서는 30종이 발
견되는데, 나는 사라왁**42** 인근에서 23종을 채집했다. 자와섬에는 28종이,
술라웨시섬**43**에는 24종이, 그리고 말라카반도**44**에는 26종이 서식한다. 동
쪽으로 가면 나비 종 수는 줄어든다. 바치안섬**45**에는 17종이 있고, 뉴기니
섬에는 15종만이 있는데, 이 수는 엄청난 면적을 지닌 섬의 규모에 비해 확
실히 너무 작지만 그것은 현재까지 완벽하게 조사가 이루어지지 않았기 때
문이다.**46**

∴

38 오늘날에는 *Graphium sarpedon*으로 간주하나, 이 종은 말레이제도에 분포하지 않고 호
주에만 분포한다. 대신 *Papilio sarpedon moluccensis*, *P. sarpedon balesus*, *P. sarpedon
coelius* 등은 *Graphium anthedon*과 같은 분류군으로 간주하고 있는데, 이 종은 말레이
제도의 순다섬에 분포한다. 따라서 이 책에 나오는 *P. sarpedon*은 *G. anthedon*으로 추정
된다.
39 오늘날에는 *Graphium bathycles*로 간주한다.
40 오늘날에는 *Graphium agamemnon*으로 간주한다.
41 오늘날에는 *Graphium antiphates*로 간주한다.
42 보르네오섬 북서쪽에 위치한 곳으로 말레이시아에 포함되는 도시이다.
43 오늘날에는 술라웨시섬으로 부르고 있다. 보르네오섬의 동쪽에 위치한다.
44 오늘날에는 말레이반도로 부르고 있다.
45 오늘날에는 바칸섬으로 부르는데, 술라웨시섬과 뉴기니섬 사이에 있다.
46 뉴기니섬은 세계에서 두 번째로 큰 섬으로 면적이 약 78만 제곱킬로미터에 달한다. 반면 보

종이란 단어의 정의

앞에서 설명한 종 수를 추정할 때, 나는 무엇을 종으로 간주하고 무엇을 변종으로 간주해야 하는지를 결정하면서 여느 때와 마찬가지로 어려움에 직면했다. 일반적으로 오래된 역사를 간직한 많은 섬들로 이루어진 말레이제도 지역은 실제 면적과 비교할 때 엄청나게 뚜렷히 구분되는 유형들이 분포하는데, 때로는 실제로 이들은 극도로 사소한 형질로 구분되었다. 그러나 대부분 사례에서는 많은 표본들에서 볼 수 있는 것처럼 너무나 일정했고, 서로서로가 너무나 쉽게 구분되어 종이란 이름과 계급을 이들에게 부여하는 것을 거부할 수 있는 원리가 무엇인지 나는 알 수가 없었다. 가장 좋고 정통적인 정의 가운데 한 가지는 민족학자인 프리처드[47]가 규정한 것으로, 그는 "체제에서 나타나는 일부 특징적인 특이성이 일정하게 전달되면서 분명히 나타나는 군종마다의 독립된 기원과 뚜렷함"이 종을 구성한다고 주장했다. 이제 우리가 결정할 수 없는 '기원'이라는 문제를 제외하고, 독립된 기원의 증거, 즉 "체제에서 나타나는 일부 특징적인 특이성의 일정한 전달"만을 고려하면, 우리는 두 유형 사이에서 발견되는 차이의 **정도** 모두를 무시하도록 하며, 또한 현재 나타나는 차이 그 자체가 **영구적**인지 아닌지만을 고려하도록 하는 하나의 정의를 내릴 수가 있다. 따라서 내가 채택하려고 노력했던 규칙은 서로 격리된 지역에서 살아가는 두 유형들 사이에서 나타나는 차이가 항상 일정할 때와 단어들로 정의할 수 있을 때, 그리고 단 하나의 특이성에만 국한되지 않을 때, 이러한 유형을 종으로 간주한다는 것

∴∴

르네오섬은 세계에서 세 번째로 큰 섬으로 면적이 74만 제곱킬로미터 정도이다.

47 James Cowles Prichard(1786~1848).

이다. 그러나 지역마다 있는 개체들이 서로서로 다르나, 두 유형들 사이의 뚜렷한 차이점을 고려할 수 없고 명확하게 할 수 없을 때, 또는 차이가 비록 항상 같지만 특정한 한 형질에만, 예를 들어 크기와 색조에만 한정되든가 또는 표식이나 외형의 단 한 가지만 다를 경우, 나는 유형들 한 종류를 다른 종류의 변종으로 간주하고자 한다.

나는 일반적으로 종의 항상성은 이들의 분포 범위에 반비례함을 발견했다. 섬 하나 또는 두 곳에만 국한되어 나타나는 종들은 일반적으로 매우 일정하다. 이들이 많은 섬들로 퍼져나가면 상당한 변이성[48]이 나타난다. 그리고 제도 대부분 지역에 걸쳐 광범위하게 분포한다면 불안정한 변이의 양은 매우 커진다. 이러한 사실들은 다윈 씨의 원리에 근거해서 설명할 수 있다. 한 종이 넓은 지역 전체에 퍼져 존재한다면, 이 종은 반드시 분산과 관련된 엄청난 능력을 가졌거나 아마도 지금도 가지고 있을 것이다. 이들 지역 내 다양한 곳에서 나타난 각기 다른 생존 조건에서는 기준형에서 벗어나는 서로 다른 변이들이 선택되었을 것이다. 그리고 이들이 완벽하게 격리되면, 곧 뚜렷하게 구분될 수 있는 변형된 유형들이 되었을 것이다. 그러나 이 과정은 종 전체에 걸친 분산력이라는 관점에서 조사해야 하는데, 종이 멀리 퍼져나가면서 발단변종[49]들이 다소 빈번하게 혼합되는 결과가 나타날 것이며, 그에 따라 종 전체는 불규칙해지고 불안정해질 것이

.:

48 변이성(variability)은 변이(variation)와는 다른 개념이다. 변이성은 변화하는 상태나 특성 또는 변화하는 정도를 의미하며, 변이는 변화한 사물의 한 가지 특징이다. 예를 들어, 사람의 혈액형은 A형, B형, AB형, 그리고 O형으로 구분되는데, 이들 혈액형 하나하나는 변이에 해당하며, 혈액형이 이 네 가지 특징으로 만들어지는 특성을 변이성이라고 부른다.

49 새로운 종으로 만들어지기 시작한 변종들을 의미한다. 다윈은 발단종(incipient species)으로 부르면서, 뚜렷한 특징을 지닌 변종들로 다루었는데, 이 변종들은 필연적으로 종이라는

다. 그러나 한 종이 극히 제한된 분포 범위를 가진다면, 이 종은 분산력이 낮음을 의미하며, 변화된 조건에서 유형의 변형 과정은 방해를 덜 받게 된다. 그러므로 이 종은 그 일부가 다소 오랫동안 격리됨에 따라 하나 또는 그 이상의 영구적인 유형으로 존재할 것이다.

변이의 법칙과 방식

흔히 변이라고 부르는 것은 자주 혼동되는 몇 가지 서로 구분되는 현상으로 이루어져 있다. 나는 이들을 다음과 같은 주제로 논의하려고 한다. 첫 번째는 단순 변이성이고, 두 번째는 다형성이고, 세 번째는 지역적 유형이며, 네 번째는 공존하는 변종들이며, 다섯 번째는 군종 또는 아종이며, 마지막으로 여섯 번째는 진정한 종이다.

1. **단순한 변이성** 이 주제로 나는 특정한 유형이 어느 정도 불안정한 모든 사례를 포함하고자 한다. 종의 전반적인 분포 범위에 걸쳐, 심지어 개체들의 자손에서는 지속적이고 불확실한 차이가 있는 유형이 나타나는데, 생육하는 재래종에서 너무나 특징적으로 나타나는 변이성과 대등한 관계이다. 이들 유형들 그 어느 것도 유용하게 정의하는 것은 불가능한데 유형들이 서로서로 불명확하게 점진적으로 변형되어 있기 때문이다. 이러한 특징을 지닌 종은 항상 분포 범위가 넓으며 섬보다는 대륙에서 더 빈번하게

··

계급으로 해야 한다고 생각할 필요는 없으나 궁극적으로 뚜렷하게 구분되는 좋은 종으로 변환될 수 있다고 설명했다(신현철, 2019:644). 아마도 이름은 발단종이나 변종을 설명하고 있어, 월리스는 이를 발단변종(incipient variety)이라고 표현한 것으로 보인다.

나타난다. 물론 이러한 사례에 대한 예외는 항상 존재하나, 변이가 매우 좁은 범위 내에서만 나타나도록 고정되어 있는 특별한 유형들이 더 흔하다. 말레이제도에 분포하는 호랑나비과(Papilionidae)에 속하는 나비들 가운데에서 이러한 종류의 변이성을 보여주는 아주 좋은 유일한 사례는 바로 세베루스제비나비(*P. severus*)로, 이 종은 말루쿠제도[50]의 모든 섬과 뉴기니섬[51]에서 살아가고 있으며, 종들을 뚜렷하게 구분할 수 있도록 만드는 차이보다 더 큰 차이들이 개체 하나하나 사이에서 나타난다. 새날개나비속(*Ornithoptera*)에 속하는 종 대부분에서 나타나는 변이도 거의 똑같이 주목할 만한데, 심지어 날개맥의 배열과 날개의 형태에서도 이러한 변이가 나타나는 몇몇 사례를 발견했다. 그러나 이처럼 쉽게 변하는 종과 가까운 동류종들이, 비록 이들은 아주 사소하게 다르지만, 제한된 지역에만 국한되어 변함없이 나타난다. 이들의 자생지에서 채집된 수많은 표본들을 검사한 다음, 어떤 개체들 한 무리는 쉽게 변하나 다른 무리는 그렇지 않다는 점에 내 스스로 만족했는데, 비슷한 모든 개체들을 한 종에 속하는 변종으로 분류하려면 본질적으로 중요한 한 가지 사실을 애매하게 한다는 점이 분명해진다. 그리고 사실을 사실 그 자체로 보여줄 수 있는 유일한 방법은 변하지 않는 국소 유형을, 비록 변하기 쉬운 종에서 나타나는 극단적인 유형들보다 더 좋은 식별형질을 제공하지는 않지만, 뚜렷하게 구분되는 하나의 종으로 간주해야 한다는 점도 분명해진다. 이런 사례로 프리마새날개나비(*Ornithoptera priamus*)를 들 수 있는데, 이 나비는 스람섬

----

50 술라웨시섬과 뉴기니섬 사이에 있는 제도이다. 이 제도에서 가장 큰 섬은 할마헤라섬이다.
51 호주 북쪽에 위치한 전 세계에서 두 번째로 큰 섬으로 서쪽은 인도네시아, 동쪽은 파푸아뉴기니 영토이다.

과 암본섬에만 국한되어 있으며 암컷과 수컷이 거의 변하지 않는다. 반면 뉴기니섬과 파푸아제도[52]에서 살아가는 동류종들은 극단적으로 쉽게 변한다. 그리고 술라웨시섬에는 쉽게 변하는 세베루스제비나비(*P. severus*)와 가까운 동류종이 살아가나, 이 종은 극단적으로 변하지 않아서 나는 고집통이호랑나비(*Papilio pertinax*)[53]라는 별개의 종으로 기재했다.[54]

2. 다형성 또는 이형성　나는 이 용어를 사용해서 중간형태 단계로 연결되지 않은 둘 또는 그 이상의 뚜렷하게 구분되는 유형들이 같은 장소에 공존하는 상황을 이해하려고 하는데, 이들 모두는 때로 공통 부모에서 나왔다. 이처럼 뚜렷하게 구분되는 유형들은 일반적으로 암컷에서만 나타나는데, 이들의 자손은 잡종으로 되는 것이 아니라[55] 두 부모와 비슷하게 다양한 비율로 뚜렷하게 구분되는 모든 유형들을 번식시키는 것처럼 보인다. **변종**으로 분류할 수 있는 상당수가 실제로 다형성 때문에 나타난 사례라고 나는 믿고 있다. 선천성 색소결핍증과 흑색소과다증, 그리고 잘 규정된 변종들이 부모종들과 같이 나타나는 대부분 사례 역시 이러한 특성을 보여

∴

52　정확하게 어떤 제도를 지칭하는지 알 수가 없다. 단지 월리스는 『말레이제도』에서 뉴기니섬의 서쪽에 있는 섬들은 조사했다고 기록했으나, 동쪽에 있는 섬들에 대해서는 언급하지 않았다. 따라서 파푸아제도는 뉴기니섬 서쪽에 있는 섬들을 지칭한 것으로 추정된다.

53　오늘날에는 *Papilio fuscus*와 같은 종으로 간주하거나 이 종의 아종으로 간주하고 있다.

54　월리스가 1865년에 발간된 『런던 린네학회회보』 25권, 49쪽에 신종으로 발표했다. 논문 제목은 「말레이 지역에 서식하는 호랑나비과(Papilionidae)를 사례로 살펴본 변이와 지리적 분포 현상(On the Phenomena of Variation and Geographical Distribution as Illustrated by the Papilionidae of the Malayan Region)」이며, 1~72쪽에 걸쳐 게재되어 있다.

55　월리스 시대에는 잡종은 두 종의 중간형태를 띠는 것으로 알고 있었다. 따라서 잡종은 두 종을 마치 중간형태처럼 연결시켜주나 자손은 만들지 못한다. 자손을 만들지 못하면 두 종은 연결되지 못하여 서로 독립된 형태로 존재하게 되므로, 중간형태가 자손이 아니라고 표현한 것으로 보인다.

주나 중간형태 유형은 존재하지 않는다. 이처럼 뚜렷하게 구분되는 유형이 독립적으로 교배하고, 번식으로 공통 부모로부터는 절대로 만들어지지 않는다면, 이들은 별도의 종으로 간주해야만 한다. 서로 섞이지 않으면서 만날 수 있다는 점은 종특이적 차이를 볼 수 있는 좋은 기준이다. 다른 한편으로, 중간형태 군종을 생산하지 않는 이형교배[56]는 이형성을 검증하는 수단이다. 따라서 나는 그 어떤 상황에서도 '변종'이라는 용어가 이런 경우에 잘못 적용된 것으로 간주한다.

말레이제도에 분포하는 호랑나비과(Papilionidae)는 약간은 매우 흥미로운 다형성 사례를 보여주는데, 이 사례 가운데 일부는 변종으로 기록되어 있고, 다른 일부는 뚜렷하게 구분되는 종으로 기록되어 있다. 그리고 이 사례들은 모두 암컷에서 일어났다. 멤논제비나비(*Papilio memnon*)는 가장 놀라운 사례 가운데 하나인데, 이 나비에는 단순 변이성과 지역적 유형, 그리고 다형적 유형이 혼합되어 있으며 이들은 모두 변종이라는 일반적인 계급으로 지금까지 분류되어 왔다. 다형성은 암컷에서 눈에 띄게 나타나는데 형태적으로 수컷을 닮은 한 무리는 일정하지 않은 연한 색조를 지닌다. 다른 무리는 뒷날개에 주걱 모양의 꼬리가 있고 뚜렷한 색조를 지니고 있어, 암수컷이 모두 서로 비슷한 곤봉꼬리호랑나비(*Papilio coon*)와 아주 유사하다. 이 두 종은 같은 나라에서 살아가지만 직접적인 친밀성은 전혀 없다. 꼬리가 없는 암컷은 단순 변이성을 보여주는데 같은 지역에서 살아가더라도 정확하게 비슷한 두 개체는 거의 발견되지 않는다. 보르네오섬에 분포하는 수컷들은 몸 아랫면에서 일정한 차이를 보여주므로 지역적 유형

··

56 서로 다른 종이나 변종 또는 개체들 사이에서 일어나는 교배를 의미한다.

으로 뚜렷하게 구분할 수가 있다. 반면에 전반적으로 대륙에서 채집된 표본들은 섬에서 채집된 표본들에 비해 크고 일정한 차이를 보여주어, 나는 이들을 뚜렷하게 구분되는 종으로 분류하려고 생각했으며, 크래머제비나비(*Papilio androgeus Cramer*)라는 종으로 동정했다.[57] 그러므로 우리는 여기에서 뚜렷하게 구분되는 종, 지역적 유형, 다형성 그리고 단순 변이성 등을 인지하고 있는데 이들이 나에게는 모두 서로 구분되는 현상으로 보이지만 지금까지 이들 모두는 변종으로 분류되었다. 나는 이처럼 뚜렷하게 구분되는 유형들이 하나의 종이라는 사실이 두 가지 이유로 증명되었다고 말할 수 있다. 수컷, 꼬리가 달린 암컷과 꼬리가 없는 암컷은 파앵[58]과 보카르메[59] 두 사람에 따르면 모두 자와섬에 있는 단일 무리의 유충으로부터 만들어진 것이며, 나 자신도 수마트라섬에서 멤논제비나비(*Papilio memnon*) 수컷과 아차테스제비나비(*P. achates*)[60]의 꼬리 달린 암컷을 채집했는데 이런 상황은 나로 하여금 이들을 같은 종으로 분류하게 만들었다.

팜몬제비나비(*Papilio pammon*)[61]는 다소 유사한 사례를 제공한다. 암컷은 린네가 폴리테스제비나비(*Papilio polytes*)라는 이름으로 기재하였고, 웨스터만[62]이 같은 유충으로 두 종을 교배할 때까지 뚜렷하게 구분되는 한

··

57 1865년에 발간된 『런던 린네학회회보』 25권, 47쪽에 있는 내용이다. 월리스는 명명자인 크라메르를 괄호 안에 표기했는데, 어떤 의미인지 확실하지 않아 괄호를 제거했다. 월리스는 이 종의 분포지로 말레이 지역을 들고 있으나, 오늘날 멕시코에서부터 아르헨티나에 이르는 지역에서만 서식하는 것으로 알려져 있다. 크래머는 크라메르의 영어식 표기이다.

58 Payen, Aritoine(1792~1853).

59 Bocarmé, Julien Visart de(1787~1851).

60 오늘날에는 *Papilio memnon*의 암컷을 다양한 유형으로 구분하는데, 한때 *P. achates*로 불렀던 무리는 'achates' 유형으로 간주한다.

61 오늘날에는 *P. polytes*와 같은 종으로 간주한다.

62 Westermann, Bernt Wilhelm(1781~1868).

종으로 간주되었다. (부와드발[63]의 책 『나비목(Lepidoptera)의 일반적인 종』[64] 272쪽을 참조하시오.) 그러므로 에드워드 더블데이 씨는 1846년에 발간한 『주행성 나비목(Lepidoptera)의 속』[65]에서 이들을 한 종에 속하는 서로 다른 성을 지닌 개체로 분류했다. 후일, 인도에서 받은 암컷 표본은 수컷과 매우 닮았다. 이는 웨스터만이 관찰했던 결과를 뒤집었으며, 폴리테스제비나비(*P. polytes*)는 다시 뚜렷하게 구분되는 종으로 간주되었다. 따라서 1856년 영국박물관에서 발간한 호랑나비과(Papilionidae) 목록과 1857년 동인도박물관에서 편찬한 목록에는 독립된 종으로 나열되었다. 이러한 불일치는 팜몬제비나비(*P. pammon*) 암컷 두 개체 가운데 한 개체가 수컷과 매우 닮은 반면, 다른 개체는 수컷과는 전적으로 다르다는 사실로 설명된다. 지역적 유형이나 가까운 동류종으로 대체되어 제도의 모든 섬에서 나타나는 이 곤충을 오랫동안 잘 알고 있어서 나는 이러한 설명이 정확하다고 확신했다. 팜몬제비나비(*P. pammon*)와 동류인 수컷이 발견되는 장소에서는 모두 폴리테스제비나비(*P. polytes*)와 닮은 암컷이 또한 발견되고, 때로는 대륙보다는 덜 발견되지만, 수컷과 매우 닮은 또 다른 암컷이 발견되기 때문이다. 반면, 폴리테스제비나비(*P. polytes*)의 수컷 표본은 아직 발견되지 않았을 뿐만 아니라 이 나비의 암컷도 팜몬제비나비(*P. pammon*) 수컷이 아직은 퍼져 있지 않은 장소에서는 발견되지 않았다. 마지막 경우처럼 이 사례에서는 뚜렷한 종과 지역적 유형, 그리고 이형적 표본들이 변종이라는

..

63 Jean Baptiste Alphonse Déchauffour de Boisduval(1799~1879).

64 1836년에 발표한 『곤충의 자연사: 나비목의 종, 1권(*Histoire naturelle des insectes: species général des lépidoptères hétérocères, Tome Premier*)』이라는 책이다. 이 책은 1857년까지 10권으로 발간되었다.

65 책의 원제목은 *The Genera of diurnal Lepidoptera*이다.

공통된 이름으로 사용되어 혼란스러웠다.

그러나 진정한 폴리테스제비나비(*Papilio polytes*) 이외에도, 테세우스흰띠제비나비(*P. theseus*), 멜라니데스제비나비(*P. melanides*),[66] 엘리로스제비나비(*P. elyros*),[67] 로물루스제비나비(*P. romulus*)[68] 등으로 간주되는 암컷의 몇 가지 동류 유형이 있다. 롬복섬에서 획득한 진정한 테세우스흰띠제비나비(*P. theseus*)로 간주되는 단 하나의 표본은 두 유형이 함께 분포하고 있음을 보여주고 있는 것 같지만, 크라메르 씨가 테세우스흰띠제비나비(*P. theseus*)라고 그림으로 제시한 어두운 암컷은 수마트라섬에서는 흔하고 유일한 유형으로 보인다. 반면에 자와섬, 보르네오섬, 그리고 티모르섬에서는 수마트라섬에 분포하는 유형과 매우 동일한 수컷이 폴리테스제비나비(*P. polytes*) 유형의 암컷과 같이 나타난다. 필리핀제도에서 발견되는 동류종으로 알페노제비나비(*P. alphenor*)[69]가 있는데, 이 종은 레데베리아제비나비(*P. ledebouria*)[70]와 같은 종으로 간주되었고, 또 레데베리아제비나비(*P. ledebouria*)의 암컷을 엘리로스제비나비(*P. elyros*)로 간주했다. 이 알페노제비나비(*P. alphenor*)처럼 극단에 해당하는 유형들이 중간유형 변종들과 같이 나타나는데, 영국박물관에서 상세한 단계들을 볼 수 있다. 우리는 이런 종류들에서 이형성이 만들어지는 과정에 대한 단초를 알 수 있다. 극단적인 필리핀 유형들이 고리를 연결해주는 중간유형들보다 자신이

••

66 오늘날에는 *Papilio polytes theseus*와 같은 종으로 분류한다.
67 오늘날에는 *Papilio polytes ledebouria*와 같은 종으로 분류한다.
68 오늘날에는 *Papilio polytes romulus*로 간주한다.
69 월리스는 *P. ledebouria*와 동일한 종으로 간주한다고 하였으나 오늘날에는 *Papilio polytes alphenor*로 분류한다.
70 오늘날에는 *P. polytes*의 아종으로 처리한다.

처한 생존 조건에 더 적합하다고 하므로, 중간유형들은 점차 죽을 것이며, 동일한 곤충에 속하며 각각 특별한 조건에 적응한 두 종류의 뚜렷하게 구분되는 유형이 남을 것이다. 이러한 조건들이 확실히 서로 다른 구역에서 다양하게 변하므로, 수마트라섬과 자와섬에서처럼 한 유형이 한 섬에서 우세해지고 다른 유형은 인접한 섬에서 우세하게 되는 현상이 발생할 것이다. 보르네오섬에는 세 번째 유형이 있는 것처럼 보인다. 멜라니데스제비나비(*P. melanides*)가 명백하게 이 무리에 속하는데, 테세우스흰띠제비나비(*P. theseus*)가 지닌 주요 특징 모두를 지니고 있으며 뒷날개에는 변형된 색조가 나타난다.[71] 이제 만일 내가 옳다면, 이 곤충은 지금까지는 알려지지 않은 변이에 관한 가장 흥미로운 사례를 제공할 것이다. 인도와 실론 대부분 지역에서 서식하여 표본도 드물지 않은 로물루스제비나비(*P. romulus*)는 진정한 독립적인 종으로 간주되었고, 이와 관련해서 그 어떤 의혹도 제기되지 않았다. 그러나 이 유형의 수컷은, 내가 믿기로는, 존재하지 않는다. 나는 영국박물관, 동인도회사박물관, 옥스퍼드에 있는 호프박물관, 그리고 휴잇슨 씨를 비롯하여 몇몇 개인 채집품에서 상세한 단계를 조사했지만 암컷만 발견할 수 있었다. 그리고 똑같이 흔하게 발견되는 팜몬제비나비(*P. pammon*)를 제외하고는 이처럼 흔한 나비에서 수컷 짝은 발견할 수가 없었으므로, 이미 암컷 짝이 둘이나 있는 팜몬제비나비(*P. pammon*)에 세 번째 짝을, 내가 믿기로는, 지정해야만 했다. 로물루스제비나비(*P. romulus*)를 주의 깊게 조사하고 나서, 나는 날개의 형태와 질감, 더듬

••

[71] 오늘날에는 *Papilio polytes theseus*와 같은 종으로 간주한다. 이는 이 책에 나오는 *P. theseus*와 *P. melanides*는 같은 종이라는 의미이다.

이의 길이, 머리와 가슴에 있는 얼룩, 그리고 심지어 이들을 장식하고 있는 특이한 색조와 명암 등과 같은 가장 기본적인 형질 모두가 팜몬제비나비(*P. pammon*) 무리의 다른 암컷과 정확하게 일치함을 발견하였다. 그리고 앞날개에 특이하게 나타나는 표식으로부터 이 종은 언뜻 보기에는 아주 다른 측면을 지니고 있지만, 그럼에도 좀 더 세심하게 조사하면 이러한 표식 하나하나가 다양하게 변한 동류 유형들에서 사소하면서도 거의 인지할 수 없는 변형으로 만들어졌음을 알 수 있다. 그러므로 나는 로물루스제비나비(*P. romulus*)를 팜몬제비나비(*P. pammon*)의 세 번째 인도 암컷 유형으로, 그리고 멜라니데스제비나비(*P. melanides*)를 말레이제도에 분포하는 테세우스횐띠제비나비(*P. theseus*)의 세 번째 유형으로 분류하는 것이 정확하다고 전적으로 믿는다. 말레이 지역에 서식하는 테세우스횐띠제비나비(*P. theseus*)를 수마트라호랑나비(*P. antiphus*)의 암컷으로 간주하고, 로물루스제비나비(*P. romulus*)를 헥토르제비나비(*P. hector*)의 옆에 배열하는 것에서 보듯이, 나는 여기에서 이 무리의 암컷들이 호랑나비속(*Papilio*)의 붉은반점꼬리제비나비(*Papilio polydorus*) 무리와 외관상 유사하다고 언급할 수 있다. 호랑나비속(*Papilio*)에 속하는 이 두 무리 사이에는 밀접한 친밀성이 없다. 우리는 여기에서 한 종류의 의태 사례를 가지고 있는데, 베이츠 씨가 표범나비과(Heliconidae)에 대해 너무나 잘 설명했으며, 호랑나비속(*Papilio*)과 동류 무리에서 특이하게 풍부한 다형성 유형들을 이끌어냈던 것과 같은 원인으로 나타난 의태 사례라고 나는 믿으려 한다. 나는 이 주제를 내 논문에서 독립된 하나의 절로 구분하여 고찰하려고 한다.

내가 제시하는 다형성의 세 번째 사례는 오메누스제비나비(*Papilio ormenus*)[72]로 호주에 분포하며 널리 알려진 에레치테우스제비나비(*P. erechtheus*)[73]와 가까운 동류종이다. 암컷에서 가장 흔한 유형은 에레치테우스제비나비(*P. erechtheus*)의 암컷과 닮았으나, 아루제도에서 내가 관찰한 바에 따르면 전적으로 다른 곤충으로 보인다. 또한 휴잇슨 씨가 오네시무스제비나비(*P. onesimus*)라는 이름으로 그림을 그렸는데, 계속해서 관찰한 결과, 나는 오네시무스제비나비가 오메누스제비나비(*P. ormenus*) 암컷의 두 번째 유형임을 확신했다. 오메누스제비나비(*P. ormenus*)와 부와드발이 발표한 아만가제비나비(*P. amanga*)의 기재문을 뉴기니섬에서 채집되어 파리박물관에 소장된 표본과 비교해보면, 오메누스제비나비(*P. ormenus*)와 이들이 매우 유사한 유형임이 드러난다. 그리고 내가 고람섬에서 채집한 한 점과 와이지오섬[74]에서 채집한 다른 한 점, 이 표본 두 점은 모두 같은 유형이 지역적으로 변형되었음이 명확하다. 이들 지역에서 오메누스제비나비(*P. ormenus*)의 수컷과 정상적인 암컷이 각각 발견되었다. 지금까지 이들처럼 밝은색을 띤 곤충들의 경우, 이들이 뚜렷하게 구분되는 종의 암컷이 아니며 이들의 수컷이 아직 발견되지 않았다는 증거는 없다. 그러나 두 가지 사실로 인해 나는 그렇지가 않다고 확신했다. 오메누스제비나비(*P. ormenus*)와 가까운 동류종의 수컷과 정상적인 암컷이 분포하는 뉴기니섬의 도레이에서 (그러나 나는 이 동류종을 뚜렷한 종으로 구분해도 충분할 것으로 생각하는데) 나는 이처럼 밝은색을 띤 암컷 한 마리가 세 마리의 수컷과 아주 가까이, 마치 같은 종에 속하나 성이 다른 개체들이 날아가는 것과 정확하게 같은 방식으로 (나는 같은 종에 속하며 성이 다른 개체들만이 이렇게 날아간다고 믿는데) 날아가는 것을 관찰했다. 상당한 시간 동안 이

••

72 오늘날에는 *Papilio aegeus*와 같은 종으로 분류한다.
73 오늘날에는 *Papilio aegeus*와 같은 종으로 분류한다.
74 뉴기니섬 서북쪽에 있는데, 고람섬 북쪽이다.

들을 관찰한 다음, 나는 이들 전부를 잡았고, 이처럼 비정상적인 유형들이 보여주는 진정한 연관 관계를 발견한 점에 대해 스스로 만족했다. 다음 해에, 나는 바치안섬에서 오메누스제비나비(*P. ormenus*)와 동류인 새로운 종을 발견함으로써 이러한 의견이 정확하다는 사실을 뒷받침하는 증거를 얻었는데, 내가 보거나 채집한 이 종의 암컷 모두는 한가지 유형이었으며, 같은 성을 띤 일반적인 표본들보다 오메누스제비나비(*P. ormenus*)와 판디온제비나비(*P. pandion*)[75]의 비정상적인 밝은색 암컷과 훨씬 더 많이 비슷했다. 내가 생각하기로는, 자연사학자 한 사람 한 사람은 이러한 점이 한 종에 두 유형의 암컷이 있다는 추정을 강력하게 뒷받침한다는 사실에 동의할 것이다. 그리고 나는 더 나아가 서로 떨어진 네 개의 섬에서, 각각 몇 달씩 살았는데, 두 유형의 암컷을 확보하면서 수컷은 단지 한 유형만을 볼 수 있었다. 이와 비슷한 시기에 뉴기니섬의 다른 한쪽 끝에 있는 우드라크섬[76]에서 몽트루지에[77] 씨는 이 섬에서 몇 년을 보내면서 나비목 (Lepidoptera) 거의 대부분을 채집했다. 내 채집물과 매우 비슷한 암컷들을 얻었는데, 이들에게 적합한 수컷들을 얻지 못하여 절망에 빠져 매우 다른 종들과 교배시킨 점을 고려하면, 이는 팜몬제비나비(*P. pammon*)와 멤논제비나비(*P. memnon*)의 경우에서 이미 지적한 것과 같은 속성을 지닌 다형성을 보여주는 또 다른 명백한 사례라고 생각한다. 그러나 이 종은 이형성일 뿐만 아니라 삼형성이다. 와이지오섬에서 내가 다른 어느 것과도 매우 뚜렷하게 구분되고 정상적인 암컷과 수컷 사이에 존재하는 어느 정도는

••

75 오늘날에는 *Papilio anchisiades*로 분류한다.
76 뉴기니섬 동쪽에 위치한 섬이다.
77 Montrouzier, X.(1820~1897).

중간유형인 세 번째 암컷을 확보했기 때문이다. 이 표본은 다윈 씨처럼 성별에 따라 나타나는 극단적인 차이가, 그가 말하는 성선택에 의해, 단계적으로 만들어졌다고 믿는 사람들에게는 특히 흥미롭다. 이 차이는 그 과정에서 나타나는 중간형태 유형 한 종류를 보여주게 되어 있기 때문인데, 이 중간형태 유형은 차이가 더 선호되는 경쟁자들과 우연히 함께 보존된다. 비록 차이가 극히 드문 경우이지만 (수백 개의 다른 유형들 가운데 단 하나의 표본만이 보이는데) 이 유형이 곧 절멸할 것임을 나타낸다.

호랑나비속(*Papilio*) 나비들에서만 나타나는 독특한 다형성의 사례는 아메리카대륙에서도 볼 수 있는데, 내가 앞에서 설명한 사례처럼 똑같이 흥미롭다. 그리고 다행히도 우리는 이 사례에 대한 정확한 정보를 가지고 있다. 투르누스제비나비(*P. turnus*)[78]는 북아메리카 온대 지역 거의 전체에 걸쳐 흔한데, 암컷은 수컷과 매우 비슷하다. 형태와 색조가 완전히 다르게 보이는 곤충인 글라우쿠스제비나비(*P. glaucus*)가 같은 지역에서 서식한다. 그리고 부와드발이『나비목(Lepidoptera)의 일반적인 종』을 출판할 때까지 이 두 종 사이에는 아무런 연관 관계가 없었던 것처럼 보였으나 오늘날에는 글라우쿠스제비나비(*P. glaucus*)가 투르누스제비나비(*P. turnus*)의 두 번째 암컷 유형임이 확실하게 확인되었다. 월시[79] 씨는 1863년 1월에 발간된『필라델피아 곤충학회 회보』에서 이 종의 분포와 관련된 매우 흥미로운 발표를 했다.[80] 그는 뉴잉글랜드주와 뉴욕주에 있는 암컷은 모두 노

..

78 오늘날에는 *Papilio glaucus*로 분류한다.
79 Walsh, Benjamin Dann(1808~1869).
80 1863년 1월에는 필라델피아 곤충학회에서 구두로 발표했고, 발표한 내용은 1863년에 발간된『필라델피아 곤충학회 회의록(*Proceedings of the Entomological Society of*

란색이며, 일리노이주를 비롯하여 남쪽 지방에 있는 암컷은 모두 검은색이고, 중간 지역에는 검은색과 노란색 암컷들이 다양한 비율로 발견된다고 보고했다. 위도 37도는 노란색 유형의 분포 남한계선이며, 42도는 검은색 유형의 북한계선이다. 그리고 이에 대한 완벽한 증거를 제공하려고 검은색과 노란색 곤충을 모두 한 묶음으로 키웠다. 그는 또한 수천 점의 표본 중에서 이 두 유형의 사이에 해당하는 중간유형 변종을 결코 보지 못했거나 들어보지도 못했다고 주장했다. 이처럼 흥미로운 사례에서 우리는 위도가 각 유형에 속하는 개체들이 존재하는 비율을 결정하는 데 영향을 주는 것을 알 수 있다. 어떤 조건들이 여기에서는 한 유형에 유리하나, 저기에서는 다른 유형에 유리한데, 우리는 이러한 조건들이 기후 단 한 가지에 의해 결정된다고 절대로 가정할 수 없다. 천적들의 존재나 경쟁하는 유형의 존재가 결정적인 주요 요인일 것이라는 점이 더 그럴듯해 보이며, 월시 씨와 같은 유능한 관찰자가 이처럼 대비되는 유형의 수를 지속적으로 억제하는 데 가장 효율적으로 작용하는 부정적인 원인이 무엇인지를 확인하려고 노력할 것이라고 상당히 기대한다.

동물계에서 이런 종류의 이형성은 다윈 씨가 식물의 사례에서 보여준 것처럼 번식 능력과 어떤 직접적인 연관성이 없어 보일 뿐만 아니라 매우 일반적으로 나타나는 것도 아니다. 또 다른 유일한 경우는 내가 조사했던 동양에 분포하는 나비목(Lepidoptera)에 속하는 또 다른 과인 흰나비과(Pieridae)에서 나타나나 다른 나라에서 서식하는 나비목(Lepidoptera)에서는 거의 나타나지 않는다. 일부 유럽 종에 속하는 봄과 가을에 태어난 한

: :

Philadelphia)』 1권, 349~352쪽에 설명되어 있다. 발표 제목은 구체적이지 않는데, 「글라우쿠스제비나비(P. glaucus)와 투르누스제비나비(P. turnus)에 관하여」 정도로 보인다.

배 무리는 매우 현저하게 다른데, 이런 점은 동일한 속성은 아니지만 대등한 현상으로 간주되어야만 한다. 반면에 유럽 중앙에 분포하는 프로르사거꾸로여덟팔나비(*Araschnia prorsa*)는 다르게 설명할 수 있는, 즉 계절적 이형성을 보여주는 놀라운 사례이다. 나는 야행성 나비목(Lepidoptera)에서도 많은 대등한 사례가 나타난다는 정보를 제공받았다. 그리고 이런 정보 대부분에 대한 전반적인 내력이 알에서부터 계속해서 세대를 이어 사육해가면서 조사되었으므로, 영국 나비학자들 일부는 나비들이 보여주는 모든 비정상적인 현상과 관련된 설명을 우리에게 제공할 것이라고 기대해 본다.

딱정벌레목(Coleoptera) 중에서, 파스코에[81] 씨는 1862년에 발간된 『런던곤충학회 회의록』에서 곰팡이바구미과(Anthribidae)에 속하는 두 속인 긴더듬이소바구미속(*Xenocerus*)과 윌리스바구미속(*Mecocerus*)에 속하는 일곱 종의 수컷에서 두 종류의 유형이 존재한다고 지적했다.[82] 그리고 물방개붙이속(*Dytiscus*)에 속하는 여섯 종이나 되는 유럽물방개붙이 종류는 두 유형의 암컷을 지니는데, 가장 흔하게 발견되는 개체는 딱지날개가 깊게 갈라져 있으나 수컷에서는 보기 드물게 매끈하다. 많은 벌목(Hymenoptera)에 속하는 곤충들, 특히 개미에서는 셋 또는 때로는 넷 이상의 유형이 나타나는데, 비록 이 무리에서 유형 하나하나는 종의 경제에서 각기 뚜렷하게 구분되는 기능에 특수화되어 있지만 서로 연관된 현상으로 간주해야만 한다. 고등동물에서는 앞에서 내가 이미 설명한 백색증과 흑색증을 대등한 사실

··

81 Pascoe, Francis Polkinghorne(1813~1893).

82 1862년 4월 7일 자 『런던곤충학회 회의록(*Proceedings of the Entomological Society of London*)』 71~72쪽에 「구슬픈긴더듬이소바구미에 대하여(Notes on *Xenocerus semi-luctuosus*)」라는 제목으로 발표되었다.

로 간주할 수 있다. 그리고 나는 로리앵무새(*Eos fuscata*)[83]라는 조류의 한 사례를 접했는데, 두 종류의 서로 다른 색조를 지닌 유형이 명확하게 존재하는 한 무리에서 유형별로 암컷과 수컷을 얻은 이후로 중간유형을 지닌 표본을 아직 발견하지 못했다.

한 종에 속하는 암컷과 수컷이 상당히 다르다는 사실은 너무나 흔해서 다윈 씨가 성선택이라는 원리로 많은 사례를 설명할 수 있음을 보여주기 전까지는 거의 관심을 끌지 못했다. 예를 들어, 일부다처제인 동물 대부분에서 수컷은 암컷을 차지하려고 싸우는데, 승자는 항상 다음 세대를 이어가는 자손의 조상이 될 수가 있으며, 자신의 수컷 자손들에게 자신만이 지닌 월등한 체격과 체력 또는 비정상적으로 발달된 공격 무기라는 자취를 남긴다. 그렇기 때문에 우리는 닭목(Galliformes)에 속하는 조류의 수컷이 지닌 며느리발톱과 우월한 체력과 체격, 그리고 열매를 먹는 민꼬리원숭이 수컷의 송곳니처럼 발달한 커다란 엄니를 설명할 수 있다. 수많은 종류의 조류 수컷에서 나타나는 깃털과 특별한 장식의 월등한 아름다움은, 암컷이 가장 아름답고 완벽한 깃털을 지닌 수컷을 선호해서 형태와 색조에서 나타난 사소한 우연적인 변이가 공작의 멋지고 기다란 꼬리와 극락조의 우아한 깃털이 만들어질 때까지 축적되었다고 가정하면 (이를 입증하는 많은 사실들이 있다는 것이) 설명될 수 있다. 이 두 가지 원인은 의심할 여지 없이 부분적으로 곤충에게 작용했으며, 그에 따라 수많은 종들은 수컷에서만 뿔과 강력한 턱을 지니게 되었고, 수컷만이 지닌 풍부한 색조나 반짝이는 광택에 훨씬 더 자주 흐뭇해한다. 그러나 다양한 습성이나 삶의 방식과 관련된 특

83 오늘날에는 *Pseuseos fuscata*와 같은 종으로 분류하는데 이 종은 더스키로리앵무새로 부른다.

별한 적응과 같은 성적 차이를 유도하는 또 다른 원인도 있다. 이러한 사례는 (일반적으로 약하고 좀 더 느리게 날아다니는) 나비 암컷에서 잘 볼 수 있는데, 이들은 때로 은폐에 더 적합한 색조를 지닌다. 그리고 남아메리카에 살아가는 어떤 종, 즉 토쿠아투스제비나비(*Papilio torquatus*) 암컷은 주로 숲속에서 살아가는데, 비슷한 지역에서 살아가며 풍부한 호랑나비속(*Papilio*)의 에어네아스군(Aeneas)[84]과 닮은 반면, 해가 비추는 강둑에서 흔히 나타나는 수컷은 전적으로 다른 색조를 띤다. 따라서 이러한 사례들에서 자연선택은 성선택과 독립적으로 작용하는 것처럼 보인다. 그리고 이 모든 사례는 가장 단순한 이형성의 실례로 간주되는데, 자손이 부모 유형 사이에서 볼 수 있는 중간유형 변종 형태로는 결코 나타나지 않기 때문이다.

이형성과 다형성이라는 현상은, 파란 눈에 담황색 머리카락을 지닌 색슨족 남자에게 두 명의 아내가 있는데, 한 명은 검은 머리카락에 붉은 피부를 지닌 북아메리카 인디언 여자이며, 다른 한 명은 곱슬머리에 거무스름한 피부를 지닌 흑인 여자라고 가정하고, 부모가 각기 지닌 형질들이 다양한 정도로 혼합되어 갈색 또는 거무스름한 색조를 띤 자손 대신에 모든 소년들은 이들의 아버지처럼 순수한 색슨족 소년인 반면, 소녀들은 이들의 어머니와 모든 점에서 닮아야 한다고 가정할 경우 잘 설명될 수 있다. 이런 현상이 충분히 놀라운 사실일 것으로 생각될 것이다. 그럼에도 여기에서 앞으로 설명할 곤충 세계에 존재하는 현상들은 훨씬 더 이례적이다. 각각의 어머니는 아버지를 닮은 수컷 자손을 낳고 자신을 닮은 암컷 자손을 낳을 수 있을 뿐만 아니라 어머니와는 전적으로 다르지만 어머니의 동

⋮

84 *Papilio aeneas, P. aglaope*를 비롯하여 10여 종으로 이루어져 있다. 성별에 따라 개체 차이가 심한 것으로 알려져 있다.

료 암컷[85]과 정확하게 닮은 암컷 자손을 낳을 수 있기 때문이다. 만일 한 섬에 팜몬제비나비(*Papilio pammon*)나 오메누스제비나비(*P. ormenus*)처럼 생리적으로 유사한 성향을 지닌 사람들이 무리지어 살 수 있다면, 우리는 피부가 하얀 남자가 황색, 붉은색, 그리고 검은색 피부의 여자와 같이 살아가는 것을 볼 수 있으며 또한 이들의 자손도 항상 같은 기준형으로 나오는 것을 볼 수 있다. 그래서 수많은 세대가 지난 다음에는 남자는 순수하게 하얀색을 유지하고, 여자는 시작할 때에 지녔던 뚜렷하게 구분되는 같은 종족으로 남게 되었을 것이다.

따라서 이형성이 지닌 독특한 특성은 이처럼 뚜렷하게 구분되는 유형들의 결합으로 중간유형의 변종들이 생산되는 것이 아니라, 뚜렷하게 구분되는 유형들이 변하지 않고 번식하는 것이다. 이와 반대로, 단순한 변종들에서 뚜렷하게 구분되는 지역적 유형 또는 종들끼리 교배하면, 자손들은 부모 어느 한쪽과도 결코 정확하게 닮지 않을 뿐만 아니라 이들 사이에서 어느 정도 중간유형이 된다. 그러므로 이형성은 새로운 생리적 현상이 발달함에 따라 나타나는 변이의 특별한 결과로 보인다. 따라서 가능하다면 뚜렷하게 구분되는 이 둘을 격리된 상태로 유지해야 한다.

3. **지역적 유형, 즉 변종**   이것은 변종에서 종으로 가는 전이 과정의 첫 번째 단계이다. 이런 단계는 넓게 분포하는 종에서 나타나는데, 개체들의 무리가 전체 분포 영역에서 부분적으로 몇 장소에서 격리되고, 격리된 무리마다 특징적인 유형들을 지녀 다소 완벽하게 분리되면서 나타난다. 이러한 유형들은 전 세계 모든 지역에서 매우 흔하며 이 유형들을 종종 어떤 사람은

••

85 일부다처제 동물에서 한 수컷과 교미한 여러 마리의 암컷을 지칭한다.

변종으로, 다른 어떤 사람은 종으로 분류한다. 나는 이 용어를 유형들 사이에서 나타나는 차이가 아주 사소하거나 분리가 다소 불완전한 경우에만 제한적으로 사용한다. 현재 존재하는 무리 가운데 최고의 사례는 아가멤논제비나비(*Papilio agamemnon*)[86]인데, 이 종은 열대 아시아 대부분 지역, 말레이제도의 거의 전 지역, 그리고 호주와 태평양 지역의 일부에 분포한다. 변형은 주로 크기와 형태에서 나타나나 변형 정도는 사소하며, 지역마다 꽤 일정하다. 그러나 단계가 너무 많고 점진적이어서 이들 상당수를 정의하는 것은 불가능하지만 극단적인 유형은 충분히 뚜렷하게 구분된다. 사페돈청띠제비나비(*P. sarpedon*)[87]는 어느 정도 비슷하나 변이는 많지 않다.

4. **공존하는 변종**　이것은 다소 의심스러운 경우이다. 사소하지만 영구적이고 유전적인 변형이 일어난 유형이 부모 유형 또는 전형적인 유형과 함께 나타나는데, 단순한 변이성 사례로 간주되는 중간유형 단계는 보여주지 않는다. 두 유형이 독립적으로 번식한다는 직접적인 증거가 있을 때에만 이것이 이형성과 명확하게 구분될 수 있다. 제이슨제비나비(*Papilio jason*)[88]와 에베몬제비나비(*P. evemon*)[89]는 또 다른 어려움을 제공하는데, 이들은 같은 지역에서 살아가며 형태와 크기, 그리고 색조가 거의 정확하게 같지만 후자에는 아주 눈에 잘 띄는 붉은 반점이 날개 윗면에 항상 나타나지 않는다. 이 반점은 제이슨제비나비(*Papilio jason*)와 모든 동류종에서는 나타난다. 두 곤충을 교배하는 것만이 이 사례가 공존하는 변종에 대

..

86　오늘날에는 *Graphium agamemnon*으로 분류한다.
87　오늘날에는 *Graphium sarpedeon*으로 분류한다.
88　오늘날에는 *Charaxes jasius*로 분류한다.
89　오늘날에는 *Graphium evemon*으로 분류한다.

한 것인지 이형성을 보여주는 것인지를 결정할 수 있다. 그러나 전자의 경우에는 차이가 일정하고 눈에 너무나 잘 띄고 쉽게 규정될 수 있어, 이들을 뚜렷하게 구분되는 종으로 간주하는 것을 어떻게 벗어날 수 있는지 알수 없다. 공존하는 유형들의 진정한 사례는, 내가 볼 때, 만일 사소한 변종이 지역적 유형으로 고정된 후에 부모종과 접촉해도 둘이 거의 또는 전혀섞이지 않는다면 만들어질 것이다. 그리고 이러한 사례는 아주 그럴듯하게나타난다.

5. **군종 또는 아종** 이것은 완벽하게 고정되고 격리된 지역적 유형들이다. 그리고 이들 가운데 어떤 것을 종으로 간주하고 어떤 것을 변종으로결정할 것인가에 대한 개인적인 의견은 있으나 검증할 수 있는 방법은 없다. 만일 유형의 안정성과 '체제의 일부 독특한 특이성의 끊임없는 전달'이 종을 검증하는 방법이라면 (그리고 나는 개인적인 의견보다 더 확실한 또 다른 검증 방법을 찾지 못했다), 거의 항상 뚜렷하게 구분되며 제한된 지역에만 국한되어 있는 이처럼 고정된 군종 하나하나는 반드시 종으로 간주해야만한다. 그래서 나는 대부분 사례에서 이들을 종으로 간주했다. 큰보라제비나비(*Papilio ulysses*), 페란투스제비나비(*P. peranthus*), 코드루스제비나비(*P. codrus*),[90] 유리필루스제비나비(*P. eurypylus*),[91] 붉은헬렌제비나비(*P. helenus*) 등에서 나타나는 다양한 변형은 아주 좋은 사례이다. 일부는커다랗고 뚜렷하게 드러나는 특징을 보여주는 반면, 다른 일부는 사소하면서도 눈에 잘 띄지 않는 차이만을 보여주는데도 모든 사례에서 이러한차이점들이 똑같이 고정되고 영구적인 것처럼 보이기 때문이다. 따라서 만

••

90 오늘날에는 *Graphium codrus*로 분류한다.
91 오늘날에는 *Graphium eurypylus*로 분류한다.

일 우리가 이들 유형 가운데 일부를 종으로 부르고, 다른 것들을 변종으로 부른다면, 우리는 순전히 임의적으로 구분하는 방식을 도입하는 것이며 이들 사이 어디에 선을 그어야 할지 결정할 수 없게 될 것이다. 예를 들어, 큰보라제비나비(*Papilio ulysses*) 군종들은 변형 정도가 거의 차이가 없는 뉴기니섬 유형부터 우들라크섬과 뉴칼레도니아제도 유형까지 다양하지만, 이들 모두는 똑같이 일정해 보인다. 그리고 이들 대부분은 이미 종으로 명명되고 기재되었으므로, 나는 뉴기니섬 유형을 오토리쿠스제비나비(*P. autolycus*)[92]라는 종으로 추가했다. 따라서 우리는 작은 무리인 큰보라제비나비군(Ulyssine)[93]을 볼 수 있는데, 이들 전체는 매우 제한된 지역에만 분포하며, 이들 하나하나는 이 제한된 지역에서 각기 구분된 지점에서만 살아가고, 차이는 다양하게 다르지만 각기 명백하게 항상 일정하다. 이들 모두가 아마도 하나의 공통 무리에서 파생되었을 것이라는 점을 의심하는 자연사학자는 거의 없을 것이며, 그에 따라 이들 모두를 변종으로 부르든 종으로 부르든 간에 이들을 분류학적으로 처리하는 우리의 방법에 통일성이 있어야 함이 바람직해 보인다. 그러나 변종은 지속적으로 간과되고 있다. 종 목록에는 변종이 때로 모두 기록되지 않으며, 그에 따라 우리는 변종이 보여주는 변이와 분포라는 흥미로운 현상을 무시하게 되는 위험에 빠지게 된다. 그러므로 나는 이러한 모든 유형에 이름을 부여하는 것이 바람직하다고 생각한다. 그리고 이러한 모든 유형을 종으로 받아들이지 않

··

92 오늘날에는 *Papilio ulysses*의 한 아종으로 간주한다.
93 군은 분류학적 계급은 아니다. 단지 한 종에 속하는 아종들을 모두 총칭할 때 종군(species-group)으로 부르기도 한다. 예를 들어 큰보라제비나비군을 월리스는 'Ulyssine Papilios'로 불렀는데, 243쪽부터 나오는 「말레이제도에 서식하는 호랑나비과(Papilionidae)의 배열과 지리적 분포」 항목을 참조하시오.

으려는 사람들은 이들을 아종이나 군종으로 간주해도 될 것이다.

6. 종 종은 단지 뚜렷한 특징을 지닌 군종이나 지역적 유형들로 이들은 서로 접촉해도 섞이지 않으며 서로 구분된 지역에서 살아가는데, 일반적으로 서로 독립된 기원을 지니며 생식이 가능한 잡종 자손은 만들 수 없는 것으로 믿고 있다. 그러나 잡종성을 검증하는 방법은 1만 사례 가운데 한 사례에도 적용할 수 없으며, 실제로 적용할 수 있다고 하더라도 아무것도 입증할 수 없는데 결정해야 할 바로 그 질문에 대한 가정에 근거를 두고 있어, 즉 독립된 기원을 검증하는 방법을 모든 사례에 적용할 수 없기 때문이다. 그리고 더욱더 섞이지 않았음을 검증하는 방법은 가까운 동류 종 대부분이 같은 지역에서 발견되는 아주 희귀한 사례를 제외하고는 아무런 쓸모가 없기 때문에, 이른바 '진정한 종'을 여기에서 논의한 몇몇 변이 양상과, 그리고 우리가 때로 감지할 수 없는 단계로 인해 지나쳤던 것들과 구분하는 수단을 우리가 가지고 있지 않음은 명백할 것이다. 대다수 사례에서 우리가 '종'이라고 부르는 것은 매우 뚜렷하고 잘 규정되어 있어 종에 관한 의견들 사이에 차이가 없다. 그러나 진정한 이론을 검증하는 방법은 해결할 문제의 전반적인 현상과 명백한 이상을 설명할 수 있거나, 혹은 적어도 모순되지 않아야 하기 때문에 변이와 선택으로 종이 기원했다는 이론을 부정하려는 사람들이 사실들을 자세히 파악하고 있는지 여부와 뚜렷하게 구분되는 종의 기원과 영속성에 관련된 학설을 이들이 어떻게 설명하고 조화시키는지를 보여달라고 질문하는 것은 합리적이다. 최근 그레이[94] 박사는 1863년 『동물학회 회의록』 134쪽에서 종을 제한하는 어

●●
94 Gray, John Edward(1800~1875).

려움은 우리의 무지에 비례하고, 무리의 영역들이 좀 더 정확하게 알려지고 좀 더 상세하게 연구되는 것처럼 종의 한계도 정착되고 있다고 주장했다.[95] 다른 많은 일반적인 주장들처럼 이러한 설명도 진실과 오류를 일정 부분 포함하고 있다. 극히 소수 또는 부분으로만 되어 있는 표본들에 근거한 많은 불확실한 종들이 지닌 진정한 속성이 일련의 좋은 사례들이 연구되면서 결정되고 있다는 점은 의심할 여지가 없다. 그래서 이들 표본은 종 또는 변종으로 분류되었고, 이러한 사례는 의심할 여지 없이 매우 많다. 그러나 똑같이 신뢰할 수 있는 또 다른 사례들이 있는데, 엄청나게 축적된 많은 자료들이 연구됨에 따라 단 한 종이 아니라 무리 전체를 특정한 한계로 규정할 수 없는 것으로 입증되었다. 이들 중 몇 가지는 반드시 인용해야만 한다. 카펜터[96] 박사는 『유공충 연구 소개』[97]에서 "윌리엄슨, 파커, 루페르트 존스 씨 등과 나 자신이 논문을 심사해서 통과한 이 무리의 기준형에 대한 우리의 연구에서 엄청나게 많은 표본들을 수집하고 비교해서 변이의 범위가 연구된 동식물 표본은 단 하나도 없다"[98]고 주장한다. 또한 그는 표본들의 광범위한 비교 결과가 "유공충 내에서 변이의 범위가 너무나 커서 흔히 종특이적인 차별적인 형질들뿐만 아니라 이 무리를 이루는 속특이적인 차별적인 형질들과 심지어 일부 목특이적인 차별적인 형질들이 나타난다"(『유공충 연구 소개』, 서문 10

··

95 1863년에 출간된 『런던동물학회 회의록(*Proceedings of the Scientific Meeting of Zoological Society of London*)』 129~152쪽에 게재된 「여우원숭이 무리에 속하는 종들의 분류학적 재검토와 신종 일부의 기재(Revision of the Species of Lemuroid Animals with the Description of Some New Species)」에 있는 내용이다.

96 Carpenter, William Benjamin(1813~1885).

97 1862년에 발간된 단행본으로 원문 제목은 *Introduction to the Study of the Foraminifera*이다.

98 카펜터 책 서문 8쪽에서 인용.

쪽)고 명시되어 있다고 주장한다. 그럼에도 이 같은 무리를 도르비그니[99]를 비롯한 몇몇 사람들은 명확하게 구분되는 과, 속 그리고 종으로 세분했는데, 이러한 신중하고 조심스러운 연구가 거의 모두 불완전한 지식에 기초한 것으로 밝혀졌다.

드캉돌[100] 교수는 최근 미상화서목(Cupuliferae)[101]에 속하는 종들에 대한 광범위한 검토 결과를 발표했다. 그는 참나무 종류의 널리 알려진 종들이 많은 변종과 아변종을 만들어내고, 이렇게 만들어진 일시적인 변종과 아변종이 널리 알려진 종들을 자주 둘러싸고 있으며, 자기가 마음대로 할 수 있는 엄청난 자료들에서 그가 종으로 간주했던 종들의 2/3는 다소 애매하다는 것을 발견한다. 그는 "식물학에서 가장 낮은 일련의 무리들, 즉 아변종과 변종, 그리고 군종들의 한계는 매우 부정확하며, 이들은 약간 덜 모호한 한계를 지닌 종으로 무리지을 수 있고, 종은 다시 충분히 정확한 속을 이룬다"라는 일반적인 결론을 내린다. 이러한 일반적인 결론을 『자연사 평론』에 실린 논문의 저자는 전적으로 반대하는데,[102] 그는 이런 결론을 논의 중에 있는 특정한 목에 적용하는 것을 부정하지는 않는다. 반면에 의견에서 나타나는 바로 이러한 차이는 종을 결정할 때 발생하는 어려움이, 상위 무리에서도 마찬가지이지만, 자료를 늘리고 좀 더 정확하게 연구를 해도 사라지지 않음을 보여주는 또 다른 증거이다.

••

99 D'Orbigny, Alcide(1802~1857).

100 De Candolle, Augustine Pyramus(1778~1841).

101 꽃차례가 길게 늘어지는 유의화서나 미상화서 또는 꼬리 꽃차례라고 부르는 화서를 지니는 분류군으로 밤나무, 참나무, 오리나무, 자작나무 등이 포함된다. 오늘날에는 너도밤나무목(Fagales)으로 부른다.

102 『자연사 평론(*Natural History Review*)』은 1854년부터 1865년까지 발간되었는데, 월리스가 서지 사항을 밝히지 않아 구체적으로 누가 썼는지 평론 제목은 무엇인지 알 수가 없다.

이런 종류의 또 다른 놀라운 사례는 다윈 씨가 직접 언급한 산딸기나무속(*Rubus*)과 장미속(*Rosa*)에서 볼 수 있는데, 엄청나게 많은 자료들이 이들 무리에 관한 지식으로 존재해서 세심한 연구에 공을 들였지만, 이러한 연구에서도 다양하게 변한 종들의 정확한 한계를 정하지 못했고, 또한 식물학자 대부분을 만족시킬 수 있는 정의도 만들지 못했다.[103] 최근에 린네학회에서 발표된 영국산 장미속(*Rosa*)에 대한 베이커 씨의 재검토 논문에서,[104] 그는 개장미(*R. canina*) 단 한 종의 **변종**으로 명명된 28종류 이상을 포함시켰는데, 이들은 다소 일정한 형질을 지니고 있고 때로 한정된 특별한 장소에서만 분포하는 특징이 있었다. 또한 이들은 대륙과 영국의 식물학자들이 나열한 70여 종의 목록에도 포함되어 있었다.

후커[105] 박사도 북극 지방의 식물상을 연구하면서 같은 사례를 발견했던 것 같다. 비록 그가 전임자들이 일하면서 축적한 많은 자료들을 가지고 있었지만, 그는 명백하게 변동하는 수많은 유형들을 다소 불완전하게 규정된 종으로 묶는 것 이상 할 수 있는 일은 없다고 지속적으로 주장한다. 후커는 『린네학회회보』 23권에 게재한 논문 「북극 식물의 분포」[106]

●●

103 산딸기나무속(*Rubus*)에 속하는 식물로 영국에는 브램블산딸기 종집단(*Rubus fruticosus aggregate*)이 있는데, 좁게는 290여 종, 넓게는 50여 종을 포함한다. 여기에 포함된 종들을 오늘날 미세종이라고 부르는데, 미세종이란 식물에서 이형교배로 만들어진 잡종이 무성생식으로 번식하면서 부모종들과는 생식적으로 격리되어, 이른바 생물학적 종의 개념에 따라 종으로 간주된 것들이다. 미세종의 경우, 부모종이 결합하여 자손종이 만들어질 때 자손종은 부모종의 중간형태 유형처럼 보이기에 종의 한계를 규명하는 데 많은 어려움이 있다.

104 베이커는 1869년 3월 18일 린네학회에서 「영국 장미속(*Rosa*)의 종속지(A Monograph of British Roses)」라는 논문을 구두로 발표했고, 1871년에는 『린네학회지 식물편(*The Journal of the Linnean Society, Botany*)』 11권, 197~243쪽에 게재했다.

105 Hooker, Joseph Dalton(1817~1911).

106 1862년에 발간된 『런던 린네학회회보(*Transactions of the Linnean Society of London*)』

310쪽에서 "식물을 기재하는 데 가장 유능하고 경험이 많은 식물학자들이 '특이적이라는 용어'에 일반적으로 생각하는 것보다 훨씬 더 큰 가치를 부여한다"고 주장한다. 그리고 그는 "나는 내가 편안하게 주장할 수 있다고 생각하는데, '특이적이라는 용어'에는 세 가지 서로 다른 표준 가치가 있으며, 현재 종을 기재하는 식물학 분야에서 모두 사용되나 하나하나는 다소 한 무리의 관찰자에게만 국한된다"고 하면서 "이는 특이적이라는 용어의 진정한 가치에 대한 옳고 그름에 관한 질문이 아니다. 나는 사람들이 특이적이라고 가정하는 기준에 대해서는 하나하나가 옳다고 믿는다"고 주장한다.

마지막으로 나는 베이츠 씨가 아마존에서 연구한 내용을 덧붙이고자 한다. 지난 11년 동안, 그는 방대한 자료들을 축적했고, 조심스럽게 곤충의 변이와 분포를 연구했다. 그럼에도 그는 이전까지 특별한 어려움이 없었던 나비목(Lepidoptera)에 속하는 많은 종들이 실제로는 가장 복잡한 친밀성으로 얽혀 있다는 것을 보여주었는데, 이 친밀성이 사소하고 가장 덜 안정된 변이들이 이러한 점진적인 단계를 이루어 고정된 군종과 잘 구분된 종을 이끈다는 것이다. 그래서 세심한 연구와 완벽한 자료들이 우리로 하여금 이들 사이를 분명하게 구분짓게 하는 것이 항상 가능했을 것으로 보이는데도 아주 불가능하다고 보여주었다.

이 몇 가지 실례는, 내가 생각하기로는, 자연의 모든 부분에서 특이한 유형이 불안정성을 드러내는 사례가 있음을 보여주는데, 자료들의 증가가 특이한 유형을 감소하기보다는 악화시킨다. 그리고 자연사학자는 종이 실

••

23권, 251~348쪽에 게재된 「북극 식물의 분포에 대한 개요(Outlines of the Distribution of Arctic Plants)」이다.

제로 존재하는 것보다 종이라는 개념에 더 큰 불명확함이 있기 때문이라고 할 때 실수할 가능성이 거의 없다는 점을 기억해야만 한다. 한 종을 정의하고 한계를 정하고 학명을 부여할 때의 마음에는 완벽함과 만족감이 있다. 이런 마음은 우리로 하여금 우리가 주의깊게 꼼꼼히 살펴볼 수 있을 때마다 모든 것을 할 수 있게 만들며, 많은 수집가들이 자신의 표본 보관함의 대칭성을 파괴하는 것으로 모호한 중간형태 유형을 거부하도록 만들었다.[107] 그러므로 우리는 과도한 변이와 불안정성이 나타나는 이러한 사례들을 철저히 제대로 규명된 것으로 반드시 고려해야만 한다. 결국 이러한 사례들과 종의 한계를 규정하고 종을 정의할 수 있는 사례들과 비교할 경우는 거의 없으므로, 이러한 사례들이 일반적인 규칙에 대한 단순한 예외라는 이의 제기에 대해, 나는 진정한 법칙은 모든 명백한 예외들을 포괄하며, 자연의 위대한 법칙에는 실질적으로 예외가 없다고 대답한다. 이처럼 보이는 것도 법칙에 따른 똑같은 결과이며, 때로 (아마도 실제로는 항상) 이러한 결과 그 자체가 법칙의 진정한 속성과 작용을 드러내는 것으로서 가장 중요하다. 이러한 이유들로 자연사학자들은 이제 **변종들**에 대한 연구를 잘 고정된 종에 대한 연구보다 훨씬 더 중요한 것으로 간주한다. 우리는 이 변종들에서 위대한 형태의 변형들, 그토록 끝없이 다채로운 색 그리고 복잡한 관계의 조화를 만들어내는 바로 그 작용을 통해 자연이 여전히 일하고 있음을 본다. 그리고 이는 자연을 진정으로 사랑하는 직업을 가진 많은 구성원들에게 오감의 만족을 선사한다.

••

107 표본 보관함에는 잘 정의된 종에 따라 표본들이 배열된다. 그런데 명확하게 종의 실체를 규명할 수 없는 표본들은 이러한 명확성을 파괴할 수밖에 없으므로 표본 수집가들이 이런 표본들을 기피한다고 설명하는 것으로 보인다.

지역 때문에 특별한 영향을 받은 변이

지역의 영향을 받아 변이가 만들어지는 현상은 지금까지 많은 관심을 받지 못했다. 실제로 식물학자들은 기후와 고도를 비롯한 다른 물리적 조건이 식물의 형태와 외부 특징을 변형시키는 데 미치는 영향을 잘 알고 있다. 그러나 나는 어떤 특이한 영향이 기후와는 무관하게 지역에 따라 나타난다는 점을 잘 알지 못한다. 내가 기록으로 찾을 수 있는 거의 유일한 사례는 자연사와 관련된 사실들이 저장된 보물 창고, 즉『종의 기원』에 언급되어 있는데, 예를 들어 초본 무리가 섬에서 교목으로 되는 경향이 있다는 내용이다.[108] 동물 세계에서, 나는 한 지역에서 살아가나 서로 연결되지 않은 몇몇 종들이 특이한 외관을 지니도록 지역이 특별한 영향을 끼친 어떤 사실이라도 지적되어 왔는지를 발견할 수가 없다. 따라서 나는 이 주제와 관련해서 내가 제시해야만 하는 것에 약간의 흥미와 참신함이 있기를 바란다.

동인도[109]와 말레이제도 지역에 걸쳐 분포하는 가까운 동류종, 지역적 유형, 그리고 변종 등을 조사하면서 나는 조금 더 큰 지역 또는 조금 더 작

•••

[108] 다윈은『종의 기원』초판 392쪽에서 "초본은, 완전하게 발달한 교목들과의 키 크기 경쟁에서 성공할 기회는 거의 없지만, 한 섬에 정착해서 다른 초본들과 경쟁하게 된다면 점점 키가 커져 다른 식물들을 뒤덮을 수 있는 유리한 점을 즉시 지닐 수도 있을 것이다. 만일 자연선택이 초본 식물들이 섬에서 자랄 때 키가 커지는 속성을 때로 부여한다면, 어떤 목에 속하든지 상관없이, 이들은 처음에는 관목으로 전환되었다가 궁극적으로 교목으로 전환되었을 것이다"라고 썼다. 신현철(2009: 511)을 참조하시오.

[109] 월리스는 'Indian region'으로 표기했는데, 오늘날 동남아시아 일대를 가리키는 동인도를 지칭한 것으로 보이며, 이 가운데 인도네시아를 구성하는 보르네오섬, 자와섬 그리고 수마트라섬 일대로 보인다.

은 지역 또는 심지어 섬 하나가 호랑나비과(Papilionidae) 대부분에 특별한 형질 하나를 부여한다는 점을 발견했다. 예를 들면 다음과 같다. ① 수마트라섬, 자와섬, 보르네오섬 등의 동인도 지역에 서식하는 종들은 술라웨시섬과 말루쿠제도에 서식하는 동류종들보다 거의 항상 작다. ② 뉴기니섬과 호주에 서식하는 종은 말루쿠제도에 서식하는 가까운 종이나 변종들에 비해 정도의 차이는 있지만 더 작다. ③ 말루쿠제도 내에서는 암본섬의 종들이 가장 크다. ④ 술라웨시섬의 종들은 암본섬의 종들과 같거나 더 크다. ⑤ 술라웨시섬의 종과 변종은 앞날개 형태에 눈에 띄는 특징이 있는데, 이 섬을 둘러싸고 있는 섬들에 서식하는 동류종과 변종과는 다르다. ⑥ 자와섬 또는 동인도 지역에 서식하는 꼬리가 달린 종들은 제도의 동쪽으로 퍼져나가면서 꼬리가 사라진다. ⑦ 암본섬과 스람섬에 있는 몇몇 종들의 암컷은 칙칙한 색조를 띤 반면, 인접한 섬들에서 살아가는 종류는 더 밝다.

크기의 지역적 변이 내가 채집한 나비 수집품 가운데 가장 훌륭하고 가장 큰 표본을 보관하면서 나는 항상 같은 성에 속하는 가장 큰 표본들과 비교하려고 했으므로, 지금 내가 제시하는 표가 충분히 정확하다고 믿는다. 날개 폭의 차이가 대부분 사례에서 엄청나게 컸고 종이에 그려진 그림 상태보다 표본 상태에서 보는 것이 훨씬 더 두드러졌다. 술라웨시섬과 말루쿠제도에 서식하는 호랑나비과(Papilionidae) 14종 이상은 자와섬, 수마트라섬, 그리고 보르네오섬에서 서식하는 나비를 대표하는 동류종들보다 날개의 폭이 1/3에서 1/2까지 더 크다는 것을 볼 수 있다. 암본섬의 여섯 종은 말루쿠제도 북부와 뉴기니섬에 서식하는 가까운 동류 유형보다 1/6 정도 크다. 다음 표에는 가까운 동류종들을 비교한 거의 모든 사례가 포함되어 있다.

말루쿠제도와 술라웨시섬의 호랑나비과(Papilionidae) - 큰 종류			자와섬과 동인도제도 지역의 가까운 동류종-작은 종류	
		날개 폭 (inch)		날개 폭 (inch)
Ornithoptera belena	암본	7.6	*O. pompeus*	5.8
			O. amphrisius	6.0
Papilio adamantius	술라웨시	5.8	*P. peranthus*	3.8
P. lorquinianus	말루쿠	4.8		
P. blumei	술라웨시	5.4	*P. brama*	4.0
P. alphenor	술라웨시	4.8	*P. theseus*	3.6
P. gigon	술라웨시	5.4	*P. demolion*	4.0
P. deucalion	술라웨시	4.6	*P. macareus*	3.7
P. agamemnon var.	술라웨시	4.4	*P. agamemnon var.*	3.8
P. eurypilus	말루쿠	4.0	*P. jason*	3.4
P. telephus	술라웨시	4.3		
P. aegisthus	말루쿠	4.4	*P. rama*	3.2
P. milon	술라웨시	4.4	*P. sarpedon*	3.8
P. androcles	술라웨시	4.8	*P. antiphates*	3.7
P. polyphontes	술라웨시	4.6	*P. diphilus*	3.9
Leptocircus ennius	술라웨시	2.0	*L. meges*	1.8

암본섬에 서식하는 종 (큰 종류)	날개 폭 (inch)	뉴기니섬과 말루카 북부의 동류종 (작은 종류)	날개 폭 (inch)
Papilio ulysses	6.1	*P. autolycus*	5.2
		P. telegonus	4.0
P. polydorus	4.9	*P. leodamas*	4.0
P. deiphobus	6.8	*P. deiphontes*	5.8
P. gambrisius	6.4	*P. ormenus*	5.6
		P. tydeus	6.0
P. codrus	5.1	*P. codrus var. papuensis*	4.3
Ornithoptera priamus(♂)	8.3	*Ornithoptera poseidon*(♂)	7.0

유형의 지역적 변이 유형의 차이도 똑같이 명확하다. 대륙 어느 곳에
나 서식하는 팜몬제비나비(*Papilio pammon*)는 암컷과 수컷 모두 꼬리가
발달한다. 자와섬, 수마트라섬 그리고 보르네오섬에는 가까운 동류종인
테세우스흰띠제비나비(*P. theseus*)가 서식하는데, 수컷의 꼬리가 아주 짧
아 치아처럼 보이는 반면, 암컷에서는 유지된다. 또한 동쪽으로 가면 술
라웨시섬과 말루쿠제도 남쪽에 구분하기가 매우 힘든 알페노제비나비
(*P. alphenor*)가 서식하는데, 수컷에는 꼬리가 거의 나타나지 않은 반면 암
컷에는 유지되나 폭이 좁고 털 주걱처럼 생겼다. 여기에서 조금 더 가면,
할마헤라섬이 있는데, 이곳에는 암컷과 수컷 모두 완벽하게 꼬리가 없는
니카노르제비나비(*P. nicarnor*)[110]가 있다.

아가멤논제비나비(*Papilio agamemnon*)도 어느 정도 유사한 일련의 변화
를 보여준다. 인도의 섬에 있는 개체들은 항상 꼬리가 있으나, 말레이제도
의 대부분 섬에 있는 개체들은 매우 짧은 꼬리가 있다. 반면 극동 쪽에 있
는 뉴기니섬과 이 섬과 인접한 섬들에 있는 개체들에는 꼬리가 거의 완전
히 사라졌다.

붉은반점꼬리제비나비(Polydorus) 무리[111]에 속하는 수마트라호랑나비
(*P. antiphus*)와 꼬마사향제비나비(*P. diphilus*) 두 종은 인도와 동인도제도
에 서식하는데 꼬리가 있는 반면, 말루쿠제도와 뉴기니섬, 그리고 오스트
레일리아 등지에서 서식하는 붉은반점꼬리제비나비(*P. polydorus*)와 레오
다마스제비나비(*P. leodamas*) 두 종류에는 꼬리가 거의 보이지 않으며, 더

∴

110 오늘날에는 흰띠제비나비(*Papilio polytes*)의 아종으로 간주되고 있다.
111 243쪽부터 시작하는 「말레이제도에 서식하는 호랑나비과(Papilionidae)의 배열과 지리적
      분포」 항목을 참조하시오.

동쪽에 있는 곳에서 살아가는 종류들에는 이 장식이 거의 완벽하게 발달하지 않는다.

꼬리가 달린 서쪽 지역 종		꼬리가 없는 동쪽 지역의 동류종		
	지역		지역	비고
Papilio pammon	인도	*P. thesus*	섬들	조그만 꼬리
P. agamemnon var.	인도	*P. agamemnon var.*	섬들	
P. antiphus	인도, 자와	*P. polydorus*	말루쿠	
P. diphilus	인도, 자와	*P. leodamas*	뉴기니	

그러나 유형의 지역적 변형과 관련해서 가장 눈에 띄는 사례는 술라웨시섬에서 나타나는데, 이런 관점에서 볼 때 다른 지역에서처럼 이 섬은 말레이제도 전체에서 홀로 고립되어 있다. 술라웨시섬에 서식하는 호랑나비속(*Papilio*)에 속하는 거의 모든 종들은 특이하게 생긴 날개가 있는데, 이런 특징은 이들을 한번 흘낏 보더라도 다른 각각의 섬에 살고 있는 동류종들과 구분되게 한다. 이런 특이성은, 첫 번째로 윗날개에서 나타나는데 날개가 일반적으로 좀 더 긴 갈고리처럼 생겼다. 두 번째로 전연맥[112]이 좀 더 굽어 있고, 대부분 사례에서 기부 쪽에서 갑자기 굽어지거나 굴곡져 있는데 일부 종에서는 확연히 눈에 띈다. 이 특이성은 술라웨시섬에서 살아가는 종들을 자와섬이나 보르네오섬에서 살아가는 조그만 크기의 동류종들과 비교하거나, 거의 같은 정도로 암본섬과 말루쿠제도에서 살아가는 큰

••

[112] 나비 날개 앞쪽에 있는 가장자리이다.

유형이 비교 대상이 될 때면 눈에 보이는데, 방금 전에 설명한 크기 차이에 따라 나타나는 것과는 아주 뚜렷하게 구분되는 현상이다.

다음에 나오는 표에서, 나는 술라웨시섬의 주요 호랑나비속(*Papilio*) 종들을 가장 두드러지게 보이는 특징을 지닌 순서대로 나열했다.

	갈고리처럼 생긴 날개 또는 급하게 굽은 전연맥을 지닌 술라웨시섬의 호랑나비속(*Papilio*)	갈고리처럼 덜 굽어 있는 날개와 약간만 굽어 있는 전연맥을 지니고 인접한 섬들에 분포하는 가까운 동류종	
			지역
1.	*P. gigon*	*P. demolion*	자와
2.	*P. pamphylus*	*P. jason*	수마트라
3.	*P. milon*	*P. sarpedon*	말루쿠, 자와
4.	*P. agamemnon var.*	*P. agamemnon var.*	보르네오
5.	*P. adamantius*	*P. peranthus*	자와
6.	*P. ascalaphus*	*P. deiphontes*	할마헤라
7.	*P. sataspes*	*P. helenus*	자와
8.	*P. blumei*	*P. brama*	수마트라
9.	*P. androcles*	*P. antiphates*	보르네오
10.	*P. rhesus*	*P. aristaeus*	말루쿠
11.	*P. theseus var.* (♂)	*P. thesus* (♂)	자와
12.	*P. codrus var.*	*P. codrus*	말루쿠
13.	*P. encelades*	*P. leucothoe*	말라카

따라서 호랑나비속(*Papilio*)에 속하는 종 하나하나는 이러한 특이적인 유형을 정도의 차이는 있으나 보여주는데, 단지 동인도 인근에 서식하는 꼬마사향제비나비(*P. diphilus*)와 말루쿠제도에 서식하는 붉은반점꼬리제비나비(*Papilio polydorus*)의 동류종인 폴리폰테스제비나비(*P. polyphontes*)는 예외이다. 이 사실은 다시 반복할 것인데, 우리가 고려하는 현상을 유발하는 원인의 일부를 이해하는 데 도움이 될 것으로 생각하기 때문이다. 새날개나비속(*Ornithoptera*)과 연호랑나비속(*Leptocircus*)[113] 두 속 모두는 이처럼 특이한 유형의 흔적조차 보여주지 않는다. 나비의 몇몇 다른 과에서는 이러한 특징적인 형태가 몇몇 종에서 다시 나타난다. 흰나비과(Pieridae)에 속하는 다음 종들은 모두 술라웨시섬에서 특이하게 나타나는데, 이런 특징을 뚜렷하게 보여준다.

	비교 대상 종	비교하는 종	
		종	지역
1.	*Pieris eperia*	*P. coronis*	자와
2.	*Thyca zebuda*	*Thyca descombesi*	동인도
3.	*T. rosenbergii*	*T. hyparete*	자와
4.	*Tachyris hombronii*	*T. lyncida*	
5.	*T. lycaste*	*T. lyncida*	
6.	*T. zarinda*	*T. nero*	말라카
7.	*T. ithome*	*T. nephele*	
8.	*Eronia tritaea*	*Eronia valeria*	자와
9.	*Iphias glaucippe var.*	*Iphias glaucippe*	자와

: :

113 오늘날에는 *Lamproptera*로 분류한다.

테리아스흰나비속(*Terias*)에 속하는 종들과 배추흰나비속(*Pieris*)의 한 종 또는 두 종, 그리고 칼리드리아스흰나비속(*Callidryas*) 나비들은 형태에서 감지할 수 있는 그 어떤 변화도 보여주지 않는다.

다른 과에 속하는 나비들에서는 이와 유사한 사례를 거의 발견할 수 없다. 다음은 내가 채집한 표본들에서 발견한 모든 사례들이다.

비교 대상 종	비교하는 종	
	종	지역
Cethosia aeole	*Cethosia biblis*	자와
Eurhinia megalonice	*Eurhinia polynice*	보르네오
Limenitis limire	*Limenitis procris*	자와
Cynthia arsinoe var.	*Cynthia arsinoe*	자와, 수마트라, 보르네오

이 모든 나비들은 네발나비과(Nymphalidae)에 속하는 종들이다. 이 과에 속하는 다른 많은 속들, 즉 암붉은오색나비속(*Diadema*), 아돌리아네발나비속(*Adolias*), 제왕네발나비속(*Charaxes*), 그리고 돌담무늬나비속(*Cyrestis*) 나비들과 제왕나비과(Danaidae), 뱀눈나비과(Satyridae), 부전나비과(Lycaenidae), 그리고 팔랑나비과(Hesperidae)에 속하는 나비 전체는 술라웨시섬에 서식하는 종들에서 나타나는 이처럼 특이한 형태의 앞날개를 가지고 있지 않다.

색깔의 지역적 변이 암본섬과 스람섬에 있는 크고 잘생긴 새날개나비(*Ornithoptera helena*) 암컷은 뒷날개에 커다란 반점이 있는데, 항상 옅은 황토색 또는 담황색을 띤다. 반면에 인접한 부루섬과 뉴기니섬에는 이 종과 거의 구분하기 힘든 변종이 서식하는데, 수컷은 황금색을 띠며 색깔에서는 거의 뒤지지 않는 광채를 지니고 있다. 프리아무스새날개나비 (*O. priamus*)는 암본섬과 스람섬에서만 살아가는데, 이 나비의 암컷은 옅은 거무스름한 갈색을 띠는 반면, 동류종의 암컷들은 모두 검은색을 띠며 이와 대비되는 하얀 표식을 가지고 있다. 세 번째 사례로, 큰보라제비나비(*P. ulysses*) 암컷은 칙칙하고 탁한 색깔로 관찰되는 파란색을 띠는 반면, 이 섬을 둘러싸고 있는 섬들에서 살아가는 가까운 동류종의 암컷은 수컷만큼이나 밝은 새파란 하늘색을 띤다. 이와 평행한 사례로 고롱섬, 마타벨로섬, 카이섬, 아루섬 등과 같은 작은 섬들에는 박주가리까마귀나비속 (*Euploea*)과 암붉은오색나비속(*Diadema*)에 속하는 몇몇 뚜렷하게 구분되는 종들이 있는데, 이들은 하얀색의 넓은 줄무늬 또는 반점이 있으나, 이보다 큰 섬에 서식하는 그 어떤 동류종에서도 이 무늬는 나타나지 않는다. 이러한 사실들은 앞에서 설명한 유형의 변형으로 초래한 만큼을 이해할 수 없고, 거의 놀라울 정도로 색깔이 변형되는 데 지역적 영향이 어느 정도 있음을 보여준다.

지역적 변이라는 사실에 대한 소견

이제부터 제시할 사실들에 대해 나는 최고로 많은 관심을 가지고 있다. 우리는 나비목(Lepidoptera)에 속하는 두 개의 중요한 과, 즉 호랑나비과 (Papilionidae)와 흰나비과(Pieridae)에 포함되는 거의 모든 종들이 단 하나의 섬에서는 이 섬을 둘러싼 모든 섬들에 분포하는 자신의 동류종 및 변종들과 구분되게 만드는 독특한 변형을 습득한 것을 알고 있다. 똑같이 광범위하게 분포하는 다른 과들에서는 격리되어 분포하는 한두 종을 제외하고는 이러한 변화가 나타나지 않는다. 그러나 우리는 이런 현상들을 설명할 수 있거나 혹은 우리가 이런 현상들을 전혀 설명할 수 없을 수도 있는데, 이런 현상들이, 내 견해로는, 연속된 조그만 변이들로 인하여 종이 기원할 수 있다는 이론을 뒷받침하는 아주 강력한 확증적인 증거를 제공한다. 우리는 이제 정확하게 같은 방식으로 모두가 변형된 사소한 변종들과 지역적 군종, 그리고 애매한 종들을 가지고 있기 때문인데, 이들은 같은 원인으로 똑같은 결과가 만들어짐을 명백하게 나타내고 있다. 종이 지닌 독특한 차별성과 영속성에 관하여 일반적으로 받아들여지는 이론에 따라 우리는 다음과 같은 어려운 점에 직면하고 있다. 즉, 이처럼 특이하게 변형된 유형들 가운데 일부는 변이와 지역적인 조건의 자연적인 어떤 작용으로 만들어진 것으로 받아들이고 있다. 반면에 앞서 말한 정도로만 다르고 눈에 띄지 않는 단계에 의해 이처럼 특이하게 변형된 유형들과 연결되어 있는 다른 일부는 이들이 맨 처음 창조될 때 나타난 유형이 이처럼 특이성을 지녔거나 혹은 완전하게 뚜렷하게 구분되는 속성을 지닌 미지의 원인으로 인하여 유형이 파생되었다고 말하는 어려움이다. 이러한 비슷한 결과를 유발하는 원인들의 동질성을 지지하는 **선험적 증거들**은 없을까? 그리고 우리를 반대하는 사람들에게 그들이 옳다고 가정하고 우리에게 반증에 대한 부담을 요구하는 대신에 그들의 주장과 관련된 일부 증거들과 어려움에 대한 설명을 요구할 권리가 우리에게는 없을까?

이제 질문에 있는 사실 자체가 그들의 설명에 대한 어떤 단서를 제공하지 않는지를 살펴보자. 베이츠 씨는 어떤 나비의 무리들이 행동의 민첩성과는 무관하게 식충성 동물에 대항하는 방어 수단이 있음을 보여주었다. 이들 무리는 일반적으로 개체수가 매우 많고, 서서히 움직이며 힘없이 날아다니는 동물이고, 다른 무리들이 어느 정도 모방하는 대상이 되며, 그에 따라 자신을 닮은 생물들이 즐거움을 누리는 것과 비슷한 박해로부터 벗어나는 유리한 점을 얻는다. 이제부터는 술라웨시섬에는 분포하지 않으나 특이한 형태의 날개를 습득한 유일한 호랑나비속(*Papilio*) 나비들을 살펴보자. 이들은 호랑나비속(*Papilio*)에 속하는 다른 종들과 오리엔탈제비꼬리나방속(*Epicopeia*)에 속하는 나방들 두 무리 모두를 모방하는 하나의 무리이다. 이 무리는 힘없이 천천히 날아다니므로, 우리는 이들이 (아마도 특이한 향이나 맛과 같은) 어떤 방어 수단을 지니고 있어 공격으로부터 자신을 보호한다고 편안하게 결론을 내릴 수 있을 것이다. 날개의 활처럼 생긴 전연맥과 굴곡진 부위의[114] 형태는 일반적으로 비행 능력을 높이는 역할을 한다. 혹은 이보다는 내가 볼 때 좀 더 그럴듯한 설명인데, 갑작스러운 방향 전환을 훨씬 쉽게 하도록 만들어주어 자신을 쫓는 생물을 당황하게 만든다. 그러나 붉은반점꼬리제비나비군(*Polydorus*)[115]을 이루는 구성원들은 (이들은 모두 술라웨시섬에 분포하며 유일하게 변화하지 않은 호랑나비속(*Papilio*)에 속하는데) 이미 공격으로부터 보호받고 있어 이처럼 증강된 날개의 비행 능력이 필요가 없다. 따라서 '자연선택'은 비행능력을 강화하려는 경향을 보여주지 않는다. 제왕나비과(*Danaidae*)[116]에 속하는 모든 종들도 같은 위치에 있다. 이들은 서서히 움직이고 천천히 날아다니는 동물이다. 그럼에도 이들은 종과 개체수로 볼 때 풍부하며 다른 생물들이 모방하려

114 영어로 falcate라고 지칭하는 부위로 앞날개 정단 바로 아래쪽에 약간 들어간 부위이다.

115 붉은반점꼬리제비나비군(*Polydorus*)은 31종의 아종을 포함하는데, 이 무리 전체를 의미한다. 243쪽부터 시작하는 「말레이제도에 서식하는 호랑나비과(*Papilionidae*)의 배열과 지리적 분포」 항목을 참조하시오.

116 최근에는 학명으로 *Danainae*를 사용한다. 네발나비과(*Nymphalidae*)에 속한다.

는 대상이다. 뱀눈나비과(Satyridae) 나비들 역시 보호 수단을 가지고 있는데, 아마도 이들은 항상 땅 근처에서 생활하며 일반적으로 눈에 띄지 않는색을 하고 있다. 반면에 부전나비과(Lycaenidae)와 팔랑나비과(Hesperidae)나비들은 작은 크기와 재빠른 움직임으로 안전을 도모한다. 네발나비과(Nymphalidae) 나비들은 종이 매우 많지만 우리는 상대적으로 약한 구조를지닌 많은 종 가운데 일부, 즉 줄무늬장식나비속(*Cethosia*), 총독줄나비속(*Limenitis*), 남방공작나비속(*Junonia*), 작은멋쟁이나비속(*Cynthia*) 나비들이 날개를 변형시킨 점을 알고 있다. 반면 몸집이 크고 힘이 있는 종들은,이들 모두 과도하게 재빠르게 날아다니는데, 다른 섬에서와 마찬가지로술라웨시섬에서도 정확하고 똑같은 형태의 날개를 가지고 있다. 그러므로전반적으로 볼 때, 우리는 몸집이 좀 더 크고, 눈에 잘 띄는 색을 지니며,아주 재빠르게 날아다니지는 않는 모든 나비들은 설명된 방식으로 영향을받는 반면 몸집이 더 작고 눈에 잘 띄지 않는 색을 지닌 무리들뿐만 아니라 모방의 대상이 되는 무리들, 그리고 극도로 재빠르게 날아다니는 무리들은 영향을 받지 않은 상태로 남아 있다고 말할 수 있다.

따라서 술라웨시섬에는 이 섬을 둘러싼 섬들에 존재하지 않거나 개체수가 많지 않고 이처럼 몸집이 큰 나비들의 특별한 어떤 천적이 마치 있었거나 한번 있었던 것처럼 보일 것이다. 비행 능력의 강화나 방향 전환의 신속함은 이런 천적을 당황시키기에 유리했다. 그리고 이런 능력을 얻기 위해 필요한 특이한 날개 형태는 지속적으로 나타나는 형태의 사소한 변이에 근거한 '자연선택' 작용으로 쉽게 습득했을 것이다.

이러한 천적을 자연스럽게 식충성 조류라고 가정하자. 그러나 한편으로는 보르네오섬과 자와섬에 있는 붉은배극락딱새속(*Muscipeta*)과 적갈부리때까치속(*Philentoma*)처럼 다른 한편으로는 말루쿠제도에 있는 갈색머리

군주새속(*Monarcha*)과 부채꼬리딱새속(*Rhipidura*)처럼 날벌레잡이새[117]의 대부분 속들이 술라웨시섬에 거의 나타나지 않는다는 것은 놀라운 사실이다. 아마도 이들의 장소[118]를 잔까마귀속(*Graucalus*),[119] 애벌레잡이새속(*Campephaga*) 등과 같은 애벌레잡이새[120] 무리가 대신 차지한 것으로 보이는데, 이들 가운데 여섯 종 또는 일곱 종이 술라웨시섬에 알려져 있으며 개체수도 아주 많다. 이들 조류가 날고 있는 나비를 추적한다는 확실한 증거는 없지만, 이들이 다른 먹이가 부족해지면 그런 행동을 할 가능성은 매우 높아 보인다. 베이츠 씨는 별박이왕잠자리속(*Aeshna*) 잠자리들과 같은 커다란 잠자리가 나비를 잡아먹는다고 알려주었으나, 나는 이들이 다른 지역보다 술라웨시섬에 더 풍부하다는 점을 알지 못했다. 그러나 이런 일은 가능한데, 술라웨시섬의 동물상은 우리가 정확하게 알고 있는 지식의 모든 분야 하나하나가 의심할 여지 없이 매우 특이하다. 그리고 비록 우리가 이 동물상이 어떻게 영향을 받았는지를 만족스럽게 추적할 수는 없을지라도 내가 생각하기로는 이 섬에서 살아가는 그렇게 많은 나비들의 날개에서 나타나는 독특한 변형이 서로서로의 생존을 위해 몸부림치고 있는 모든 살아 있는 생물들 사이에 나타나는 복잡한 작용과 반작용의 결과임에 의심할 여지는 없을 것이다. 그리고 생존을 위한 몸부림은 지속적으로

∙∙

117 fly catcher의 번역이다. 본문에서 예로 들고 있는 종류들은 모두 참새목(Passeriformes)에 속한다. 우리말로 딱새류로 번역하고 있으나, 딱새류는 참새목(Passeriformes)에 속하는 딱새과(Muscicapidae) 조류를 지칭하고 있어 날벌레잡이새로 번역했다.

118 월리스 시대에 장소(place)는 오늘날의 생태적 지위를 의미한다.

119 최근에는 *Coracina*라는 학명을 사용한다.

120 catepillar catcher를 번역한 것이다. 본문에 나오는 잔까마귀속(*Graucalus*), 애벌레잡이새속(*Campephaga*)은 모두 할미새사촌과(Campephagidae)에 속하여 할미새사촌새로 번역할 수도 있으나, 먹이의 습성에 따라 생태적 지위를 논의하고 있어 애벌레잡이새로 번역했다.

교란된 상호작용을 재조정하며 모든 종 하나하나가 다양하게 변하는 주위 환경의 조건과 조화를 이루도록 만든다.

그러나 여기에서 제기한 추측성 설명마저도 지역에 따른 변형과 관련된 또 다른 사례에는 들어맞지 않는다. 서쪽에 있는 섬들에 분포하는 종들이 동쪽에 있는 섬들의 종들보다 왜 더 작은지, 암본섬의 생물들이 할마헤라섬과 뉴기니섬에 있는 생물들보다 크기가 왜 더 큰지, 인도에서 살아가는 꼬리가 달린 종들이 섬들에서는 왜 부속지를 잃어버리기 시작해야만 하며 태평양의 경계에서 살아가는 종들은 흔적조차 유지되지 않는지, 이러한 세 종류의 서로 다른 경우에서 암본섬에서 살아가는 종들의 암컷은 주변의 섬들에서 살아가는 상응하는 암컷보다 왜 덜 화려한 차림을 해야만 하는지 등은 지금까지 우리가 답을 찾으려고 시도도 할 수 없었던 질문들이다. 그럼에도 이 질문들은 어떤 일반적인 원리로 답을 할 수 있다는 것이 확실한데, 대등한 사실들이 세계 곳곳에서 발견되고 있기 때문이다. 베이츠 씨는 나에게 세 종류의 뚜렷하게 구분되는 무리에 대한 정보를 제공해주었는데, 아마존 상류 지역과 남아메리카의 다른 대부분 지역에서 살아가는 호랑나비류는 윗날개에 반점이 없으나, 아마존 하류의 파라 지역에서 살아가는 종류들에는 하얀 반점이 있다. 또한 호랑나비속(*Papilio*)의 에어네아스군(Aeneas) 나비들이 적도 지역과 아마존 계곡 지역에서는 꼬리를 결코 만들지 않으나, 이 지역에서 북쪽 또는 남쪽 지역으로 가면서 많은 경우에 조금씩 꼬리를 만든다. 심지어 유럽에서도 어느 정도 비슷한 사실이 나타난다는 것을 우리는 알고 있다. 샤르데냐섬[121]에 특이하게 살아가는 나비들의 종들과 변종들은 본토의 나비들에 비해 일반적으로 크기가 더 작고

∴

---

121 지중해에서 두 번째로 큰 이탈리아의 섬으로 이탈리아 서쪽, 튀니지 북쪽에 위치한다.

좀 더 진한 색을 띠고 있으며, 같은 경우가 최근 맨섬[122]에서 살아가는 흔한 신선나비 종류[123]에서 나타났다. 하지만 맨섬에 특이하게 살아가는 코르시카호랑나비(*Papilio hospiton*)는 꼬리를 잃어버렸는데, 이런 특징은 가까운 동류종인 산호랑나비(*P. machaon*)에서 매우 두드러지게 나타난다.

만일 지역 동물상들이 주변 국가들의 동물상과 관련해서 면밀하게 조사되었다면, 지금 제기된 것과 비슷한 속성을 지닌 사실들이 의심할 여지 없이 곤충의 다른 무리에서도 발견될 것이다. 그리고 이러한 사실들은 기후를 비롯하여 다른 물리적인 원인들이 어떤 경우에는 특이한 형태나 색을 지니도록 변형하는 데 아주 강력한 영향을 주었을 것이며, 그에 따라 자연에서 보이는 변종이 끝도 없이 만들어지는 데 직접 도움을 준다는 점을 시사하는 것 같다.

의태

앞 논문에서 이 주제와 관련해서 충분히 논의했으므로, 나는 동양에 분포하는 호랑나비과(Papilionidae)가 제공하는 이러한 사례들을 제시하면서, 앞에서 언급한 바와 같이 이들이 지닌 변이 현상만을 설명하고자 한다. 아메리카에서와 마찬가지로 구세계에서도 제왕나비과(Danaidae)[124]에 속하

..

122 그레이트브리튼섬과 아일랜드섬 사이에 있다.
123 신선나비속(*Nymphalis*)에 속하는 종류들로, 공작나비속(*Aglais*), *Inachis*, *Polygonia*, *Kaniska* 등이 이 속의 아속으로 포함되기도 한다.
124 최근에는 학명으로 제왕나비아과(Danainae)를 사용한다. 네발나비과(Nymphalidae)에 속한다.

는 종들은 다른 과에 속하는 종들이 가장 흔히 모방하는 대상이다. 그러나 이들 외에도 모르포나비과(Morphidae)[125]의 일부 속에 속하는 종들과 호랑나비속(Papilio)의 한 절에 속하는 종들도 빈도는 낮지만 모방의 대상이 되고 있다. 호랑나비속(Papilio)에 속하는 많은 종들이 이 세 무리에 속하는 다른 종들을 너무나 비슷하게 모방하여 날고 있을 때에는 구분할 수 없다. 그리고 각각의 사례에서 서로 비슷한 종이 쌍으로 같은 지역에서 살아간다.

말레이 지역과 인도에 분포하는 호랑나비과(Papilionidae)에서 나타나는 모방의 사례에서 가장 중요하고 두드러진 사례는 다음과 같다.

	모방자	피모방자	공통 서식지
		제왕나비과(Danaidae)	
1	*Papilio paradoxa* (암수)	*Euploea midamus* (암수)	수마트라 등
2	*P. caunus*	*E. rhadamanthus*[126]	보르네오, 수마트라
3	*P. thule*	*Danais sobrina*	뉴기니
4	*P. macareus*	*D. aglaia*	말라카, 자와
5	*P. agestor*	*D. tytia*	인도 북부
6	*P. idaeoides*	*Hestia leuconoe*	필리핀
7	*P. delessertii*	*Ideopsis daos* 모르포나비과(Morphidae)	페낭
8	*P. pandion*(암컷)	*Drusilla bioculata* 호랑나비속(*Papilio*)의 붉은반점꼬리제비나비군(*Polydorus*)과 곤봉꼬리호랑나비군(*Coon*)	뉴기니

∴

125 최근에는 네발나비과(Nymphalidae)에 속하는 모르포나비아과(Morphinae)로 간주한다.
126 'radamanthus'가 맞는 표기이다.

	모방자	피모방자	공통 서식지
9	*P. pammon* (*P. romulus*,[127] 암컷)	*P. hector*	인도
10	*P. theseus*, var.(암컷)	*P. antiphus*	수마트라, 보르네오
11	*P. theseus*, var.(암컷)	*P. diphilus*	수마트라, 자와
12	*P. memnon*, var. (아차테스 유형, 암컷)	*P. coon*	수마트라
13	*P. androgeus*, var. (아차테스 유형, 암컷)	*P. doubledayi*	인도 북부
14	*P. oenomaus* (암컷)	*P. liris*	티모르

    따라서 호랑나비속(*Papilio*)에 속하는 14종 또는 뚜렷한 변종들이 자신만의 지역에서 살아가는 다른 무리에 속하는 종들과 너무나 유사함에도 이러한 유사성을 우연으로 간주할 수 없는 사례를 우리는 가지고 있다. 앞 목록에서 처음에 나오는 두 종, 즉 진푸른광대나비(*Papilio paradoxa*)와 카우누스호랑나비(*P. caunus*)는 날고 있는 푸른점박이까마귀나비(*Euploea midamus*)와 까치까마귀나비(*E. radamanthus*)와 너무나 똑같아서, 비록 이들이 천천히 날고 있다고 하더라도 나는 이들을 전혀 구분할 수가 없었다. 첫 번째 나오는 종은 아주 흥미로운 사례로, 수컷과 암컷이 서로 상당히 다른데, 암수 각각이 박주가리까마귀나비속(*Euploea*) 나비의 해당 성의 개체를 모방했기 때문이다. 내가 뉴기니섬에서 발견한 호랑나비속(*Papilio*)에 속하는 신종은[128] 마카레우스호랑나비(*Papilio macareus*)가 말라카에서 살

127 최근에는 흰띠제비나비(*Papilio polytes*)의 아종으로 간주하고 있다.

아가는 유리범나비(*Danais Aglaia*)[129]를 닮은 것처럼 같은 나라에 있는 회색유리범나비(*Danais sobrina*)[130]를 닮았는데, 호스필드 박사[131]가 그린 그림에 따르면 자와섬에 있는 종과 훨씬 더 비슷하다. 인도에 분포하는 황갈색광대나비(*Papilio agestor*)는 왕나비(*Danais tytia*)[132]를 비슷하게 모방했는데, 왕나비는 황갈색광대나비와는 상당히 다른 채색을 지니고 있다. 그리고 필리핀제도에 분포하는 특이한 검은띠제비나비(*Papilio idaeoides*)[133]는 날고 있을 때에는 같은 지역에 있는 종이연나비(*Hestia leuconoë*)[134]와 거의 완벽하게 닮았는데, 마치 피낭섬[135]에 분포하는 말레이얼룩말나비(*Papilio delessertii*)[136]가 다오스푸른유리호랑나비(*Ideopsis daos*)[137]를 닮은 것과 비슷하다. 지금 이러한 사례들 하나하나에서는 호랑나비속(*Papilio*) 나비들이 매우 드물게 나타나는 반면, 호랑나비속(*Papilio*) 나비들과 비슷한 제왕나비과(Danaidae) 나비들에서는 매우 풍부하게 나타난다. 제왕나비과

••

128 *Papilio thule*로 추정되는데, 월리스는 1865년에 발간된 『런던 린네학회회보(*The Transactions of the Linnean Society of London*)』 25권, 1~72쪽에 게재된 「말레이 지역에 서식하는 호랑나비과(*Papilionidae*) 사례로 살펴본 변이와 지리적 분포 현상(On the Phenomena of Variation and Geographical Distribution as Illustrated by the Papilionidae of the Malayan Region)」이라는 논문 20쪽에서 이 종이 *Danais sobrina*를 모방했다고 설명했다.

129 최근에는 학명으로 *Parantica aglea*를 사용한다.

130 최근에는 학명으로 *Ideopsis juventa*를 사용한다.

131 Horsfield, Thomas(1775~1859).

132 최근에는 학명으로 *Parantica sita*를 사용한다.

133 최근에는 학명으로 *Graphium idaeoides*를 사용한다.

134 최근에는 학명으로 *Idea leuconoe*를 사용한다.

135 말레이시아의 북서쪽 바닷가에 위치한 섬으로 추정된다. 이 섬을 포함하는 행정구역 이름도 피낭주이다.

136 최근에는 학명으로 *Graphium delessertii*를 사용한다.

137 오늘날에는 *Idea gaura*의 아종으로 간주한다.

(Danaidae) 나비는 떼를 지어 다니면서 사람들 앞에서 계속 맴돌고 있으므로, 좀 더 새롭고 좀 더 다양한 나비를 채집하고자 하는 곤충학자들에게는 긍정적인 골칫거리이다. 정원 하나하나, 길가 하나하나, 교외에 있는 마을 하나하나에 이들 나비들로 가득 차 있는데 이는 이들의 삶이 아주 순조로 우며, 덜 유리한 종족들의 개체수를 감소시키는 천적들로부터 박해를 받지 않는 자유로운 상태에 있음을 아주 명확하게 보여준다. 베이츠 씨는 이처럼 과도하게 많은 개체들로 이루어진 개체군을 모방의 대상이 되는 모든 아메리카 대륙에 분포하는 무리와 종들에서 나타나는 일반적인 특징이라고 했다. 그리고 그가 관찰했던 것을 지구 반대편에 있는 사례에서 확인할 수 있다는 점은 흥미롭다.

연한색을 띠는 무리로 매우 특이한 네눈네발나비속(*Drusilla*)[138] 나비들은 다소 눈처럼 보이는 반점들로 장식되어 있는데, 이들도 뚜렷하게 구분되는 3속, 즉 먹나비속(*Melanitis*), 호데바네눈나비속(*Hyantis*), 그리고 호랑나비속(*Papilio*) 나비들이 모방하는 대상이다. 이들 곤충들은 제왕나비과(Danaidae) 나비들처럼 개체 수준에서는 매우 많지만, 아주 약하고 느리게 날아다니며, 은폐물을 찾지 않거나, 식충성 생물들로부터 자신을 보호할 수단이 없는 것처럼 보인다. 그러므로 이들은 공격으로부터 자신을 보호할 수 있는 어떤 숨은 재능이 있다고 결론을 내리는 것이 자연스럽다. 그리고 그 어떤 곤충이 이들을 어느 정도 닮게 될 때, 이를 우리는 우연한 변이라고 부르는데, 닮게 된 곤충은 자신이 닮은 곤충들이 지닌 면역력을 어느 정도 공유한다는 점을 쉽게 알 수 있다. 오메누스제비나비(*Papilio*

138 최근에는 학명으로 *Taenaris*를 사용한다.

ormenus)[139] 암컷의 매우 특이한 이형성 형태는 네눈네발나비속(*Drusilla*) 나비라는 조금은 멀리 떨어져 있는 무리로 충분히 간주할 수 있도록 비슷하다. 그리고 나는 아루제도에서 땅바닥에서 맴돌고 있는 이들 호랑나비속(*Papilio*) 나비 한 마리를 잡았으며, 이 나비가 네눈네발나비속(*Drusilla*) 나비들이 지니고 있는 습성처럼 때로 땅에 내려 앉는 것을 보았는데 흥미로웠다. 이런 사례에서 나타나는 유사성은 단지 일반적일 뿐이다. 그러나 이러한 유형의 호랑나비속(*Papilio*) 나비들은 아주 다양하게 변하며, 그에 따라 다른 사례와 마찬가지로 정확한 복사본을 궁극적으로 만들어내어 자연선택이 작용할 대상이 된다.

동쪽 지역에 분포하는 호랑나비속(*Papilio*) 나비들은 붉은반점꼬리제비나비군(Polydorus), 곤봉꼬리호랑나비군(Coon), 팔랑개비호랑나비군(Philoxenus) 등과[140] 동류 무리로 많은 측면에서 남아메리카에 분포하는 호랑나비속(*Papilio*)의 에어네아스군(Aeneas)과 닮아서 자연적인 절[141]을 형성하는데, 이들이 동양을 대표한다고 말할 수 있다. 에어네아스군(Aeneas) 나비들처럼, 이들은 천천히 힘없이 날아다니는 숲속의 곤충인데, 자신이 선호하는 지역에서는 개체수가 다소 풍부하며 또한 모방 대상이다. 따라서 우리는 이들이 보호와 관련된 어떤 숨겨진 수단을 지니고 있다고 결론을 내릴 수 있는데, 이 수단은 다른 곤충들이 이들을 오인하도록 하는 데 유용하다.

∙∙

139 오늘날에는 *Papilio aegeus*와 같은 종으로 분류한다.
140 243쪽부터 시작하는 「말레이제도에 서식하는 호랑나비과(Papilionidae)의 배열과 지리적 분포」 항목을 참조하시오.
141 동물학에서는 속의 아래 계급을 지칭한다. 따라서 종들이 모여서 속 아래의 계급, 즉 절에 해당하는 무리로 분류된다는 설명이다.

에어네아스군(Aeneas)을 닮은 호랑나비속(*Papilio*) 나비들은 속 내에서 뚜렷하게 구분되는 절에 속하는데, 이 절 내에서는 성별에 따른 차이가 상당히 크다. 그리고 수컷은 대부분 암컷과 다르며, 이미 언급했듯이 이 점은 이형성을 보여주는 사례로, 다른 종군[142]에 속하는 종을 닮아간다.

일부 표본을 보면 로물루스흰띠제비나비(*Papilio romulus*)[143]가 헥토르사향제비나비(*P. hector*)[144]와 너무나 뚜렷하게 비슷하여, 이 두 종이 영국박물관 목록에 나란히 배열되어 있으며, 더블데이 씨도 그런 견해를 밝혔다. 그러나 나는 로물루스흰띠제비나비(*P. romulus*)가 팜몬제비나비(*P. pammon*) 암컷의 이형성 형태이고 아마도 속 내에서 뚜렷하게 구분되는 절에 속함을 보여주었다.

다음에 나오는 두 쌍, 즉 테세우스흰띠제비나비(*Papilio theseus*)[145]와 수마트라호랑나비(*P. antiphus*)[146]는 드한[147] 씨에 의해 한 종으로 통합되었고, 영국박물관 목록에도 한 종으로 등재되었다. 자와섬에서 발견된 테세우스흰띠제비나비(*P. theseus*)에 속하는 평범한 변종은 같은 지역에 서식하는 꼬마사향제비나비(*P. diphilus*)[148]와 거의 흡사하다. 그러나 가장 흥미로운 사례는 (아차테스제비나비(*P. achates*)[149]라는 이름으로 크라메르 씨가 모식도로 그린) 멤논제비나비(*P. memnon*)의 극단적인 암컷 유형으로, 이 유

••

142 붉은반점꼬리제비나비군(Polydorus), 곤봉꼬리호랑나비군(Coon), 팔랑개비호랑나비군(Philoxenus) 등처럼 여러 종들을 하나로 묶어서 만든 무리를 의미한다.
143 최근에는 흰띠제비나비(*Papilio polytes*)의 아종으로 간주한다.
144 최근에는 학명으로 *Atrophaneura hector*(=*Pachliopta hector*)를 사용한다.
145 최근에는 흰띠제비나비(*Papilio polytes*)의 아종으로 간주한다.
146 최근에는 학명으로 *Pachliopta antiphus*를 사용한다.
147 de Haan, Wilhem(1801~1855).
148 최근에는 학명으로 *Atrophaneura aristolochiae*를 사용한다.
149 최근에는 *Papilio memnon memnon*의 품종으로 간주한다.

형은 곤봉꼬리호랑나비(*P. coon*)[150]가 지닌 일반적인 형태와 표식을 지니고 있다. 그런데 곤봉꼬리호랑나비는 멤논제비나비의 평범한 수컷과는 광범위하고 고도로 다양하게 변한 속[151]에서 선택할 수 있는 그 어떤 두 종만큼이나 다르다. 그리고 이러한 유사성이 우연이 아니라 법칙의 결과임을 보여주려고 하듯이, 인도에서 곤봉꼬리호랑나비(*P. coon*)와 가까운 동류이나 노란 반점 대신 빨간 반점을 지닌 한 종인 붉은곤봉꼬리호랑나비(*P. doubledayi*)를 발견했을 때,[152] 이 나비는 크라메르 씨가 아차테스제비나비(*P. achates*)라고 그린 182번의 A와 B 그림, 즉 여왕호랑나비(*Papilio androgeus*)에 상응하는 변종이 노란 반점 대신 빨간 반점을 지니고 있는 것과 똑같은 특이성을 지니고 있었다. 마지막으로, 티모르섬에 분포하며 멤논제비나비(*P. memnon*)의 동류종인 티모르호랑나비(*P. oenomaus*) 암컷은 붉은반점꼬리제비나비군(Polydorus)에 속하는 티모르꼬리제비나비(*P. liris*)[153]와 너무나 비슷하여, 때로 함께 날아다니는 이 두 종류는 채집한 다음 상세하게 비교해야만 구분할 수 있다.

모방의 마지막 여섯 사례는 특히 유익한데, 이들 사례가 이형성 유형이 만들어지는 과정 가운데 하나를 나타내는 것처럼 보이기 때문이다. 이들 사례에서, 한 성의 개체가 다른 성의 개체와 상당히 다르고, 또한 자체적으로도 매우 다양하게 변할 때, 우연한 개체 변이로 인해 모방 대상이 되는 무리와 어딘가 닮은 점이 나타날 수 있으며, 그에 따라 닮아지면서 유

∴

150 최근에는 학명으로 *Losaria coon*을 사용한다.
151 종―속―과―목―강―문―계로 이어지는 분류 계급의 하나이다.
152 곤봉꼬리호랑나비는 노란 반점을 지니고 붉은곤봉꼬리호랑나비는 빨간 반점을 지니나 이들은 오늘날 *Losaria coon*으로 통합되었다.
153 최근에는 학명으로 *Pachliopta liris*를 사용한다.

리하게 될 것으로 보인다. 이러한 변종은 보존될 수 있는 더 좋은 기회를 갖게 될 것이며, 이들 개체들은 늘어날 것이며, 이들에게 유리한 무리와 우연하게 비슷한 점이 유전적으로 전달되어 영구적인 상태로 만들어질 것이다. 그리고 유사성을 증가시키는 각각의 연속적인 변이는 보존될 것이고, 유리한 유형에서 벗어난 모든 변이들은 보존될 기회가 줄어들 것이므로, 시간이 되면 둘 또는 그 이상으로 격리되어 고정된 유형의 독특한 사례로 귀결될 것인데, 이들이 하나의 종을 이루는 두 성을 구성하는 은밀한 관계로 인해 하나로 묶일 것이다. 수컷보다 암컷에서 이러한 종류의 변형이 더 쉽게 일어나는 이유는 아마도 암컷이 알을 잔뜩 품고 있어 조금은 천천히 날아다니고 잎에 알을 낳고 있는 동안 공격에 노출되기 때문인데, 어떤 추가적인 보호 수단을 지니게 된 암컷은 특별히 유리하게 되었을 것이다. 어떤 원인에서든 암컷은 다른 종과 닮게 되자마자 곧바로 괴롭힘으로부터 벗어나는 상대적인 면역력을 향유하게 된다.

나비목(*Lepidoptera*)에서 나타나는 변이에 관한 끝맺음

동쪽에 분포하는 호랑나비과(Papilionidae) 나비들이 보여주는 보다 흥미로운 변이 현상에 대하여 여기에서 마무리한 요약은 나비목(Lepidoptera)이 이러한 조사에 특별한 편의를 제공하는 생물 무리로서 내가 처한 입장을 입증하는 데 충분하다고 생각한다. 그리고 이들은 좀 더 고도로 체계화된 동물들에서 드물게 나타나는 특별한 적응이 가능한 변형을 상당히 겪었음을 보여줄 것이다. 그리고 나비목(Lepidoptera)에 속하는 나비들 가운데, 열대지방에서 엄청나게 다양하고 눈에 잘 띄는 호랑나비과(Papilionidae)와 제왕나비과(Danaidae)가 주위에 있는 생물과 무생물 우주에 대해 복잡한 적응이 가장 완벽하게 발달한 생물인 것처럼 보인다. 이런 점에서 비록 전체적으로 다르지만, 난과(Orchidaceae) 식물에서 나타나는 똑같이 엄청난 적응에 대해 놀라운 대응관계를 제공하는데, 난과(Orchidaceae) 식물들은 다른 생물들을 모방하는 것이 중요한 역할을 하는 것으로 보인다. 따라서 난과(Orchidaceae)는 눈에 띄는 다형성 사례가 발생하는 식물에서 유일한 과이다. 우리가 원숭이머리난(*Catasetum tridentatum*)에 대해 수꽃과 암꽃, 그리고 양성화 유형으로 구분해야 하는 것처럼, 이들 유형이 형태와 구조에서 너무나 크게 달라서 세 개로 뚜렷하게 구분되는 속에 속하는 것으로 오랫동안 간주되어 왔기 때문이다.[154]

말레이제도에 서식하는 호랑나비과(*Papilionidae*)의 배열과 지리적 분포

배열　말레이 지역에 서식하는 호랑나비과(Papilionidae) 종들이 매우 많다고 하지만, 이들은 모두 이 과를 이루는 9개 속 가운데 3개 속에만 속한

∴

[154] 다윈이 1862년 『런던 린네학회회보(*Transactions of the Linnean Society of London*)』 6권, 151~157쪽에 「린네학회가 소장 중인 원숭이머리난(*Catasetum tridentatum*)의 성에 따른 세 가지 놀라운 유형(On the Three Remarkable Sexual Forms of *Catasefm triderntatum*, an Orchid in the Posession of the Linnean Society)」에 게재된 논문의 내용이다. 다윈은 이 논문에서 *Catasetum tridentatum*은 수꽃만으로 된 꽃, *Monachanthus viridis*는 암꽃만으로 된 꽃, 그리고 *Myanthus bartatus*는 암꽃과 수꽃을 모두 지닌 꽃을 지닌 표본으로 간주하면서, 이 세 종류가 모두 하나의 종, *Catasetum tridentatum*이라고 주장했다. 오늘날에는 *C. macrocarpum*이라는 학명을 사용한다.

다. 나머지 속 가운데 투명날개호랑나비속(*Eurycus*)[155]은 호주에만, 또 다른 황금황제나비속(*Teinopalpus*)은 히말라야산맥에만 각각 제한적으로 분포하며 모시나비속(*Parnassius*), 아폴로모시나비속(*Doritis*),[156] 타이스호랑나비속(*Thais*),[157] 꼬리명주나비속(*Sericinus*) 등 4개 속은 유럽 남부와 구북아구[158]의 산악 지대에만 제한적으로 분포한다.

새날개나비속(*Ornithoptera*)과 연호랑나비속(*Leptocircus*)[159]은 말레이 지역의 곤충학이 보여주는 아주 뚜렷한 특징이지만 형질은 균일하고 종다양성도 낮다. 반면에 호랑나비속(*Papilio*)은 형태적으로 엄청나게 다양하고, 말레이제도에서 풍부하게 나타나서, 지금까지 알려진 모든 종의 1/4 이상이 이곳에서 발견된다. 따라서 우리가 이 속의 지리적 분포를 연구하기 이전에 이 속을 몇 개의 자연적인 무리로 세분하는 것이 필요하다.

자와섬에서 수행한 호스필드 박사의 관찰 덕분에 우리는 상당히 많은 수의 호랑나비속(*Papilio*) 나비 유충을 알게 되었다. 이 관찰 결과는 호랑나비속(*Papilio*)을 여러 개의 자연적인 무리로 일차적으로 구분하기 좋은 형질들을 제공한다. 뒷날개가 복부 가장자리에서 꼬이거나 접히는 방식, 항문판의 크기, 더듬이의 구조, 날개의 형태뿐만 아니라 날아다니는 특징과 채색 양상도 많은 도움이 된다. 나는 이들 형질을 이용하여, 말레이제도의 호랑나비속(*Papilio*) 나비들을 4개의 절로 나누고, 다시 17개의 무리

••

155 최근에는 학명으로 *Cressida*를 사용한다.
156 모시나비속(*Parnassius*)으로 통합되었다.
157 스페인장식호랑나비속(*Zerynthia*)으로 통합되었다.
158 동물 구분계의 지리학상 구역으로, 열대 동남아시아와 북극 지방을 제외한 유라시아 대륙, 사하라사막 이북의 아프리카를 포함하는 구역이다.
159 오늘날에는 *Lamproptera*로 분류한다.

로 분류했는데 다음과 같다.

1. 새날개나비속(*Ornithoptera*)

a. 프리마새날개나비군(Priamus): 검정과 초록

c. 브룩스새날개나비군(Brookeanus): 검정과 초록

b. 폼페우스새날개나비군(Pompeus): 검정과 노랑

2. 호랑나비속(*Papilio*)

A. 유충은 짧고 굵으며, 다수의 다육질 결절이 있으며, 보라색을 띤다.

a. 녹스호랑나비군(Nox): 수컷의 복부 주름이 매우 크며, 항문판은 작지만 부풀어 있으며, 더듬이는 중간 정도이며, 날개는 매끈하거나 꼬리가 있다. 인도에 분포하는 팔랑개비호랑나비군(Philoxenus)을 포함한다.

b. 곤봉꼬리호랑나비군(Coon): 복부 주름이 작으며, 항문판은 작지만 부풀어 있으며, 더듬이는 중간 정도이며, 날개에는 꼬리가 있다.

c. 붉은반점꼬리제비나비군(Polydorus): 수컷의 복부 주름은 작거나 거의 없으며, 항문판은 작거나 쓸모가 없으며 털이 있고, 날개에는 꼬리가 있거나 매끈하다.

B. 유충의 세 번째 마디는 부풀고, 가로로 또는 약간 경사지게 띠가 있고, 번데기는 심하게 굽어 있다. 수컷 성충의 복부는 꼬여 있으나 뒤로 젖혀지지는 않는다. 몸은 약하고, 더듬이는 길고, 날개는 상당히 넓고 때로 꼬리가 발달한다.

d. 큰보라제비나비군(Ulysses)

e. 페란투스제비나비군(Peranthus)

인도 지방의 남방제비나비군(Protenor)은 e와 f 나비군 사이의 중간이며 녹스호랑나비군(Nox)과 가장 가깝다.

f. 멤논제비나비군(Memnon)

g. 붉은헬렌제비나비군(Helenus)

h. 에레치테우스제비나비군(Erechtheus)

i. 팜몬제비나비군(Pammon)

k. 초록줄무늬호랑나비군(Demolion)

C. 유충은 반원통형이고 다양한 색을 띤다. 수컷 성충은 복부가 꼬여 있으나 뒤로 젖혀 있지는 않으며, 몸은 약하고, 더듬이는 짧으나 두껍고 휘어진 곤봉처럼 생겼고, 날개는 매끈하다.

l. 라임호랑나비군(Erithonius): 성별에 따른 차이는 거의 없고, 유충과 번데기는 초록줄무늬호랑나비(*P. demolion*)와 어느 정도 비슷하다.

m. 진푸른광대나비군(Paradoxa): 성별에 따른 차이가 있다.

n. 검은격자띠호랑나비군(Dissimilis): 성별에 따른 차이는 거의 없고, 유충은 밝은색이고, 번데기는 곧고 원통형이다.

D. 유충은 길고, 뒤쪽으로 갈수록 가늘어지며 때로는 두 갈래로 갈라지며, 수평 및 비스듬한 연한 줄무늬가 있으며 초록색이다. 성충은 복부 가장자리가 수컷에서는 굽어 있으며, 안쪽으로 털이 뒤덮여 있거나 많으며, 항문판은 작고 털이 달리며, 더듬이는 짧고 통통하며, 몸도 통통하다.

o. 작은얼룩말호랑나비군(Macareus): 뒷날개는 매끈하다.

p. 다섯막대꼬리제비나비군(Antiphates): 뒷날개에는 꽤 긴 꼬리가 있다. (제비 꼬리)

q. 유리필루스제비나비군(Eurypylus): 뒷날개는 길거나 꼬리가 있다.

3. 연호랑나비속(*Leptocircus*)

말레이제도에 분포하는 호랑나비과(Papilionidae)는 모두 20개의 뚜렷하게 구분되는 군으로 나누어진다.

호랑나비속(*Papilio*)의 첫 번째 군 A는 구조상으로 상당히 다르지만 일반적인 유사성을 많이 지니고 있는 곤충들로 이루어져 있다. 이들은 모두 약하고 천천히 날며, 대부분 울창한 숲이 있는 구역에서 가장 풍부하게 흔히 서식하는데, 그늘을 좋아하는 것 같고, 다른 호랑나비속(*Papilio*) 나비들의 모방 대상이다.

두 번째 군 B는 몸이 연약하고, 날개가 큰 곤충들로 이루어져 있으며, 불규칙하게 파도 모양으로 날아다닌다. 잎에 앉아 쉴 때에는 때로 날개를 종종 펼치기도 하는데, 다른 무리의 종들은 거의 또는 결코 이런 행동을 하지 않는다. 이들은 동쪽 지역에서 살아가는 나비 가운데 가장 눈에 잘 띄고 매력적이다.

세 번째 군 C는 상당히 약하고 더 천천히 날아다니는 곤충들로 이루어져 있는데, 날아다니는 양상과 색깔이 때로 제왕나비과(Danaidae) 종들과 비슷하다.

네 번째 군 D는 이 속에서 가장 튼튼한 몸을 지녔고 가장 빠르게 날아다닌다. 이들은 햇빛을 좋아하고 하천의 경계와 웅덩이 가장자리에서 흔히 발견되는데, 이러한 곳에서 이들은 여러 종이 함께 모여 커다란 무리를 이루어 탐욕스럽게 수분을 빨아들이고, 방해를 받으면 공중에서 원을 그리며 날거나 힘차고 신속하게 더 높이 날아오른다.

지리적 분포 말레이제도에 분포하는 호랑나비과(Papilionidae) 나비 130종이 현재 북서쪽으로는 말레이반도까지, 남동쪽으로는 뉴기니섬 근처의 우드라크섬까지 뻗어 있다.

이처럼 작은 곤충들이 말레이 지역에서 엄청나게 풍부하게 나타나는 것은 지구의 다른 열대 지역에서 발견되는 종 수와 비교하면 알 수 있다. 아프리카에서는 호랑나비속(Papilio)에 속하는 33종만이 알려져 있으나, 일부 채집품은 아직까지 기재되지 않았으므로 우리는 이 수를 약 40까지는 늘릴 수 있다. 열대 아시아 전 지역에서는 현재까지 65종만이 기재되어 있는데, 나는 채집품 가운데 2 또는 3종이 아직 명명되지 않은 것으로 알고 있다. 남아메리카에는, 즉 파나마 남부 지역에는 150종이 분포하는데, 아직도 말레이 지역에서 지금까지 알려진 종 수의 약 1/7보다 더 많다. 그러나 이 두 지역의 면적은 너무나 다르다. 파타고니아를 제외하더라도 남아메리카 전체를 대상으로 할 경우, 이 지역은 500만 제곱마일을 포함하는데, 말레이제도에 있는 모든 섬들을 둘러싸는 선 안에 있는 면적은 270만 제곱마일에 불과하며, 이 가운데 육지 면적은 100만 제곱마일 정도이다. 이처럼 뛰어난 풍부함은 부분적으로 사실이며 부분적으로 누가 봐도 알 수 있다. 마치 하나의 제도처럼, 한 구역이 작은 여러 개의 격리된 부분으로 나누어지면, 특정 무리가 지역적 특이성을 지니도록 분리되고 영속적으로 유지되는 아주 좋은 조건이 되는 것 같다. 그에 따라 한 대륙에 있던 한 종이 넓은 지역을 점유할 수 있을 것이고, 서로 연결되어 있어 이들을 격리하기가 거의 불가능했던 지역적 유형들이 만일 존재했다면 이들은 고립으로 인하여 뚜렷하게 구분되는 일정한 유형들의 수로 감소할 것이며, 이들 유형을 우리는 종으로 간주해야만 할 것이다. 따라서 이런 관점에서 보면, 말레이제도에 분포하는 종의 수가 상당히 높은 비율임은 확실한 것으로 보인다.

다른 한편으로 보면, 수치가 정말로 월등함을 알 수 있는데, 말레이제도에는 호랑나비과(Papilionidae)에 속하는 3속에 20개 군이 있으나, 남아메리카에는 단 한 속에 8개 군만 있으며, 말레이제도에 분포하는 종들의 크기도 평균보다 훨씬 더 큰 편이다. 그러나 대부분의 다른 과들을 살펴보면, 이런 사례가 역전되는데, 남아메리카에 분포하는 네발나비과(Nymphalidae), 뱀눈나비과(Satyridae), 부전네발나비과(Erycinidae)[160] 등의 경우는 동양에 있는 같은 과들을 개체수와 다양성, 그리고 아름다움이라는 측면에서 비교해 볼 때 훨씬 능가한다.

다음 목록은 각 군의 분포 범위와 종 수를 보여주는데, 우리로 하여금 좀 더 쉽게 이들 군의 내부적 연관 관계와 외부적 연관 관계를 연구하도록 해준다.

말레이제도에 분포하는 호랑나비과(*Papilionidae*)에 속하는 군들의 분포 범위

새날개나비속(*Ornithoptera*)

1. 프리마새날개나비군(Priamus). 말루쿠제도에서 우들라크섬 ⋯⋯5종
2. 폼페우스새날개나비군(Pompeus). 히말라야에서 뉴기니
   (술라웨시섬에 가장 많다) ⋯⋯⋯⋯⋯⋯⋯⋯⋯⋯⋯⋯⋯⋯⋯ 11종
3. 브룩스새날개나비군(Brookeana). 수마트라와 보르네오 ⋯⋯⋯⋯1종

∶

160 최근에는 학명으로 Riodinidae를 사용한다.

호랑나비속(*Papilio*)

연호랑나비속(*Leptocircus*)

20. 연호랑나비군(Leptocircus). 인도에서 술라웨시섬 ····················4종

이 표는 말레이제도와 인도에 분포하는 호랑나비과(Papilionidae) 나비들 사이에 엄청난 친밀성이 존재함을 보여주는데, 19개 군[161] 가운데 단지 3개 군만이 아프리카, 유럽 또는 아메리카에 분포한다. 말레이제도에 분포하는 군 가운데 인도−말레이 또는 호주−말레이 지역에 있는 군들의 분포가 제한되어 있다는 점은 고등동물에서도 뚜렷하게 드러나는데, 곤충에서는 그렇게 뚜렷하지가 않음에도 호랑나비과(Papilionidae)에서는 어느 정도 뚜렷하게 드러난다. 다음에 나오는 군들은 거의 또는 전적으로 제도의 한 지역에만 제한되어 있다.

인도-말레이 지역	호주-말레이 지역
녹스호랑나비군(Nox)	프리마새날개나비군(Priamus)
곤봉꼬리호랑나비군(Coon)	큰보라제비나비군(Ulysses)
작은얼룩말호랑나비군(Macareus)(대부분)	에레치테우스제비나비군(Erechtheus)
진푸른광대나비군(Paradoxa)	
검은격자띠호랑나비군(Dissimilis)(대부분)	
브룩스새날개나비군(Brookeanus)	
연호랑나비군(Leptocircus)	

∵

161 20개 군 가운데 널리 분포하여 비교의 대상이 되지 않는 다섯막대꼬리제비나비군(Antiphates)을 제외한 것으로 추정된다.

제도 전체에 걸쳐 분포하는 나머지 군들은 많은 경우가 매우 강력한 힘으로 날아다니는 곤충이거나 혹은 개방된 공간과 바닷가를 자주 찾는 종류들로 섬에서 섬으로 바람을 타고 좀 더 날아갈 것이다. 프리마새날개나비군(Priamus), 큰보라제비나비군(Ulysses), 에레치테우스제비나비군(Erechtheus)과 같은 아주 독특한 3개 군은 제도의 호주 지역에만 제한적으로 분포하는 반면, 다른 5개 군은 비슷하게 인도 지역에만 국한되어 분포한다는 사실은 포유동물과 조류의 분포에서 거의 완벽하게 파악된 생물 분포 구역에 대한 강력하면서 확실한 증거이다.

말레이제도의 다양한 섬들이 최근에 수위 변화를 겪었다면, 그리고 이들 섬 가운데 어떤 섬에 현재 존재하는 종들이 아주 가깝게 연결되어 있는 것보다 더 가깝게 연결되어 있었다면, 우리는 현재 대단히 멀리 격리되어 있는 섬들 사이에서 종의 군집에 이러한 변화가 일어났을 징후를 찾을 것으로 기대할 수도 있다. 오랫동안 격리된 상태로 유지된 이들 섬에서는 변형이 느리면서도 자연스럽게 일어나 특이한 유형으로 발달할 수 있는 시간이 있었을 것이다.

인접한 섬들에 분포하는 종들의 유연관계를 조사하면 이들의 상대적인 위치를 단순히 고려해서 만든 의견을 바로잡을 수 있을 것이다. 예를 들어, 지도에서 제도를 보면, 자와섬과 수마트라섬이 최근에 연결되었다는 생각을 피하는 것은 거의 불가능하다. 이들 섬이 현재 가까이 위치하고 있다는 사실은 너무나 뚜렷하며, 이들 섬의 화산 구조는 뚜렷한 유사성을 지니고 있다. 그럼에도 이러한 의견이 잘못이라는 점과 수마트라섬이 좀 더 최근에 만들어져서 자와섬과 관련이 있다기보다는 보르네오섬과 더 친밀한 관련이 있다는 점에 대해서는 의심할 여지가 없다. 이러한 점은 이들 섬에서 살아가는 포유동물이 뚜렷하게 보여주는데, 자와섬과 수마트라섬에는 동일한 종이 극소수인 반면, 수마트라섬과 보르네오섬에는 공통으로 존재하는 종이 상당수이다. 조류도 어느 정도 비슷한 유연관계를 보여준다. 그리고 우리는 호랑나비과(Papilionidae)의 분포에서도 같은 이야기를 발견할 수 있을 것이다. 즉,

수마트라섬	21종	두 섬에 공통인 종 수는 20
보르네오섬	30종	
수마트라섬	21종	두 섬에 공통인 종 수는 11
자와섬	28종	
보르네오섬	30종	두 섬에 공통인 종 수는 20
자와섬	28종	

수마트라와 자와 두 섬이 서로보다는 보르네오섬과 더 가까운 관계를 지니고 있음을 보여주는데, 보르네오섬이 이 두 섬과 멀리 떨어져 있으며 매우 다른 구조라는 것을 고려하면, 이 결과는 매우 독특하고 흥미롭다. 곤충의 한 무리가 제공하는 증거뿐이라면 이 증거는 무게감이 거의 없을 것이다. 그러나 고등동물 전체에서 추출하여 추정한 것이라면, 상당한 가치가 있다고 인정해야 한다.

우리는 비슷한 방식으로 서로 다른 파푸아제도와 뉴기니섬 사이의 관계도 결정할 수 있다. 아루제도에서 확보한 호랑나비과(Papilionidae)의 13종 가운데, 6종은 뉴기니섬에서도 발견되었으나, 7종은 그렇지 못했다. 와이게오섬에서 얻은 9종 가운데, 6종은 뉴기니섬에서 발견되었으나, 3종은 그렇지 못했다. 미솔섬에서 발견한 5종은 모두 뉴기니섬에서 발견했다. 따라서 미솔섬은 다른 섬들보다 뉴기니섬과 가까운 관계이다. 그리고 이러한

관계는 조류의 분포로도 확증되는데, 이런 사례 가운데 나는 단 한 가지를 제시할 것이다. 미솔섬에서 발견한 극락조는 뉴기니섬에서 흔한 종인 반면, 아루제도와 와이게오섬은 이들 지역에 특이적인 한 종을 각각 갖는다.

보르네오섬은 매우 큰데 이 제도에 있는 그 어떤 섬보다 더 많은 호랑나비과(Papilionidae)에 속하는 종들이 있다. 그럼에도 불구하고 이 섬에만 특이한 종은 3종에 불과하며, 이 가운데 1종은 수마트라섬 또는 자와섬에서도 발견될 가능성이 높거나 실제로 분포할 것이다. 마지막으로 언급한 섬에는 특이한 3종이 있으나, 수마트라섬에는 1종도 없으며, 말라카반도에는 오직 2종이 있다. 종이 지닌 독자성은 조류들에서 또는 곤충의 다른 대부분 무리들에서 훨씬 더 크며, 이들 전체가 서로서로 그리고 대륙과 최근에 연결되어 있었음을 아주 강력하게 시사한다.

술라웨시섬이 지닌 놀라운 특이성

이제 다음 섬, 즉 앞에서 마지막으로 언급한 섬과 해협으로 떨어져 있는 술라웨시섬으로 가보자. 이 해협은 이 두 섬을 구분하고 있으나 폭은 넓지 않은데, 우리는 한 가지 놀랄 만한 차이를 볼 수 있다. 전체 종 수는 보르네오섬 또는 자와섬보다는 적지만 최소 18종은 되는데, 이들은 모두 이 지역에만 제한적으로 분포한다. 이 섬에서 동쪽으로 더 가면 커다란 스람섬과 뉴기니섬이 있는데, 각 섬에는 특이한 종이 3종만 분포하며, 티모르섬에는 5종만 있다. 술라웨시섬과 비교할 수 있는 독자성을 파악하려면 섬 하나하나가 아니라 섬들 전체를 조사해야만 할 것이다. 예를 들어, 말라카반도를 포함하여 커다란 섬인 자와섬과 보르네오섬, 그리고 수마트라섬에서 서식하는 광대한 무리에는 총 48종이 포함되는데, 약 24종인 절반이 특이한 종들이다. 필리핀에 분포하는 엄청난 무리에는 22종이 포함되는데, 이들 가운데 17종이 특이하다. 말루쿠제도의 주요 7개 섬에는 27종이 있는데, 이들 가운데 12종이 특이하다. 파푸아섬들 전체에도 같은 수가 있는데 17종이 특이하다. 이들 섬 가운데 가장 외딴 섬인 술라웨시섬에는 24종이 분포하는데, 이들 가운데 상당히 많은 18종이 특이하다. 그러므로 우리는 이 흥미로운 섬의 격리 정도와 놀랄 만큼 뚜렷하게 구분되는 특징과 관련해서 내가 다른 곳에서 피력했던 의견이 눈에 잘 띄는 곤충들의 과에 대한 조사로 완전히 입증되었음을 알 수 있다. 몇 개의 조그만 위성처럼 보이는 섬들과 같이 있는 하나의 동떨어진 섬은 동물학적으로 볼 때 이보다 몇 배나 큰 섬과 동일한 중요성을 가진다. 그리고 제도의 정중앙에 위치하여 모든 방향에서 더 큰 무리들과 연결되어 있는 조그만 섬들로 둘러싸여 있으며, 각각의 섬에 있는 생물들이 이동하고 상호 교환을 위한 가장 큰 시설을 제공하는 것처럼 보이는 섬은 자연의 일부 하나하나가 지닌 고유한 특징과 함께 아직도 눈에 잘 띄며, 나는 지구상의 그 어떤 비슷한 지역과도 평행관계에 있지 않는 특이성을 지닌다고 믿는다.

이러한 특이성을 간단하게 요약하면, 술라웨시섬에는 포유동물의 3속에 속하는 동물들이 서식하는데, 비록 이 섬에 서식하는 포유동물의 수는 아주 적지만, 이들은 독특하며 격리된 유형이다. 즉, 바분[162]과 동류종으로 꼬리가 없는 검둥이원숭이속(*Cynopithecus*)[163]의 원숭이, 뿔이 곧은 영

162 긴꼬리원숭이과(Cercopithecidae)의 개코원숭이속(*Papio*)에 속하는 동물들로 흔히 바분 또는 비비라고 부른다.
163 긴꼬리원숭이과(Cercopithecidae)의 검둥이원숭이속(*Cynopithecus*)에 속하는 유일한 종으로 술라웨시검은원숭이라고도 부른다. 최근에는 속명으로 *Macaca*를 사용하여

양164과 친밀성은 모호하나 말레이제도 전체 또는 인도에서 그 어떤 동물과도 전혀 다른 난쟁이물소,165 모든 면에서 비정상적인 야생 돼지인 바비루사돼지166 등이다. 조류 개체군으로 한정해보면, 술라웨시섬에는 이 섬에만 국한되어 서식하는 엄청나게 많은 종류가 있으며, 이 섬의 좁은 지역에서만 한정되어 분포하는 자주수염벌잡이속(*Meropogon*), 난쟁이물총새속(*Ceycopsis*), 흰목구관조속(*Streptocitta*), 붉은이마구관조속(*Enodes*), 가위부리구관조속(*Scissirostrum*), 큰머리무덤새속(*Macrocephalon*) 등 6개 속이 있다. 이들 이외에도 라켓꼬리새속(*Prioniturus*)과 왕머리새속(*Basilornis*) 2속은 단 하나의 섬에서만 분포한다.

스미스167 씨가 『린네학회지 동물편』 7권에 게재한 말레이제도에 분포하는 벌목(Hymenoptera)에 관한 정교한 목록을 보면,168 술라웨시섬에서 채집된 301종이라는 많은 종류 가운데 약 2/3인 190종이, 한쪽에는 보르네오섬이 있고 다른 한쪽에는 말루쿠제도의 수많은 섬들이 있음에도 불구하

••

M. *nigra*로 부른다.

164 소과(Bovidae)의 영양속(*Oryx*)에 속하는 동물로, 머리에 길게 뻗은 두 개의 뿔이 있다.

165 소과(Bovidae)의 난쟁이물소속(*Bubalus*)에 속하는 동물로 술라웨시섬에서만 2종이 살아간다. 머리에 두 개의 뿔이 마치 영양처럼 달려 있다.

166 멧돼지과(Suidae)의 바비루사돼지속(*Babyrousa*)에 속하는 동물로 사슴돼지라고도 부른다.

167 Smith, Frederick(1805~1879).

168 1864년에 발간된 『린네학회지 동물편(*Journal of the Proceedings of the Linnean Society (Zoology)*)』 7권에 스미스는 두 편의 논문을 게재했다. 한 편은 6~48쪽에 게재된 「미솔, 스람, 와이게오, 보루네오 그리고 티모르 섬에서 월리스 씨가 채집한 벌류 목록(Catalogue of Hymenopterous Insects Collected by Mr. A. R. Wallace in the Islands of Mysol, Ceram, Waigiou, Bouru and Timor)」이며, 다른 한편은 109~131쪽에 게재된 「동양의 다도해에서 월리스 씨가 채집한 침벌류의 지리적 분포에 대한 고찰(Notes on the Geographical Distribution of the Aculeate Hymenoptera Collected by Mr. A. R. Wallace in the Eastern Archipelago)」이다. 이 가운데, 본문에서 인용된 논문은 전자이다.

고, 물론 이 두 섬은 내가 모두 조사했는데, 이 섬에만 절대적으로 국한되어 서식하고 있음을 알 수 있다. 그리고 자그마치 12개 속은 이 제도의 다른 섬에서는 발견되지 않았다. 나는 이 논문에서 호랑나비과(Papilionidae)에는 그 어떤 다른 섬보다 이 섬만의 종들이 훨씬 더 많이 존재한다는 것과 이 제도에 있는 섬의 많은 큰 무리들보다 특이한 종들이 더 높은 비율로 존재한다는 것을 보여주려고 했다. 그리고 이 섬에 서식하는 수많은 종과 변종들이, 첫 번째로 몸집의 크기가 증가하는 것과 두 번째로 날개의 형태가 특이하게 변형되어 있는 것을 보여주려고 했는데, 날개의 형태는 가장 많이 다른 곤충들에게 자신의 공통 출생지를 서로 보여주는 독특한 표식을 제공한다.

내가 묻고 싶은 것은 이러한 현상과 관련해서 '우리는 무엇을 해야 하는가?' 창조자의 불가해한 뜻으로 이 모든 곤충들과 동물들이 현재 있는 그대로 아주 정확하게 창조되었으며, 현재 이들이 있는 곳에서 처음부터 정확하게 존재해왔다는 아주 단순하지만 동시에 아주 불만족스러운 설명에 그저 만족해야만 하고, 사실들을 기록하고 궁금해하는 것 말고는 할 일이 아무것도 없을까? 창조자가 지닌 능력을 환상적으로 과시하기 위해 이 하나의 섬을 선택하여 순진하고 비합리적인 감탄을 불러일으키려고만 했을까? 자연적인 원인이 작동하여 점진적인 변형, 즉 우리가 거의 추적할 수 있는 연속적인 변형으로 나타난 이 모든 모습들이 모두 기만적일까? 가장 다양하게 변한 무리들 사이에서 나타나는 이러한 조화는 모든 것들이 대응 현상임을 보여주며, 우리가 독립적인 증거를 가지고 있는 물리적 변화에 의존함을 암시하는데, 이들 모두가 거짓 증거일까? 내가 그렇게 생각할 수 있다면, 나는 자연에 대한 연구가 지니는 가장 큰 매력을 잃어버렸을 것이다. 지층이 원시 바다에서 결코 만들어지지 않았고, 그토록 조심스럽게 채집하고 연구한 화석들이 이전에 존재하던 생명 세계에 대한 진정한 기록이 아니라, 모든 것들이 오늘날 이들이 존재하는 그대로, 그리고 오늘날 이들을 발견하는 바위에서 창조되었다는 지구 과거 역사에 대한 그의 해석이 모두 망상이라는 점을 그가 납득할 수 있다면, 나는 마치 지질학자가 된 것 같다.

나는 여기에서 이러한 현상들 그 어떤 것도, 아무리 명백하게 동떨어져 있거나 중요하지 않더라도, 단독으로는 결코 존재할 수 없다는 내 자신만의 믿음을 드러내고자 한다. 위대한 자연이 행진하는 한 부분으로 조화를 이루지 않고서는 나비 날개의 형태를 바꾸거나 색이 다양하게 변할 수 없다. 그러므로 나는 내가 방금 요약한 이 모든 기이한 현상들은 이들 지역의 생물학적 그리고 비생물학적 변화의 마지막 단계와 직접 연결되어 있다고 믿는다. 그리고 나는 술라웨시섬이 보여준 현상이 주위에 있는 모든 섬들에서 일어난 현상들과 다른 것은 술라웨시섬의 과거 역사가 어느 정도는 독특하면서도 주위의 섬들과는 다르기 때문에 나타난 것이라고 확신한다. 차이가 무엇으로 이루어졌는지를 정확하게 결정하려면 보다 많은 증거를 확보해야만 한다. 지금까지 나는 하나의 추론, 즉 술라웨시섬은 말레이제도에서 가장 오래된 지역의 하나를 대표한다는 점에 도달하는 내 자신만의 방법을 명확하게 알았을 뿐이다. 그리고 이 섬은 인도와 호주에서 현재보다 이전에 좀 더 완벽하게 격리되어 있었으며, 그동안 나타났던 모든 돌연변이 속에서도 어느 정도 더 오래된 땅에서 살아가던 동식물의 잔존 또는 지층이 이곳에서 우리에게 도움이 되도록 보존되었다.

내가 집으로 돌아와[169] 술라웨시섬에 있는 생물들을 인접한 섬들에서

..

169 월리스는 1854년부터 1862년까지 말레이제도 일대에서 생물들을 채집하면서 자연사를 연구했다. 그리고 이 논문은 1864년 3월에 구두로 발표했고, 1865년에 논문으로 발표했다.

살아가는 생물들과 하나하나 비교할 수 있게 되고 나서야, 나는 이들이 지닌 특이성에 깊은 인상은 받았고 이들에게 엄청난 관심을 가지게 되었다. 식물과 파충류는 아직도 거의 대부분 알려지지 않았다. 그리고 진취적인 자연사학자가 조만간 이들의 연구에 전념하기를 바랄 뿐이다. 이 지역의 지질학 또한 연구할 가치가 있으며, 새로운 화석이 현재의 비정상적인 상태를 초래한 변화를 규명하는 것도 특히 흥미로울 것이다. 말하자면, 이 섬은 두 세계의 경계선에 서 있다. 한쪽에는 고대 호주에 분포하던 동물상인데, 이들은 오늘날까지도 지질시대 초기 모습들을 보존하고 있다. 다른 한쪽에는 아시아에 분포하는 풍부하면서도 다양하게 변한 동물상으로, 이 지역에는 모든 강과 목에 속하는 가장 완벽하고 고도로 조직화된 동물들이 서식하고 있다. 술라웨시섬은 이 둘 모두와 관련이 있지만, 그럼에도 엄밀히 말하면 이 둘 어느 쪽에도 속하지 않는다. 대체로 이 섬은 자신만의 고유한 특징을 가지고 있다. 나는 지구상에 있는 그 어떤 섬도 과거와 현재 역사에 대한 면밀하고 상세한 연구에 보답하지 못할 것이라고 확신한다.

결론

이 논문을 쓰면서, 나는 생물들이 살아가는 데 유리한 환경에 놓인 아주 제한된 구역에서 살아가는 조그만 동물 한 무리의 외부생리학[170]이라고

..

170 외부 요인이 생물에게 작용하여 나타나는 동물의 생리학적 변화를 연구하는 분야로 추정된다.

부를 수 있는 연구를 통해 얼마나 많은 것을 배울 수 있는지를 보여주려고 했다. 이러한 자연사 분야는 다윈 씨 이전까지는 거의 관심을 받지 못했다. 그는 체계화된 존재171의 역사를 똑바로 해석하는 데 하나의 부속물이 얼마나 중요한지를 보여주었고, 또한 지금까지 생물체 내부의 구조와 생리 현상에만 한정되어 수행되어 왔던 연구에서 벗어나 조금은 생물의 역사에 마음이 끌리도록 만들었다. 종이 지닌 속성, 변이의 법칙, 형태와 색 모두에 미치는 지역의 신비한 영향, 이형성과 모방이라는 현상, 암컷과 수컷에 따른 변형의 영향, 지리적 분포에 대한 일반적인 법칙, 그리고 지구 표면에서 일어난 과거 변화에 대한 해석은 모두 말레이제도에 분포하는 호랑나비과(Papilionidae)라는 극히 제한된 무리로 거의 다 설명되었다. 동시에, 이로부터 도출된 추론들은 또 다른 동물군과 때로는 멀리 떨어져 격리되어 있는 동물들에서 발견되는 대등한 사실들로 입증되는 것으로 나타났다.

171 생물을 의미한다. 흔히 유기체로 번역하기도 한다.

5장

인간과 동물의 본능에 대하여

이성이나 관찰이 영향력을 거의 발휘하지 못하는 본능[1]이라고 부르는 가장 완벽하면서도 놀라운 사례를 곤충에서 발견할 수 있는데, 이는 우리가 지닌 능력과는 가장 동떨어진 또 다른 능력을 곤충들이 소유하고 있음을 암시한다. 벌과 말벌이 보여주는 집 짓는 신비한 능력, 개미의 사회적 경제, 한 번도 본 적 없는 자손의 안전을 위해 많은 딱정벌레와 파리가 보여주는 세심한 준비, 그리고 나비와 나방의 애벌레가 번데기 상태를 대비하는 기묘한 과정은 모두 이러한 능력의 전형적인 사례들이며, 우리의 감각으로부터 또는 우리의 이성으로부터 유추할 수 있는 것과는 전혀 다른

----

1 오늘날 본능은 선천적 행동 양식으로 규정하고 있다. 학습하지 않은 상태에서 하는 행동으로, 학습 후에 하는 행동은 후천적 행동 양식이라고 부른다.

어떤 능력 또는 지능이 의심할 여지 없이 존재할 것이라는 결론을 내리게 한다.

어떻게 하면 본능을 가장 잘 연구할 수 있는가

우리가 본능을 어떻게 정의하든지 상관없이, 본능은 분명히 어떤 형태의 정신적 표현이다. 그리고 우리는 우리 자신의 정신적 기능으로 유추하고 다른 사람과 동물에 대한 정신적 작용의 결과를 관찰하여 마음으로만 판단할 수 있기 때문에, 곤충처럼 우리와 근본적으로 너무나 다른 피조물들이 보여주는 정신적 활동의 속성을 우리가 긍정적으로 언급하기 전에 어린이와 야만인, 그리고 우리 자신으로부터 그리 멀리 떨어져 있지 않은 동물의 마음을 이해하려고 연구하고 노력하는 것이 우선적으로 반드시 필요하다. 우리는 이들이 가지고 있는 감각이 무엇인지, 또는 이들의 시각과 청각 그리고 감정이 우리와 어떤 관계인지에 대해 알아낼 수도 없다. 이들의 시각은 섬세함과 범위 두 가지 모두에서 우리의 능력을 훨씬 능가할 수도 있고, 아마도 우리가 분광기를 이용해 얻을 수 있는 것처럼 신체의 내부 구성에 대한 지식을 우리에게 제공할 수도 있다. 그리고 이들의 시각 기관이 우리의 기관은 할 수 없는 어떤 능력을 지니고 있는데, 이는 시신경절에서 겹눈의 각막렌즈까지 방사상으로 특이하게 막대처럼 뻗어나온 수정체 때문에 나타난다. 이 수정체의 형태와 두께는 막대 부위에 따라 다양하게 변하며, 곤충 무리마다 독특한 특징이 있다. 이처럼 복잡한 장치는 척추동물의 눈에 있는 그 어떤 것과도 매우 다른데, 우리가 알고 있는 시각이라는 기능뿐만 아니라 우리는 거의 상상할 수 없는 몇 가지 기능에 도움이 될 것이다. 곤충은 극도로 섬세한 소리도 제대로 인식할 수 있다고 믿을 만한 이유가 있으며, 신경이 풍부하게 공급되고 대부분 곤충에서 날개의 아전연맥2에 자리를 잡고 있는 어떤 조그만 기관들이 청각기관일 것으로 추정하고 있다. 그러나 이외에도 메뚜기 등을 포함하는 메뚜기목(Orthoptera) 곤충들은 앞다리에 귀로 추정되는 무엇인가를 가지고 있으며,3 조그만 자루가 있는 공처럼 생긴 구조가 파리의 뒷날개에 홀로 흔적으로 남아 있는데, 로니4 씨는 이것 역시 청각기관이나 어느 정도 대등한 감각기관으로 믿고 있다.5 파리도 마찬가지로 더듬이의 세 번째 관절에 수많은 신경섬유가 들어 있는데, 이 신경섬유는 끝에 조그만 구멍이 있는 세포로 되어 있으며, 로니 씨는 이 구조를 후각 기관이나 어떤 다른, 아마도 새로운 감각기관으로 믿고 있다. 그러므로 곤충은 우리가 결코 인지할 수 없는 어떤 사물에 대한 지식을 자신에게 제공할 수 있고 우리가 이해할 수 없는 행동을 자신이 수행할 수 있게 하는 감각을 가지고 있음이 매우 명백하다. 이들의 능력과 천성적인 속성을 완벽하게 모른 상태에서, 우리 자신의 능력과 비교해서 이들의 정신적 능력을 뻔뻔스럽게 평가할 만큼 우리가 현명할까? 어떻게 우리가 이들의 정신적 속성이 지닌 심오한 신비를 헤아리는 척하고, 이들이 무엇을, 그리고 얼마나 많이 인식하거나 기억하고,

∴

2 곤충의 날개에 있는 맥 가운데 하나로, 날개의 앞가장자리를 따라 나오는 세로맥인 전연맥 뒤에 두 번째로 나오는 세로맥으로 일반적으로 갈라지지 않는다. 아전연맥 다음에 나오는 세 번째 세로맥은 경맥, 네 번째 세로맥은 중맥, 다섯 번째 세로맥은 주맥, 그리고 주맥 뒤에 나오는 세로맥은 시맥이라고 부른다.
3 메뚜기목(Orthoptera)에 속하는 귀뚜라미와 여치는 앞다리에 청각기관이 있으나, 메뚜기는 복부에 있는 것으로 알려져 있다.
4 Lowne, Benjamin Thompson(1839~1893).
5 그러나 파리·모기 등은 촉각의 기부에 간단한 청각기가 있는 것으로 알려져 있다.

추론하거나 심사숙고하는지를 결정할 수 있단 말인가! 우리 자신의 의식에서 곤충의 의식으로 한 단계 뛰어넘는다는 것은 마치 구구단을 아주 잘 안다고 곧바로 미적분 함수를 공부할 수 있다고 말하는 것처럼, 또는 우리와 같은 비교해부학자들이 사람의 골격을 연구한 다음 곧바로 수많은 중간유형에 대한 그 어떤 지식도 갖추지 않고서 물고기 골격을 연구하여 멀리 떨어진 척추동물 유형들 사이의 상동성을 결정하려고 시도하는 것처럼 불합리하고 터무니없는 짓이다. 이러한 경우에는 오류를 피할 수 없을 것이며, 오직 잘못된 결론을 좀 더 뿌리 깊고 좀 더 제거할 수 없게 만드는 같은 방향으로 연구를 계속하지 않을 것이다.

본능에 대한 정의

이 주제와 관련해서 더 들어가기 전에, 우리는 본능이라는 용어가 의미하는 바를 결정해야 한다. 본능은 "교육이나 경험의 도움이 없는 상태에서 작동되는 타고난 기질", "신체 조직과는 완전히 무관한 정신력" 또는 "사람이 할 수 있는 일에서 볼 수 있는 것처럼 동물이 추론에 추론을 거듭해서 어떤 행동을 하게 만들고 사람은 할 수 없는 일에서 볼 수 있는 것처럼 지적 능력의 노력만으로는 설명할 수 없는 행동을 하게 하는 동물의 능력" 등과 같이 다양하게 정의되어 왔다. 우리 역시 본능이라는 단어가 체제나 습관의 결과로 명백하게 나타나는 행동에도 흔히 적용되고 있음을 발견한다. 망아지나 송아지는 태어나자마자 곧바로 본능적으로 걷는다고 말하고는 있지만, 이처럼 걷는 것은 단순히 체제에 따른 결과일 뿐이므로, 송아지나 망아지의 체제는 이들이 걸을 수 있게 해주고 걷는 것을 즐겁게 만들어준다. 그래서 우리는 스스로 떨어지지 않도록 보호하려고 본능적으로 손으로 잡고 있다고 말하기도 하나, 이러한 행동은 습득한 습관으로 어린이들은 이런 행동을 하지 않는다. 나에게는 본능이 "결코 교육을 받지 않았거나 이전에 습득한 지식이 없는 상태에서 복잡하게 움직이는 동물들의 행동 양식"으로 보인다. 따라서 자신의 둥지를 만드는 새들, 자신의 집을 만드는 벌들, 자신이나 자손들이 미래에 원하는 것을 공급하는 많은 곤충들의 행동처럼 다른 개체들이 수행한 것을 이전에 전혀 본 적이 없고 자기 스스로를 위해 왜 하는지에 대한 그 어떤 지식도 없이 수행하는 것이라고 말한다. 이런 행동을 아주 일반적인 용어로는 '맹목적 본능'이라고 부른다. 그러나 우리는 이상하게도 결코 진실로 입증된 적이 없는 사실에 대하여 여러 가지 주장이 제기된 것도 알고 있다. 이런 주장들이 너무나 자명해서 당연한 일로 여겨질 수 있다고 생각된다. 정교한 둥지를 짓는 어떤 새의 알을 구하여, 이들 알을 수증기를 내뿜어서 또는 전혀 다른 부모 밑에서 부화시켜 부모 새의 둥지와 비슷한 위치와 재료를 발견할 수 있는 넓은 새장이나 지붕이 있는 정원에 부화된 새끼들을 가져다 놓아둔 다음, 이 새끼들이 어떤 종류의 둥지를 짓는지 관찰한 사람은 지금까지 단 한 사람도 없었다. 이처럼 엄격한 조건에서 새끼들이 부모가 했던 같은 방법으로 같은 재료와 같은 위치를 선택해서 완벽하게 둥지를 만든다면, 이 사례에서는 본능이 증명될 것이다. 이제까지 본능은 단지 가정되었고, 좀 더 자세히 설명하겠지만, 그 어떤 충분한 이유도 없이 가정될 것이다. 그래서 그 누구도 꿀벌의 벌집을 이루는 벌집방[6]에서 번데기를 조심스럽게 꺼내지도,

∴

6 벌집을 이루고 있는 육각형 구조 하나를 지칭한다.

다른 꿀벌이 있을 때 번데기를 밖으로 들어내지도, 많은 꽃들과 음식이 풍부한 온실에 번데기를 풀어놓지도, 그리고 이들이 만들어내는 벌집방 유형[7] 하나하나를 관찰하지도 않았다. 그러나 이러한 일이 끝날 때까지 그 누구도 꿀벌이 교육이 없는 상태에서 벌집을 지었다고 말할 수 없으며, 새롭게 탄생한 꿀벌 무리 하나하나에 같은 해에 탄생한 꿀벌들보다 이들에게 새로운 벌집을 짓는 방법을 가르치는 선생님 역할을 하는 더 오래된 꿀벌이 없다고 말할 수도 없다. 이제 과학 탐구라는 관점에서 증명할 수 있는 부분이 가정되어서는 안 되며, 완전하게 알려져 있지 않은 능력은 알려진 능력이 충분하다고 해서 사실을 설명하기 위해 도입되면 안 된다. 이 두 가지 이유 때문에 나는 모든 가능한 설명 방식이 완전히 고갈되지 않은 어떤 경우라면 본능이라는 이론을 정중히 거절하고자 한다.

인간은 본능을 지니고 있는가

본능 이론을 지지하는 많은 사람들은 인간도 동물이 지닌 본능과 같은 속성을 띤 본능을 지니고 있으나 인간이 지닌 추론 능력으로 인하여 다소 이해하기 힘들다고 주장한다. 그리고 이런 점은 어떤 것보다 우리가 관찰할 수 있는 사례들이 좀 더 남아 있으므로, 나는 조금 더 상세히 설명하고자 한다. 유아는 본능에 따라 젖을 빨고 이후로는 같은 능력으로 걷는 반

∙∙

7 벌집방은 꿀벌의 육각형 구조에서 뒤영벌의 원형에 이르기까지 다양하다. 벌집방의 구조는 다윈이 『종의 기원』 7장, 「꿀벌이 벌집방을 만드는 본능」 항목에서 세 유형으로 구분해서 설명했다.

면, 성인 남자에게 가장 두드러진 본능의 사례가 있다면 길도 없고 지금까지 알려져 있지 않은 황야를 가로질러 길을 찾아 달리는 야만인이 소유한 능력일 것이다. 유아가 젖을 빠는 사례를 먼저 살펴보자. 갓 태어난 유아가 "젖꼭지를 찾는다"라고 종종 터무니없이 말을 하면서, 이를 본능의 놀라운 증거로 간주한다. 이 점이 진실이라면 의심의 여지가 없으나, 모든 간호사와 의사들이 증언하는 바와 같이 유감스럽게도 이론상으로는 전적으로 거짓이다. 아직까지도 아이가 교육받지 않고서도 의심의 여지 없이 빨고는 있으나 이는 사실상 본능이라고 간주할 수 없는,[8] 숨을 쉬거나 근육 운동에 불과한 체제에 의존하는 단순한 행동이다. 유아의 입 안에 적당한 크기로 된 어떤 물체가 있다면 이 물체는 신경과 근육을 자극하여 빠는 행동을 유발하고, 약간의 시간이 지나면, 의지가 작동하여 행동의 결과로 오는 쾌감이 빠는 행동을 지속하게 만든다. 그래서 걷는 것도 분명히 골격과 관절의 배열, 그리고 근육의 즐거운 운동에 좌우되는데 걷게 되면 몸이 수직으로 서는 자세가 점차 가장 편안한 상태로 된다. 그리고 유아가 야생동물의 젖을 빤다고 하더라도 스스로 걷는 것을 배울 것이라는 점에 대해서는 의심의 여지가 거의 없다.

∴

8 최근에는 유아의 본능에 따른 생존을 위한 빨기 반사로 해석하고 있다. 빨기 반사는 태아가 엄마 뱃속에 있는 동안 나타나는데, 17주에 시작해서 태어날 때까지 발달하며, 유아는 생명 유지를 위해 출생 후 몇 초 안에 빨기 반사에 반응한다. 이후 유아가 손가락을 빨기 시작하는데, 이는 젖을 먹는 습관 때문에 생긴 후천적 행동이다. 월리스는 젖빨기가 본능이 아닌 것처럼 설명하고 있으나 검토가 필요한 부분이다.

인디언이 길도 없는 미지의 숲속을 여행하는 방법

이제는 인디언들이 이전까지 단 한 번도 가보지 않은 숲속에서 자신만의 길을 찾는다는 사실에 대해 살펴보자. 이런 사실은 상당히 잘못 알려져 있는데, 나는 이러한 행동을 아주 특별한 조건에서만 수행했다고 믿고 있기 때문에, 본능이 이런 행동을 하는 것과 아무런 관련이 없다는 점을 바로 보여주려고 한다. 어떤 야만인이 이전에 단 한 번도 횡단한 적이 없는 자신이 태어난 곳의 숲에서 자신만의 길을 자신이 원하는 방향으로 찾아낸다는 것은 사실이다. 그러나 이는 어려서부터 인디언이 숲속에서 이리저리 돌아다니면서 스스로 관찰하거나 다른 사람에게 배운 신호를 이용해서 자신의 길을 발견하는 데 익숙하기 때문이다. 야만인들은 여러 방향으로 긴 여행을 해서 자신의 모든 능력을 이러한 주제와 직접 연결하므로, 이들은 자신이 살고 있는 지역뿐만 아니라 주변의 모든 지역의 지형에 대한 광범위하면서도 정확한 지식을 얻게 된다. 새로운 방향으로 여행해본 사람은 누구나 자신이 알고 있는 지식을 여행 경험이 적은 사람들에게 전달하고, 또한 경로와 지역에 대한 설명뿐만 아니라 여행과 관련된 사소한 사건들은 저녁에 모닥불 앞에 둥그렇게 모여 앉아 이야기할 때 하나의 중요한 주제가 된다. 다른 부족 출신의 모든 여행자나 포로는 정보의 창고에 추가되고, 개인을 비롯하여 가족과 부족 전체의 존재 그 자체는 이러한 지식의 완벽함을 좌우하는데, 성인 야만인은 모든 예리한 지각 능력으로 정보를 습득하고 정확하게 만들려고 힘을 쏟는다. 따라서 좋은 사냥꾼이나 여행자는 자신이 여행한 지역뿐만 아니라 아마도 주변에서 아주 멀리 떨어진 지역에 있는 모든 언덕과 산맥의 방향, 하천이 흐르는 방향과 합류 지점, 특이한 식생으로 된 지역 하나하나의 상황을 알게 될 것이다. 그의 예리한 관찰력은 그로 하여금 지표면의 미세한 기복 상태, 하층토의 다양한 변화와 식생마다 지닌 특성의 변경 상황을 그로 하여금 감지할 수 있게 하는데 이방인은 전혀 감지할 수 없다. 그의 눈은 자신이 가고자 하는 방향으로 항상 열려 있다. 나무에 이끼가 낀 방향, 바위의 그늘진 곳에서 자라는 특정한 식물의 존재, 아침과 저녁에 날아다니는 새 등은 그에게 하늘에 떠 있는 태양처럼 방향을 알려주는 확실한 표지이다. 이제 야만인이 한 번도 가본 적이 없는 방향으로 이 나라를 가로질러 가는 길을 찾아야 한다면, 그에게는 이 일이 전적으로 똑같은 임무가 된다. 그가 출발했던 지점까지 우회하는 길로 가더라도, 그는 모든 방향과 거리를 관찰했으므로 자신이 있는 위치, 자신의 집 방향, 자신이 가는 데 필요한 장소의 방향 등도 거의 잘 알고 있다. 그는 그곳을 향해 출발하면서 높은 곳이나 강을 지날 때 시간이 얼마나 걸리는지, 하천이 어느 방향으로 흐르는지, 그리고 출발점으로부터 어느 정도 거리에 건너야 할 하천이 있는지도 알고 있다. 그는 자신이 가야 할 지역 전체에 있는 토양의 속성뿐만 아니라 식생의 커다란 특징도 알고 있을 것이다. 그가 과거에 또는 최근에 가본 적이 있는 나라의 어떤 길에 접근하게 되면, 많은 사소한 지시물들이 그를 안내하지만, 그는 너무나 조심스럽게 이들을 관찰하기에 같이 다니는 백인 동료들은 그가 가고자 하는 경로를 암시하더라도 알아차리지 못한다. 수시로 그는 자신이 가는 방향을 사소하게 변경하나, 그는 절대로 혼란스러워 하지 않으며 항상 집에 있다는 느낌을 가지고 있으므로 결코 낙담하지 않는다. 그는 잘 알려진 나라에 최종적으로 도착할 때까지, 원하는 정확한 지점에 도달할 수 있도록 자신이 설정한 경로를 따라간다. 그가 안내한 유럽인들에게는 그가 어떤 특별한 고민도 하지 않고 변하지 않는 거의 직선 경로로 아무런 어려움 없이 왔던 것처럼 보인다. 유럽인들은 놀라면서 그가 이전에 같은 경로를 다녀왔는지 물어보고 그가 "아니다"라고 할 때, 항상 정확한 어떤 본능이 유일하게 그를 안내했다는 결론을 내릴 것이다. 그러나 이처럼 같은 사람을 그가 살고 있는 곳과 매우 비슷하지만 다른 하천과 언덕이 있고, 다른 종류의 토양으로 되어 있고, 어느 정도는 다른 식물과 동물이 살고 있는 다른 나라에 데려가보자. 그리고 그를 주어진 지점에서 우회하는 경로로 데려간 다음, 그에게 처음 있던 장소로 숲을 가로질러 80킬로미터는 직선거리로 되돌아갈 수 있느냐고 물어보라. 그는 분명히 시도하는 것을 거절할 것이며, 혹은 시도하더라도 분명히 실패할 것이다. 그에게 있을 것으로 생각되는 본능은 자신의 나라를 벗어나면 작동하지 않는다.

그런데 어떤 야만인은 새로운 나라라 할지라도 숲속 생활에 익숙하고, 길을 잃는 것에 대한 두려움이 없으며, 방향과 거리를 정확하게 인지할 수 있다는 의심할 여지 없는 유리한 점을 지니고 있으며, 그에 따라 그는 문명화된 인간에게는 경이롭게 보이는 지역에 대한 지식을 아주 빨리 습득할 수 있다. 그러나 내가 삼림 지역에서 살아가는 야만인들을 관찰한 바에 따르면, 이들은 우리가 지니고 있는 능력 이외의 또 다른 능력을 사용하지 않고서도 자신의 길을 찾는다는 것을 확신하게 되었다. 그러므로 비슷한 조건에서 우리가 아마도 덜 완벽하지만 수행할 수 있는 거의 모든 일을 야만인들이 수행하는 것을 설명하려고 새롭고도 신비로운 능력이라는 도움을 불러내는 것은 터무니없이 불필요한 일이다.

다음 논문에서 나는 새의 본능 탓으로 여겨지는 상당수가 새들이 지닌 관찰, 기억, 모방에 대한 자신의 능력과 의심할 여지 없이 보여주는 제한된 이성 능력을 가졌다는 것을 인정함으로써 설명할 수 있다는 것을 보여주려고 한다.

6장

새들이 짓는 둥지의 과학

새의 둥지 짓기, 본능 또는 이성

새들은 자신의 둥지를 본능으로 짓지만, 사람은 자신의 집을 이성을 발휘하여 짓는다고 알고 있다. 새들은 결코 변하지 않고 모두 똑같은 계획에 따라 아주 오랜 시간 계속해서 짓는다. 사람은 자신의 집을 지속적으로 변경하고 개선한다. 이성은 전진하나 본능은 정체되어 있다.

이 원칙은 매우 일반적이어서 거의 보편적으로 받아들여지고 있다고 말할 수 있다. 다른 어떤 것에도 동의하지 않는 사람일지라도 이 원칙은 사실을 매우 잘 설명하는 것으로 받아들인다. 철학자와 시인, 형이상학자들과 신들, 자연사학자들과 일반 대중은 이 원칙을 그럴듯하다고 믿는 데 동의할 뿐만 아니라 어떤 증거도 요구하지 않는 자명한 하나의 공리로 여기며, 본능과 이성을 추측하는 아주 중요한 근간으로 사용한다. 믿음이 일반적인 것이 되려면 논쟁의 여지가 없는 사실에 반드시 근거해야만 하며, 사실들로부터 논리적으로 연역할 수 있어야만 한다. 그럼에도 나는 이 원칙이 매우 의심스러울 뿐만 아니라 절대적으로 잘못이라는 결론에 도달했다. 또한 이 원칙은 진실에서 크게 벗어나 있을 뿐만 아니라 거의 모든 측면에서 정확하게 진리의 반대편에 있다. 간단히 말해서, 나는 새들이 본능으로 자신의 둥지를 짓지 않는다고, 사람은 이성의 힘으로 자신의 집을 짓지 않는다고, 사람이 변하거나 개선하도록 만드는 같은 원인들에 의해 새들도 변하거나 개선한다고, 그리고 새들 사이에서 거의 보편적으로 나타나는 비슷한 조건에 사람이 처해 있을 때에는 사람이 변하거나 개선하려고 하지 않는다고 믿는다.

인간은 이성으로 또는 모방해서 집을 짓는가?

우선 인간이 집 구조를 단독으로 결정한다는 이성론을 살펴보자. 인간은 이성적 동물로서 자신의 거주지를 지속적으로 변경하고 개선한다고 한다. 나는 이런 점을 전적으로 부정한다. 일반적 규칙에 따르면, 인간은 새와 마찬가지로 변경도 개선도 하지 않는다. 새들의 둥지는 변함이 없는데, 야만인 종족 대부분은 집의 어떤 점을 개선했을까? 아랍인의 천막은 2,000년 또는 3,000년 이전이나 지금이나 똑같으며, 이집트의 진흙으로 만든 마을은 파라오 시대 이후 거의 개선되지 않았다. 남아메리카와 말레이제도의 다양한 인종들이 야자나무 잎으로 만든 오두막이나 가축 우리는 이 지역에 사람이 거주하기 시작한 이후 무엇이 개선되었는가? 파타고니아 주민들이 잎으로 대충 만든 주거지, 남아프리카 원주민의 움푹한 움집 등이 오늘날 이들이 살고 있는 집보다 질이 낮았던 적이 있었다고 우리는 상상조차 할 수가 없다. 우리 주변에서 가까이 볼 수 있는 집이라고 하더라도, 아일랜드의 잔디로 덮인 오두막집과 하이랜드[1]의 석재로 만든 거주지는 지난 2,000년 동안 거의 발전하지 못했다. 이제, 이처럼 야만인 종족들이 만든 주거용 건축물이 정체된 상태를 아무도 본능 탓으로 돌리지는 않지만, 세대를 거듭하면서 단순한 모방 탓으로, 그리고 변화나 개선을 유도할 충분히 강력한 그 어떠한 자극의 부재 탓으로 돌리고 있다. 갓 태어난 아랍 아이를 파타고니아나 하이랜드로 옮길 수 있다면, 아이가 성장하여 가죽 천막을 쳐서 양부모를 놀라게 할 것이라고는 아무도 상상하지 않는다. 이와는 반대로, 도착한 나라의 문명화 정도와 결합한 물리적 조건이 당연히 거의 모든 유형의 구조를 결정한다는 점은 아주 명확하다. 다양한 여러 나라에서 집을 짓는 재료로 잔디, 석재, 눈, 야자나무 잎, 대나무, 또는 나뭇가지 등을 널리 사용하는데 이것들을 제외하면 쉽게 얻을 수 있는 것이 없기 때문이다. 이집트 농부는 이것들 가운데 아무것도 가지지 못했으며 심지어 목재조차도 가지지 못했다. 그가 진흙 이외에 무엇을 사용할 수 있단 말인가? 열대의 숲속에 있는 나라에서는 대나무와 활엽성 야자나무 잎이 집을 짓는 자연 재료이며, 구조의 형태와 방식은 부분적으로 나라의 자연 조건, 즉 더운 지역인가 추운 지역인가, 축축한 지역인가 건조한 지역인가, 암반이 많은 지역인가 평야가 많은 지역인가, 야생 동물들이 자주 다니는지 또는 적의 공격이 문제가 되는지 여부로 결정되었다. 집을 짓는 특별한 방식이 한번 채택되어서 습관과 유전되는 관습으로 확실하게 정해지

..

1 영국의 스코틀랜드, 잉글랜드 그리고 웨일스가 자리를 잡은 그레이트브리튼섬의 북부 지방이다. 이 지역을 스코틀랜드라고 부르는데 스코틀랜드에서도 북쪽 지역을 하이랜드라고 부른다.

면, 이 방식의 유용성이 조건의 변화나 아주 다른 지역으로 이주함에 따라 사라지더라도 이 방식은 오랫동안 유지될 것이다. 일반적으로 아메리카 전 대륙에 걸쳐서 토착민들은 집을 땅 위에 직접 지었는데, 낮은 벽과 지붕은 두껍게 만들어 강도와 안정성을 확보하였다. 이와는 반대로 말레이제도의 거의 모든 지역에서는 집들이 기둥 위에 세워져 있는데, 때로는 아주 높은 곳에 있으며 대나무로 만든 바닥 아래는 텅 비어 있다. 그리고 구조물 전체는 극단적으로 가볍고 앙상하다. 그렇다면 물리적 조건, 자연의 생산물, 그리고 토착민들의 문명화 정도가 놀라울 정도로 비슷한 여러 나라에서 집의 구조가 현저하게 차이가 나는 이유는 무엇일까? 이들 나라에 각각 거주하는 토착민들의 기원과 이주에 관한 추정에서 일부 단서를 찾을 수 있을 것 같다. 열대 아메리카의 원주민들은 북쪽, 즉 겨울이 매우 혹독한 나라에서 이주해온 것으로 알려져 있는데, 바닥 아래가 뚫린 집에서는 거의 살 수가 없었을 것이다. 이들은 대륙의 남쪽으로 산맥과 고지대를 따라 이동했고, 변화한 기후 조건에서 자신이 확보할 수 있었던 재료는 새롭게 변화되었지만 건축 양식은 조상들 양식을 지속적으로 유지했다. 아마존 계곡의 인디언들을 꼼꼼하게 관찰한 베이츠 씨는 이들이 상대적으로 더 추운 지역에서 비교적 최근에 이주해왔을 것이라는 결론에 도달했다. 그는 "아마존강 상류 지역의 인디언들 사이에서 더위에 대한 체질적인 반감과 싸우지 않고서는 그 누구도 살 수가 없을 것이다. 이들의 피부는 만지기에 뜨겁고, 땀도 거의 흘리지 않는다. 이들은 뜨겁고 건조한 기후에서 제대로 쉬지 못하나, 자신의 노출된 등에 비가 쏟아지는 시원한 날에는 생기를 얻는다"고 말했다. 그리고 그는 또 다른 많은 세부 사항을 설명하고 나서, "이 모든 것이 열대 기후 국가의 진정한 후손인 흑인들과 어떻게 다르단 말인가! 침대를 사용하는 인디언들은 이처럼 더운 지역에서 이주자 또는 이방인으로 살아가며, 이들의 체질은 처음에는 기후에 적응하지 못했고, 그 이후로도 완벽하게 적응하지 못했다는 인상이 점차 내 마음에 자리를 잡았다"고 결론을 내렸다.

이와는 반대로, 말레이제도 주민들이 가장 더운 지역에서 살아가는 아주 오래된 정착민이라는 점은 의심의 여지가 없으며, 특히 강이나 개울 입구 또는 내륙의 큰 만이나 작은 만과 같은 지역에 자신의 첫 정착지를 만드는 데 매진하고 있다. 이들의 삶에 카누는 필수 요소인데, 수로로 갈 수 있다면 육로로는 절대로 여행하지 않는 탁월한 해양성 또는 반수생 사람들이다. 이러한 취향에 따라, 이들은 자신의 집을 물 속에 기둥을 세워 만드는데, 고대 유럽인 가운데 호수 근처에 살았던 거주자의 방식을 따른 것이다. 그리고 이러한 건축 방식이 너무나 확고해져서, 내륙 깊숙이 건조한 평야나 바위가 많은 산지에 퍼져서 살아가는 종족들조차도 정확하게 같은 방식으로 집을 지으며, 땅 위에 거주지를 높게 만들어 안전도 도모하고 있다.

새들은 왜 저마다 특이한 종류의 둥지를 만들까?

야만인들이 만든 집이 보여주는 이런 일반적인 특성은 새들이 만든 둥지에서도 정확하게 평행관계에 있는 것으로 발견될 것이다. 각각의 종은 가장 쉽게 얻을 수 있는 재료를 이용하며, 각자의 습성에 가장 알맞은 위치에 짓는다. 예를 들어, 굴뚝새는 산울타리와 낮은 덤불을 자주 찾아다니며, 일반적으로 자신이 살아가는 곳에서 항상 발견할 수 있는 이끼로 둥지를 짓는다. 그리고 자주 다니는 곳에서 곤충을 먹이로 확보하나, 가까이에 건초나 깃털이 있으면 이런 재료도 다양하게 사용한다. 떼까마귀는 목

초지와 쟁기질한 들판을 파헤치면서 곤충의 유충을 얻고, 이렇게 할 때 이들은 식물의 **뿌리**나 **섬유질**과 지속적으로 만나게 되는데, 뿌리와 섬유질은 둥지를 만드는 재료로 이용하였다. 이보다 더 자연스러운 것이 있을까! 까마귀는 썩어가는 고기와 죽은 토끼, 그리고 어린 양을 먹는데 양치는 곳과 토끼 사육장 등을 방문하여 이들의 **가죽**과 **털**을 주워 모아 둥지를 만든다. 종달새는 경작지를 자주 찾아다니며 땅에 **말 털**이 덮고 있는 벼풀로 둥지를 만드는데, 이들 재료는 가장 쉽게 접할 수 있으며 자신의 필요에 최고로 적합하다. 물총새는 자신의 둥지를 자신이 먹은 어류의 **뼈**로 만든다. 제비는 자신의 먹이인 곤충을 발견하는 연못이나 강 가장자리에 있는 점토와 진흙을 사용한다. 새가 둥지를 만들 때 필요한 재료는 야만인이 자신의 집을 만들 때 사용하는 재료처럼 가장 쉽게 얻을 수 있다. 그리고 재료를 선택할 때 이것을 선택하든 저것을 선택하든 특별한 본능이 필요하지도 않다.

그러나 너무나 다양하고 종마다의 요구와 습성에 놀라울 정도로 적합한 것은 재료라기보다는 둥지의 형태와 구조이다. 본능을 제외하고 이러한 점을 어떻게 설명할 수 있을까? 종들의 일반적인 습성, 이들이 작업할 때 사용한 도구의 속성, 그리고 이들이 쉽게 구할 수 있었던 재료와 함께 새들이 지닌 정신 능력 범위 내에서 목적을 달성하려는 수단을 가장 단순하게 적응시킨 결과로 설명하면 상당 부분 해소될 것이라고 나는 대답한다. 둥지의 섬세함과 완벽함은 새의 크기, 구조 및 습성과 직접 관련이 있다. 굴뚝새 또는 벌새의 둥지는 아마도 대륙검은지빠귀, 까치, 까마귀의 둥지보다 상대적으로 섬세하지도 아름답지도 않다. 굴뚝새는 가느다란 부리와 긴 다리로 활발하게 움직이는데, 가장 좋은 재료로 잘 짜여진 둥지를 먹이를 찾으려고 자주 방문하는 덤불이나 산울타리 속에 엄청나게 쉽게 만든다. 과일 나무와 벽에 자주 머무르며 곤충을 찾으려고 갈라진 틈과 구멍을 조사하는 댕기박새는 자연적으로 대피할 수 있고 안전을 보장하는 구멍에 둥지를 짓는데, 자신의 엄청난 활동량과 완벽한 도구(부리와 발)로 자신의 알과 새끼를 위한 아름다운 보금자리를 쉽게 만들 수 있다. 체중이 많이 나가지만 (섬세한 구조를 만들기에는 불완전한) 약한 발과 부리를 지닌 집비둘기는 막대기로 대충 편평한 둥지를 만드는데, 단단한 나뭇가지를 가로질러 둥지를 만들기 때문에 자신의 체중과 몸집이 큰 새끼를 지탱할 수 있다. 이들은 이보다 더 잘 할 수 없다. 쏙독새과(Caprimulgidae)에 속하는 새들은 가장 불완전한 도구를 지니고 있는데, (이들은 진정으로 앉을 수 없으므로) 편평한 표면을 제외하고는 발이 자신을 지탱하지 못하고, 부리는 지나치게 넓고 짧은데다 약하여 깃털이나 강모로 대부분이 감추어져 있다. 이들은 다른 새들처럼 어린가지나 섬유, 털이나 이끼로 둥지를 짓지 못하기 때문에, 일반적으로 모든 것을 생략하고 노출된 땅이나 큰 나무의 그루터기나 편평한 가지에 자신의 알을 낳는다.[2] 앵무새는 어설프게 굽은 부리, 짧은 목과 발, 그리고 커다란 몸집을 지니고 있어 다른 대부분의 새들처럼 둥지를 제대로 지을 수 없다. 이들은 부리와 발을 동시에 사용하지 않고서는 나뭇가지에 올라갈 수 없으며, 심지어 부리로 붙잡지 않고서는 횃대 주위를 돌 수도 없다. 그렇다면 이들은 어떻게 둥지 재료를 짜맞추고 엮거나 비틀 수 있을까? 결국 이들은 모두 쉽게 도려낼 수 있는 부드러운 재료로 만든 썩은 그루터기의 꼭대기나 버려진 개미 둥지가 있는 나무 구멍에 알

2 쏙독새는 검은 무늬가 있는 색조를 띠고 있는데, 나무껍질과 지의류에 동화되어 있어 낮에는 자신을 보호할 수 있고, 해가 질 때에도 눈에 잘 띄지 않는, 의태를 하는 조류로 알려져 있다. 3장 「색에 영향을 미치는 은폐의 중요성」 항목을 참조하시오.

을 낳는다.

많은 제비갈매기류와 도요새류는 자신의 알을 바닷가의 노출된 모래땅에 낳는다. 이러한 습성의 원인은 이들이 둥지를 지을 능력이 없어서가 아니라 이런 장소에서는 그 어떤 둥지라도 눈에 잘 띄어 알을 발견할 수 있기 때문이라는 아가일[3] 공작의 언급이 의심할 여지 없이 정확하다. 그러나 장소를 선택하는 것은 조류의 습성에 따라 명백하게 결정되는데, 이들은 하루 종일 먹이를 찾으려고 썰물이 빠져나간 광활한 갯벌 위를 계속해서 배회한다. 갈매기는 둥지를 짓는 방식이 상당히 다양하나 항상 자신의 구조와 습성에 부합되게 한다. 위치는 노출된 바위 위나 바닷가 절벽에서 튀어나온 바위 위 또는 습지나 잡초가 우거진 바닷가이다. 재료는 해초류, 촘촘히 자란 벼풀이나 골풀, 또는 바닷가에 있는 잔해 등으로, 물갈퀴가 달린 발과 투박한 부리로 순서나 건축 예술과는 거의 상관없이 마치 예측한 것처럼 수북이 쌓는다. 투박한 부리는 섬세한 둥지를 만들기보다는 물고기를 잡는 데 더 적합하다. 긴 다리와 넓적한 부리를 지닌 플라밍고는 계속해서 진흙 갯벌 위에서 먹이를 찾으려고 먹이 뒤를 따라다니는데, 진흙을 수북이 쌓아 등받이와 팔걸이가 없는 원뿔 모양의 의자처럼 생긴 구조를 만들고, 그 맨 위에 자신의 알을 낳는다. 그러므로 이 새는 편안하게 앉을 수 있으며, 바닷물이 닿지 않은 상태로 자신의 몸을 말릴 수 있다.

이제 나는 모든 무리의 새들에게 똑같이 일반적인 원리가 종의 습성이 더 뚜렷하거나 구조가 더 특이함에 따라 때로는 명확하게 때로는 애매하게 잘 유지되는 것으로 발견될 것이라고 믿는다. 구조나 습성에서 거의 차

3 George John Douglas Campbell, 8th and 1st Duke of Argyll(1823~1900). 이 사람의 주장과 이 주장에 대한 반박은 8장 「법칙에 따른 창조」를 참조하시오.

이가 없는 새들 사이에서도 둥지를 짓는 방식에 상당한 다양성이 있음을 우리가 보고 있다는 점은 사실이지만, 기후와 지표면의 중요한 변화가 현존하는 종이 생존 기간 이내에 나타났다는 점을 우리가 너무나 잘 알고 있으므로, 어떻게 이러한 차이가 발생했는지를 찾아보는 것이 결코 어려운 일은 아닐 것이다. 단순한 습성은 유전되는 것으로 알려져 있다. 그리고 각 종이 현재 점유하고 있는 지역은 다른 모든 지역과는 다르기 때문에, 이러한 변화가 각각 다르게 작용할 것이며, 또한 뚜렷하게 구분되는 지역과 서로 다른 조건에서 자신만의 특이한 습성을 습득한 종들을 때로는 한데 모을 것이라고 확신할 수 있다.

어린 새끼는 자신의 첫 번째 둥지를 짓는 방법을 어떻게 배우는가?

그러나 인간이 집을 짓기 위해 배워야 하는 것처럼 새들이 자신의 둥지 짓는 것을 배우지 않는다는 것은 의미가 있다. 모든 새들은 이전에 둥지를 단 한 번도 본 적이 없더라도 자신과 같은 종의 나머지 무리들이 짓는 것과 똑같은 둥지를 정확하게 만들 것이기 때문이다. 오직 이들의 본능만이 이런 일을 가능하게 할 수 있다. 이 점이 사실이라면 의심할 여지 없이 이런 일은 본능일 것이며, 나는 단순히 그 사실에 대한 증거를 요구할 뿐이다. 이 점은 논쟁에서 제기된 질문으로는 매우 중요하지만, 항상 증거없이 가정만 하며, 심지어 증거에 반하여 어떤 사실이 있다는 점에 대한 증거에도 반대한다. 새장에서 낳고 자란 새들은, 심지어 적절한 재료를 이들에게 공급하더라도, 같은 종의 새들이 짓는 독특한 둥지를 만들지 않으며, 때로는 아예 둥지를 만들지 않고 많은 양의 재료를 대충 수북하게 쌓기만 한다. 한 쌍의 새를 그물로 씌운 새장에 넣고 둥지 만드는 방법을 가르쳐주지 않은 상태에서 결과를 관찰하는 실험은 공정하게 시도된 적이 없다. 그러나 똑같이 본능이라고 간주되는 새들의 노래와 관련해서는 실험이 수행되었다. 어린 새들이 같은 종의 특이한 노래를 듣지 못했다면, 이들은 종 특이적인 노래를 결코 하지 못하는 반면, 이들이 함께 어울리던 다른 종류 새들의 노래는 아주 쉽게 습득한다.

새들은 본능으로 노래하나 아니면 모방으로 노래하나?

데인스 배링턴 선생은 1773년에 발간된 『영국 왕립학회 철학 회보』 63권에서 자신의 실험 결과를 설명했다.[4] 그는 논문에서 "나는 어린 붉은가슴방울새[5]를 노래를 가장 잘하는 종달새류의 세 종류인 종다리,[6] 숲종다리,[7] 그리고 밭종다리[8]와 함께 교육했다. 그리고 이 어린 새들에게 붉은가

∴

4 『영국 왕립학회 철학 회보(*Philosophical Transactions of the Royal Society of London*)』 63권, 249~291쪽에 게재된 「새들이 부르는 노래에 대한 실험과 관찰(Experiments and Observations on the Singing of Birds)」이라는 논문에 있는 내용이다. 1871년에 출판된 2판에는 본문 맨 앞에 다음과 같은 문장이 추가되어 있다. "데인스 배링턴 선생은 '사람에게 언어가 선천적인 것이 아닌 것처럼 새들의 음도 선천적이 아니며, 이들의 기관이 자신이 자주 접하는 소리를 모방할 수 있는 한, 전적으로 새들을 사육한 주인에 의해 결정된다'는 의견을 가지고 있다."
5 *Linaria cannabina*이다.
6 *Alauda arvensis*이다.
7 *Lullula arborea*이다.
8 밭종다리속(*Anthus*)에 속하는 새들이다.

습방울새의 노래 대신 종달새류 하나하나가 부르는 노래만을 듣도록 했다. 밭종다리-붉은가슴방울새[9]의 음이 완전히 고정되었을 때, 나는 이 새를 두 마리의 붉은가슴방울새와 함께 일 년 중 3개월을 노래가 계속 들리는 방에 놔두었다. 그러나 밭종다리-붉은가슴방울새는 일반 붉은가슴방울새가 부르는 노래를 단 한 구절도 따라하지 않고 밭종다리의 노래를 변함없이 따라했다"고 주장한다. 그러고 나서 그는 둥지에서 2~3주 동안 성장한 새들을 꺼내었더니, 이들은 같은 종의 무리를 부르는 소리를 내는 방법을 이미 배웠다고 주장한다. 이런 일이 나타나지 않도록 하려면, 새들을 둥지에서 하루나 이틀 지난 다음 반드시 꺼내야 한다. 또한 그는 래드너셔[10]의 나이턴[11] 지역에서 발견한 홍방울새[12]가 자신의 종을 나타내는 적절한 음은 전혀 포함하지 않고 정확하게 굴뚝새[13]처럼 노래를 부른다고 설명한다. 이 새를 둥지에서 2~3일 지난 다음 꺼내어 작은 정원 반대편 창가에 두었는데, 창가에서 이 새는 홍방울새가 부르는 소리를 전혀 배울 기회가 없어서 굴뚝새의 음만을 의심할 여지 없이 습득했다.

그는 또한 붉은가슴방울새 한 마리를 보았다. 이 새가 단지 2~3일 정도 지나 둥지에서 꺼내겼을 때는 그 어떤 다른 소리도 흉내 내지 못했는데, 이 새는 거의 또렷이 발음하는 것을 배워 '멋진 소년'이라는 단어를 비롯하여

∵

9 배링턴은 자신의 논문 254쪽 주석에서 종다리-붉은가슴방울새(skylark-linnet)를 종다리의 노래를 부르는 붉은가슴방울새로 설명했다. 따라서 밭종다리-붉은가슴방울새(titlark linnet)는 밭종다리의 노래를 부르는 붉은가슴방울새일 것이다.
10 영국 웨일스에 있는 지역이다.
11 영국 웨일스 래드너셔에 있으며 잉글랜드 접경 지역이다.
12 *Carduelis carduelis*이다.
13 *Troglodytes troglodytes*이다.

다른 짧은 문장을 반복할 수 있었다.[14]

허버트 목사[15]도 비슷한 관찰을 했으며, 천성적으로 노래의 다양성이 거의 없는 가시검은딱새와 북방사막딱새 어린 새끼들이 사육장 안에서 다른 종의 노래를 배울 준비가 되어 있어, 훨씬 더 좋은 명금[16]이 된다고 설명한다. 선천적으로 음이 약하고 거칠며 하찮은 멋쟁이새는 완전한 곡조를 소리 내도록 배울 수 있으니까 어쨌거나 놀라운 음악적 재능을 지니고 있다. 이와는 반대로, 나이팅게일새는 선천적으로 아름다운 노래를 부르나, 사육장에서 다른 새의 노래를 너무나도 쉽게 배우는 경향이 있다. 베히슈타인[17]은 자신의 집 처마에 둥지를 지은 붉은꼬리딱새류 사례를 설명했는데, 이들은 창 아래 새장 안에 있는 푸른머리되새의 노래를 따라 부른 반면, 이웃집 정원에 있는 또 다른 새들은 둥지 근처에 있는 검은머리명금새의 음의 일부를 반복했다.

이러한 사실들과 인용할 수 있는 많은 다른 사례들은, 마치 어린이가 본능이 아니라 부모가 말하는 언어, 즉 영어나 불어를 듣고 배우는 것처럼, 새들이 자신만의 특이한 음을 모방으로 습득했음을 확실하게 해준다.

어린 새끼 새들이 새로운 노래를 정확하게 습득하려면 이들에게 반드

..

14 1871년에 출판된 2판에는 이 문단 다음에 다음과 같은 두 문장이 추가되어 있다. "그가 조그만 아프리카핀치새라고도 부르며 아메리카대륙의 흉내지빠귀를 제외하고는 그 어떤 외국 새들보다 노래를 더 잘 부르는 벵골나새와 함께 또 다른 붉은가슴방울새를 교육했는데, 이 새는 아프리카 출신의 벵골나새를 너무나 정확하게 모방해서, 이 둘을 서로서로 구분하는 것은 거의 불가능했다. 더 이상한 점은 집참새의 사례에서 볼 수 있는데, 이 새는 야생에서만 짹짹거리는데 붉은가슴방울새와 홍방울새 근처에서 키워서 이들의 노래를 배웠다."

15 Herbert, W.H.(생몰연대 미상).

16 고운 소리로 지저귀는 새를 명금이라고 한다.

17 Johann Matthäus Bechstein(1757~1822).

시 부모의 목소리가 바로 곧 들리지 않도록 꺼내져야 한다는 점에 특히 주목할 필요가 있다. 첫 사나흘 동안 이들은 이미 부모 음에 대한 어느 정도 지식을 습득하기 때문인데, 이들이 나중에 부모의 음을 모방할 것이다. 이는 아주 어린 새끼 새들이 듣고 기억할 수 있음을 보여준다. 이 새끼들이 볼 수 있게 된 다음에도 이들이 관찰하지도 애를 써서 생각해내지도 않는다면, 그리고 둥지에서 며칠이고 몇 주일이고 살면서 자신이 살고 있는 둥지의 재료와 둥지를 짓는 방식에 대해 전혀 알지 못한다면, 아주 보기 드문 일이 될 것이다. 이들이 날아다니고 둥지로 되돌아오는 것을 배우는 시간 동안, 둥지 안과 밖을 세세하게 조사할 수 있어야 한다. 이들이 날마다 찾는 먹이는 이들을 반드시 지어야 할 둥지의 재료로 이끌고, 또한 둥지가 지어진 곳과 비슷한 장소로 이끈다는 것을 우리가 본 바와 같이, 이들이 자기가 원하는 것이 있을 때 비슷하게 만드는 것을 놀랍다고 할 수 있을까? 실제로 이들이 달리 어떤 방법으로 둥지를 만들 수 있을까? 이들이 부모가 둥지를 만들 때 사용한 재료와 상당히 다른 재료를 얻으려고 비상한 노력을 한다면, 자신이 성장하던 둥지의 형태와 같은 사례를 전혀 보지 못한 상태에서 둥지 재료를 배열하고 자신이 성장하던 둥지의 구조와 전혀 다른 형태를 만들었다면, 이는 훨씬 더 놀라운 일이 아닐까? 그리고 이들의 전반적인 구조가 자신이 민첩하고 쉽게 하나로 움직이는 데 가장 잘 적응되었다고 합리적으로 추정할 수 있을 것이다. 그러나 새들의 둥지 만드는 능력과 관찰, 모방 또는 기억이 아무런 관련이 없다는 반대 의견도 있다. 잉글랜드에서 5월이나 6월에 태어난 어린 새끼들이 이전에 한 번도 둥지를 짓는 것을 본 적이 없어도 다음 해 4월이나 5월에 마치 비밀리에 만든 것처럼 완벽하면서도 아름답게 둥지를 만들기 때문이다. 그러나 둥지를 확실히 떠나기 **전에**, 어린 새끼들은 둥지의 **형태, 크기, 위치**, 둥지를 만들 재료들, 그리고 재료들이 배열되는 방식을 관찰할 충분한 기회가 있었을 것이다. 기억은 이러한 관찰 결과를 다음 해 봄까지 유지할 것이다. 어린 새끼가 날마다 먹이를 찾는 도중에 재료를 보게 되면, 나이 든 새들이 먼저 둥지를 짓기 시작할 것이고, 이어서 이전 여름에 태어난 새들이 따라 짓게 될 터인데, 나이 든 새들로부터 둥지의 기초를 어떻게 만들고 재료를 어떻게 조립하는지를 배우는 것처럼 보인다. 다시 말하지만, 우리는 어린 새들이 일반적으로 짝을 이룬다고 가정할 자격이 없다. 짝을 이룬 새 가운데 단지 한 마리만이 지난해 여름에 태어났으며, 이 한 마리는 짝을 이룬 상대방에게서 어느 정도 설명을 들었다고 보는 것이 더 그럴듯하다.[18] 여하튼 결정적인 실험이 진행될 때까지, 그리고 알에서 키운 한 쌍의 알이 둥지를 전혀 보지 않고서 부모가 만든 둥지와 정확하게 같은 둥지를 만들 수 있을 때까지 야만인의 집짓기와 거의 유사한 일을 하도록 우리가 미지의 신비한 능력의 도움을 불러내는 것이 정당하다고 생각하지 않는다. 새들이 둥지 짓기를 배우고 개선한다는 관점을 뒷받침하려면, 미국의 저명한 관찰자 윌슨[19]이 같은 종에 속하는 개체들의 둥지가 다양하며 이들 가운데 일부는 다른 것들보다 훨씬 더 좋다고 강하게 주장했다는 점을 언급하는 것이 좋을 것 같다. 그는 덜 완벽한 둥지는 더 어린 새들이 만든 반면, 좀 더 완벽한 둥지는 나이든 새들이 만든다고 믿었다.

또다시, 하나의 둥지가 섬세하면서도 교묘하게 지어진 것처럼 우리에게 보이므로, 우리는 둥지를 짓는 새들에게 많은 특별한 지식과 습득된 기술

..

18 1871년에 출판된 2판에는 이 문장 다음에 "어린 새가 둥지 짓는 것을 어떻게 배우는가"라는 2쪽 분량의 항목이 추가되어 있다.
19 Wilson, Alexander(1766~1813).

(또는 대체물, 즉 본능)이 필요하다고 항상 가정한다. 둥지는 어린가지와 식물성 섬유를 순서대로 쌓아 만드는데, 처음에는 대충 만들어서 틈새가 불규칙하게 보인다. 이 틈이 초보 건축가의 눈에는 엄청나게 큰 간격과 깊은 구멍처럼 보일 것인데, 가느다란 부리와 활발한 발을 이용하여 어린가지와 줄기로 틈을 메운다는 점, 그리고 양털·깃털 또는 말털 등을 한 줄 한 줄 엮어서 결과적으로 우리에게, 브로브딩내그[20] 원주민이 대강 지은 인디안 오두막처럼 독창성이 신비롭게 드러난다는 점을 우리는 망각한다.

르바양은 조그만 아프리카솔새[21]가 둥지를 짓는 과정을 설명했는데, 매우 아름다운 구조가 예술적 감각이 거의 없어도 충분히 만들어짐을 보여주었다. 둥지의 기초는 이끼와 아마가 풀과 면화 다발에 뒤섞여, 직경 15~20센티미터, 두께 10센티미터 정도의 덩어리로 대충 드러났다. 이 덩어리는 반복해서 눌리고 짓밟혔는데, 마침내 일종의 펠트[22]로 만들어졌다. 새들은 펠트를 자신의 몸으로 눌렀고, 측면을 올리기 전에 모든 방향으로 돌아가면서 매우 단단하고 매끄럽게 했다. 이 과정은 조금씩 더해지고, 다듬어지고, 날개와 발로 두들겨졌는데 전체가 하나로 느껴지도록 여기저기 돌출된 섬유는 부리를 이용하여 둥지로 만들었다. 이처럼 단순하고 분명하게 비효율적인 방법이지만, 둥지의 안쪽 면은 옷 조각처럼 매우 부드럽고 조밀하게 만들어졌다.

∴

20 『걸리버 여행기』에 나오는 북아메리카에 붙어 있는 반도이다.
21 아프리카솔새과(Macrosphenidae)에 속하는 새들이다.
22 모직이나 털을 압축해서 만든 부드럽고 두꺼운 천이다.

주로 모방해서 만들어진 인간의 작품

그러나 문명화된 인간을 살펴보자! 다음과 같이 말할 수 있다. 그리스식, 이집트식, 로마식, 고딕식, 그리고 현대식 건축물을 살펴보자! 발전한 것은 무엇인가! 개선된 것은 무엇인가! 세련된 것은 무엇인가! 새들은 영원히 같은 상태를 유지하지만 이것들은 이성이 이끌어낸 것이다. 그러나 본능과 대비되는 이성의 효과를 증명하기 위해서 이러한 발전이 필요하다면, 모든 야만인과 반쯤 문명화된 많은 부족들에게는 이성이 없어 새들이 하는 정도만큼 본능적으로 집을 지었다고 해야 할 것이다.

인간은 지구 전체에 퍼져 살고 있으며, 가장 다양한 조건에서 생존하여 필연적으로 똑같이 다양한 습관을 유도한다. 인간은 전쟁을 일으켜 정복을 하면서 이주하는데, 한 종족과 다른 종족의 서로 다른 관습들이 접촉하여 섞이고, 이주하거나 정복한 종족의 습관이 새로운 나라의 다른 환경으로 인해 변형된다. 이집트를 정복한 문명화된 종족은 목재가 풍부했던 삼림이 있던 나라의 건축 양식을 발전시켰음이 틀림없는데, 큰 나무가 없던 나라에서 원기둥이라는 개념이 기원했을 것 같지 않기 때문이다. 피라미드는 토착 종족이 건설한 것이 틀림없으나 룩소르 신전[23]과 카르나크 신전[24]은 아닐 것이다. 그리스식 건축물의 거의 모든 특징은 목재 건물에서 그 기원을 찾을 수가 있다. 원기둥, 문틀, 프리즈,[25] 필렛,[26] 캔틸레버,[27] 지붕

••

23 이집트 남부에 있으며 고대 이집트 시대부터 존재해 온 도시인 룩소르에 있는 신전이다.
24 룩소르 신전 북쪽 3킬로미터에 있는 현존하는 신전 가운데 최대 규모이다.
25 방이나 건물 윗부분에 그림이나 조각이 띠처럼 되어 있는 장식이다.
26 기둥에 수직으로 나 있는 띠 모양의 구조이다.
27 다리나 다른 구조물을 떠받치는 편평한 구조물이다.

의 형태 등은 모두 남쪽의 숲으로 덮인 나라에서 기원했음을 가리키며, 그리스가 인도-그리스 왕국[28]의 식민지 지배를 받았다는 문헌학의 견해를 놀랍도록 뒷받침하는 증거를 제공한다.[29] 그러나 원기둥을 세우고 이들 위에 거대한 돌이나 대리석을 걸치는 것은 이성에 따른 행동이 아니라 순수한 비이성적인 모방이다. 아치형 구조물은 넓은 공간을 돌로 덮는 유일하게 진실하고 합리적인 방식이므로, 그리스식 건축물은 아무리 아름다워도 원리상으로 기만적이며 건축 기술에 이성을 적용한 좋은 사례로는 결코 간주될 수 없다. 그리고 오늘날 우리 대부분은 과거에 건축된 건물을 모방하는 것 말고 무엇을 하고 있단 말인가? 우리는 심지어 우리에게 가장 적합한 건물을 짓는 데 필요한 그 어떤 양식을 발견하거나 발전시킬 수 없었다. 우리는 건축에 대한 특징적인 국가 양식을 갖고 있지 못하며, 어느 정도는 새들보다 수준이 낮은데, 새들은 자신의 요구와 습성에 정확하게 적응된 자신만의 특징적인 둥지 형태를 저마다 갖고 있다.

새들은 조건이 변하면 자신의 둥지를 고치고 개선한다

조류의 각 종이 드러내는 건축에서의 커다른 균일성은 둥지를 짓는 본능을 증명하는 것으로 여겨져 왔다. 그러므로 이러한 균일성은 각 종이 살

· ·

28 일부 그리스인들이 인도 서북부 지역에 세운 왕국이다.
29 월리스는 서북부 인도(north-western India)로 표기했는데, 인도-그리스 왕국을 지칭한 것으로 보인다. 단지 인도-그리스 왕국은 그리스인들이 세운 왕국이며, 그리스가 인도의 침공을 받은 적이 없어, 이 부분에 대해서는 검토가 필요하다.

아가는 조건 탓이라 할 수 있다. 이들의 분포 범위는 때로 굉장히 제한되어 있어서, 새로운 조건에서 살아가려고 자신이 살아가는 나라를 영구적으로 바꾸는 경우는 거의 없다. 그러나 새로운 조건이 나타나면, 이들은 인간이 하는 것처럼 자유롭고 현명하게 이 조건을 쓸모 있게 사용한다. 굴뚝칼새와 제비는 굴뚝과 집이 지어진 이후 습관이 변했음을 보여주는 확실한 증거이며, 미국에서는 이러한 변화가 300년 이내에 나타났다. 이제는 많은 둥지를 지을 때 양모나 말털 대신 실과 소모사[30]를 사용한다. 갈까마귀는 본능으로는 도저히 설명할 수 없는 교회 첨탑을 선호한다. 미국에서 인구 밀도가 다소 높은 지역에서 살아가는 아메리카꾀꼬리는 야생 지역에서 아주 힘들게 찾아야만 하는 털이나 식물성 섬유 대신에 실, 비단실 뭉치, 또는 정원사가 식물의 인피섬유[31]로 만든 제품 등 모든 종류의 재료를 이용하여 대롱대롱 매달린 조그만 둥지를 엮어 만든다. 가장 주의 깊은 관찰자인 윌슨은 둥지 만들기가 훈련을 거치면서 개선되는데, 나이 든 새들이 최고의 둥지를 만든다고 믿고 있다. 암청색큰제비는 텅 비어 있는 박이나 조그만 상자를 차지하는데, 미국의 거의 모든 마을과 농장에서는 이것들을 가져가라고 놓아둔다. 그리고 아메리카굴뚝새는 시가 상자로 둥지를 만드는데, 적당한 위치에 시가 상자가 놓여 있다면 이것에 조그만 구멍을 만든다. 미국에 서식하는 과수원꾀꼬리는 환경에 맞추어 자신의 둥지를 변형

••

30 방적 공정을 거쳐 길고 품질이 좋은 양털 섬유를 잘 빗어서 짧은 섬유와 불순물을 제거하고 섬유를 평행 상태로 가지런히 하여 꼬아 만든 실이다.

31 식물 줄기에서 물관부와 체관부 바깥쪽에 줄지어 발달한 섬유 세포들이다. 섬유 세포는 식물의 세포에서 세포 내용물은 거의 다 사라지고 세포벽만 남은 보강세포의 한 종류로, 주로 길게 발달한다. 인피섬유가 잘 발달된 식물로 대마, 아마, 모시풀 등이 있는데, 이들로 사람들은 실과 베를 만든다.

하는 조류의 아주 좋은 사례이다. 이 새가 단단하고 뻣뻣한 나뭇가지들 사이에 둥지를 지으려고 할 때에는 깊이를 얕게 짓지만, 수양버들의 부드러운 어린가지로 매달려 있는 둥지를 만들 때에는, 흔히 둥지를 이렇게 짓는데, 더 깊게 만들어 심한 바람에 둥지가 흔들려도 어린 새끼들이 굴러 떨어지지 않도록 한다. 따뜻한 미국 남부에서는 북부의 추운 지역과는 달리 둥지를 훨씬 더 가볍고 구멍이 더 많게 만드는 것도 관찰되었다. 집참새도 똑같이 환경에 자신을 잘 적응시킨다. 이 새가 교목에 둥지를 지을 때에는 의심할 여지 없이 항상 원래 하던 대로 잘 만들어진 반구형 둥지를 지어 자신의 어린 새끼들을 보호하는 데 완벽을 기한다. 그러나 건물이나 초가 지붕, 또는 잘 보호된 장소에서 간편한 구멍을 찾으면, 많은 노력을 들이지 않고 둥지를 매우 느슨하게 짓는다.

　　습관이 최근에 변한 아주 흥미로운 사례가 자메이카에서 발견되었다. 1854년 이전까지, 북미야자나무칼새(*Tachornis phaenicobea*)는 섬의 극히 제한된 구역에 있는 야자나무에서만 서식했다. 이후 스페인 마을에서 자라는 코코넛야자 두 그루에 자신의 무리를 만들었다. 그런데 1857년 한 그루는 넘어졌고, 다른 한 그루는 잎들이 모두 벗겨졌지만, 이 무리는 이때까지 이 나무에 머물렀다. 이제는 야자나무를 찾는 대신, 이 새는 국회의 사당 광장에 둥지를 만든 제비를 쫓아내고, 이 둥지를 차지하면서, 자신의 둥지는 끝에 있는 벽 꼭대기와 들보[32]와 장선[33]에 의해 형성된 모서리에 지었는데, 이곳에서 상당한 개체수를 유지했다. 이곳에서 이들은 자신의

•••

32　칸과 칸 사이의 두 기둥을 건너지르는 나무로, 도리와는 'ㄴ' 자 모양, 마룻대와는 '十' 자 모양을 이룬다.
33　마루 밑을 일정한 간격으로 가로로 대어 마루청을 받치는 나무를 지칭한다.

둥지를 야자나무에 지을 때보다 덜 정교하게 지었는데, 아마도 노출이 덜 되었기 때문이었다.

조그만 금빛볏개개비도 환경에 따라 둥지를 다양하게 만드는데, 두꺼운 잎이 자연스러운 수관을 형성하는 곳에서는 개방된 잔 모양으로 만드는 반면, 조금 더 노출된 지역에서는 옆으로 드나들 수 있는 완벽한 반구형 둥지를 만든다. 다시 말하면, 많은 새들이 둥지를 만들 때 불완전성을 보여주는데, 이런 점은 현재 이론과 양립할 수는 있으나, 결코 틀릴 수 없는 것으로 간주되는 본능이라는 이론과는 거의 양립하지 않는다. 미국에 분포하는 여행자비둘기는 자신의 둥지가 부서질 때까지 나뭇가지로 가득 채워, 땅바닥에는 부서진 둥지와 알, 그리고 어린 새끼들로 흩뿌려져 있다. 떼까마귀는 둥지가 때로 너무나 불완전해서 바람이 세게 불면 알들이 떨어지기도 한다. 그러나 창제비는 이런 점에서 가장 불운한데, 셀본[34]의 화이트[35]는 이 새들이 해마다 자신의 둥지가 강한 비에 씻겨 나가기 쉽고 자신의 어린 새끼들이 죽을 수 있는 장소임에도 둥지를 짓는 것을 목격했다고 우리에게 알려주었다.

결론

이 모든 사실들을 합리적으로 고려하면, 새들이 자신의 둥지를 만들 때 보여주는 정신력은 인류가 자신이 거주할 집을 만들면서 드러내 보이는 정

••

34 잉글랜드의 햄프셔주에 있는 조그만 마을이다.
35 White, Gilbert(1720~1793).

신력과 동일하다는 앞에서 언급한 주장을 완전히 뒷받침한다고 생각한다. 정신력은 본질적으로 모방이며, 새로운 조건에 서서히 진행되는 특별한 적응이다. 새의 작업을 인간의 예술과 과학의 가장 높은 수준의 발현과 비교하는 것은 본질에서 벗어난 것이다. 나는 새들이 인간이 가진 다양성과 규모에 모두 근접하는 추론 능력을 선물로 받았다고 주장하지 않는다. 나는 새들이 자신의 둥지를 단순히 자신만의 방식으로 짓는 현상들이, 인류가 자신의 집을 만들 때 보여주는 현상들과 공정하게 비교할 때, 사용된 정신력의 종류 또는 속성에서 그 어떤 근본적인 차이가 없음을 보여준다고 주장할 뿐이다. 본능이 무언가를 의미한다면, 그것은 교육이나 경험이 없는 상태에서 어떤 복잡한 행동을 수행하는 능력을 의미한다. 그것은 매우 명확한 종류의 선천적 개념을 암시한다. 그리고 확립되어 있다면, 그것은 밀[36] 씨가 주장한 감각론과 현대의 모든 경험 철학을 뒤엎을 것이다. 진정한 본능의 존재가 다른 사례에서 확립될 수 있다는 것이 불가능하지는 않다. 그러나 일반적으로 안전한 곳의 하나로 간주되는 새 둥지라는 특별한 사례에서, 나는 동물들이 보편적으로 지니고 있다고 인정하는 다소 낮은 추론과 모방 능력을 넘어서는 어떤 것이 존재한다고 볼 수 있는 증거의 한 조각도 찾을 수가 없다.

36 Mill, John Stuart(1806~1873).

7장

새 둥지에 대한 이론
새 암컷에서 나타나는 특정한 색상의
차이와 둥지 만들기 방식의 관계

자신의 알과 어린 새끼들을 품기 위해 다소 정교한 구조를 만드는 습성은 의심할 여지 없이 새들 무리에서 가장 뛰어나면서도 흥미로운 특징 가운데 하나이다. 다른 척추동물 무리에서는 이러한 구조가 매우 드물고 예외적이며, 동일한 정도의 완벽함과 아름다움에 결코 도달하지 못한다. 이러한 이유로 새의 둥지는 많은 관심을 끌었으며, 하등한 동물이 맹목적이지만 항상 정확하게 드러나는 본능을 지니고 있음을 증명하는 상투적 논쟁거리 한 가지를 제공했다. 새 하나하나가 통상적인 관찰, 기억, 그리고 모방 능력이 아닌 어느 정도 선천적이고 신비로운 충격에 반응해서 자신만의 둥지를 지을 수 있다는 일반적인 믿음 그 자체는 새들의 구조와 습성, 그리고 지능과 이들이 짓는 둥지의 종류 사이에 존재하는 가장 명백한 관계에 대한 관심을 거두게 만드는 나쁜 결과를 초래했다.

앞의 논문에서 나는 이러한 관계들의 일부를 상세히 설명했다. 이 관계들은 우리에게 새의 존재와 관련된 구조, 먹이 그리고 다른 특이성에 대한 고려가 새들이 일정한 한계가 있는 상황에서 특정한 재료만으로 자신의 둥지를 다소 정교한 방식으로 짓는 이유에 대한 하나의 증거를, 때로는 매우 완벽한 증거를 제공할 것이라고 알려준다.

이제부터 나는 다소 일반적인 관점에서 질문을 고려하고, 새의 자연사에서 이 질문을 어떤 중요한 문제들에 적용하는 것에 대해 토론할 것을 제안한다.

둥지 짓기에 영향을 미치는 변화된 조건과 지속적인 습성

앞에서 언급한 원인들 말고도, 우리가 막연하게 추정할 수밖에 없는 어떤 특정한 사례에 영향을 주는 두 가지 다른 요인이 있는데, 이 두 요인은 둥지 짓기와 관련해서 실제 존재하는 세부 사항을 결정하는 데 중요한 영향을 주는 것이 틀림없다. 이것들은 내부적이든 외부적이든 상관없이 생존과 관련된 변화된 조건과 유전적이거나 모방적인 습성의 영향이다. 첫 번째는 생물체 구조나 기후, 또는 주변의 동물상과 식물상 등의 변화에 따라 교체를 유도한다. 두 번째는 변화된 조건이 특이성을 더 이상 필요하지 않게 될 때에도 어떻게 해서든 만들어진 특이성을 보존한다. 이미 밝혀진 많은 사실들은 새들이 둥지를 지을 상황에 맞게 자신의 둥지를 튼다는 것을 보여준다. 제비와 굴뚝새, 그리고 많은 새들이 처마와 굴뚝 그리고 상자에 적응하는 것은 이들이 항상 변화된 조건에서 보이는 유리한 점을 이용할 준비를 하고 있음을 보여준다. 따라서 영구적인 기후 변화는 많은 새들로 하여금 자신의 새끼들을 더 잘 보호하려고 자신의 거주지를 만들 재료와 거주지의 형태를 변형할 가능성을 제공한다. 새로운 천적이 알이나 어린 새끼들에게 다가오면, 어린 새끼들을 더 잘 숨기려고 많은 변형이 나타나도록 할 것이다. 한 나라의 식생 변화는 때로 새로운 재료를 찾도록 만든다. 따라서 한 종이 내부적으로 또는 외부적으로 서서히 변형됨에 따라 둥지를 짓는 방식도 어느 정도 필연적으로 변하게 될 것이라고 확신할 수 있다. 이러한 결과는 가장 다양하게 변하는 속성이 변형되어 나타날 것이다. 이러한 속성들로는, 새가 둥지를 짓는 데 필요한 재료를 얻으려고 날아가는 거리를 결정할 때 때로 관여하는 비행 능력과 민첩성, 지어야 할 둥지의 위치를 결정할 때 때때로 관여하는 공중에서 거의 움직이지 않고 스스로 지탱할 수 있는 능력, 둥지를 정교하게 엮고 끝까지 잘 마무리하려는 건축가에게 절대적으로 필요한 능력인 새의 무게와 관련된 발의 버티는 힘과 쥐는 힘, 최고의 직물 둥지를 짓는 데 필요한 바늘과 같이 사용되는 부리의 길이와 섬세함, 같은 목적으로 필요한 목의 길이와 기동성, 많은 종류의 칼새와 제비가 둥지를 만들 때 사용하는 침샘 분비물의 소유력, 그리고 구조에 따라 달라지나 가장 흔하게 접하는 재료를 얻을 것인지 아니면 가장 쉽게 접하는 재료를 얻을 것인지를 결정하는 노래지빠귀의 특이한 습성이 있다. 이러한 특성들 가운데 그 어떤 것이라도 변형되면 필연적으로 둥지의 재료가 바뀌든가, 또는 완성된 구조에서 재료를 조합하는 방식이 바뀌든가, 또는 그 구조에서 형태나 위치가 바뀐다.

그러나 이러한 특성들이 모두 변하는 동안, 둥지를 만드는 데 필요한 특정한 전문 분야는 이러한 변화를 요구했던 원인들이 사라진 후에도 짧은 시간 또는 오랜 시간 동안 유지될 것이다. 과거에 사라진 이러한 기록을 우리는 도처에서 볼 수 있는데, 심지어 인간의 자랑거리였음에도 불구하고 사라져버린 인간의 작품에서도 볼 수 있다. 원래 목조 건물의 일부였던 독특한 특징의 그리스식 건축물을 돌로 단순히 재현한다. 또한 오늘날 고딕 양식 건축물을 복제한 담당자들은 바깥쪽으로 밀리는 힘이 전혀 없는 목조 지붕에 필요한 힘을 제공하려고 무거운 첨탑을 씌운 단단한 지지대를 때로 만든다. 그리고 이들은 자신의 건축물에 돌을 깎아 만든 가짜 주둥이를 추가하여 장식한다고 생각하지만, 조화를 이루려는 어떤 시도도 하지 않은 채 붙여버린 현대식 수도관은 본연의 일만 잘 담당하고 있다. 그래서 철도가 과거의 대형 사륜 마차를 대체할 때, 많은 수의 마차들이 하나로 연결되어 있는 상태를 모방해서 일등칸을 만들 필요가 있다고 생각했다. 그리고 승객 한 사람 한 사람이 잡을 수 있는 원형의 손잡이는 험한 길을 가면서 덜컹거리고 휘청거리는 일이 지속되는 모든 여정에 유용했는데, 도로에 자갈을 깔아 매끄럽게 된 우편 도로를 달릴 때에도 유지되었다. 또한 이것은 더욱 황당하게도 오늘날 철도 객차에 일종의 이동 유물로 남아 있는데, 이제 우리는 이것을 거의 인식하지 못한다. 또 다른 좋은 사례는 우리가 신는 목이 긴 신발, 즉 부츠에서 볼 수 있다. 우리는 오랫동안 부츠를 단추나 끈으로 묶었으나 양쪽에 단추나 끈 대신 고무밴드로 만든 부츠가 유행하면서, 단추나 끈이 없는 부츠는 아무것도 안 덮인 것처럼 보이거나 미완성인 것처럼 보였고, 그에 따라 부츠 제작자는 종종 쓸모없는 단추나 장식 끈을 한 줄로 매달았는데, 습관이 부츠의 외형을 우리에게 필요한 것으로 만들었기 때문이다. 어린이와 야만인의 습관이 동물이 사고하는 습관과 방식에 대한 가장 닮은 증거를 우리에게 제공한다는 점은 일반적으로 인정되고 있다. 그리고 모든 사람이 어린이가 처음에는 연장자의 행동을 어떻게 모방하는지를 분명히 보았을 터인데, 연장자의 행동을 어린이가 특정한 행동을 할 때 사용하거나 활용하는 것과는 상관없다. 그러므로 야만인 종족마다 특이하게 가지고 있는 많은 관습이 단순히 습관의 힘만으로 아버지로부터 아들에게 전승되었고, 원래 의도한 목적이 사라진 후에도 오랫동안 지속되었다. 이뿐만 아니라 우리 주변 도처에 있는 이와 같은 수많은 사실들은 우리가 이해할 수 없는 새들의 둥지 만드는 기술과 관련된 세부 사항의 상당수가 이와 유사한 탓이라고 말해도 타당한 것처럼 만든다. 우리가 그렇게 간주하지 않으려면, 인간보다 훨씬 더 엄청난 순수한 이성이 새들로 하여금 모든 행동을 하도록 유도하고, 혹은 절대적으로 확실한 본능이 이들이 다른 방식을 택하더라도 같은 결과를 만들도록 유도한다고 가정해야 한다. 첫 번째 가정은, 내가 알기로는, 그 어떤 사람도 결코 지지하지 않았다. 그리고 내가 앞에서 이미 설명했듯이, 두 번째는, 비록 끊임없이 가정되었지만 결코 증명되지 않았고, 엄청나게 많은 사실들이 이런 이론에 완벽하게 상충된다. 내 이론을 비평하는 사람들 가운데 한 사람은 실제로 내가 '본능'을 '유전적 습관'이라는 용어로 이해한다고 주장하지만, 내 논의의 전반적인 흐름은 내가 그렇게 하지 않았음을 보여준다. 유전적 습관은 실제로 유전되는 구조의 특수성에 의존하여 나타나는 어떤 단순한 행동에, 즉 공중제비비둘기의 후손들이 공중제비를 돌고 파우터비둘기가 입을 뿌루퉁하게 내미는 행동에 적용될 때에는 본능과 같다. 그러나 현재 이 경우에서, 나는 이런 행동을 자신의 아버지가 했던 엄밀한 유전적인, 아니 조금 더 적절하게는 지속적이거나 모방적인 방식으로 자신의 집을 짓는 야만인의 습관과 비교하고자 한다. 모방은 발명보다 낮은 수준의 능력이다. 어린이와 야만인은 태어나기 전부터 모방하며 새들과 다른 동물들도 마찬가지이다.

앞에서 설명한 관찰 결과는 새 한 종 한 종이 둥지를 만드는 정확한 방식이 생물과 물리 조건이 변함에 따라 지속적으로 유도되는 다양한 원인들의 결과일 수 있다는 점을 보여주고 있다. 이러한 원인들 가운데 가장 중요한 것은 첫 번째로 종의 구조이고, 두 번째로 환경 또는 생존 조건인 것 같다. 이 두 주제와 관련된 특성이나 조건들 하나하나가 다양하게 변할 수 있다는 점을 이제는 알고 있다. 대규모로 볼 때, 새 무리 하나하나가 짓는 둥지의 주요 특징은 이들 무리의 유기적 구조와 연관되어 있음을 보았다. 그러므로 구조가 다양하게 변함에 따라 둥지는 구조의 변화에 상응하는 특정한 경우에도 다양하게 변할 것이라고 추론할 수 있다. 새들은 자신이 이용할 수 있는 재료나 이용할 수 있는 상황이 자연적으로 변하거나 사람 때문에 변경될 때마다 자신이 만들 둥지의 위치와 형태, 그리고 건축 방식을 변경하는 것도 보았다. 그러므로 자연적인 과정으로 외부 조건이 이렇든 저렇든 영구적으로 변경될 때, 비슷한 변화가 나타날 것이라고 추론할 수 있다. 그러나 이러한 요인 모두가 수많은 세대가 지나는 동안 상당히 안정되어 있었는데, 단지 지질학이 우리에게 보여준 것처럼 지구의 엄청난 물리적 특성에 걸맞은 정도의 비율로 변화할 뿐임을 반드시 기억해야만 한다. 따라서 이들 요인들에 의존하는 것으로 파악된 둥지의 형태와 건축 방식도 똑같이 안정적이라고 추론할 수 있다. 그러므로 우리가 이들보다 좀 덜 중요하고 좀 더 쉽게 변형될 수 있는 특성들을 찾고, 이 특성들이 둥지를 만드는 특이성과 연관되어 있어 하나의 특성이 다른 하나의 특성의 원인으로 작용할 수 있음을 보여준다면, 이처럼 다양한 특성들이 둥지 만들기 방식에 따라 달라진다는 결론을 내려도 정당화될 것이나, 둥지의 형태가 이처럼 다양한 특성들에 의해 결정된다는 결론은 정당화되지 않을 것이다. 지금부터 나는 이러한 상관관계에 주목하고자 한다.

둥지의 분류

이번 조사의 목적을 위해서, 둥지가 가장 명백하게 다르거나 비슷한 점에는 개의치 않고 둥지 안의 생물들, 즉 알이나 어린 새끼 또는 앉아 있는 개체들이 은폐되어 있는지 노출되어 있는지로만 둥지를 크게 두 종류로 나눌 필요가 있다. 첫 번째 종류로 정교하게 덮인 구조로 만들든지, 또는 알을 어느 정도 속이 비어 있는 교목이나 땅속에 굴을 파서 보관하든지 그 결과와 상관없이 알과 어린 새끼를 완전히 은폐하도록 만들어진 모든 둥지이다. 두 번째 종류로 가장 멋있는 형태의 둥지로 만들든지 전혀 그렇지 않든지 상관없이 알과 어린 새끼, 그리고 앉아 있는 새가 노출되어 있는 모든 둥지이다. 물총새류는 항상 언덕이나 제방의 비탈면에 둥지를 튼다. 딱따구리류와 앵무새류는 구멍이 있는 교목에 둥지를 튼다. 아메리카 대륙에 분포하는 찌르레기사촌과(Icteridae)에 속하는 새들은 모두 덮여 있고 매달린 아름다운 둥지를 만든다. 영국에서 살아가는 굴뚝새류는 반구형 둥지를 만든다. 이러한 것들은 모두 첫 번째 종류의 사례이다. 반면에 영국의 개똥지빠귀류, 신대륙개개비류, 되새류뿐만 아니라 모든 맹금류와 비둘기를 포함하여 열대 지역의 까치류, 수다쟁이새류, 풍금조류에다가 세계 곳곳에서 서식하는 다른 많은 종류들은 모두 두 번째 둥지 만들기 방식을 채택하고 있다.

둥지 만들기에 근거한 새들의 이러한 구분은 둥지 자체의 특성과는 관련이 거의 없음을 보게 될 것이다. 이는 구조적 구분이 아니라 기능적 구분이다. 새의 둥지 만들기 가운데 가장 거칠면서도 가장 완벽한 표본들이 두 종류 모두에서 발견된다. 그러나 새의 큰 무리에서는 의심할 여지 없이 동류종이기 때문에 자연적인 친밀성과 확실한 연관이 있어서, 어느 한 종류 또는 다른 한 종류에만 속한다. 한 속이나 한 과에 속하는 종들은 두 개의 주요 종류 사이에 거의 나누어지지 않는다. 하지만 이들은 첫 번째 종류에 존재하는 아주 뚜렷하게 구분되는 두 가지 둥지 만들기 방식 사이에서 자주 구분된다.

예를 들어 기어오를 수 있는 등반조류 모두와 부리가 넓고 깊게 갈라진 유열휘조류 대다수는 은폐된 둥지를 짓는다. 그리고 후자의 무리에 속하며 서로 다른 두 과에 속하는 칼새류와 쏙독새류는 열린 둥지를 짓는데, 이 두 과는 우리의 분류 체계에서 서로 연결되어 있는 다른 과들로부터 상당히 떨어져 있어 의심할 여지 없이 구분된다.[1] 박새류는 둥지를 만드는 방식이 아주 다양한데, 일부는 구멍에 숨겨진 열린 둥지를 만든 반면, 다른 것들은 반구형 또는 심지어 대롱거리며 덮인 둥지를 만든다. 그러나 이들은 모두 같은 강에 속한다. 찌르레기류도 비슷한 방식으로 다양하게 만든다. 구관조는 영국에서 살아가는 찌르레기처럼 구멍에 둥지를 만드는데, 찌르레기속(*Calornis*)[2]에 속하는 동양에 분포하는 아시아광택찌르레기는 매달려 있는 덮인 둥지를 만드는 반면, 얼룩무늬찌르레기속(*Sturnopastor*) 새들은 속이 빈 나무에 둥지를 튼다. 한 과에 속하는 새들이 두 종류 사이에서 구분되는 가장 놀라운 사례들 가운데 하나는 되새류로, 유럽에 분포하는 대부분 종들은 노출된 둥지를 만든 반면, 호주에 분포하는 많은 종들은 반구형 둥지를 만든다.

..

1 칼새류는 칼새목(Apodiformes), 칼새과(Apodidae)에 속하는 반면, 쏙독새류는 쏙독새목(Caprimulgiformes), 쏙독새과(Caprimulgidae)에 속한다.
2 오늘날에는 *Aplonis*라는 속명을 사용한다.

새들에서 나타나는 성에 따른 색의 차이

이제는 둥지에서 둥지를 만드는 생물로 방향을 돌려, 조금은 색다른 관점에서 새 자체를 자세히 살펴보고, 눈에 잘 띄는 색으로 장식된 암컷과 수컷 모두를, 또는 수컷만을 대상으로 몇 종류로 구분해보자.

새들의 색과 깃털에서 나타나는 성적 차이는 매우 뚜렷하며, 많은 관심을 끌었다. 그리고 다윈 씨가 일부다처제 새들은 성선택 원리로 아주 잘 설명했다. 범위를 확장하면, 꿩과 뇌조의 수컷들이 지속적인 경쟁을 거치면서 힘과 아름다움이라는 두 가지 관점에서 자신만의 훨씬 빛나는 깃털과 커다란 몸집을 습득한 과정을 이해할 수 있다. 그러나 이 이론으로는 왕부리새류, 벌잡이새류, 잉꼬앵무새류, 금강앵두새류, 박새류 등의 암컷이 거의 모든 경우에 수컷만큼이나 화사하고 멋진 반면, 화려한 수다쟁이 새류, 무희새류, 풍금조류, 극락조류뿐만 아니라 영국에 분포하는 검은대륙지빠귀가 너무 흐릿하고 눈에 잘 띄지 않아서 같은 종으로는 거의 간주할 수 없는 개체와 짝짓기하는 원인은 규명할 수 없다.

새 암컷의 색과 둥지 만드는 방식을 연결하는 법칙

앞에서 언급한 비정상은 오늘날 둥지 만드는 방식에 따라 나타난 결과라고 설명할 수 있는데, 극소수의 예외만 제외하고 나는 두 성의 개체들이 놀랄 만큼 화사하고 눈에 잘 띄는 색을 지니고 있을 때에는 앉아 있는 새를 은폐하기 위하여 첫 번째 종류의 둥지를 만든 반면에, 색이 뚜렷하게 대비될 때에는 그때마다 수컷은 화사하고 눈에 잘 띄나, 암컷은 흐릿하고 모호한 색을 띠고, 둥지는 열려 있고 앉아 있는 새가 보이도록 노출되어 있다는 법칙을 발견했기 때문이다. 나는 이러한 주장을 뒷받침하는 주요 사실들을 계속해서 보여줄 것이며, 내가 생각하기에 연관성이 이미 밝혀진 방식을 나중에 설명할 것이다.

우리는 먼저 암컷이 화사하거나 적어도 눈에 잘 띄는 색을 하고 있으면서 대부분의 경우에 수컷과 정확하게 비슷한 새 무리를 살펴볼 것이다.

1. 물총새류(물총새과, Alcedinidae) 이 과에 속하는 가장 화려한 종들 가운데 일부에서 암컷은 수컷과 꼭 닮았다. 다른 종류에서는 성별에 따라 차이가 있으나, 암컷을 눈에 덜 띄게 만드는 경향은 거의 보이지 않는다. 일부 종류에서는 암컷의 가슴을 가로지르는 하나의 띠가 수컷에서는 나타나지 않는데, 테르나테에 서식하는 아름다운 청백물총새(*Halcyon diops*)를 예로 들 수 있다. 다른 종류들에서는 몇몇 미국 종류들에서처럼 암컷의 띠가 적갈색이다. 반면 적갈색배쿠카부라(*Dacelo gaudichaudii*)를 비롯하여 같은 속에 속하는 일부 종에서는 암컷의 꼬리가 갈색이나 수컷은 파란색이다. 물총새류 대부분은 둥지를 땅에 깊은 구멍을 파서 만든다. 극락물총새속(*Tanysiptera*)에 속하는 새들은 흰개미 둥지에 구멍을 내거나, 때로는 위로 돌출된 바위 아래에 있는 틈새에 둥지를 트는 것으로 알려져 있다.

2. 벌잡이새사촌류(벌잡이새사촌과, Momotidae) 화려한 새들로 암수 개체는 완전히 똑같고, 땅속에 있는 구멍에 둥지를 튼다.

3. 뻐끔새류(뻐끔새과, Bucconidae) 이 새 종류들은 때로 화사한 색을 띤다. 일부는 붉은 산홋빛 부리를 지닌다. 암수가 완전히 똑같고 둥지는 비탈진 땅에 있는 구멍에 튼다.

4. 비단날개새류(비단날개새과, Trogonidae) 이 새 종류들은 참으로 아름다운데, 암컷은 일반적으로 수컷보다 색이 덜 밝으나 여전히 때로 화사하며 눈에 잘 띈다. 둥지는 나무에 있는 구멍에 튼다.

5. 후투티(후투티과, Upupidae) 이 새들에는 줄무늬가 있는 깃털이 있으며 볏이 길어 자기 스스로 눈에 잘 띄게 한다. 암수는 완전히 똑같고, 둥지는 속이 빈 나무에 튼다.

6. 코뿔새류(코뿔새과, Bucerotidae) 이 새 종류들은 몸집이 크며, 부리는 거대하고 색이 있다. 암컷의 부리는 보통 선명한 색을 지녀 눈에 잘 띈다. 둥지는 항상 속이 빈 나무에 트는데, 암컷은 둥지에 완전히 숨어 있다.

7. 오색조류(오색조과, Capitonidae) 이 새 종류들은 모두 아주 화사한 색을 지니고 있고, 가장 눈에 잘 띄는 부분은 머리와 목 근처에 나 있는 제일 선명한 빛깔의 반점들이다. 암수는 완전히 똑같고, 둥지는 나무에 있는 구멍에 튼다.

8. 왕부리새류(왕부리새과, Rhamphastidae) 이 멋진 새 종류들은 몸에서 눈에 가장 잘 띄는 부분이 채색되어 있는데, 특히 커다란 부리 위와 위아래 꼬리 덮개 위가 진홍색, 백색 또는 노란색으로 채색되어 있다. 암수는 완전히 똑같고, 둥지는 속이 빈 나무에 튼다.

9. 부채머리새류(부채머리새과, Musophagidae) 암수 모두 머리와 부리가 가장 화려한 색을 띠고 있으며, 둥지는 나무에 있는 구멍에 튼다.

10. 코칼류(코칼속, Centropus) 이 새들은 때로 눈에 잘 띄는 색을 지니며, 암수는 비슷하다. 둥지는 반구형으로 튼다.

11. 딱따구리류(딱따구리과, Picidae) 이 과에 속하는 암컷은 때로 수컷과 다른데, 볏은 진홍색 대신 노란색이거나 하얀색이지만, 대체로 눈에 잘 띈다. 둥지는 나무에 있는 구멍에 튼다.

12. **앵무새류**(앵무목, Psittaci)[3]   이 엄청난 무리는 가장 화려하고 다양한 색으로 장식되어 있다. 일반적으로 암수가 거의 비슷한데, 가장 화려한 종들로 이루어진 과로 로리앵무새와 코카투앵무새, 그리고 금강앵무를 포함한다. 그러나 일부 종에서는 암컷과 수컷이 어느 정도 색상의 차이가 나기도 한다. 모두 구멍에 둥지를 트는데, 대부분은 나무에 있는 구멍에 만드나, 때로는 땅이나 흰개미 둥지에 있는 구멍에 만들기도 한다. 땅앵무새(*Pezoporus formosus*)[4]만이 노출된 둥지를 만드는데, 이 새는 동류종이 지닌 화려한 색을 잃어버리고 탁한 녹색과 검은색의 보호색을 완벽하게 띠고 있어 몸 전체가 칙칙하다.

13. **넓적부리참새류**(넓적부리참새과, Eurylaemidae)   동양의 아름다운 새들로, 어느 정도는 아메리카대륙의 수다쟁이새류와 동류이다. 암수는 완전히 똑같으며 가장 화려하고 눈에 잘 띄는 표식으로 장식되어 있다. 둥지는 얼기설기 엮은 구조이며, 위는 덮여 있고, 물 위로 뻗어나온 가지 맨 끝에 매달려 있다.

14. **보석새류**(보석새과, Ampelidae)[5]   호주에서 자라는 이 새들의 암컷은 수컷과는 다르게 생겼으나, 머리에 밝은 점들이 있어 때로 눈에 잘 띈다. 둥지는 때로는 반구형으로, 때로는 나무에 있는 구멍에, 때로는 땅에 구멍을 파서 만든다.

15. **박새류**(박새과, Paridae)   몸집이 작은 새들로 항상 예쁘고, 많은 종들이 (특히 인도에 분포하는 종들이) 눈에 아주 잘 띈다. 이들은 항상 암수가 비

•••

3 최근에는 Psittaciformes라는 학명으로 부른다.
4 최근에는 *Pezoporus wallicus*라는 학명으로 부른다.
5 보석새속(*Pardalotus*)은 보석새과(Pardalotidae)에 소속되는데, 월리스가 과명을 잘못 표기한 것으로 보인다.

숫한데, 영국에 있는 좀 더 작고 화려한 색을 지닌 개체들 사이에서는 이례적인 상황이다. 둥지는 항상 위가 덮여 있거나 구멍 속에 숨겨져 있다.

16. **동고비류**(동고비속, *Sitta*) 종종 매우 이쁜 새로, 암수는 비슷하고, 둥지는 구멍에 튼다.

17. **오스트레일리아동고비류**(오스트레일리아동고비속, *Sittella*) 이 종류의 암컷은 때로 가장 눈에 잘 띄는데, 흰색과 검은색 표식이 있다. 굴드에 따르면, 둥지는 "서로 연결되어 곧게 위로 뻗은 어린가지 사이에 완벽하게 숨겨져 있다."

18. **나무타기새류**(나무타기새속, *Climacteris*) 호주에 분포하는 나무타기새류의 암수는 비슷하거나 암컷이 더 눈에 잘 띄고, 둥지는 나무에 있는 구멍에 튼다.

19. **납부리새속**(*Estrelda*)**과 일홍조속**(*Amadina*)**[6]** 동양과 호주에 분포하는 납부리새과(Estrildidae)에 속하는 이 종류는, 암컷과 수컷이 다소 다르나, 엉덩이가 붉은색이거나 하얀색 반점이 있어 여전히 눈에 잘 띈다. 이들은 이 과에 속하는 대부분의 종들과는 다르게 반구형 둥지를 튼다.

20. **바나나퀴트**(바나나퀴트속, *Certhiola*)**[7]** 조그만 아메리카나무타기새로 암수는 비슷하고, 둥지는 반구형으로 튼다.**[8]**

21. **구관조류**(찌르레기과, *Sturnidae*) 이 화려한 구관조류는 암수가 완전히 똑같다. 둥지는 나무에 있는 구멍에 튼다.

∵

6 이 둘은 모두 납부리새과(Estreldidae)에 속한다.
7 최근에는 속명으로 *Coereba*를 사용한다.
8 월리스는 'Certhiola'라고 표기했으나, 설명에는 'American creeper'로 표기하고 있다. American creeper는 아메리카나무타기새(*Certhia americana*)로 검색되어, 'Certhia'를 월리스가 'Certhiola'로 잘못 표기한 것으로 추정된다.

22. **찌르레기속(*Calornis*)**[9]**(찌르레기과, Sturnidae)** 금빛으로 밝게 빛나는 찌르레기류는 암수에 차이가 전혀 없다. 이들은 매달리고 덮인 둥지를 만든다.

23. **그물천막새류(찌르레기사촌과, Icteridae)** 이 새들 대부분은 붉은색 또는 노란색과 검은색의 깃털이 있어 눈에 아주 잘 띄며, 암수가 완전히 똑같다. 둥지를 섬세한 지갑 모양으로 매달려 있게 만드는 것으로 유명하다.

이 목록에는 유열훼조류에 속하는 6개의 중요한 과, 등반조류에 속하는 4개의 과, 앵무목(Psittaci), 그리고 참새류[10]의 전체 3개 과와 함께 여러 속들에 속하는 1,200여 종, 즉 알려진 새 무리의 1/7이 포함되어 있다.

수컷이 화려한 색을 띠고 있을 때마다 암컷은 덜 화려하거나 눈에 잘 띄지 않는 경우가 있는데, 이런 경우는 실제로 앞에서 설명한 무리에서 나열한 종류를 제외하면, 밝은색을 지닌 거의 대부분의 참새류에서 나타나며, 매우 많다. 가장 주목할 만한 종류는 다음과 같다.

1. **수다쟁이새류(장식새과, Cotingidae)** 여기에는 전 세계에서 가장 멋진 새들 일부가 포함되는데, 이들은 가장 특징적인 선명한 파란색, 진한 자주색, 그리고 밝은 빨간색을 띤다. 암컷은 항상 흐릿한 색조를 띠고, 때로 초록빛이 감도는 색조를 띠어 잎들 사이에 있으면 쉽게 관찰되지 않는다.

2. **무희새류(무희새과, Pipridae)** 우아한 새들로 볏 부분을 모자라고도 부르는데 가장 밝은색을 띠며, 암컷은 보통 칙칙한 초록색을 띤다.

9 최근에는 *Aplonis*라는 속명을 사용한다.

10 참새목(Passerine)에 속하는 조류들을 지칭한다.

3. **풍금조류(풍금조과, Tanagridae)[11]** 이들의 색의 밝기는 수다쟁이새류와 경쟁 관계에 있는데, 조금 더 다양하게 변한다. 암컷은 일반적으로 평범하고 칙칙한 색조를 지녀 수컷보다 항상 눈에 덜 띈다.

신대륙개개비류(휘파람새과, Sylviadae), 개똥지빠귀류(개똥지빠귀과, Turdidae), 구세계산적딱새류(딱새과, Muscicapidae), 그리고 때까치류(때까치과, Laniadae)의 방대한 과에 속하는 상당히 많은 종들이 꿩과 뇌조처럼 화려하면서 눈에 잘 띄는 색조로 아름답게 표지되어 있다. 그러나 사례 하나하나 보면 암컷들은 덜 화려하고 가장 평범하면서도 눈에 띄지 않는 색조로 자주 발견된다. 지금 이들 과 전반에 걸쳐서 둥지는 열려 있고, 나는 이 새들 가운데 어느 하나가 반구형 둥지를 짓는지, 또는 나무나 땅속에 있는 구멍에 둥지를 짓는지, 또는 효과적으로 은폐되는 그 어떤 곳에 둥지를 짓는지에 대한 단 하나의 실례도 알지 못한다.

지금 우리가 조사하는 질문을 고려해보면, 몸집이 더 크고 힘도 더 센 새들은 고려할 필요가 없는데, 이들은 자신의 안전을 확보하려고 은폐할 필요가 없기 때문이다. 대체로 맹금류에서 밝은색은 찾을 수가 없다. 그리고 이들의 구조와 습성으로 볼 때 암컷을 위해 필요한 특별한 보호 수단도 없다. 큰 섭금류[12]의 암수는 때때로 아주 밝은색을 띤다. 그러나 이들은 아마도 천적의 공격에 따른 영향을 거의 받지 않을 것인데, 가장 눈에 잘 띄는 새인 홍따오기는 남아메리카에 엄청난 수가 존재하기 때문

••

11 최근에는 Thraupidae라는 학명을 쓴다.
12 해오라기 등처럼 다리, 목, 부리가 모두 길어서 물속에 있는 물고기나 벌레 따위를 잡아먹는다.

이다. 그러나 사냥감으로 잡히는 새나 물새의 경우, 암컷은 때로 너무나도 평범하게 채색되어 있으나, 수컷은 화려한 색조로 장식되어 있다. 무덤새과(Megapodidae)와 같은 비정상적인 과는 우리에게 (검은큰머리새속(*Megacephalon*)과 검은부리흙무더기새속(*Talegalla*) 새들이 다소 눈에 잘 띄는데) 알 위에 전혀 앉지 않는 습성과 연결되어 있는 성에 따른 색에서 정체성이라는 흥미로운 사실을 제공해준다.

사실이 우리에게 알려주는 것

여기에 제시된 모든 증거를 가지고, 밝은색을 띠는 새의 거의 모든 무리가 하는 것처럼 받아들이면, 내 생각에는, 새들의 색과 둥지 만들기에 관한 두 가지 일련의 사실들 사이에 연관성이 충분히 확립되어 있음을 인정하게 될 것이다. 몇 가지 명백하면서도 어느 정도 진실인 예외가 있는 점도 사실인데, 내가 곧 고려할 것이지만, 그러나 이 예외들은 너무나 적고 대수롭지 않아 반대되는 엄청난 증거들과 비교 검토할 수 없어 현재로서는 무시해도 될 것이다. 그러면 언뜻 보기에는 서로 연결되지 않은 것처럼 보이는 현상들 사이에서 나타나는 예상하지 못한 일련의 관련성을 우리가 어떻게 처리해야 하는지를 고려해보자. 이것들은 자연 현상을 보여주는 다른 어떤 무리에 속할까? 이것들은 우리에게 자연이 작동하는 방식에 대해 무엇이든 가르쳐주고 생물들의 신비로운 다양성과 아름다움, 그리고 조화를 초래한 원인들과 관련해서 어떤 단초를 제공할까? 나는 이 질문들에 대해 긍정적으로 대답할 수 있다고 믿는다. 서로 분리된 사실들이 아닌 충분한 증거로서, 곤충들 사이에서 관찰되는 유사하지만 뚜렷하게 구분되는 일련의 현상들, 즉 보호를 위한 유사성과 '모방'으로 서로서로 연관되어 있다는 점을 내가 처음으로 보았다고 언급할 수 있다.

이처럼 놀라운 일련의 상응하는 사실들을 고려하면, 이들로부터 우리가 알 수 있는 첫 번째는 새들 사이에서 암컷들이 자신의 동반자가 때로 장식되는 것과 똑같이 밝은 색조와 뚜렷하게 대비되는 색조를 지닐 수 있는 능력이 없어서가 아니라는 점인데, 부화 기간에 **보호받고 은폐될 때마다 이들도 유사하게 장식되기** 때문이다. 타당한 추론은 이처럼 중요한 시기에 보호받지 못하거나 은폐되지 않으면 화려하고 눈에 잘 띄는 색조가 보류되거나 발달하지 않은 상태로 남아 있다는 것이다. 우리가 자연선택과 성선택의 작용을 인정한다면, 이러한 결과가 나타나는 방식을 아주 쉽게 이해할 수 있다. 암수 모두 똑같이 밝은색으로 장식되어 있는 많은 사례들로 볼 때, '성선택'이 정상적으로 작용하여 암수가 서로의 기분을 맞추는 모든 종류의 색을 보존하고 증식함으로써 암수 모두의 색과 아름다움이 발달하는 것처럼 보인다. (반면에 암수 모두 개체의 안전에 필요하지 않으면 똑같이 공격과 수비가 가능한 무기로 거의 무장하지 않는다) 동물의 습성을 아주 세밀하게 관찰한 몇 사람은 새와 네발동물 수컷이 때로 같은 종의 암컷에게 매우 강한 호불호를 가지고 있다고 나에게 장담했는데, 우리는 한 성(암컷)은 색에 대한 일반적인 취향을 가질 수 있는 반면, 다른 한 성은 그러한 취향이 없다는 주장을 거의 믿지 않는다. 그러나 이 주장의 사실 여부가 어떻든 간에, 엄청나게 많은 사례에서 암컷이 수컷처럼 멋지고 다양한 색을 습득한다는 사실에는 변함이 없다. 따라서 이런 색을 수컷이 습득한 방식과 똑같이 습득한다는 것이 가장 그럴듯하다. 즉, 색은 한 성에 유용하거나, 어떤 유용한 변이와 연관되어 있거나, 혹은 다른 성에 만족을 주기 때문이다. 아무런 쓸모 없이 색이 다른 성에게 전달된다는 점은 아직까지 남아 있는 유일한 추정거리이다. 앞에서 제시한 암컷에서 발견되는 밝은색의 많은 사례들로 볼 때, 이는 한 성이 습득한 색의 특성이 일반적으로 (그러나 반드시 그런 것은 아닌데) 다른 성에게 전달됨을 암시한다. 만일 그러하다면, 수컷 새가 짝을 선택할 때 짝이 지닌 좀 더 화려하거나 완벽한 깃털이 영향을 미친다는 점을 인정하지 않더라도, 우리는 이런 현상을 설명할 수 있을 것이라고 생각한다.

암컷 새가 아무것도 덮여 있지 않은 둥지에서 자신의 알 위에 앉아 있는 동안에도 천적들의 공격에 많이 노출된다. 그리고 이 암컷 새가 자신을 더 눈에 잘 띄게 만드는 색으로 조금이라도 변형시키면 때로 자신과 새끼들의 죽음으로 이어질 것이다. 따라서 암컷에서 이런 방향으로 나타나는 색의 모든 변이는 조만간 제거될 것이다. 반면에 땅이나 식물과 같은 주위에 있는 사물과 자신을 동화시키는 변형으로 암컷이 눈에 덜 띄게 되면, 전반적으로 더 오래 살아남을 것이다. 그에 따라 갈색 또는 초록색과 눈에 잘 띄지 않는 색조를 만들도록 유도되는데, 이런 색조는 열린 둥지에 앉아 있는 거의 대부분의 암컷 새의 (적어도 몸의 위쪽 면의) 색이 된다.

이는 일부 사람들이 생각하는 것처럼 모든 암컷 새들이 수컷만큼이나 한때 멋지게 생겼다는 것을 암시하는 것은 아니다. 변화는 일반적으로 속이나 이보다 더 큰 계급이 만들어지던 시점까지 거슬러 올라가보면 매우 점진적이다. 그러나 성에 따라 색의 차이가 매우 컸던 새들의 아주 오래전 조상은 거의 비슷하거나 아주 비슷한데, 때로는 (아마도 대부분 사례에서) 암컷을 더 많이 닮았으나, 가끔은 오늘날의 수컷과 더 비슷했을 것이라는 점은 의심할 여지가 없다. 어린 새끼들은 (보통은 암컷을 닮는데) 아마도 이런 조상 유형에 대한 일부 견해를 제공할 것이다. 그리고 동류종과 성이 다른 어린 새끼들은 때로 구분할 수 없다는 점이 널리 알려져 있다.

구조나 습성보다 더 다양하게 변하는 색, 그리고 그에 따라 일반적으로 변형되는 특징

이 논문을 시작하면서, 나는 새 둥지의 특징적인 차이와 본질적인 특성이 종의 구조와 새들의 생존과 관련된 현재와 과거의 조건에 의해 좌우된다는 점을 증명하려고 노력했다. 이 두 요소가 색보다는 더 중요하고 덜 다양하게 변한다. 따라서 우리는 대부분 사례에서 (구조와 환경에 좌우되는) 둥지 만들기 방식이 색과 관련되어 나타나는 암수의 비슷함과 다름의 결과가 아니라 원인이라는 결론을 내려야 한다. 한 무리의 새들이 지닌 확인된 습성은 왕부리새류처럼 큰 나무의 구멍에 자신의 둥지를 만들게 하거나, 물총새류처럼 땅에 있는 구멍에 둥지를 만들게 하는데, 암컷은 그에 따라 보호받았다. 부화라는 중요하면서도 위험한 시간 동안에는 암수가 공격에 똑같이 노출되었으며, '성선택' 또는 다른 원인들이 암수 모두에서 화려한 색과 눈에 잘 띄는 표식이 발달하는 것을 억제하지 않도록 작용하였다.

이와는 반대로 (풍금조류와 산적딱새류처럼) 무리 전체의 습성이 다소 노출된 위치에서 열린 컵 모양의 둥지를 만들면, 암컷의 색과 표식의 생성은 어떤 원인으로든 암컷을 눈에 너무 잘 띄게 하는 것 때문에 지속적으로 억제되었지만, 수컷은 둥지에서 자유롭기 때문에 자신에게 가장 멋진 색조가 나오도록 발달했다. 그러나 이것도 아마도 보편적인 사례는 아닐 것이다. 평소의 지능이나 습성이 변화할 수 있는 능력을 벗어나면 암컷이 부분적으로 밝은색이나 표식 때문에 노출되어 위험해지므로 박새류나 그물천막새류의 사례에서처럼 은폐되거나 덮인 둥지를 만들도록 유도할 것이다. 이런 일이 발생하면, 암컷에 대한 특별한 보호는 필요가 없게 될 것이다. 그에 따라 색의 습득과 둥지의 변형은 경우에 따라서는 서로 작용하고 반작용할 것이며 함께 완전한 발달을 이룰 것이다.

지금까지의 설명을 확인할 수 있는 예외적인 사례들

새들의 자연사에서 매우 기이하고 비정상적인 사실들이 몇 가지 있는데, 다행히도 이들은 성에 따라 나타나는 색의 불균등을 설명하는 방식과 관련된 진실성을 검증하는 결정적 역할을 한다. 어떤 종에서는 수컷이 부화라는 과정을 돕거나 전적으로 담당한다고 오래전부터 알려져 왔다. 특정 새들에서는 성에 따른 통상적인 차이가 역전되어 있는데, 수컷이 좀 더 평범한 색을 띠고, 암컷은 좀 더 화려하고 때로 좀 더 크다는 점도 종종 주목을 받았다. 그러나 나는 이러한 두 가지 비정상이 원인과 결과라는 연관성에서 서로 대립되는 상황일 수도 있다는 점을 보호 적응이라는 일반적인 이론에 대한 내 관점에서 지지할 수 있는 증거로 제시될 때까지는 인식하지 못했다. 그럼에도 암컷 새가 수컷보다 더 눈에 잘 띄는 색을 지니는 가장 잘 알려진 사례에서는 수컷이 부화라는 임무를 수행한다고 긍정적으로 확신하거나, 그렇게 믿을 만한 충분한 이유가 있다는 점은 의심할 여지 없이 사실이다. 가장 만족스러운 사례는 붉은배지느러미발도요(*Phalaropus fulicarius*)에서 볼 수 있는데, 이 새의 암수는 겨울에는 비슷하지만, 여름에는 수컷 대신 암컷이 화려하고 눈에 잘 띄는 번식깃을 지닌다. 그러나 수컷은 맨 땅에 낳은 알 위에 앉아 부화의 임무를 수행한다.

흰눈썹물떼새(*Eudromias morinellus*) 암컷은 수컷보다 더 크고 더 밝은 색을 지니고 있다. 이 종에서도 마찬가지로, 수컷이 알 위에 앉아 있는 것이 거의 확실하다. 인도에 분포하는 세가락메추라기아목(Turnices) 새들도 암컷이 더 크고 때로 더 밝은색을 띤다. 쥐던 씨는 자신의 저서 『인도의 새들』에서 원주민들이 "번식기에 암컷이 자신의 알을 저버리고 무리를 지어 다닌 반면, 수컷이 알의 부화에 고용된다"고 말했다고 설명했다. 암컷이 더 밝은색을 띠는 몇 가지 다른 사례에서는 습성이 정확하게 알려져 있지 않다. 타조와 에뮤의 사례는 많은 어려움을 주는데, 이 새들은 수컷이 부화를 담당함에도 암컷보다 눈에 덜 띄는 것은 아니다. 그러나 여기에서 설명하는 사례가 적용되지 않는 두 가지 이유가 있다. 새들이 너무 커서 은폐한다고 하더라도 그 어떤 안전도 보장할 수가 없다. 이들은 알을 게걸스럽게 먹어치우는 적들로부터 자신을 힘으로 방어할 수 있는 반면, 적으로부터 도망갈 수 있을 정도로 자신이 빠르다고 믿고 있다.

그러므로 새들의 자연사에서 가장 특이한 비정상들을 포함하여 새들의 성에 따른 색과 둥지 만들기 방식이 연관되어 있다는 수많은 사실들이 부모가 수행하는 부화의 의무보다 새끼를 보호해야 한다는 더 큰 요구가 있다는 단순한 원리에 근거하여 상호의존적 연관성을 보여줄 수 있음을 발견한다. 유럽 이외의 지역에 서식하는 새들 대부분의 습성에 대한 우리의 지식이 매우 불완전함을 고려하면, 널리 퍼져 있는 규칙에 대한 예외는 거의 없으나, 고립된 종이나 소규모 무리에서는 일반적으로 나타난다. 반면 몇 가지 명백한 예외는 법칙을 실제로 확인할 수 있음을 보여준다.

240쪽[13]에서 언급한 법칙의 진정한 또는 명백한 예외들

내가 발견할 수 있었던 뚜렷하게 두드러진 예외는 다음과 같다.

1. 검은바람까마귀류(바람까마귀속, *Dicrourus*) 이 새들은 길게 갈라진 꼬리와 광택이 나는 검은색을 띠고 있다. 암컷과 수컷은 차이가 전혀 없으며 열린 둥지를 만든다. 이 새들은 눈에 덜 띄기 때문에 보호색의 필요성이 없는데, 이런 사실로 이 새들이 지닌 명백한 예외를 설명할 수 있을 것이다. 이들은 매우 호전적이며 때로 까마귀, 매, 솔개 등을 공격하여 쫓아내며 부분적으로 모여 사는 습성이 있어 암컷이 부화 중에 공격을 받을 것 같지는 않다.

2. 꾀꼬리류(꾀꼬리과, *Oriolidae*) 진정한 꾀꼬리는 아주 화려한 색을 지닌다. 동양에 있는 많은 종들은 암수가 거의 비슷하거나 아주 비슷하며 둥지는 열려 있다. 이 사례는 가장 심각한 예외 가운데 하나이나 어느 정도는 법칙을 증명하기도 한다. 이 무리는 관심의 대상인데 부모 새가 울창한 잎들 사이에 은폐해서 만든 둥지를 과도하게 보호하고 노심초사하며, 새끼들을 끊임없이 조마조마하게 지켜보며 보호하기 때문이다. 이 사례는 암컷이 밝은색을 띠어 스스로 보호할 필요성을 느끼며, 정신 능력이 발달함에 따라 색에 따른 문제점이 제거되었음을 보여준다.

3. 땅개똥지빠귀류(팔색조과, *Pittidae*)[14] 우아하고 화려한 색을 지닌 이 무

••

13 이 책에서는 307쪽이다.
14 원문에는 'ground thrushes'로 되어 있는데, 이 이름은 개똥지빠귀과(Turdidae)의 호랑지빠귀속(*Zoothera*) 새로 검색된다. 그러나 개똥지빠귀과에 속하는 새들은 나뭇가지에 둥지를

리의 새는 일반적으로 암수가 비슷하며 열린 둥지를 만든다. 그러나 이 점이 유일하게 명백한 예외라는 점이 흥미롭다. 거의 모든 새들이 배쪽이 밝은색이고 등쪽은 보통 황갈색을 띠는 초록색 또는 갈색이며, 머리는 검은색이지만 갈색 또는 하얀색 줄무늬가 있는데, 이들 색 모두가 땅 위 또는 땅 근처에 만들어진 둥지를 둘러싸는 잎과 나뭇조각, 그리고 뿌리와 조화를 이룸에 따라 암컷을 보호하는 역할을 담당하기 때문이다.

4. **호주왕딱새**(*Grallina australis*)[15] 호주에 분포하는 이 새는 흑과 백이 강한 대조를 이룬다. 암수는 완전히 똑같으며, 점토로 나무 위의 노출된 장소에 열린 둥지를 만든다. 이 새도 가장 놀라운 예외로 보이나, 나는 그렇다고 결코 확신할 수 없다. 둥지에 앉아 있을 때 새가 진짜로 눈에 잘 띄는지에 대해 말하기 전까지, 우리는 어떤 나무에 둥지를 만드는지, 나무껍질이나 나무껍질 겉에 자라는 지의류의 색이 어떤지, 땅과 기타 주변에 있는 사물의 색이 어떤지를 알 필요가 있다. 흑과 백이 조그만 반점으로 섞여 있어 가까운 곳에서 보면 자연계에 있는 사물의 가장 흔한 색인 회색처럼 보이는 것으로 알려져 있다.

5. **태양새류**(태양새과, Nectarineidae) 이 아름답고 조그만 새는 수컷만 밝은색으로 장식되어 있고 암컷은 매우 평범한데 이들은 둥지를 모든 사례에서 알려진 것처럼 덮인 둥지를 만든다. 이 사례는 법칙에 긍정적이라기

∴

만들어, 원문에서 설명하는 것과 차이가 난다. 반면 원문에는 괄호 안에 'Pittidae'로 되어 있다. 이는 오늘날 팔색조과(Pittidae)를 의미하며, 이 과에 속하는 새들은 대부분 땅에 둥지를 만든다. 본문에서 설명하는 새인 ground thrush는 개똥지빠귀과(Turdidae)에 속하는 것이 아니라 팔색조과(Pittidae)에 속하는 것으로 간주하는 것이 타당할 것이다.

15 왕딱새속(*Grallina*)에는 두 종이 소속되어 있는데, 한 종은 뉴기니섬에, 다른 한 종은 호주, 티모르섬, 뉴기니섬 남부에 분포한다. 그리고 이 속을 'monarch flycather'라고 부르고 있어 왕딱새류라는 이름으로 번역했다.

보다는 부정적인 예외이다. 보호의 필요성 이외에 다른 원인이 있을 수 있기 때문인데, 암컷은 자신의 짝이 화려한 색을 습득하지 못하게 한다. 그리고 더 자세히 설명해야 하는 한 종류의 이상한 사례가 있다. 자주색궁댕이태양조(*Leptocoma zeylanica*)의 수컷은 부화를 도와주는 것으로 알려져 있다. 따라서 무리는 원래 열린 둥지를 사용했을 가능성이 있다. 수컷 새를 앉게 하는 어떤 조건의 변화가 반구형 둥지의 채택으로 이어졌을 것이다. 그러나 이 사례는 내가 지금까지 발견한 일반적인 규칙에서 벗어나는 가장 심각한 예외이다.

6. **요정굴뚝새류(요정굴뚝새과, Maluridae)** 이 조그만 새의 수컷은 가장 멋진 색으로 장식되어 있으나, 암컷은 아주 평범한데도 이들은 둥지를 반구형으로 짓는다. 그러나 수컷의 깃털은 단지 짝짓기용으로 아주 짧은 시간만 유지되는 것으로 관찰되었다. 연중 나머지 기간은 암수가 평범하게 비슷하다. 그러므로 반구형 둥지는 이처럼 연약하고 작은 새를 비로부터 보호하기 위한 것이고, 수컷에서만 색이 발달하도록 유도한 어떤 미지의 원인이 있을 가능성이 있다.

처음 보면 예외인 것처럼 보이나 실제로는 그렇지 않아 언급할 만한 가치가 있는 또 다른 한 가지 사례가 있다. 아름다운 보헤미안여새(*Bombycilla garrulus*)의 암수는 거의 비슷하며, 날개 깃털 끝에 달리는 우아한 붉은 밀랍은 수컷뿐만 아니라 암컷도 거의 또는 때로는 아주 뚜렷하게 눈에 잘 띈다. 그럼에도 이 새는 열린 둥지를 만든다. 이 새를 조사한 사람은 내 이론에 따라 둥지가 덮여 있어야 한다고 말할 것이다. 그러나 실제로는 가장 평범한 색을 하고 날아다니는 새처럼 이들도 자신의 색으로 완벽하게 보호받고 있다. 이 새는 매우 높은 곳에서만 번식하는데, 전나무 종류에 위치한 이들의 둥지는 주로 지의류로 만들어졌다. 이제 머리와 등에 있는 섬세한 회색과 잿빛과 자줏빛이 도는 색조와 함께 날개와 꼬리에 있는 노란색은 다양한 종류의 지의류 색과 완벽하게 들어맞는데, 밝고 붉은 밀랍 끝부분은 붉은요정이끼(*Cladonia coccifera*)의 진홍색 포자낭[16]을 정확하게 표현한 것이다. 따라서 자신의 둥지에 앉아 있을 때, 암컷은 이들이 둥지를 만들 때 사용한 재료들과 일치하지 않는 색을 드러내지는 않을 것이다. 그리고 몇 가지 색조는 자연에서 나타나는 비율과 거의 같게 분포되어 있다. 가까운 거리에서도 새는 자신이 앉아 있는 둥지나 지의류가 자연스럽게 모여 있는 덩어리와 거의 구분될 수 없을 것이며, 그에 따라 완벽하게 보호받을 수 있을 것이다.

이제 나는 성에 따른 색의 차이가 둥지 만들기에 의존하고 있다는 법칙과 관련된 조금이라도 중요한 모든 예외들을 알아냈다고 생각한다. 일반화를 뒷받침하는 사례들에 비해 이런 예외들의 수는 매우 적다는 것을 알게 될 것이다. 몇몇 사례에서는 예외들을 설명하기에 종의 습성이나 구조와 관련된 정황이 충분히 있다. 또한 둥지는 은폐되어 있지 않지만 암컷은 아주 멋지거나 눈에 잘 띄는 사례와 같은 그 어떤 **긍정적인** 예외를 내가 거의 발견하지 못했다는 점도 주목할 만하다. 암컷들이 모두 등쪽이 확실히 눈에 잘 띄는 색으로 되어 있음에도 열린 둥지에 앉아 있는 새들 무리는 훨씬 더 적을 것이다. 암수 모두가 칙칙한 색을 띠고 반구형이나 은폐된 둥지를 만드는 새와 관련된 많은 사례들은 당연히 어떤 식으로도 이 이론에 영향을 주지 않는다. 이 이론의 목적이 멋있는 수컷에 대한 멋있는

16 지의류의 번식 수단인 포자를 지닌 주머니 형태의 구조이다.

암컷은 **항상** 덮이거나 숨겨진 둥지에서 발견되고, 반면에 멋있는 수컷에 비해 모호한 암컷은 **거의 항상** 열려 있는 노출된 둥지에서 발견된다는 사실을 설명하는 데 있기 때문이다. 모든 종류의 둥지를 암수 모두가 칙칙한 색을 띠는 새들이 만든다는 사실은, 내가 강력하게 주장하는 바와 같이, 대부분의 사례에서 둥지의 특징이 암컷의 색을 결정하되, 그 반대로는 결정되지 않는다는 점을 보여준다.

모든 새 둥지의 특이성을 결정하는 다양한 영향과 암컷의 일반적인 색에 관하여 여기에서 제기한 견해가 정확하다면, 서로서로의 작용과 반작용으로 여기에서 설명한 것보다 좀 더 완벽한 증거를 발견할 것이라고는 거의 기대할 수 없을 것이다. 자연은 복잡한 연관성이 뒤얽힌 그물 같아서 수많은 종과 속, 그리고 과 들 사이에서, 즉 체계의 모든 부분에서 실행되는 일련의 연결망이 진정한 인과관계임을 드러내는 데 거의 실패하지 않는다. 질문에서 두 가지 요인 가운데 하나는 삶의 구조와 조건이라는 가장 깊이 자리 잡고 있고 가장 안정된 사실에 좌우되는 반면, 다른 하나는 피상적이고 쉽게 변형되는 것으로 보편적으로 받아들이는 특징인데, 어떤 것이 원인이고 어떤 것이 결과인지에 대해서는 의심의 여지가 거의 없다.

동물을 보호하는 다양한 방식

그러나 여기에서 시도한 현상에 대한 설명은 내가 지금 추론할 수 있는 사실에만 의존하지 않았다. 「모방」이라는 제목의 논문에서,[17] 보호라는 필요성이 동물의 외부 형태와 색, 그리고 때로는 심지어 내부 구조를 결정하는 데 얼마나 중요한 역할을 해왔는지를 보여주었다.

후자의 요점을 설명하기 위해 나는 많은 해면동물에서 발견되는 갈고리가 달리고 가지도 쳐서 별처럼 생긴 골편을 언급하고자 한다. 골편은 주로 다른 생물의 구미에 맞지 않게 만드는 기능을 수행하는 것으로 알려져 있다. 해삼강(Holothuridae)에 속하는 해삼도 이와 비슷한 보호 수단을 지니고 있는데,[18] 이들 대부분은 뱀해삼류[19]처럼 닻 모양의 골편을 피부에 끼워 넣어 두었다. 반면에 비늘해삼(Cuviera squamata)[20]에 속하는 동물들은 단단한 석회질성 물질로 덮여 있다. 이들 중 상당수는 밝은 붉은색이나 자주색이어서 매우 눈에 잘 띄는 반면, 동류종인 식용해삼(Holothuria edulis)은 이러한 방어용 무기로 무장하고 있지 않으며, 칙칙한 모래나 진흙 같은 색을 띠어 이들이 바다 바닥에서 쉬고 있으면 바다 바닥과 거의 구분되지 않는다. 많은 종류의 소형 해양동물은 몸이 거의 보이지 않을 정도로 투명하게 해서 자신의 몸을 보호하는 반면, 가장 밝은색을 지닌 일부도 때로 발견되는데, 이들에게는 작은부레관해파리속(Physalia)에서 볼 수 있는 다른 동물을 찌르는 촉수나 불가사리에서 볼 수 있는 단단한 석회질 껍질과 같은 특별한 보호 장치를 하고 있다.

∴

17 이 책의 「3장 동물들 사이에서 나타나는 의태와 자신을 보호하기 위한 유사성」을 의미한다.
18 해면동물은 해면동물문(Porifera)에 속하고, 해삼강(Holothuridae)은 극피동물문(Echinodermata)에 속한다.
19 뱀해삼강(Synaptidae)에 속하는 동물로 해삼과 비슷하나 길이가 뱀처럼 길다.
20 원문에는 'Cuviera squamata'로 표기되어 있으나 검색이 되지 않는다. 식용해삼과 동류종이라고 설명하고 있어 비늘해삼, 즉 *Holothria squamata*로 간주했다. 오늘날에는 *Psolus squamata*라는 학명으로 부른다.

일부 무리에서 암컷은 수컷보다
더 많은 보호를 요구하고 얻는다

끊임없이 지속되는 생존을 위한 몸부림 과정에서 보호 또는 은폐는 삶을 유지하는 가장 일반적이면서도 가장 효과적인 수단 가운데 하나이다. 그리고 몸색을 변형함으로써 이러한 보호 장치는 쉽게 얻는데, 그 어떤 특징도 이처럼 다양하고 급격한 변화를 겪지 않기 때문이다. 내가 지금 설명하는 사례는 나비에서 발견되는 것과 정확하게 유사하다. 일반적으로, 수컷 나비가 가장 화려하게 배열된 무늬를 지니고 있을지라도, 암컷 나비는 칙칙하고 눈에 잘 띄지 않은 색을 지닌다. 그러나 표범나비과(Heliconidae),[21] 제왕나비과(Danaidae),[22] 아크라이아여신나비과(Acroeidae)[23] 나비들처럼 불쾌한 냄새로 자신을 공격하는 무리로부터 보호하는 종들의 경우는 암수 모두 동일하게 보이거나 똑같이 밝은 색조를 띤다. 모방하여 자신을 보호하는 수단을 얻는 종들 중에서 가장 약하고 느리게 날아가는 흰나비과(Leptalides)[24] 나비들은 암수 모두 모방 대상 종을 닮아 있는데, 암수 모두 비슷하게 보호가 필요하기 때문이다. 반면에 좀 더 활동적이고 좀 더 강한 날개를 지닌 호랑나비속(*Papilio*), 배추흰나비속(*Pieris*), 암붉은오색나비속(*Diadema*)[25]의 나비들은 일반적으로 암컷만 보

●●

21 오늘날에는 과명을 네발나비과(Nymphalidae)로 쓰며, 이 과는 표범나비아과(Heliconiinae)로 부르고 있다.

22 최근에는 학명으로 Danainae를 사용한다. 네발나비과(Nymphalidae)에 속한다.

23 월리스는 'Acroeidae'라고 표기했으나 이 과명은 검색되지 않는다. Acraeidae를 잘못 쓴 것으로 보이는데, 이 과는 오늘날 네발나비과(Nymphalidae)에 통합되어 사용하지 않는다.

24 오늘날에는 Pieridae라는 과명을 사용한다. Mallet(2009)을 참조하시오.

25 최근에는 속명으로 *Hypolimnas*를 사용한다.

호받는 무리를 모방한다. 이렇게 함으로써 종종 실질적으로 수컷보다 좀 더 화려하고 좀 더 눈에 잘 띄게 되고, 그에 따라 암수의 일반적이고 거의 보편적인 특성이 사실상 뒤집어진다. 그래서 동양에 분포하는 놀라운 잎사귀벌레속(*Phyllium*) 곤충은 암컷만이 너무나 신비로울 정도로 초록색 잎을 모방한다. 이 모든 사례에서 차이는 암컷을 어느 정도 보호해야 하는가에서 찾을 수 있는데, 무리의 안전은 알을 낳는 동안의 지속적인 생존에 좌우된다. 그러나 포유동물과 파충류에서는 색이 화려하다고 해도 성에 따른 차이는 거의 없는데, 암컷이 수컷보다 공격에 반드시 더 많이 노출되지 않기 때문이다. 앞에서 언급한 호랑나비속(*Papilio*), 배추흰나비속(*Pieris*), 암붉은오색나비속(*Diadema*)의 나비들 또는 다른 어떤 나비에서도 표범나비과(Heliconidae)나 제왕나비과(Danaidae) 중 한 종류의 나비를 수컷만 모방한 사례는 단 하나도 알려져 있지 않다는 점은 이러한 견해를 확증하는 것으로 간주될 수 있다고 생각한다. 그럼에도 필요한 색은 수컷에서 훨씬 더 풍부하며, 변이도 항상 언제든지 사용할 수 있도록 준비되어 있는 것 같다. 이런 점은 각 종과 암수 각각이 한 단계 더 나아가기 위해서가 아니라 생존을 위해 몸부림치는 과정에서 자기 자신을 유지하는 데 절대적으로 필요한 만큼만 변형될 수 있다는 일반적인 법칙에 좌우되는 것으로 보인다. 곤충 수컷은 구조와 습성으로 인해 위험에 덜 노출되어 있으며 암컷보다 보호가 덜 필요하다. 그러므로 단독으로는 자연선택이라는 매개자를 통해 더 이상의 보호를 받을 수 없다. 그러나 암컷은 자신이 노출되는 더 큰 위험과 자신이 종의 존재에 미치는 더 큰 중요성에 균형을 맞추기 위해 추가적인 보호가 필요하다. 암컷은 항상 어떤 식으로든 자연선택이라는 작용을 거쳐 이러한 보호 수단을 습득한다.

　다윈 씨는 자신의 저서 『종의 기원』 4판 241쪽에서, 암컷 새가 흐릿한 색을 띠는 것은 보호가 필요하기 때문이라고[26] 인식하고 있다. 그러나 그는 이 점을 내가 생각한 것처럼 색을 변형하는 아주 중요한 매개자로 간주하지는 않았던 것으로 보인다. 같은 문단에서(240쪽), 그는 암컷 새들과 암컷 나비들이 때로는 아주 평범하고 때로는 수컷만큼이나 화려하다는 사실을 넌지시 언급했다.[27] 그러나 이런 점을 주로 유전의 독특한 법칙 탓으로 명백하게 간주했는데, 이 법칙에 따르면 습득된 색은 때로는 한 성의 직계를 따라, 때로는 두 성의 직계 모두를 따라 지속된다. 이러한 법칙의 작용을 (다윈 씨는 뒷받침할 사실이 있다고 나에게 알려주었지만) 부정함이 없이, 나는 암수에 따른 차이의 대부분을 이들 동물 무리에서는 정도의 차이는 있어도 다소간 암컷을 보호하려는 필요성 탓으로 돌린다.

결론

어떤 사람에게는 아마도 내가 자연의 외적 측면 탓을 너무 많이 하는 원인들이 이러한 엄청난 일을 하기에는 너무 단순하고, 너무 보잘것없고, 하찮은 것처럼 보일 것이다. 그러나 나는 그들에게 동물 구조에서 나타나

∴

26 다윈은 『종의 기원』 4판 241쪽에서 "암갈색의 뇌조 암컷은 현재의 수수한 차림보다 둥지에서 훨씬 더 눈에 띄고 위험에 더 노출될 것이다"라고 설명했다. 이 부분은 1판에는 나오지 않는다.

27 다윈은 『종의 기원』 4판 240쪽에서 "암컷이 수컷처럼 아름다운 색을 지닐 때, 이 사례가 조류나 나비에서는 드물지 않게 나타나는데, 이렇게 되는 경우는 수컷에만 유전되는 것이 아니라 양성에서 모두 유전되는 성선택으로 색을 습득했기 때문이다"고 설명했다. 이 부분도 1판에는 나오지 않는다.

는 모든 특이성의 위대한 목적이 개체들의 삶을 보존하고 종의 존재를 유지하는 것에 있다는 점을 고려해달라고 부탁할 것이다. 지금까지 색이라는 것을 자연의 아름다움과 이상적인 조화에 덧붙이려고 만든 부수적이며 피상적인 것, 또는 동물 자신에게는 아무런 쓸모가 없으나 사람이나 심지어 초월적인 존재의 욕구를 충족시키려는 목적으로만 동물에게 부여된 것으로 때로 간주해왔다. 그래서 이게 사실이라면, 생물체가 지닌 색은 대부분의 자연 현상에서 나타나는 예외가 될 것임이 분명하다. 그것들은 일반적인 법칙의 산물, 즉 끊임없이 변하는 외부 조건에 의해 결정되는 산물은 아닐 것이다. 우리는 반드시 그것들의 기원과 원인에 대한 모든 탐구를 중단해야만 하는데, (가설에 근거하면) 그것들은 지금까지 우리에게 알려지지 않은 동기를 만든 것이 틀림없는 **의지**[28]에 따라 좌우되기 때문이다. 그러나 이상한 말이지만, 자연에 있는 사물의 색을 조사하고 분류하기 시작하자마자 우리는 색이 다양한 다른 현상들과 직접 연관되어 있음을 발견하기보다는 이들처럼 일반적인 법칙에 엄격하게 종속되어 있음을 발견하게 된다. 나는 여기에서 새들의 사례에서 볼 수 있는 이러한 법칙 가운데 일부를 좀 더 자세히 설명하려고 시도했고, 둥지 만들기 방식이 새 무리에서 암컷의 색상에 어떤 영향을 미쳤는지를 보여주려고 했다. 나는 이전에 곤충과 일부 포유동물과 파충류의 색이 결정될 때 보호의 필요성이 얼마나 큰지, 그리고 어떤 다양한 방식이 있는지를 보여주었다. 그리고 나는 이제 색이 그렇게 오랫동안 색을 소유한 생물의 이익보다는 다른 목적으로 부

∴

28 원문에는 'Will'로 표기되어 있다. 흔히 'Will of God' 또는 'God's Will'이라고 표기하는데, 이를 줄여서 'Will'로 표기한 것으로 보인다. 신의 의지로 풀이되는데, 모든 것이 창조되었다는 주장을 가설로 간주한 것으로 추정된다.

여되었다는 설득력 있는 증거로 간주된 꽃의 화려한 색조가 다윈 씨가 주장한 유용성이라는 위대한 법칙에 따르는 것으로 보였다는 사실에 특별한 관심을 가지려고 한다.[29] 꽃들은 자주 보호할 필요가 없지만 이들을 수정시키고, 이들의 번식력을 극도로 활기차게 유지하려면 곤충의 도움이 매우 자주 필요하다. 이들이 지닌 화려한 색은 달콤한 향기와 꿀이 든 분비물과 마찬가지로 곤충을 유인한다. 이런 점이 꽃에서 색의 주요 역할임이 명백한 사실로 나타나는데, 바람에 의해 완벽하게 수정된 꽃들은 곤충의 도움이 필요가 없기에 이런 식물은 거의 또는 절대로 화려한 색을 지닌 꽃이 피지 않는다.

　동식물계 모두에서 이처럼 다양한 무리가 지닌 색깔의 유용성과 관련된 일반적인 원리를 널리 확장해보면, 『법칙의 지배』[30]가 특별 창조를 옹호하는 사람들의 사상적 근거임을 우리가 인정하도록 강요받아 왔음을 알 수 있다. 그리고 이 논문에서 제시한 사실들을 설명한 내 관점에 반대하는 사람들에게 나는 그들이 많은 사실들 가운데 단지 하나 또는 둘이 아니라 전체를 해결하려고 노력해야 한다고 다시 한번 정중하면서도 강력히 촉구한다. 진화와 자연선택 이론에 근거하면 자연에서 발견되는 색에 대한 광범위한 사실들이 통합되고 설명된다는 점을 받아들이게 될 것이다. 적어도 똑같이 광범위한 사실들이 어떤 다른 이론과 조화를 이루고 있음을 보일 수 있을 때까지, 이미 이처럼 좋은 도움을 제공했다는 것과 생물체들이 보여주는 가장 흔한 (그러나 지금까지는 대부분 무시되었고 극히 조금만 이해되었

..

29　다윈이 용불용이 생물의 진화에 영향을 미친다고 주장한 부분을 월리스가 설명하고 있다.
30　다윈을 비판한 아가일 공작이 쓴 책 이름이다. 이 책과 관련된 내용은 다음 장에 나온다.

던) 현상들 사이에서 나타나는 그토록 많은 흥미롭고도 예기치 않은 조화들을 발견하도록 이끌었다는 것을 우리가 포기할 것이라고 거의 기대해서는 안 될 것이다.

8장

법칙에 따른 창조

다윈 씨의 기념비적인 책, 『종의 기원』에 대한 여러 비평 가운데, 아가일 공작의 『법칙의 지배』[1]에 포함된 내용만큼 고등교육을 받은 지적인 수많은 사람들의 관심을 끈 것은 아마도 없을 것이다. 고귀한 작가는 일반적으로 **과학**의 진보, 특히 자연사의 진보에 대단히 관심이 높지만, 스스로 자연을 상세히 공부해본 적이 없거나 가까운 동류 유형들의 구조, 즉 종에서 종으로, 무리에서 무리로의 경이로운 단계적 변화와 생물체에서 나타나는 '변

⁚

1 아가일 공작이 1867년에 출판한 책이다. 원제목은 'The reign of law'이다. 그는 새들의 깃털에서 볼 수 있는 아름다움은 적응과 관련된 그 어떤 이득이 있는 것이 아니라 인간에게 기쁨을 주려고 창조자가 설계한 자연의 법칙에 따라 만들어진 것이 겉으로 드러난 것으로 설명했다. 그리고 변이는 미래에 필요한 것을 미리 준비한 것이라고 설명했다. 이러한 설명은 창조자가 세상을 창조할 때 자연계의 생명체에게 진화할 수 있는 능력을 이미 부여했고, 그에 따라 오늘날의 다양한 생명체가 태어났다고 주장하는 유신론적 진화론에 입각한 관점으로 풀이되고 있다.

이'라는 무한한 다양성에 대한 지식을 개인적으로 습득해본 적이 없는,[2] 많은 계층의 감정을 나타내고 이들의 생각을 드러낸다.[3] 그런데 이러한 지식은 다윈 씨의 위대한 책 속에 담긴 사실과 추론을 완전히 이해하는 데 절대적으로 필요하다.

아가일 공작은 책 내용 거의 절반을 '법칙에 따른 창조'에 대한 자신의 생각을 상세하게 설명하는 데 할애하고 있다. 그가 '**자연선택**' 이론에 대하여 자신이 느낀 어려움과 반대 이유를 아주 명확하게 설명해서, 내가 생각하기로는, 이 어려움과 반대 이유에 대해 공평하게 대응해야 하고 그의 견해도 그가 다윈 씨 탓으로 돌리는 어떤 것만큼이나 받아들이기 어려운 결론으로 이어지는 것으로 보여야 하는 것이 바람직해 보인다.

아가일 공작이 가장 강조하는 요점은 우리가 **자연계** 도처에서 볼 수 있고, '장치'[4] 또는 '아름다움'[5]을 찾는 곳이면 어디에서나 더욱 더 분명히 드러난다는 **마음**의 증거들이다. 그는 이런 상황이 **창조자**의 끊임없는 관리와 직접적인 개입을 나타내는 것이며, 어떠한 법칙의 조합으로도 도움을 받지 않은 작용으로는 도저히 설명할 수 없는 것이라고 주장한다. 이제는 다윈 씨가 책에서 설명한 주요 목적을 살펴보자. 그는 생물들에서 나타나는 모든

∴

2 아가일 공작은 박학다식한 정치가이다. 그가 비록 화석에 있는 잎을 발견하고, 조류학을 널리 알리고 이와 관련된 글을 쓰기는 했지만, 과학자라기보다는 정치가로 알려져 있다.

3 유신론적 진화와 관련된 내용으로 추정된다. 유신론적 진화론은 다윈 이전에 생물들이 보여주는 변이를 설명하려고 많은 사람들이 생각했던 이론이다.

4 다윈은 『종의 기원』 초판에서 '장치(contrivance)'라는 단어를 15번 사용했다. 그리고 그는 장치라는 단어를 기계와 맞물려 설명했는데 자연을 기계로, 생물은 장치로 구성된다고 설명했다. 그런데 장치라는 단어는 다윈이 사용한 은유적 표현으로 알려져 있다. Ruse(2005) 논문을 참조하시오.

5 다윈은 『종의 기원』 초판에서 '아름다움(beauty)'이라는 단어를 7번 사용했다.

현상, 즉 이들이 가지고 있는 경이로운 기관과 복잡한 구조, 형태와 크기, 색에서 나타나는 무한한 다양성, 그리고 서로서로 맺고 있는 복잡한 연관성이 몇 가지 가장 단순한 종류의 일반적인 법칙에 따른 작용으로 만들어질 수 있음을 보여주는데, 법칙은 대부분의 사례에서 인정된 사실들을 단순히 설명한 것들이다. 이들 법칙 또는 사실의 주요 내용은 다음과 같다.

1. **등비수열에 따른 증가의 법칙** 모든 생명체는 개체수를 늘리는 데 놀라운 힘이 있다. 심지어 다른 모든 동물들보다 증가 속도가 느린 사람마저도 가장 유리한 상황에서는 인구수를 15년마다 2배로,[6] 또는 한 세기에 100배로 늘릴 수 있다. 많은 동식물들은 매년 10배에서 1,000배까지 늘릴 수 있다.[7]

2. **개체군 크기 제한의 법칙** 그 어떤 나라에서도 또는 전 지구적으로 종마다 살아 있는 개체수는 현실적으로 정체되어 있다. 부모의 죽음으로 개체수가 여유가 생긴 경우를 제외하면, 전체가 이처럼 엄청나게 증가한 곳에서는 반드시 증가하는 속도만큼 빨리 죽어야 한다. 단순하지만 놀라운 사례로 참나무 숲을 살펴보자. 모든 참나무 한 그루 한 그루는 해마다 수천 개 또는 수만 개의 도토리를 떨어뜨리지만, 오래된 나무 한 그루가 죽을 때까지 떨어뜨린 이 수백만 개의 도토리 가운데 단 하나도 성체로 성장

⋱

6 다윈은 『종의 기원』 초판 64쪽에서 인구가 두 배 증가하는 데 25년이 걸린다고 설명했다.
7 다윈은 『종의 기원』 초판 64쪽에서 생물들이 증가하는 양상에 대해 설명했다. 예를 들어 한 해살이 식물이 씨앗 두 개만을 만든다고 가정하면, 물론 이런 생물은 지구상에 존재하지 않지만, 다음해에는 어린 싹이 두 개만 만들어지지만, 이런 식으로 반복해서 20년이 지나면 약 100만 개체가 될 것으로 계산했다. 신현철(2019:96~97)을 참조하시오. 다윈은 생물들이 이렇게 빠르게 증가하므로 생물들은 생존을 위해 몸부림 칠 수밖에 없다고 설명했다.

할 수 없다. 이들은 성장의 여러 단계에서 반드시 죽게 되어 있다.[8]

3. **유전 또는 자손과 부모의 유사성 법칙** 이 법칙은 보편적이나 절대적인 법칙은 아니다. 모든 창조물은 자신의 부모를 꽤 많이 닮으며, 대부분의 사례에서 아주 정확하게 닮는다. 그래서 부모에서 나타나는 개체 특이성은, 어떤 종류이든 상관없이, 거의 항상 일부 자손에게 전해진다.[9]

4. **변이[10]의 법칙** 이 법칙은 아래와 같은 문장으로 완벽하게 표현된다. "이 지구라는 공에 있는 생물들은 대체로 서로 비슷하지 않다."

자손은 자신의 부모를 상당히 많이 닮으나, 전적으로는 아닌데, 각각의 생물은 자신의 개성을 지니고 있다. 이 '변이' 자체는 크기가 다양하게 변하지만, 지구 전체에 있는 생물뿐만 아니라 생물의 모든 부분 하나하나에도 항상 나타난다. 기관 하나하나, 형질 하나하나, 감정 하나하나는 개별적이다. 말하자면 같은 기관, 같은 형질, 또는 같은 감정이라도 개체마다 다양하게 변한다.

5. **지구 표면의 물리적 조건이 끊임없이 변화한다는 법칙** 지질학은 이러한 변화가 항상 과거에도 계속되어 왔음을 보여주며, 우리도 그것이 지금 곳곳에서 일어나고 있음을 알고 있다.[11]

••

8 다윈은 이런 상황을 설명하려고 맬서스의 원리를 차용했다. 자연에는 인위적인 식량 증가도 없고, 짝짓기를 신중하게 억제할 수도 없으므로, 일부 종의 개체들이 현재에도 빠르게 증가하지만, 세상은 이들을 모두 수용할 수 없기에 모든 종이 이런 방식으로는 증가하지 않는다고 설명했다. 신현철(2019:96)을 참조하시오.

9 이 당시에는 멘델의 유전 원리가 밝혀져 있었으나, 이 원리를 알고 있는 사람은 거의 없었다. 따라서 월리스는 유전 현상에 대해 이런 식으로만 설명할 수 있었을 것이다.

10 변이란 한 종에 속하는 생물들이 보여주는 다양한 구조나 기능을 의미한다. 키가 큰 사람, 키가 작은 사람, 혈액형 A형, O형, AB형 등을 모두 변이라고 부른다.

11 다윈도 읽었던 라이엘의 『지질학 원리』에 나오는 동일과정설이다. 과거의 자연 환경에 작용했던 과정이 현재의 자연 현상과 같다는 원리이다.

6. **자연의 평형상태 또는 조화** 한 종이 자신을 둘러싸고 있는 조건에 잘 적응하면 이 종은 번성한다. 불완전하게 적응되면 이 종은 쇠퇴한다. 적응을 못하면 이 종은 절멸한다. 생물의 안녕을 결정하는 **모든** 조건이 고려되면, 이러한 언급은 거의 반박할 수가 없다.

이러한 일련의 사실들이나 법칙들은 자연의 조건이 무엇인지에 대한 간단한 언급들이다. 이것들은 '**종의 기원**'에 관한 주제들이지만, 일반적으로 알려지고 일반적으로 인정된 사실들이나 추론된 것들로 일반적으로 잊혀져 있었다. 이처럼 보편적으로 인정된 사실들로부터 자연에 존재하는 다양하게 변한 유형들 모두의 기원을 논리적인 일련의 추론 과정으로 연역할 수 있는데, 연역한 결과들은 각 단계마다 검증이 가능하고 사실과 엄격히 부합하는 것으로 나타났다. 이와 동시에 다른 수단으로는 절대로 이해할 수 없는 많은 흥미로운 현상들이 설명되고 해명되었다. 이와 같은 기본적인 사실들이나 법칙들은 아마도 삶이라는 속성에서만 나타나는 결과이자 조직화된 물질과 비조직화된 물질[12]의 근본적인 성질들의 결과일 것이다. 허버트 스펜서[13] 씨는 자신의 책, 『첫 번째 원리』[14]와 『생물학 원리』[15]

∵

---

12 생명체는 물을 비롯하여 탄수화물, 지질, 단백질 그리고 핵산이라고 하는 유기물질로 이루어져 있다. 그리고 이러한 유기물질이 조직화된 상태, 조직화된 물질을 생물이라고 부른다. 월리스는 생물을 영어로 organized matter(조직화된 물질)로 표현했고, 단순히 물질 상태로 있는 경우는 unorganized matter(비조직화된 물질)로 표현했다.

13 Spencer, Herbert(1820~1903).

14 1862년에 출판된 『철학의 새로운 체계에 대한 첫 번째 원리(*First Principles of a New System of Philosophy*)』이다.

15 1864년에 출판된 『생물학 원리(*Principles of Biology*)』이다. 이 책에서 스펜서는 '최적자생존'이라는 용어를 사용했고, 후일 다윈은 『종의 기원』 5판 72쪽에서 "그러나 스펜서 씨가 사용한 표현인 최적자생존이 좀 더 정확하고, 때로는 똑같이 편리하다"고 기술했다.

에서 우리로 하여금 이런 결과가 어떻게 가능한지를 이해할 수 있게 해주었다. 그러나 오늘날 우리는 이처럼 단순한 법칙들을 훨씬 먼 과거로 가지 않고서도 받아들일 수 있다. 우리가 생물체에서 인지하는 다양함, 조화, 장치, 아름다움 등이 이들 법칙만으로 만들어질 수 있는지 아니면 창조자의 마음과 의지가 끊임없이 개입하고 직접 작용했음을 우리가 믿는 것이 필요한지에 대한 질문도 있다. 창조자가 어떻게 일을 했는지에 대한 단순한 질문이다. 공작은 (그리고 나는 다윈 씨의 반대자들 가운데 좀 더 지적인 사람의 관점을 아주 잘 대변한 사람으로 그를 인용하는데) 자신이 개인적으로 어떤 결과를 만들어내려고 일반적인 법칙들을 사용했는데, 이 법칙들 자체로는 무언가를 만들어낼 수가 없다. 온전한 모든 법칙들을 가지고 있는 우주는 단지 다양함도 없고, 조화도 없고, 설계도 없고, 아름다움도 없는 일종의 혼동 상태일 뿐이다. 우주에는 자기 스스로 발전하는 그 어떤 힘도 존재하지 않는다고 (그리고 그에 따라 존재하는 것이 없음을 미루어 짐작할 수 있다고) 주장한다. 이와는 반대로, 나는 우주는 자기 스스로 조절할 수 있도록 구성되어 있다고 생각한다. 우주가 **생명**을 포함하고 있는 한 생명 현상을 분명히 드러내는 유형들은 서로서로와 주변의 자연에 자기 자신을 조정할 수 있는 내재력을 가지고 있다. 이러한 조정은 필연적으로 엄청난 다양함과 아름다움, 그리고 즐거움으로 이어지나 이런 것들은 세부 사항들이 끊임없이 관리되고 재배열됨에 따라 좌우되는 것이 아니라 일반적인 법칙들에 따라 좌우되기 때문이다. 나는 감정과 종교의 문제를 '지속적인 개입' 가설로 부를 수 있는 **창조자**와 **우주**라는 훨씬 높은 개념으로 받아들이고자 한다. 그러나 이 부분은 우리의 감정이나 신념으로 결정될 문제가 아니고 사실과 이성의 문제이다. 지질학이 우리에게 보여준 생명 유형들에서 여태까지 일어났던 변화가 일반적인 법칙들에 따라 만들어질 수 있었을까,

아니면 이 변화가 창조자의 마음에 의한 끊임없는 감독을 필수적으로 요구한 것일까? 우리는 이 질문을 심사숙고해야 하는데, 우리에게 유리한 사실들과 유추한 내용들이 있음을 우리가 보여준다면 우리의 반대자들은 그렇지 않음을 증명해야 하는 어려운 과제를 떠안게 된다.

오개념을 불러일으키기 쉬운 다윈의 은유

다윈 씨는 스스로 많은 오해를 자초했다는 비판의 대상이 되었고, 생물체들의 훌륭한 상호적응을 묘사할 때 지속적으로 은유[16]적으로 표현함으로써 자신을 반대하는 사람들에게 아주 강력한 무기를 스스로 제공했다.

아가일 공작은 "그가(다윈이) 이처럼 흥미로운 식물의 한 목(난초류)에 속하는 식물들이 지닌 복잡한 구조를 설명해야만 했을 때, 순수한 자연주의에 물든 가장 진보한 신봉자가 본능적으로 사용한 언어에 주시하는 것은 흥미롭다. '의도[17]를 자연의 탓으로 돌리는 것을 주의'하라는 말을 그가 떠올리지 않은 것 같다. 의도는 그가 본 것이고, 볼 수 없을 때에는 발견할 때까지 부지런히 찾아야 하는 하나의 생각이다. 그는 의도나 정신적 목적

••

16 'A는 B다'라고 설명하는 방식이다. '그대의 눈은 샛별이다', '내 마음은 호수다'라고 표현되는 은유는 더 인상적인 표현을 할 수 있게 해주는데, 은유를 남용하면 문맥이 어지럽고 문장의 뜻이 모호해질 수 있으므로 주의해야 하는 것으로 알려져 있다. 다윈은 『종의 기원』에서 생존을 위한 몸부림을 은유적 표현이라고 설명했는데, 오늘날 많은 자료에서 이를 생존경쟁 또는 생존투쟁으로 번역하고 있어, 다윈이 원래 생각한 것과는 다소 다른 의미로 받아들여지고 있다.
17 아가일 공작은 『법칙의 지배』 49쪽에서 의도(intention)를 "질서에 대한 개념(ideas of order)"이라고 설명했다.

을 설명할 수 있는 모든 유형의 말과 예시를 다 써버렸다. '장치', '기묘한 장치', '아름다운 장치' 등은 반복해서 나오는 표현들이다.[18] 어떤 특별한 한 종의 부분을 묘사하는 데 있어, '입술꽃잎[19]은 나비목(Lepidoptera) 나비들을 유혹하려고 기다란 꿀샘으로 발달하며, 우리는 머지않아 꿀샘이 의도적으로 그렇게 박혀 있어 딱딱하고 메마른 점액성 물질의 기묘한 화학적 성질에 시간을 주기 위해 꿀샘을 단지 천천히 빨 수 있게 되었다고 의심할 만한 이유를 제시할 것이다'[20]라는 문장이 있다"고 말한다. 공작은 이와 비슷하게 서술된 표현들의 다른 많은 사례들을 인용했는데, '장치'에 대해, 비록 이런 장치들이 성장과 번식이라는 일반적인 과정에 따라 만들어지지만, 개인적인 고안자에 대한 가정 말고는 각 사례의 세부 사항을 특별하게 정리해주는 어떠한 설명도 없었고 제시되지도 않았다고 주장했다.

공작이 언급하지 않은 **난초** 구조의 기원에 대한 이러한 견해에는 어려움이 있다. 꽃피는 식물 대부분은 곤충의 도움이 필요없거나, 곤충의 도움이 필요할 때에도 꽃 구조에 아주 중요한 변형을 일으키지 않고서도 수정이 된다. 그러므로 꽃들이 난초처럼 다양하고 환상적이고 아름답게 형성되었겠지만 제비꽃류, 토끼풀류, 앵초류 또는 그 밖의 수천 종류의 꽃에서

••

18 다윈은 『종의 기원』 초판에서 장치(contrivance)를 15번, 기묘한 장치(curious contrivance)와 아름다운 장치(beautiful contrivance)를 1번씩 사용했다.

19 난초류의 경우, 3장의 꽃잎과 3장의 꽃받침잎으로 구성된다. 꽃잎 가운데 한가운데 있는 꽃잎은 이 옆에 있는 다른 2장보다 크며 종에 따라 다양한 형태를 띠고 있는 이 꽃잎을 순판이라고도 부른다.

20 다윈이 1862년에 발표한 『영국과 외국 난초류가 곤충에 의해 수정되는 데 관여하는 다양한 장치들과 상호교배의 좋은 결과들(On the Various Contrivances by Which British and Foreign Orchids are Fertilised by Insects and on the Good Effects of Intercrossing)』 29쪽에 나오는 문장이다.

볼 수 있는 것보다 훨씬 더 복잡한 구조로 만들어지지 않아도 수정되었음이 명백하다. 난초 꽃에서 발견되는 이상한 샘과 뿔, 그리고 함정은 그 자체로 반드시 필요한 것은 아닌데, 이들 구조가 없는 수만 종류의 다른 꽃들도 이런 구조가 수행하는 똑같은 목적을 달성하기 때문이다. 기계공이 독창적인 장난감이나 복잡한 수수께끼를 만들어내는 것처럼, 꽃에 있는 다양하면서 복잡한 구조를 **우주의 창조자**가 고안했다고 상상하는 것은 기이한 발상이 아닐까? 지구에 생명이 최초로 나타났을 때, 일반적인 법칙들이 상호 조정하여 필연적인 결과로 가능한 한 다양한 형태로 최대로 발달했는데, 꽃들은 이런 결과의 일부라고 생각하는 것이 더 의미 있는 것이 아닐까?

그러나 더 간단한 사례들 가운데 한 가지를 제시해서 우리가 알고 있는 일반적인 법칙들로 이 사례를 설명할 수 없는지를 살펴보자.

자연선택으로 설명되는 난초 꽃의 구조 사례

마다가스카르난초(*Angraecum sesquipedale*)[21]의 꿀샘은 엄청나게 길어, 꿀은 꿀샘 깊숙한 곳에 있다. 어떻게 이처럼 기이한 기관이 발달하게 되었을까? 다윈 씨의 설명은 다음과 같다. 이 꽃의 꽃가루는 매우 큰 나방 일

. .

21 다윈난초, 크리스마스난초, 베들레헴난초라고도 부른다. 마다가스카르섬에서만 자라는 난초 종류로 나무에 달라붙어 살아간다. 꿀샘의 길이가 25~35센티미터 정도로 아주 긴 편인데, 다윈은 1862년에 자신에게 배달된 이 난초를 탐구하고, 그 결과를 같은 해에 발간한 『영국과 외국 난초류가 곤충에 의해 수정되는 데 관여하는 다양한 장치들과 상호교배의 좋은 결과들』에서 그때까지는 알려져 있지 않지만, 틀림없이 이 꽃을 수정시켜 줄 주둥이가 긴 나방이

부가 기다란 대롱처럼 생긴 꿀샘의 바닥에 있는 꿀을 얻으려고 할 때, 이들의 주둥이 기부에 의해서만 제거될 수 있다.[22] 가장 긴 주둥이를 지닌 나방은 이 일을 가장 효과적으로 할 것이다. 이 나방은 자신이 길게 만든 주둥이에 대한 보상으로 가장 많은 꿀을 얻을 것이다. 이와는 반대로, 깊숙한 곳에 꿀샘을 만든 꽃들은 이 꽃들을 선호하는 가장 긴 주둥이를 지닌 나방에 의해 수정이 될 것이다. 결과적으로 깊숙하게 꿀샘을 만든 난초와 가장 긴 주둥이를 지닌 능수능란한 나방은 삶의 전투에서 서로에게 이익을 줄 것이다. 이런 점은 그들 각자를 지속적으로 유지하게 만들면서 동시에 꿀샘과 주둥이를 꾸준하게 길어지도록 만들 것이다. 이제 이 기관의 특이한 길이만을 우리가 설명해야 함을 기억하도록 하자. 많은 목에 속하는 식물들에서 꿀샘이 발견되는데, 난초에서 특히 흔하게 발견된다. 그러나 이 한 가지 사례에서만은 꿀샘의 길이가 30센티미터 이상이다. 어떻게 이런 일이 일어났을까? 난초를 방문한 나방들은 자신의 말려 있던 주둥이를 꿀샘으로 밀어넣는데, 이때 다윈이 실험적으로 입증한 한 꽃에 있던 화분괴를 다른 꽃의 암술머리로 옮겨주어 꽃을 수정시킨다는 사실로부터 시작해보자.[23] 그는 계속해서 이런 결과가 일어나는 정확한 과정을 설명했고, 아가일 공작은 그가 한 관찰이 정확하다고 인정했다. 영국에 분포하

∴

있을 것이라고 예측했고, 다윈 사후인 1903년 마다가스카르섬에서 이러한 주둥이를 가진 모건박각시나방(*Xantbopan morganii praedicta*)이 발견되었다. 이 점에 대해 아가일 공작은 1867년 『법칙의 지배』라는 책에서 이 난초는 초자연적인 존재가 창조한 것이라고 주장했고, 월리스는 이 논문에서 초자연적인 힘이 아니라 자연선택에 따른 공진화 결과로 설명한다.

22 난초는 꽃가루가 화분괴라는 덩어리로 되어 있는데, 이 덩어리가 떨어져 나와야 다른 꽃의 암술머리에 닿을 수가 있다. 나방의 주둥이가 화분괴를 자극해서 수술에서 떨어져 나오도록 한다는 설명으로 보인다.

23 『영국과 외국 난초류가 곤충에 의해 수정되는 데 관여하는 다양한 장치들과 상호교배의 좋은

는 피라미드난초(*Orchis pyramidalis*)와 같은 종들은, 꿀샘의 길이와 곤충의 주둥이 길이 사이를 정확하게 조정해야 할 필요는 없어서, 다양한 크기의 수많은 곤충들이 화분괴를 운반하고 수정에 도움을 주는 것을 발견할 수 있다. 그러나 마다가스카르난초(*Angraecum sesquipedale*)에서는 주둥이가 꽃의 특정한 부위에 힘들게 들어가야만 하며, 이 일은 큰 나방이 주둥이를 바로 기부에 파묻어야만 가능한데, 기다란 대롱처럼 생긴 꿀샘 밑부분에 있는 깊이만 3~6센티미터 정도 되는 곳에서 꿀을 빼내기 위해 안간힘을 써야 한다. 이제는 꿀샘이 단지 현재 길이의 절반, 즉 약 15센티미터 정도이고, 주로 꽃이 피는 시기에 출현하고 주둥이가 꿀샘의 길이와 같은 나방의 한 종에 의해서 수정되었을 때를 가정해보자. 마다가스카르난초속(*Angraecum*) 난초들은 해마다 수백만 송이 꽃들을 만드는데, 이 가운데 항상 일부는 평균보다 짧고 일부는 길었을 것이다. 전자는 꽃의 구조 때문에 수정되지 않을 것인데, 나방이 자신의 주둥이를 기부까지 밀어넣지 않고서도 모든 꿀을 얻을 수 있기 때문이다. 후자의 경우는 성공적으로 수정될 것이고, 모든 개체들 가운데 평균적으로 길이가 가장 긴 개체들이 가장 잘 수정시킬 것이다. 이런 과정만으로도 꿀샘의 평균 길이는 해마다 길어질 것이다. 짧은 꿀샘을 지닌 꽃들은 생식이 불가능해지고 긴 꽃들은 자손을 많이 만들기 때문인데, 마치 정원사가 짧은 것들은 뽑아버리고 긴 것들의 씨만 뿌린 것과 같은 효과가 정확하게 나타날 것이다. 그리고 경험을 통해 우리가 알게 된 이러한 점 때문에 길이는 지속적으로 길어질 것인데, 이는 우리가 재배하는 열매와 꽃의 크기가 커지고 형태가 변하는 바로 그

∴

결과들」에서 다윈은 다양한 난초류의 수정, 정확하게는 수분과 관련된 실험적 자료들을 제공했다.

과정이다.

그러나 시간이 흐름에 따라 꿀샘의 길이가 길어지게 되면 그에 따라 많은 종류의 나방이 단지 꿀샘의 표면에만 도달하게 될 것이고, 예외적으로 긴 주둥이를 가진 소수의 나방만이 상당한 양의 꿀을 빨아 먹을 수 있게 될 것이다.

이로 인해 많은 나방들은 이 꽃을 무시할 터인데, 이 꽃에서 만족할 만한 양의 꿀을 얻지 못하기 때문이다. 이것들이 나라에서 유일한 나방이라면 꽃들은 의심할 여지 없이 어려움을 겪을 것이고, 꿀샘이 계속해서 길어지는 것도 길어지게 유도했던 것과 똑같은 과정으로 억제될 것이다. 그러나 나방은 엄청나게 다양하고, 그 주둥이 길이도 다양하기에 꿀샘의 길이가 길어지면 또 다른 몸집이 큰 종이 꽃을 수정시키게 될 것이며, 가장 큰 나방이 유일한 매개자가 될 때까지 이 과정은 진행될 것이다. 이전까지는 아니더라도 나방도 영향을 받았을 터인데, 가장 긴 주둥이를 지닌 나방이 대부분의 꿀을 먹게 되므로, 이렇게 먹은 나방은 최고로 강해지고 가장 활발하게 움직이게 될 것이며, 가장 많은 꽃들을 방문해서 수정시킬 것이고, 가장 많은 수의 자손을 남기게 될 것이다. 이 나방으로 말미암아 대부분 완벽하게 수정된 꽃들은 가장 긴 꿀샘을 가지고 있으며, 매 세대마다 평균적으로 꿀샘의 길이가 길어질 것이고, 또한 나방의 주둥이 길이도 평균적으로 길어질 것이다. 그리고 자연은 평균을 중심으로 항상 변동한다는 사실, 즉 매 세대마다 평균보다 꿀샘이 긴 꽃과 짧은 꽃들이 피며, 나방도 주둥이가 긴 것과 짧은 것이 만들어진다는 사실로부터 볼 때, 이런 점은 **필연적인 결과**일 것이다. 의심할 여지 없이 이들의 발달 시점에 도달하기 전에 수백 가지의 원인으로 이 과정이 중단될 수도 있는데, 우리는 이 시점을 발견할 수 있다. 예를 들어, 꿀의 양에서 나타나는 변이가 어느 단계에서 꿀샘의 길이 변이보다 더 크다면 작은 나방이 꿀샘에 도달할 수 있어 수정에 영향을 줄 것이다. 말하자면, 나방의 주둥이 성장이 다른 원인으로 말미암아 꿀샘의 성장보다 활발해지고 빨라졌다면, 또는 길이가 길어진 주둥이가 어떤 식으로든 자신에게 해가 된다면, 또는 가장 긴 주둥이를 지닌 나방 종의 개체수가 어떤 천적들 때문에 또는 불리한 조건 때문에 상당히 줄어든다면, 이와 같은 경우에는 짧은 꿀샘을 만든 꽃들이, 이 꽃들은 주둥이가 짧은 나방을 유인해서 수정될 것이므로 유리했을 것이다. 그리고 이런 경우들과 비슷한 속성의 억제는 의심할 여지 없이 세계의 다른 장소에서도 작동했을 것인데, 마다가스카르섬에서만 그리고 난초 단 한 종에게 유리한 조건으로 꿀샘이 이처럼 이상하게 발달하는 것을 방해했을 것이다. 나는 여기에서 열대지방에서 살아가는 큰박각시나방류 가운데 일부가 마다가스카르난초(*Angraecum sesquipedale*)의 꿀샘만큼 대부분 긴 주둥이를 갖는다고 말할 수 있다. 나는 영국박물관에 있는 수집물 가운데 남아메리카에서 채집된 남아메리카박각시나방(*Macrosila cluentius*)의 한 표본에서 주둥이 길이를 조심스럽게 측정했는데, 23센티미터 정도여서 놀랐다! 열대아프리카에서 채집된 한 표본, 모건박각시나방(*Macrosila morganii*)[24]의 주둥이도 18센티미터 정도였다. 주둥이가 5~8센티미터 정도 더 긴 종은 마다가스카르난초(*Angraecum sesquipedale*)의 가장 큰 꽃의 꿀샘에 도달할 수 있을 것인데, 이 꽃의 꿀샘은 길이가 25~35센티미터 정도로 다양하다. 이와 같은 나방 종류가 마다가스카르섬에 존재한다고 예측해도 지장은 없을 것이다. 이 섬을 방문하는 자연사학자들은 천문학자들이 해왕성이라는

24 오늘날에는 *Xanthopan morganii*라는 이름으로 부른다.

행성을 찾은 것처럼 확신을 가지고 이 나방류를 찾아야 할 것이며, 나는 이들이 똑같이 찾는 데 성공할 것이라고 감히 예측해본다![25]

이제 스스로 작동하는 이 아름다운 조정 이론 대신에 제기된 반대 이론은 **우주의 창조자**가 꿀샘의 길이가 이처럼 엄청나게 길어지도록 자신의 **의지**를 직접 행동으로 보임으로써, 자연의 힘이 이러한 식물 한 종의 성장에 영향력을 자꾸 행사하도록 했다는 것이다. 이와 동시에, 나방이라는 매개자의 존재로만 유지될 수 있는 마다가스카르난초속(*Angraecum*) 난초를 이전에 그렇게 만든 것과 정확하게 같은 비율로 주둥이가 길어지도록 똑같이 특별한 행동을 해서 나방의 체제에서 영양의 흐름을 결정했다는 것이다. 그러나 이것이 조정이 일어난 방식이었다는 어떤 증거가 제시되거나 제안되었는가? 미묘한 종류의 조정이 있다는 느낌과 어떻게 알려진 원인이 이러한 조정을 만들 수 있었는가를 알 수 없다는 느낌을 제외하면 아무것도 없다. 하지만 우리가 이미 받아들였던 단순한 법칙의 작용이 존재하는 사실을 드러내는 것이라는 점을 어느 시점이나 다른 시점에서 우리가 부정하지 않는 한, 이러한 조정은 가능할 뿐만 아니라 불가피하다는 것을 보여주었다고 믿는다.

∴

25 월리스의 이런 예측이 정확했는데, 1903년 로스차일드(Rothschild, Walter)와 조던(Jordan, Karl)이 마다가스카르에서 오베르투르(Oberthur, Charles)와 마빌레(Mabille, Paul) 두 사람이 채집한 표본을 이용하여 *Xanthopan morganii praedicta*라는 신아종으로 발표했다. 학명에 'praedicta'라는 이름이 들어 있는데, 이는 다윈의 예측이 아니라 월리스의 예측을 기념하기 위한 것이다. 그러나 이 아종은 오늘날 분류학적으로 아종으로 인정되지 않고 있다. 우리나라에서는 *Xanthopan morganii praedicta*를 크산토판박각시나방으로 부르고 있으나, 크산토판은 이 나방의 속명, 'Xanthopan'을 우리말로 표기한 것으로 보인다. 그러나 신아종명 'praedicta'는 월리스가 예측한 것을 기념하려고 만든 것이므로, 월리스박각시나방으로 부르는 것이 타당할 것이다. 또한 *Xanthopan morganii*의 경우, 영어 이름이 Morgan's sphinx moth이어서 우리말 이름으로 모건박각시나방으로 표기했다.

일반적인 법칙이 유발한 적응

비생물 자연에서 대등한 사례를 찾기는 힘들지만, 강이 보여주는 사례는 아마도 어느 정도 이 주제를 설명하는 것 같다. 거대한 **강의 체계**를 주의 깊게 연구하려고 하는데, **현대의 지질학**에 대해 완전히 무지한 한 사람을 상상해보자. 그는 강 하류에서 가장자리까지 채워진 깊고 넓은 수로를 발견하는데, 이 수로는 평평한 지역을 서서히 흐르면서 바다로 많은 양의 미세한 퇴적물을 운반한다. 강은 상류로 올라갈수록 다수의 조그만 하천으로 나누어지는데, 평평한 골짜기와 높은 기슭들 사이를 교대로 흐른다. 때때로 그는 수직 벽이 있는 깊은 암반을 발견하는데, 잇달아 있는 언덕을 거치면서 물을 운반한다. 그는 강폭이 좁은 곳은 수심이 깊고, 강폭이 넓으면 수심은 얕다는 사실을 발견한다. 상류로 더 올라가면, 그는 수많은 하천과 개울이 있는 산악 지대를 만나게 되는데, 넓은 면적에 걸쳐 있는 지표면을 흐르는 물을 모으는 하천과 개울 각각은 지류인 실개천과 도랑으로 나누어지며, 수로 하나하나는 이러한 물을 모을 수 있도록 적합하게 만들어져 있다. 수원지 쪽으로 갈수록 모든 강 지류와 하천, 그리고 개울의 바닥은 점점 더 가파른 비탈이 되어 있어, 폭우로 쏟아지는 물을 운반하면서 돌·조약돌·자갈 등을 치우는데, 그렇지 않으면 물이 흐르는 경로가 이들로 인해 차단된다. 이러한 강의 체계 모든 부분에서 그는 목적을 위한 수단이 정확하게 맞추어져 있음을 볼 수 있을 것이다. 그는 이 수로 체계가 설계되었음이 틀림없으며, 이는 목적에 매우 효과적으로 대응한 것이라고 말할 것이다. 수로의 경사, 수로의 용량, 빈도 등을 토양의 속성과 강우량에 정확하게 맞출 수 있는 지식인은 단 한 사람도 없다. 다시 말하지만, 많은 사람들을 부양하는 비옥한 평야를 가로질러 흐르는 넓고 조용하게 항해할 수 있는 강을 보면서 그는 사람이 원하는 바에 따라 이들이 특별히 맞추어져 있음을 보게 될 것이다. 반면에 그는 바위투성이 하천과 산의 급류는 소수의 양치기나 목동에게만 적합한 불모의 지역에만 한정되어 있는 것도 보게 될 것이다. 그는 자신이 감탄하면서 바라보았던 적응과 조정이 일반적인 법칙의 작용으로 만들어진 불가피한 결과임이 확실하다고 자신에게 알려준 지질학자의 말을 의심하면서 들을 것이다. 비와 강이 보이지 않는 곳에 있는 힘의 도움으로 한 나라에 있는 땅의 형체를 본보기로 삼아 언덕과 골짜기의 형태를 만들었고, 강바닥을 파냈으며, 평원을 평평하게 만들었다. 이런 일은 오로지 엄청난 인내심을 가지고 관찰하고 연구한 후에 알게 된다. 그는 해마다 일어나는 사소한 변이들을 관찰하기를 수천·수만 번을 반복하고, 지구의 다양한 지역을 방문해서 모든 곳곳에서 계속되고 있는 변화들을 보고 나서, 과거에 일어났던 더 큰 변화의 틀림없는 흔적을 본 후에야 지구의 표면이 아무리 아름답고 조화롭게 보여도 엄밀하게 세부 사항 하나하나에 명백히 스스로를 조정하는 힘의 작용에 기인한다는 것을 이해하게 될 것이다.[26]

더욱이, 그가 자신의 조사 내용을 충분하게 확장하면, 그는 자신이 상상한 모든 유해한 결과가 어디에서 일어났든 언제나 유해한 것만은 아닌 비조정의 결과임이 틀림없음을 발견할 것이다. 그는 비옥한 계곡을 살펴보면서 아마도 "이 강의 수로가 제대로 조정되지 않았고, 강 비탈이 수 킬로

..

26 지구 표면이 당시 창조론자들이 주장한 것처럼 한순간에 만들어진 것이 아니라, 오랜 세월 조그만 변화가 축적되면서 만들어진 것이라는 주장을 설명하고 있다. 라이엘이 『지질학 원리』에서 주장했던 동일과정설, 즉 현재 지구에서 일어나는 여러 자연 현상은 과거에도 똑같이 일어났다는 주장을 강의 형성에 빗대어 설명하고 있는 것 같다.

미터가량 거꾸로 되어 있다면, 물은 새 나가지 않았을 것이고, 사람들로 가득찬 이 풍부한 계곡은 물을 낭비하는 장소가 되었을 것이다"라고 말할 것이다. 이런 경우에 대한 수백 가지 사례가 충분히 있다. 호수 하나하나가 '배가 다니는' 계곡이며, (사해[27]와 같은) 일부 사례는 긍정적인 폐해로, 지구 표면의 조화와 적응에 있어 하나의 오점이다. 다시 말해서, 그는 "비가 이곳에 내리지 않고 구름이 우리를 넘어가 다른 지역으로 가버린다면, 신록으로 가득한 재배 평야는 사막이 될 것이다"라고 말할 것이다. 지구에서 넓은 면적이 사막인데 많은 비가 내리면 사람이 즐겁게 살아가는 장소로 바뀔 것이다. 혹은 그가 엄청나게 크고 항해할 수 있는 강을 관찰하면서 바위가 얼마나 쉽게 흔들리는지, 아니면 더 가파른 수로가 곳곳에 있는지를 심사숙고하면서 사람에게는 그곳이 쓸모가 없다고 할 것이다. 그리고 그가 조금만 더 조사해보면 배를 운항하기에 부적절한 수백 개의 강이 전 세계 곳곳에 있음을 알게 될 것이다.

생물 세계에도 정확하게 같은 일이 나타난다. 조정과 관련된 놀라운 사례, 즉 보통과 다르게 발달한 기관 사례 일부를 살펴볼 것이나, 조정과 발달이 나타나지 않은 수많은 사례들은 건너뛰려고 한다. 하나의 조정이 없으면 또 다른 조정이 의심할 여지 없이 일어나는데, 환경에 자신을 조정하지 않고 생존을 지속하는 생물은 없기 때문이다. 무한히 증식할 수 있는 능력을 가지고 있어 끊임없이 만들어지는 변이는 대부분의 사례에서 자기 조정의 수단으로 작용한다. 세계는 일반적인 법칙의 작용으로 지구 표면과 기후가 최대한 다양하게 만들어졌다. 그리고 똑같이 일반적인 법칙

∴

27 아라비아반도 북서부에 있는 해수면보다 430미터 낮은 호수이다. 소금 함량이 높은 호수로 알려져 있는데, 사람이 물 위에 둥둥 떠 있을 수 있다.

의 작용으로 생물이 최대한 다양하게 만들어졌고, 이들은 지구 도처에서 다양하게 변하는 조건에 적응하고 있다. 반대자도 다양하게 만들어진 지구 표면, 즉 평원과 계곡, 언덕과 산, 사막과 화산, 바람과 해류, 바다와 호수와 강, 그리고 지구의 다양한 기후 등이 모두 무수한 시간 동안 일반적인 법칙이 작용하고 반작용한 결과임을 아마도 인정할 것이다. 그리고 창조자가 여기에서는 산의 높이를 결정하고, 저기에서는 강의 수로를 바꾸고, 여기에서는 비를 더 많이 내리게 하고, 저기에서는 해류의 방향을 변경하는 것과 같은 법칙의 작용을 안내하고 조절하는 것 같지 않다는 점도 인정할 것이다. 그는 아마도 무생물 세계에 작용하는 힘이 스스로 조정되며, 주어진 평균 조건에서 (아마도 이 조건 자체도 천천히 변하지만) 필연적으로 변동하지만, 특정 범위 내에서만 가능한 엄청난 다양함을 만든다는 점을 인정할 것이다. 무생물 세계에서 영원히 진행되는 변화의 과정 단계마다 '어떻게든 해보려는 마음'이 필요하지 않다면, 왜 우리는 생물 세계의 영역에서는 이러한 마음이 지속적으로 작용해야 한다고 믿어야 하는가? 사실, 작동하는 법칙은 좀 더 복잡하고, 조정은 좀 더 섬세하며, 특별한 적응의 모습은 좀 더 주목할 만하다. 그러나 왜 우리는 창조적인 마음을 우리 자신이 평가해야 하는가? 왜 우리는 기계가 너무나 복잡해서 **창조자**가 반드시 조화로운 결과를 만들 수 있도록 완벽하게 설계되었다고 가정해야만 하는가? '지속적인 개입' 이론은 창조자가 지닌 능력의 한계이다. 그것은 그가 무생물 세계에서 했던 것처럼 생물 세계에서도 순수한 법칙으로 일할 수 없었다고 추정된다. 그것은 그가 물질과 마음의 혼합된 법칙에 따른 결과, 즉 최고의 것과 반대되는 것이 끊임없이 나타난 성과와, 제한된 지능을 지닌 우리조차도 불변하는 법칙에 의해 지배되는 우주에서 스스로 조정한 결과라고 상상만 하는 아름다움, 다양함, 조화를 만들려고 그가 자연의 과정을 무언가 다른 방향으로 변경해야 한다는 점을 예측할 수 없었다고 추정된다. 우리가, 자연이라는 세계가 스스로 조정하고 끝없이 발달할 수 있다고 상상할 수 없다면, 우리 마음이 지닌 무능력을 그의 탓으로 돌리는 것은 창조자에 대한 무의미한 생각일 것이다. 그러나 불변하는 법칙의 필연적인 결과로서 자연에서 발견되는 적응의 일부를 많은 사람들이 마음속으로 상상하고 세세하게 추적하려고 할 때, 종교의 이익을 위해 누구든지 **자연의 체계**가 우리가 생각하는 가장 높은 개념보다 위가 아니라 훨씬 아래에 있다는 증거를 누군가 찾으려 한다는 점은 이상해 보인다. 세계를 **법칙**에만 홀로 맡겨두면 혼란에 빠질 것이라는 주장을 내 자신은 믿을 수 없다. 법칙 안에는 아름다움이나 다양함을 발달시키는 내재력이 없다는 주장과, **신**의 직접적인 작용이 곤충 하나하나에 있는 반점이나 줄무늬, 그리고 지구상에서 살고 있거나 살았던 수백만 종의 생물 하나하나가 지니고 있는 구조의 세세한 부분 하나하나를 만들기 위해 필요하다는 주장도 나는 믿을 수 없다. 한계를 결정하는 것이 불가능하기 때문이다. 구조에서 어떤 변형이 법칙의 결과라면, 왜 전체는 아닌가? 일부에서 자기 적응이 나타났다면, 왜 다른 부분은 나타나지 않는가? 색에 어떤 다양함이 있다면, 왜 우리는 모든 다양함을 볼 수 없는가? '목적'과 '장치'가 어디에서나 보인다는 사실에 대한 언급과, 우리 마음이 직접 작용하여 비슷한 장치를 만들 수 있으므로 이들이 어떤 마음의 직접적인 작용으로만 만들어졌다는 비논리적 추론 이외에는 이런 부분을 설명하려는 그 어떤 시도도 없었다. 그러나 어떻게든 적응이 설계의 외양을 반드시 가지고 있다는 점을 망각하고 있다. 강에 있는 수로는, 비록 강이 **스스로** 만든 것이지만, 강을 위해 만들어진 것처럼 보인다. 모래가 침전되어 만들어진 미세한 지층과 바닥은 때로 계획적으로 분류되고 분리되고 평평해진 것처럼 보인다. 수정의 면과

각은 사람이 설계한 형태와 거의 정확하게 비슷하다. 그렇다고 해서 우리가 각각의 사례에서 나타난 이러한 결과들이 만들어지는 데 창조적 마음이 직접 작용하는 것이 필요하다고, 또는 자연법칙으로 이들이 만들어지는데 어떤 어려움을 볼 수 있다고 결론을 내릴 수는 없다.

자연에 있는 아름다움

그러나 이러한 일반적인 논증은 잠시 미루고, 다윈 씨의 관점에 반대하는 결정적인 것으로 관심을 끄는 다른 특별한 사례로 주제를 돌려보자. 일부 사람들에게 '아름다움'은 '장치'만큼이나 엄청난 장애물이다. 이들은 **아름다움**을 보여주는 유형들 하나하나를 발달시킬 만큼 **우주**의 체계가 너무나 완벽하다고 상상하지 않으나, 특별한 아름다운 무언가가 나타나면 체계가 만들어낸 것보다 한 단계 더 나아가 창조자가 자신의 즐거움을 위해 추가한 것이라고 생각한다.

아가일 공작은 벌새에 대해 "우선, 벌새[28]의 화려함과 그들의 삶에서 나타나는 근본적인 어떤 기능 사이에 추적하거나 상상할 수 있는 그 어떤 연관성이 없다는 점이 무리 전체에서 관찰되어야만 한다. 그 어떤 연관성이라도 있다면 화려함은 거의 배타적으로 한 성에만 국한될 수가 없다. 물론 암컷 새는 자신이 칙칙한 색으로 되어 있다고 해서 생존을 위한 몸부림 과

••

28 벌새과(Trochilidae)에 속하는 새 종류를 총칭하는 이름이다. 전 세계에 약 360종이 있는데, 주로 열대 아메리카에 분포한다. 날개를 매우 빨리 움직여 꽃 위에서 정지한 상태로 꽃꿀을 빨아먹는데, 이때 벌이 날아다닐 때 나는 윙윙거리는 소리를 낸다. 암컷과 수컷의 형태가 상당히 다른 성적이형성을 지니고 있다.

정에서 그 어떤 불이익을 받지 않는다"고 말한다. 그리고 이들 새의 다양한 장식들을 설명한 후에, 그는 "단순한 장식과 형태의 다양함, 그리고 그들 자신을 위해 이것들이 이처럼 놀랍고 아름다운 새에게 **창조력**이 작용했을 것으로 보이는 추론과 함께 유일한 원칙 또는 규칙이다. 생존을 위한 몸부림이라는 관점에서 보면 토파즈[29]로 만든 문장[30]이 사파이어[31]로 만든 문장과 다를 바 없다. 삶의 전쟁이라는 관점에서 보면 에메랄드[32]로 장식된 스팽글[33]의 주름장식이 루비[34]로 장식된 스팽글의 주름장식과 다를 바 없다. 하얀색으로 장식된 깃털이 주변에 있든 중앙에 있든 상관없이 하늘을 나는 목적에서 보면, 이런 점에 꼬리는 영향을 받지 않는다. 단순한 아름다움과 단순한 다양함은 우리가 **자연의 힘**을 그들이 달성하고자 하는 것에 종속시키려고 할 때 그들을 위해 우리가 스스로 찾아야 하는 대상이다. 이것들이 살아 있는 생물에게 주어진 형태에서도 최종 목표이고 목적이라는 점을 우리가 의심하거나 질문해야 할 상상할 수 있는 이유는 없는 것 같다"라고 말한다(『법칙의 지배』, 248쪽).

∵

29 규소와 알루미늄, 그리고 수소로 이루어진 보석 가운데 하나이다. 우리말로 황옥이라고도 부르는데, 11월의 탄생석으로 알려져 있다. 우정, 희망, 인내, 결백 등의 의미를 지녔다.

30 국가나 단체 또는 집안 따위를 나타내기 위하여 사용하는 상징적인 표지(標識)로 도안한 그림이나 문자로 되어 있다.

31 산화알루미늄을 주성분으로 철, 크로뮴, 바나듐 등이 첨가되어 있는 보석 가운데 하나이다. 우리말로 청옥이라고 부르기도 하는데, 9월의 탄생석으로 알려져 있다. 정직과 성실을 의미하는 보석으로 간주되어 성직자들이 많이 좋아한다.

32 규산염과 베릴륨, 알루미늄으로 만들어진 녹주석이라 하는데 청록색을 띠는 보석이다. 우리말로 취옥이라고 부르기도 하는데, 5월의 탄생석이며 영원불멸을 상징한다. 세계 4대 보석 가운데 하나로 손꼽힌다.

33 옷에 장식으로 붙일 때 쓰는 반짝거리는 얇은 조각이다.

34 알루미늄 결정으로 이루어진 보석으로, 우리말로는 붉은색을 띠어 홍보석이라고 부른다. 7월의 탄생석으로 보석의 왕으로 간주된다.

여기에서는 '벌새의 화려함과 이들의 삶에 근본적인 어떤 기능 사이의 연관성을 상상할 수 없다'라는 명제가 사실에 부합한가라는 점을 논의할 것인데, 다윈 씨는 삶의 모든 기능 가운데 가장 중요한 기능, 즉 번식에 색과 형태의 아름다움이 어떻게 영향을 주는지 관찰과 추론을 통해 상상했을 뿐만 아니라 입증했다. 새들에서 쉽게 나타나는 변이의 경우, 보통보다 조금이라도 더 밝은색은 암컷에게 더 매력적이며, 그렇게 장식된 개체들이 평균보다 더 많은 자손을 낳는다. 실험과 관찰 결과 이런 종류의 성선택이 실제로 일어나고 있음이 확인되었다. 유전 법칙은 매력적인 개체의 특이성이 더욱더 발달하도록 필연적으로 유도하며, 그에 따라 벌새의 화려함은 이들의 생존 그 자체와 직접 연결되어 있다. "토파즈로 만든 문장이 사파이어로 만든 문장과 다를 바 없다"라는 말은 사실이나, 이 둘 가운데 어느 것을 사용하든 문장이 없는 것보다는 훨씬 좋을 것이다. 부모 유형이 자신의 분포 범위 내에서 차이가 나는 장소에 존재하게 만든 다른 조건들은 둘 가운데 유리한 쪽으로 색조의 다른 변이를 결정했을 것이다. 암컷 새들이 똑같이 빛나는 깃털로 장식되지 않은 이유는 충분히 명확한데, 이들은 부화하는 동안 자신이 너무 눈에 잘 띄게 되면 피해를 입을 것이다. 그러므로 최적자생존은 많은 벌새 암컷의 등쪽이 진한 갈색을 띠도록 발달하는 것을 선호하는데, 이 색은 부화와 새끼들을 키우는 중요한 기능을 수행하는 동안 자신을 보호하기에 가장 좋다. 영원히 작동하는 증식·변이·최적자생존의 법칙을 염두에 두면, 이처럼 다양한 아름다움의 발달과 조건의 조화로운 조정은 상상할 수 있을 뿐만 아니라 입증할 수 있는 결과이다.

　최근 내가 싸우고 있는 반대 의견은 **아름다움** 그 자체를 사랑하는 것과 관련해서 창조자의 마음이 우리의 마음과 흔히 말하는 대응관계에 있다는 점에 근거를 두고 있다. 그러나 이러한 대응관계가 믿을 만한 것이라면, 우리의 눈에 유쾌하지 않거나 우아하지 않은 자연물은 없어야만 한다. 그럼에도 그런 것들이 많다는 사실은 의심의 여지가 없다. 말과 사슴은 아름답고 우아하며, 코끼리·코뿔소·하마·낙타는 그 반대이다. 긴꼬리원숭이[35]와 민꼬리원숭이[36] 대부분은 아름답지 않다. 새들 대부분은 아름다운 색을 지니고 있지 않다. 엄청나게 많은 곤충과 파충류는 확실히 못생겼다. 자, 창조자의 마음이 우리와 같다면, 이 추함은 어디에서 왔을까? "그것은 우리가 설명할 수 없는 신비로움이다"라고 말하는 것은 아무런 의미가 없는데, 우리는 창조의 절반을 다른 절반에는 적용할 수 없는 방법으로 설명하려고 시도하기 때문이다. 우리는 최고의 취향과 무한한 부를 지닌 한 사람을 알고 있는데, 그는 실제로 자신의 영역에서 우아하지 않고 유쾌하지 않은 형태와 색을 지닌 것들을 모두 처분했다. 창조의 아름다움을 창조자의 아름다움에 대한 사랑으로 설명한다면, 부유하고 깨달은 사람이 자신의 재산과 자신의 거처로부터 사라지게 하듯이, 왜 창조자는 지구에서 기형을 사라지게 만들지 않았는가라고 우리는 반드시 물어볼 것이다. 우리는 만족할 만한 대답을 얻지 못하면, 이런 설명을 거부하는 것이 좋을 것이다. 다시 말하지만, 창조의 궁극적 목표로 간주되는 아름다움의 가장 확실한 증거로 항상 특별히 언급되는 꽃의 사례를 보면, 모든 사실이 공평하게 맞아떨어지지 않는다. 적어도 지구상에 있는 식물의 절반은 밝은색이나 아름다운 꽃을 만들지 않는다. 최근에 다윈 씨는 꽃들이 단지 자신의 수정

∴

35 꼬리가 발달한 무리로 구세계원숭이라고도 부른다. 침팬지·고릴라 등이 여기에 속하는데 가슴이 넓고 큰 편이며, 대부분 종류들이 도구를 사용하며, 언어 능력이 있어 사람과 소통할 수도 있다.

36 꼬리가 발달하지 않은 무리로 신세계원숭이라고도 부른다. 사하라사막 이남의 아프리카, 남아메리카의 아마존 삼림 일대 그리고 인도와 동남아시아, 일본 등지에 분포한다.

을 도와줄 곤충을 유인하려고 아름답게 되었다는 경이로운 일반화에 도달했다. 그는 "나는 꽃이 바람의 도움으로 수정될 때에는 결코 화려한 색을 띤 꽃부리를 만들지 않는다는 변함없는 규칙을 발견함으로써 이러한 결론에 도달한다"[37]고 덧붙였다. 아름다움을 전혀 기대하지 않았을 때, 그것이 **쓸모**가 있는 가장 놀라운 사례를 여기에서 제시할 수 있다. 그러나 훨씬 더 많은 것이 입증되고 있다. 아름다움이 식물에게 아무런 쓸모가 없을 때에는 그것이 주어지지 않기 때문이다. 그것이 어떤 해를 끼친다고는 상상도 할 수 없다. 그것은 단순히 필요하지 않을 뿐이며, 그에 따라 숨겨져 있다! 우리는 어떻게 이 사실이 '목적 그 자체'인 아름다움과 일치하는지, 그리고 그것이 '그 자체를 위해서' 자연물에 주어진다는 진술과 일치하는지에 대한 설명을 분명히 들었어야 했다.

변이와 선택으로 어떻게 새로운 유형이 만들어지는가

지금부터는 아가일 공작이 다음과 같이 제기한 또 다른 대중적인 반대 의견을 살펴보자.

다윈 씨는 새로운 **유형**이 오래된 **유형**에서 출현한다는 주장에 근거하여 어떤 법칙이나 규칙을 발견한 척은 하지 않는다. 그는 외부 조건이 아무리 변해도, 새로운 유형을 설명하기에 충분하다는 입장을 가지고 있지는 않

∴

37 1866년에 발간된 『종의 기원』 4판 239쪽에 있는 내용이다. 이전 판에는 이런 표현이 없으나, 4판부터 계속해서 나온다.

다. (중략) 새로운 **유형**이 만들어졌을 때, 이 유형이 성공적으로 자신을 공고히 하면서 널리 퍼져나가는 것을 적어도 부분적으로라도 설명되는 한 그의 이론은 확고한 과학적 진실이 되는 단순한 이론보다는 훨씬 더 나은 것으로 보인다. 그러나 그의 이론은 그러한 새로운 **유형**이 출현하는 것이 어떤 법칙에 근거한 것인지 또는 어떤 법칙에 따르는 것인지에 대해서는 제안조차 하지 않는다. **자연선택**은 현재 손에 쥔 재료 말고는 아무것도 할 수 없다. 그것은 선택에 노출된 생물을 제외하고는 선택할 수가 없다. (중략) 그러므로 엄밀히 말해, 다윈 씨의 이론**38**은 **종의 기원**을 설명하는 이론이 결코 아니며, 세상에 태어날지도 모르는 새로운 유형의 상대적인 성공이나 실패로 이어지는 원인에 대한 이론일 뿐이다(『법칙의 지배』, 230쪽).

아가일 공작의 책에 나온 이런 내용과 다른 많은 구절에서, 그는 **창조**를 '출생에 따른 창조**39**'라는 개념으로 제시하지만, 부모와는 그 자체가 다른 새로운 유형 각각의 출생이 확실한 경로를 따라 발달하는 과정을 지시하려고 창조자가 특별하게 개입한 결과로 만들어졌다고 주장한다. 또한 그는 각각의 새로운 종이 비록 일반적인 번식의 법칙에 따라 생겨났지만, 사

••

38 다윈은 『종의 기원』에서 두 가지 이론을 제시했다. 하나는 자연선택 이론(the theory of natural selection)이고, 다른 하나는 변형을 수반한 친연관계 이론(the theory of descent with modification)이다. 그리고 다윈은 『종의 기원』 초판 302쪽에 나오는 "변형을 수반한 친연관계"를 6판 282쪽에서는 '진화(evolution)'라는 단어로 교체했다. 그런데 마이어는 다윈이 『종의 기원』에서 적어도 다섯 가지 이론을 자신의 것이라고 주장했다고 설명한다.

39 아가일 공작은 『법칙의 지배』 285~287쪽에서 '출생에 따른 창조'를 이론이라고 부르면서 다섯 번 사용했다. 그러면서 쓸모가 없는 기관이 존재하는 이유를 다른 이론에서 설명하지 못하지만, 이 이론으로는 설명이 가능하다고 주장했다. 그는 새로운 유형의 궁극적인 용도가 아직은 명백하지는 않지만, 이들이 나오는 단계가 출생에 따른 창조라는 필연적인 결과로 존재함이 틀림없다고 주장했다.

실은 '특별한 창조물'이라고 주장한다. 따라서 그는 증식과 변이의 법칙은 자연선택이 작동하는 정확한 시기에 정확한 종류의 재료들을 제공할 수 없다고 주장한다. 이와는 반대로, 나는 그러한 재료들이 제공될 것이라는 것이 정설 이전의 여섯 가지 공리 법칙으로부터 논리적으로 **증명될** 수 있다고 믿는다. 그러나 나는 그러한 재료들이 제공되고 있다는 점을 증명하는 풍부한 **사실들**이 있음을 보여주고 싶다.

모든 식물 재배가들과 동물 육종가들의 경험에 따라 충분히 많은 개체들을 조사하면, 어떠한 종류라도 필요한 변이는 항상 접할 수 있음을 알 수 있다. 동식물의 생육종, 재래종, 고정된 변종들을 얻을 가능성은 이러한 변이에 의해 결정된다. 그 어떤 형태의 변이라도 한 종이 지닌 다른 형질에 실질적으로 영향을 주지 않고 선택되고 축적될 수 있음이 확인되었다. 변이마다 요구하는 방향으로만 달라지는 **것처럼** 보인다. 예를 들어, 순무·무·감자·당근의 경우 뿌리나 덩이줄기[40]는 크기·색·형태 그리고 향이 다양한 반면, 잎과 꽃은 거의 변하지 않는다. 이와는 반대로 양배추와 상추는 잎이 다양한 형태로 변형되나, 성장 방식·뿌리·꽃 그리고 열매는 거의 변하지 않는다. 컬리플라워와 브로콜리는 화서가 다양하게 변하나,[41] 완두콩은 콩꼬투리만 변한다. 우리가 사과와 배에서는 셀 수 없을 정도로 다양한 열매 형태를 얻는 반면, 잎과 꽃은 구별할 수가 없다. 같은 사례로는 구스베리와 정원에 심는 쿠란트에서 볼 수 있다. 그러나 수백 년 동안 단순히 재배한다고 해도 구스베리(*Ribes grossularia*)[42]의 꽃에서는 뚜렷

∙∙

40 땅속에 있는 식물의 줄기가 영양소를 저장하려고 커진 상태이다. 감자가 대표적이다.
41 컬리플라워와 브로콜리는 화서를 야채로 먹는 화채류 또는 꽃채류의 일종이다. 십자화과 (Brassicaceae)의 야생양배추(*Brassica oleracea*)의 원예 품종들이다.

한 차이를 만들 수 없음에도 불구하고, (같은 속에 속하는 식물인) 붉은쿠란트(*Ribes sanguineum*)[43]에서는 곧바로 꽃이 다양하게 변하기를 바라는데, 실제로도 그렇다. 꽃의 형태나 크기 또는 색에서 나타나는 특정한 변화를 요구하는 유행이 생기면, 이에 부응하는 충분한 변이가 항상 만들어지는데, 장미·앵초류·제라늄류[44]에서 볼 수 있다. 최근에 장식용 잎이 유행할 때 충분한 변이가 수요를 충족하는 것으로 밝혀졌다. 우리는 무늬가 있는 펠라르고늄과 얼룩덜룩한 담쟁이를 가지고 있다. 우리 주변에 가장 흔한 관목과 초본 다수는 우리가 이것들이 그렇게 하기를 원할 때에 이런 방향으로 변하기 시작했음을 발견하였다! 이처럼 재빠르게 만들어진 변이는 오랫동안 여러 세대에 걸쳐 재배되고 오래되었으며 잘 알려진 식물에 국한되지 않는다. 그러나 시킴만병초,[45] 푸크시아속(*Fuchsia*)[46] 식물들, 안데스 지역에 자라는 주머니꽃속(*Calceolaria*)[47] 식물들, 그리고 케이프타운 지역에 자라는 펠라르고늄속(*Pelargonium*) 식물들은 똑같이 선뜻 부응하여 우리가 언제 어디에서 어떻게 요구하든지 곧바로 다양하게 변한다.

동물로 관심을 돌려봐도 우리는 똑같이 놀라운 예를 찾을 수 있다. 우

∴

42 오늘날에는 *Ribes uva-crispa*라는 학명으로 표기한다. 이란과 튀르키예를 비롯하여 아프리카, 유럽이 원산지이나 열매를 먹으려고 전 세계 곳곳에서 재배한다.

43 미국 서부와 캐나다 서부 일대에서 자라는 식물로, 영국으로 전해져서 밝은색으로 피어나며 향기가 있는 꽃을 보려고 재배한다.

44 사람들이 흔히 제라늄이라고 부르는 식물은 이질풀속(*Geranium*)에 속하는 식물이 아니라 펠라르고늄속(*Pelargonium*)에 속하는 식물이다.

45 *Rhododendron edgeworthii*로 추정된다. 영국 큐 식물원에도 식재되어 있다.

46 남아메리카 원산의 작은 키작은 나무들로 이루어진 속이다. 꽃이 잎겨드랑이에서 한 송이씩 아래로 종처럼 매달려 달린다. 원예종인 푸크시아(*Fuchsia* ×*hybrida*)를 널리 재배한다.

47 꽃 한가운데에 있는 입술꽃잎이 주머니처럼 만들어져 있어 주머니꽃이라고 부르는 난초 종류이다.

리가 어떤 동물에게 어떤 특별한 우수성을 원한다면, 우리는 단지 이 동물을 충분한 양으로 주의 깊게 교배해야만 한다. 필요한 변종은 항상 발견되며 거의 원하는 정도로 늘릴 수 있다. 우리는 양에서 고기, 지방, 양털을 얻는다. 소에서는 우유를 얻는다. 말에서는 색, 힘, 크기와 빠르기를 얻는다. 가금류에서는 거의 모든 종류의 색깔과 깃털의 기묘한 변형 그리고 알을 항구적으로 낳을 수 있는 능력을 얻는다. 우리는 집비둘기에서 변이가 지니는 보편성에 대한 훨씬 더 놀라운 증거를 보는데, 이 새를 이루는 부분 하나하나의 형태를 바꾸겠다는 육종가들의 욕망이 수시로 있었기 때문인데 이들은 필요한 변이가 없다는 것을 결코 발견하지 못했다. 부리와 발의 형태, 크기, 모양은 야생 조류에서 뚜렷하게 구분되는 속들의 새들에서만 발견되는 정도까지 변했다. 꼬리 깃털의 수는 많아졌는데, 이 특징은 일반적으로 가장 영구적인 속성 가운데 하나이며, 새들을 분류할 때 매우 중요한 특성 가운데 하나이다. 크기, 색 그리고 습성도 놀라울 정도로 변했다. 개에서는 변형의 정도와 변형으로 영향을 받은 재능의 정도도 뚜렷하게 거의 동일하다. 서로 반대 방향으로 만들어져 그 방향으로 끊임없이 꾸준하게 나타난 변이로 같은 원종에서 푸들과 그레이하운드를 만들어 냈음을 살펴보라![48] 본능, 습성, 지능, 크기, 속도, 형태, 색 등은 사람들의 요구나 바람이나 열정이 자신이 원하는 개체들을 갖고 싶다는 욕망으로 이어졌을 바로 그 군종을 만들기 위해 항상 다양하게 변했다. 사람들이 다른 동물을 괴롭히려고 불도그를 원하든, 산토끼를 잡으려고 그레이하운드를 원하든, 자신들의 억압받는 동료 창조물들을 추적하려고 블러드하운

••

48 그레이하운드는 개 품종 가운데 가장 빨리 달리는 것으로 알려져 있는데, 시속 70킬로미터 정도이다. 반면 푸들 종류는 시속 20킬로미터 정도로 그레이하운드의 1/3 수준에 불과하다.

드[49]를 원하든 상관없이 필요한 변이들은 항상 나타났다.

　이제는 이처럼 엄청난 사실들을 단순하게 요약해서, 이 논문을 시작하면서 언급했던 '**변이의 법칙**'을 좀 더 설명하려고 한다. 변화한 크기는 작지만 모든 방향으로 변화하며, 자연적이든 인위적이든 '선택'에 의해 주어진 방향으로 발전할 때까지 평균 상태에 대해 항상 변동하는 보편적 변이성은 삶의 유형들을 무한히 변형하도록 만드는 단순한 기초이다. 사람이 만드는 변형은 부분적이고, 균형이 잡혀 있지 않으며, 항상 불안정한 반면 자연법칙의 거리낌 없는 작용으로 만들어진 변형은 제대로 조정되지 않은 유형들을 모두 죽게 함으로써 매 단계마다 외부 조건에 스스로 조정된 것이며, 그에 따라 안정적이고 비교적 영구적이다. 우리의 반대자들은 자신의 견해에서 일관성을 유지하기 위하여 사람이 만들어낸 변화를 가능하게 한 변이 하나하나가 모두 창조자의 의지에 따라 적절한 시기와 장소에서 결정되었다고 주장해야 한다. 원예가나 육종가, 개 또는 집비둘기 애호가, 쥐 잡는 사람, 사냥꾼, 또는 노예 사냥꾼 등이 만든 재래종 하나하나는 원할 때 나타나는 변이가 제공했음에 틀림없다. 이러한 변이들은 결코 억제되지 않았기 때문에, 전지전능한 **존재**의 제재가 가장 고귀한 인간의 마음이 사소하거나 초라하거나 품질이 떨어진 것으로 간주하는 것에 주어졌음이 입증될 것이다.

　이는 주어진 방향으로 축적될 정도로 충분한 변이가 반드시 **창조적인 마음**의 직접적인 작용이어야만 한다는 이론에 대한 완벽한 대답으로 보이지만, 그것은 또한 완전히 불필요한 것으로 충분히 비난받고 있다. 사람이

∴

49　블러드하운드는 수색견으로 활용되고 있다.

새로운 재래종을 얻는 능력은 주로 그가 선택을 위해 구하는 개체수에 달려 있다. 많은 원예가들이나 육종가들이 같은 대상을 모두 같은 목표에 맞출 때에는 변화시키는 작업이 빨리 진행된다. 그러나 자연에 있는 흔한 종은 생육하는 그 어떤 재래종보다 천 배나 백만 배 더 많은 개체들을 포함하고 있다. 최적자생존은 명백한 특징뿐만 아니라 사소한 세부 특징들까지, 그리고 외부 기관뿐만 아니라 내부 기관까지 올바른 방향으로 변화하는 모든 것을 한 치도 틀리지 않고 반드시 보존해야 한다. 따라서 사람의 요구에 재료가 충분하다면, 무생물 세계에서도 항상 나타나는 변화된 조건에 정확하게 적응한 변형된 생물을 지속적으로 공급한다는 원대한 목적을 달성하는 데 필요한 재료가 부족하지 않을 수 있다.

변이에 한계가 있다는 반대

지금까지, 나는 아가일 공작의 주요 반대 의견에 공정하게 대답했다고 믿는데, 1867년 7월[50] 『노스브리티시리뷰』에 게재된 「종의 기원」이라는 제목의 탁월한 논쟁적인 기사에서 소개된 것 중 한두 가지를 계속 주목하고 있다. 글쓴이는 먼저 변이에 엄격한 제한이 있음을 증명하려고 시도한다. 우리가 어느 한 방향으로 변이를 선택하기 시작하면, 그 과정은 상대적으로 빠르지만, 상당한 변화가 있은 후에는 변화가 점점 느려지며, 그 한계

••

50 7월이 아니라 6월에 게재된 기사로 제목은 「종의 기원(The Origin of Species)」이며, 277쪽에서 318쪽에 걸쳐 실려 있다.

에 도달할 때까지 번식과 선택에 있어 어떻게 하더라도 더 이상 진전할 수가 없다. 한 가지 예시로 경주마가 선택된다. 많은 평범한 말들로 시작해서, 이 말들은 몇 년간 세심하게 선택되면서 크게 개량될 것이며, 상대적으로 짧은 시간에 우리가 원하는 우수한 경주말의 표준에 도달할 것으로 간주된다. 그러나 이런 시도에 엄청난 경비와 에너지가 사용되었음에도 불구하고 그 표준은 몇 년 동안 실질적으로 높아지지 않았다. 이는 그 어떤 특별한 방향으로도 변이에는 명확한 한계가 있으며, 단순히 시간과 선택 과정이 자연적인 법칙으로 수행된다고 해서 그 어떤 실질적인 차이를 만들 수 있다고 우리가 가정할 이유가 없다는 것을 증명하기 위한 것이다. 그러나 글쓴이는 이 논쟁이 진정한 질문에 부합하지 않는다는 점을 인지하지 못하는데, 진정한 질문은 분명히 규정되지 않은 무제한적인 변화가 몇몇 방향으로든 모든 방향으로든 가능한지 여부가 아니라 자연에서 만들어진 것과 같은 차이가 선택으로 변이를 축적함으로써 만들어질 수 있는지 여부이다. 속도의 문제에서, 육상동물과 관련된 명확한 종류의 한계가 자연계에 존재한다. 사슴, 영양, 산토끼, 여우, 사자, 표범, 말, 얼룩말 등을 비롯하여 움직임이 빠른 대부분의 동물들은 거의 같은 속도에 도달했다. 비록 가장 빠른 동물이 오랜 세월 보존되어 있었음에 틀림없고, 가장 느린 동물은 사라졌음에 틀림없지만, 우리는 빠르기에서 그 어떤 진전이 있다고 믿을 이유가 없다. 현존하는 조건에 따라, 그리고 아마도 가능한 지상 조건에 따라 가능한 한계는 이미 오래전에 도달했다. 그러나 이 한계가 말에서처럼 거의 도달하지 않은 경우에는, 우리가 보다 현저한 진전을 이루고 형태에서 더 큰 차이를 만들 수 있게 되었다. 들개는 흔히 무리를 지어 사냥을 하는데 빠르기보다는 지구력에 더 의존한다. 사람이 그레이하운드를 만들어냈는데, 이 개는 경주마가 야생 아라비아말과 다른 것보다 늑대나 딩고와 훨씬 더 많이 다르다. 다시 말하면, 사육하는 개는 야생 상태에서 살아가는 개과(Canidae)에 속하는 전체 동물보다 크기나 형태에서 훨씬 더 다양하다. 어떤 들개, 여우, 늑대도 가장 작은 테리어와 스패니얼의 일부만큼 작거나 가장 큰 변종인 하운드나 뉴펀들랜드만큼 크지 않다. 그리고 확실히 이 과에 속하는 야생동물 두 종류는 중국 퍼그와 이탈리안그레이하운드, 또는 불도그와 일반 그레이하운드처럼 형태와 비율에서 큰 차이가 나지 않는다. 그러므로 알려진 변이의 범위는 **개**와 **늑대**, 그리고 **여우**의 모든 형태가 하나의 공통조상에서 파생되기에 충분하다.

다시 말하지만, 파우터비둘기[51] 또는 공작비둘기[52]가 지금까지 발달한 방향으로는 더 이상 발달할 수 없다는 것은 반대이다. 이 새들에게서 변이는 한계에 도달한 것 같다. 그러나 변이는 자연에 있다. 공작비둘기는 현존하는 340여 종류의 집비둘기 가운데 그 어떤 종류보다 더 많은 꼬리깃털을 가지고 있을 뿐만 아니라, 알려진 8,000여 종의 조류 가운데 그 어떤 종보다도 많이 가지고 있다. 물론 비행에 유용한 꼬리를 구성할 수 있는 깃털 수에는 일부 한계가 있다. 공작비둘기에서 우리는 아마도 그 한계에 도달했을 것이다. 많은 새들의 식도나 목의 피부는 다소 부풀어 오를 수 있으나, 알려진 새 가운데 파우터비둘기처럼 부풀어 오른 새는 없다. 여기에서 다시, 건강한 생존과 양립할 수 있는 가능한 한계에는 도달했을 것이다. 비슷한 방식으로 사육하는 집비둘기의 다양한 재래종에서 부리의 크기와 형태에서 나타나는 차이는 비둘기 종류 전체 무리의 여러 속과 아과

●●

51 모이주머니를 거대하게 발달시켜 그것을 부풀려서 과시하는 모습을 보여주는 집비둘기 품종 가운데 하나이다. 체구와 날개, 다리가 모두 긴 편이다.

52 꼬리날개를 공작처럼 수직으로 치켜세우는 집비둘기 품종 가운데 하나이다.

에서[53] 발견되는 극단적인 형태의 부리에서 나타나는 차이보다 훨씬 더 크다. 이러한 사실들과 자연에서 발견되는 수많은 다른 사실들에 근거하여 엄격한 선택이 어떤 기관에 적용된다면 우리는 상대적으로 짧은 시간에 자연 상태에서 살아가는 종과 종 사이에 나타나는 변화보다 훨씬 더 많은 변화를 만들 수 있다고 공정하게 추론할 수 있는데, 우리가 만든 차이가 때로 뚜렷하게 구분되는 속이나 뚜렷하게 구분되는 과 사이에서 존재하는 차이들과 비등비등하기 때문이다.[54] 따라서 사육하는 동물에서 어떤·방향으로든 나타나는 변이성에 명확한 한계가 있다고 언급한 기사에서 글쓴이가 제시한 사실들은 자연에 존재하는 모든 변형들이 자연선택에 의해 작고 유용한 변이들의 축적으로 만들어졌다는 견해를 결코 반대하지 못하는데, 그 많은 변형들은 똑같이 명확하고 거의 비슷한 한계를 가지기 때문이다.

∴

53 비둘기라는 이름은 흔히 비둘기과(Columbidae)에 속하는 조류를 지칭한다. 비둘기과(Columbidae)는 350여 종을 포함하는데, 이들은 3개의 아과, 50여 개의 속에 소속되어 있다.

54 다윈은 『종의 기원』 22~23쪽에서 "적어도 집비둘기 20종을 선택한 다음, 이들이 모두 야생 조류라고 말하면서 조류학자들에게 보여준다면, 조류학자들은 이들을 하나하나 잘 정의된 종으로 확실하게 간주할 것"이라고 설명했다. 그리고 이어서 "그 어떤 조류학자라도 전서비둘기, 단면공중제비비둘기, 런트비둘기, 바브비둘기, 파우터비둘기 그리고 공작비둘기를 같은 속에 소속시킬 것이라고는 나는 믿지 않는다"고 했다. 같은 집비둘기 품종들이지만 형태적으로 너무나 큰 차이를 보이고 있어, 분류학자들이 이들을 서로 다른 종 또는 다른 속에 소속시킬 수도 있을 것이라는 설명이다. 번역문은 신현철(2019:39)에서 인용했다.

분류와 관련된 논의에 대한 반대

글쓴이의 또 다른 반대는, 톰슨[55] 교수가 계산한 바에 따르면 태양이 고체 상태로 5억 년 동안만 존재했고, 그에 따라 모든 생명체가 서서히 진행되는 발달 과정으로 만들어지기에는 시간이 충분하지 않았다는 것이다. 그것에 대해서는 대답할 필요가 거의 없는데, 이 계산이 대략이나마 정확하다고 하더라도 변화와 발달의 과정이 이 기간 내에 일어날 만큼 충분히 빠르지 않다는 점을 진지하게 논의할 수 없기 때문이다. 그러나 **분류**와 관련된 논의에 대한 그의 반대는 좀 더 그럴듯하다. **자연사학자들** 사이에 종이 무엇이고 변종이 무엇인가에 관하여 드러나는 의견의 불확실성은 다윈 씨가 이 두 이름을 속성과 기원이 완전히 다른 것에 속하게 할 수는 없다고[56] 아주 강력하게 논의한 것 가운데 하나이다.[57] **평론가**는 이 논의가 사람이 만든 작품들에서 정확하게 같은 현상이 나타나기 때문에 무게감이 없다고 말한다. 그는 특허를 받은 발명품을 예로 들면서, 이것들이 새로운 것인지

··

55 Thomson, William(1824~1907). 1862년 구의 냉각 속도를 계산한 근거로 지구 나이가 수천만 년, 길어도 4억 년을 넘길 수 없다고 주장했다. 이 주장으로 다윈의 진화론은 큰 충격을 받았는데, 다윈의 생각으로는 4억 년이라는 시간은 생물의 진화가 일어나기에는 너무나 짧은 시간이다.

56 속성과 기원이 다르다는 의미는 속을 달리하는 생물들에게 종과 이 종의 변종이라고 간주할 수는 없다는 설명이다. 예를 들어 A와 B가 있을 때, A는 X라는 속에 속하며, B는 Y라는 속에 속하는데, B를 A의 변종으로 또는 역으로는 할 수가 없다는 설명이다.

57 다윈은 『종의 기원』에서 "모든 자연사학자들을 만족시킨 종의 개념은 아직까지 단 하나도 없다"(44쪽)고 주장하면서도, "종이라는 용어를 서로서로 매우 비슷하게 보이는 개체들의 집합이라고 편하게 임의로 간주했으며, 종이 조금은 덜 뚜렷하게 구분되며 수시로 변하는 유형들에게 부여된 변종이라는 용어와 근본적으로 다르지 않다"(52쪽)고 설명했다. 단지 "차이 정도가 두 유형을 종 또는 변종으로 간주할 것인지를 결정할 때 가장 중요한 기준"(56쪽)이며, "변종과 종 사이에는 가장 중요한 핵심적 차이가 있다. 즉, 변종들 사이의 차이

오래된 것인지를 결정하는 것은 너무나 어렵다고 말한다. 나는 대응관계가 매우 불완전하지만 그것을 받아들이며, 사실대로 말하면 그것은 모두 다윈 씨의 견해에 유리하다고 주장한다. 같은 종류의 모든 발명품이 공통 조상에 직접 연계되어 있지 않은가? 개선된 **증기기관** 또는 **시계**가 현존하는 **증기기관** 또는 **시계**의 일부 직계 후손이 아닌가? **예술**이나 **과학**에서 **자연**만큼 더 새로운 **창조물**이 있는가? 특허권자가 이전에 만들어졌거나 기술되었던 발명품에서 유래한 부분이 단 한 부분도 없이 완벽하면서도 완전한 어떤 발명품을 전적으로 고안할 수 있었을까? 따라서 새롭다고 주장하는 다양한 종류의 발명품을 구분하는 어려움은 종과 변종을 구분하는 어려움과 같은 속성을 지닌 것이 분명하다. 둘 다 절대적으로 새로운 창조가 아니고 이전에 존재하던 유형의 비슷한 후손이기 때문인데, 이들은 서로서로 가지각색으로 때로 감지할 수 없는 정도로 다르다. 이 글쓴이가 제기한 반대가 아무리 그럴듯해 보여도, 그가 일반론에서 특정한 진술로 내려갈 때마다 가정한 어려움은 실제로는 다윈 씨의 견해를 강력하게 확증해주는 것처럼 보인다.

자연선택에 대한 『타임스』 기사

대중 작가와 평론가의 전반적인 주제에 포함된 보기 드문 오개념은 『법칙의 지배』에 관한 『타임스』에 실린 기사에 잘 나타나 있다. 평론가는 이른

∷

정도는, 두 변종끼리만 또는 변종과 부모종만을 비교했을 때, 같은 속에 속하는 종들 사이의 차이보다 훨씬 작다"(58쪽)고 설명했다.

바 자연의 경제58를 언급하면서, 종 하나하나가 자신의 장소59와 자신만의 특별한 용도에 적응하는 것에 대하여 다음과 같이 언급한다. "가장 큰 경제에 적용되는 이 보편적 법칙에 대해, 자연선택 법칙은 시간과 창조력의 '가능한 한 최대한의 낭비' 법칙과 직접적인 대립관계에 서 있다. 물갈퀴가 있는 발과 숟가락 모양의 부리로 빨아들여서 살아가는 오리를 마음속으로 생각해보고, 물갈퀴가 있는 발과 칼처럼 생긴 부리로 고기를 먹고 사는 갈매기로 자연스럽게 넘어가보자. 가능한 한 가장 오랜 시간과 가능한 한 가장 힘든 방법으로, 우리는 자연선택에 의해 한 상태에서 다른 상태로 옮겨지는 것을 생각할 수 있다. 오리가 (자신의 부리 모양을 변경하여) 오리로 존재하기를 멈추고, 오리가 갈매기가 되기 시작하는 조건이 되면 위험한 상태가 **최대로** 되기 때문에, 오리가 맞서 싸워야만 하는 삶의 전쟁은 위험한 상태에서 지속적으로 증가할 것이다. 시대는 지나가고 세대는 모두 죽어야 한다. 다른 종에 속하는 한 쌍이 만들어지기 위해 한 종의 수많은 세대들이 창조되고 희생된다."

이 구절에서 자연선택 이론은 너무나 터무니없이 잘못 표현되어 있어 웃음을 자아낼 것이다. 우리가 아주 인기 있는 신문에서 이런 종류의 가르침이 초래할 수 있는 오해의 소지가 있는 결과를 고려하지 않았던가. 오리와 갈매기는 자연을 이루는 기본적인 구성 요소이며, 각각은 자신의 장소에 잘 맞는다고 가정한다. 어떤 하나에서 다른 하나가 점진적인 변태로 만

..

58 오늘날에는 생태계라고 부른다. 다윈 시대에는 생태계라는 용어가 아직 없었는데, 다윈의 『종의 기원』에도 '자연의 경제(economy of nature)' 또는 '자연적 경제(natural economy)'로 표기되어 있다.
59 장소는 오늘날 생태적 지위를 의미한다. 생태학에서 생태계 내의 종의 지위를 의미하는데, 지위란 어떤 생태계에서 어떤 생물이 어떻게 살아가는지를 의미한다. 예를 들어 살아가는

들어졌다면 중간형태 유형은 우주라는 체계에서 쓸모가 없고, 의미가 없고, 어떤 장소에도 적합하지 않았을 것이다. 이제 이런 생각은 오직 자연선택 이론의 근본이자 물질을 망각한 사고방식에서만 존재할 수 있다. 자연선택은 **유용한** 변이만 보존하는 것인데, 다른 말로 보다 잘 표현해서 '최적자생존'이다. 오리에서 갈매기로의 전환 과정에서 만들어졌을 것으로 보이는 중간형태 유형 하나하나는 생존을 위해 맞서 싸워야만 하는 평소와는 다른 심각한 전쟁을 치르거나 '**최대로** 위험'한 상황에 처하기는커녕, 자연의 빈 곳에서 반드시 정확하게 조정되었을 뿐만 아니라, 오리 또는 갈매기가 실제로 하던 것처럼 자신의 생존을 유지하고 즐기기에도 적합했을 것이다. 그렇지 않다면, 자연선택 법칙에 따라 중간형태 유형 하나하나는 결코 만들어질 수 없었을 것이다.

변천 또는 발달의 증거로서 절멸한 동물의 중간형태 유형 또는 일반적인 형태 유형

이 글쓴이가 드러낸 오개념은 매우 간과되는 또 다른 관점을 보여준다. 그것은 다윈 씨 이론의 본질적인 부분이다. 즉, 현존하는 한 동물은 현존하는 다른 동물 종류로부터 유래되지 않았지만 둘 다 공통조상의 후손인데, 공통조상은 한때 이 둘과 다른 점이 있었으나, 기본적인 형

••

공간, 먹이 종류, 먹이 사슬에서 위치한 자리 또는 기후 조건 등에 따라 각기 다른 지위를 가진다고 설명하고 있다.

질은 이 둘 사이의 중간형태라는 점이다.[60] 따라서 오리와 갈매기 사례는 오개념을 만들 소지가 있다. 이 두 새 가운데 한 종이 다른 한 종에서 유래된 것이 아니라 둘 다 공통조상에서 유래된 것이다. 이 사례는 자연선택 이론을 뒷받침하려고 고안된 단순한 추정이 아니라, 반론의 여지가 없는 여러 사실에 기초한 것이다. 우리가 시간을 과거로 거슬러가서 절멸한 동물의 더 많은 원시적인 종족들의 화석 유적을 만난다면, 우리는 이들 가운데 상당수가 실질적으로 현존하는 동물의 뚜렷하게 구분되는 무리들의 중간형태임을 발견한다. 오언[61] 교수는 끊임없이 이 사실에 연연해하고 있다. 그는 자신이 쓴 『고생물학』[62] 284쪽에서 "좀 더 일반화된 척추동물 구조가 절멸한 파충류에서는 분추류(Ganocephala),[63] 미치류(Labyrinthodontia),[64] 어룡류(Icthyopterygia)[65] 등이 보여준 경린어류[66]

∴

60 이 오개념은 오늘날에도 널리 인용되고 있다. 그러나 다윈은 A와 B, C가 모두 현존하는 종이라면, 이들은 모두 가상의 공통조상 X에서 유래한 후손 종으로 간주한다. 그리고 비록 C가 A와 B의 중간형태적 특징을 지닌다고 해서, C가 A와 B의 중간형태가 아니라고 설명한다. 월리스가 이 점을 설명하고 있다.

61 Owen, Richard(1804~1892).

62 원제목은 『고생물학, 즉 절멸한 동물들과 지질학적 연관성에 대한 계통학적 요약(*Palæontology or a Systematic Summary of Extinct Animals and Their Geological Relations*)』으로 1860년에 출간되었다.

63 미치류의 일종으로 Archegosarus를 포함하는 무리다. 최근에는 분추류를 Temnospondyli라는 이름으로 부른다. 반수생 생활을 하는 원시적인 양서류로 간주되는데 석탄기, 페름기, 트라이아스기에 전 세계적으로 번성했다.

64 양서류의 일종으로 후기 고생대에서 초기 중생대까지 지구를 지배한 동물 가운데 하나이다. 오늘날 하나의 조상에서 유래된 것이 아니라 여러 조상에서 유래한 것으로 간주되어, 미치류라는 용어는 사용하지 않는다.

65 겉모습이 고래나 돌고래와 유사하나 파충류에 속하며, 바다에서 쥐라기부터 백악기에 걸쳐 번성했다. 주둥이가 길고 비늘은 없었던 것으로 알려져 있다.

66 뼈의 일부 또는 전체가 딱딱한 뼈로 되어 있으며, 체형은 대부분이 유선형이고, 몸의 표면은 비늘로 덮여 있다. 오늘날 약 2만 종이 지구상에서 살고 있다.

와의 친밀성[67]으로, 익룡[68]과 조류와의 친밀성으로, 그리고 포유동물에 대한 공룡의 근사 정도로 예시되어 있다. (최근 헉슬리 교수는 공룡이 조류와 친밀성이 더 높은 것으로 제시했다.) 현대의 악어류, 거북류, 그리고 도마뱀류의 형질들이 조합되어 크립토돈트류(Cryptodontia)와 디키노돈트류(Dicnyodontia)[69]에 나타나고, 도마뱀류와 악어류의 형질들이 조합되어 조치류(Thecodontia)[70]와 기룡류(Sauropterygia)[71]에 나타난다"고 말한다. 같은 책에서 그는 "아노플로테리움속(*Anoplotherium*)[72] 동물들은 몇 가지 중요한 특징이 반추동물(Ruminant)[73] 배의 특징과 비슷하나, 평생 일반적인 포유류 기준형에 가까운 흔적을 유지하고 있다"고 말한다. 그리고 그는 "최근 동물이 지닌 좀 더 특별한 형태와 비교하여 절멸한 종이 좀 더 일반적인 구조를 지니고 있다는 관찰 결과에 깊은 인상을 받을 수 있

67 공통조상으로부터 물려받은 형질, 특히 구조와 체질에 나타나는 형질의 유사성을 의미한다.

68 하늘을 날아다니는 공룡의 일종으로, 파충류와 포유류의 중간 단계에 해당한다. 익룡의 골격은 조류의 뼈와 비슷하게 속이 비어 있고 공기로 차 있다.

69 크립토돈트류(Cryptodontia)과 디키노돈트류(Dicnyodontia)는 모두 수궁류로, 페름기에서부터 백악기에 걸쳐 살았던 파충류 일종이다. 수궁류는 현생 포유동물의 조상으로 알려져 있다.

70 대부분 작고 민첩했지만 절멸한 동물의 일종으로, 긴 꼬리와 짧은 앞발로 이족보행이 가능했던 것으로 알려져 있으며, 보행과 무관한 앞발을 이용하여 먹이를 보다 효과적으로 움켜질 수 있었던 것으로 알려져 있다. 이 무리로부터 오늘날 공룡이라고 부르는 무리가 나온 것으로 추정한다.

71 중생대에 번성했다가 중생대가 끝나면서 절멸한 고대의 파충류를 총칭하는 이름이다. 기룡이라는 이름은 지느러미도마뱀이라는 뜻으로, 이들의 앞발과 뒷발은 모두 지느러미처럼 생겼다.

72 발가락 수가 2개 또는 4개로 되어 있으며 발굽이 짝수인 초식성 우제류로, 유럽에서 생활하다가 올리고세에 절멸했다.

73 반추하는 위를 지니고 있어 한번 삼킨 먹이를 다시 게워내어 씹는 특성을 지닌 동물들이다. 되새김동물이라고도 부르며 기린, 사슴, 소, 양, 낙타 등이 이에 해당하는데 이들은 오늘날 우제류에 속하는 것으로 파악되고 있다.

는 적절한 기회를 결코 놓치지 않았다"고 장담한다. 현대의 고생물학자들은 좀 더 일반화된 또는 원시적인 기준형의 수백 가지 사례들을 발견했다. 큐비에 시대[74]에는, 반추동물(Ruminant)과 후피동물(Pachyderms)[75]이 가장 뚜렷하게 구분되는 동물의 2개 목으로 간주되었다.[76] 그러나 이제는 돼지와 낙타처럼 서로 매우 다른 동물들을 거의 감지할 수 없는 정도로 연결하는 다양한 속들과 종들이 한때 존재했음이 입증되고 있다.[77] 살아 있는 네발동물 가운데 우리는 말, 당나귀, 얼룩말 등을 포함하는 말속(*Equus*) 동물보다 더 격리된 무리는 거의 찾을 수 없다.[78] 그러나 팔로플로테리움말속(*Paloplotherium*),[79] 히포테리움말속(*Hippotherium*),[80] 히파리온말속(*Hipparion*)[81] 등의 많은 종들과 유럽, 인도, 아메리카에서 발견된 말속(*Equus*)의 절멸된 유형들을 거쳐, 에오세에 살던 아노플로테

∵

74 큐비에는 1769년에 태어나 1832년에 사망한 프랑스의 자연사학자이자 동물학자로 오늘날 고생물학의 창시자로 알려져 있다. 그는 화석의 비교해부학 연구를 통해서 그 당시에 널리 알려진 라마르크의 진화 이론을 부정했는데, 1817년 『동물계(*Animal Kingdom*)』라는 책을 발간했다.

75 코끼리, 하마, 코뿔소처럼 피부가 두꺼운 동물을 지칭하는 이름으로 한때 이 이름을 널리 사용했으나 다계통군임이 확인되어 오늘날에는 사용하지 않는다.

76 큐비에는 후피동물을 발굽은 있으나 반추하지 않는 동물이라고 설명했다.

77 돼지는 우제목((Artiodactyla)의 돼지아목(Suina) 멧돼지과(Suidae)에 속하나, 낙타는 우제목(Artiodactyla)의 낙타아목(Tylopoda) 낙타과(Camelidae)에 속한다.

78 말속(*Equus*)은 현존하는 말과(Equidae)에 속하는 유일한 속인데, 이 속에 속하는 말 종류는 중앙아시아의 야생말(*E. ferus*), 중국과 몽골의 아시아당나귀(*E. hemionus*), 에티오피아와 소말리아의 아프리카당나귀(*E. africanus*), 티베트의 캉당나귀(*E. kiang*), 에티오피아와 케냐의 그레비얼룩말(*E. grevyi*) 등처럼 멀리 떨어진 지역에서 서로 격리되어 살아가고 있다.

79 말과(Equidæ)에 속하는 절멸한 속이다. 오늘날에는 속명으로 *Plagiolophus*를 사용한다.

80 말과(Equidæ)에 속하는 절멸한 속이다.

81 말과(Equidæ)에 속하는 절멸한 속이다.

리움속(*Anoplotherium*)과 팔레오테리움속(*Paleotherium*)[82] 동물들로 거의 완벽한 전환이 이루어졌는데, 이 두 속은 맥[83]과 코뿔소의 일반적인 또는 원시적인 기준형이다. 고드리[84] 씨는 최근 그리스에서 수행한 연구 결과를 발표하면서 이와 비슷한 성격의 많은 새로운 증거를 제시하였다. 미오세의 피케르미[85] 지층에서 그는 곰과 늑대의 중간형태로 보이는 짧은코개과(Simocyonidae)[86]에 속하는 무리를 발견했다. 히아에닉티스속(*Hyaenictis*)[87] 동물은 하이에나와 사향고양이를 연결하고, 안실로테리움속(*Ancylotherium*)[88] 동물은 절멸한 마스토돈[89]과 현존하고 있는 천산갑류[90]와 동류이며, 헬라도테리움속(*Helladotherium*)[91] 동물은 현재는 격리되어 있는 기린을 사슴과 영양과 연결한다.

파충류와 어류 사이의 중간형태 기준형도 석탄기 누층에 있던 아르케고사우루스속(*Archegosaurus*)[92]에서 발견된다. 반면 트라이아스기에 있던 라

∵

82 말목(Perissodactyla)에 속하는 절멸한 속이다. 오늘날에는 속명을 *Palaeotherium*이라고 쓴다.
83 맥속(*Tapirus*)에 속하는 포유류 종류이다. 말목(Perissodactyla)의 맥과(Tapiridae)에 속한다.
84 Gaudry, Jean Albert(1827~1908).
85 그리스 아티카에 있다. 유라시아에서 가장 오래되고 널리 알려진 지층으로 다량의 화석이 포함되어 있다.
86 오늘날에는 붉은판다과(Ailuridae)에 속하는 짧은개코아과(Simocyoninae)로 간주되는데, 여기에 속하는 종들은 모두 절멸한 육식성 포유동물이다. 짧은개코속(*Simocyon*)은 오늘날 붉은판다와 유연관계가 있는 것으로 추정하고 있다.
87 하이에나과(Hyaenidae)에 속하는 화석 종으로 이루어진 속이다.
88 말목(Perissodactyla)에 속하는 절멸한 자갈야수과(Chalicotheriidae)에 속하는 속이다.
89 코끼리처럼 앞니가 길게 발달했던 화석 포유동물이다.
90 몸에 큰 비늘을 지니고 열대지방에서 살아가는 포유동물이다. 대부분 야행성 종류로 곤충을 먹으며 살아간다.
91 말목(Perissodactyla), 기린과(Giraffidae)에 속하는 절멸한 속이다.
92 절멸한 양서류 무리로 전적으로 수생생활을 하나 물질대사와 관련해서는 어류와 비슷한 특

비린토돈속(*Labyrinthodon*)[93]은 진양서류(*Batrichia*)[94]의 특징과 악어, 도마뱀, 경린어류의 특징이 혼합되어 있다. 심지어 살아 있는 모든 유형에서 가장 명백하게 격리되고, 화석으로 가장 드물게 보존된 무리인 새들도 파충류와 의심의 여지가 없는 친밀성을 지닌 것으로 확인되었다. 어란암[95]에서 발견된 시조새속(*Archaeopteryx*)[96] 동물은 양쪽에 깃털이 달린 길게 발달한 꼬리를 지니고 있는데, 우리는 새라는 측면에서의 연결고리 하나를 갖는다. 반면 헉슬리 교수는 최근 공룡(Dinosauria) 전체 목이 조류와 주목할 만한 친밀성이 있음을[97] 보여주었다. 또한 그는 이들 가운데 하나인 콤프소그나투스속(*Compsognathus*)[98]이 시조새속(*Archaeopteryx*) 동물이 파충류의 체제에 접근한 것 이상으로 조류의 체제에 더 가까이 접근함을 보여주었다.

이와 관련된 다른 동물 강에서 발견되는 유사한 사실들 중에서 다윈 씨가 인용한 저명한 고생물학자 바랑드[99] 씨의 권위 있는 예시를 들 수 있는데, 그의 진술에 따르면 비록 고생대 무척추동물이 확실히 현존하는 무리

..

징이 있다.

93 오늘날에는 Mastodonsaurus라는 학명으로 부르는데, 네 다리로 걸어다니던 절멸한 초기 양서류로 간주하고 있다.

94 양서류 무리 가운데 현존하는 종류들을 지칭한다.

95 알처럼 둥그렇게 생긴 퇴적암이다.

96 약 1억 5,000만 년 전인 중생대 쥐라기 후기에 독일에서 서식했던 화석 동물로 깃털이 있어 새의 조상으로 간주된다.

97 오늘날에는 조류가 공룡의 일종에서 진화한 것으로 간주하고 있다. 넓은 의미로 공룡에는 하늘을 날던 익룡, 물속에서 살던 어룡, 물속에서 살았으나 숨을 쉬려고 물 밖으로 얼굴을 내밀던 수장룡 등도 포함한다. 그러나 최근 이들은 모두 공룡으로 간주하지 않고, 공룡상목(Dinosauria)에 속하는 동물만을 좁은 의미의 공룡으로 부른다.

98 오늘날의 도마뱀과 비슷하게 장골, 치골, 좌골이 세 방향을 나타내는 용반목(Saurischia)에 속하는 공룡의 한 속이다. 이족 보행하는 육식성 동물이었다.

99 Barande, Joachim(1799~1883).

와 같이 분류될 수 있지만, 이 오래된 시기에는 이 무리들이 현재 그러한 것처럼 서로서로 뚜렷하게 구분되지 않았다고 한다.[100] 반면 스커더[101] 씨는 아메리카의 석탄기 누층에서 발견된 화석 곤충의 일부가 현존하는 목에 속하는 곤충들의 중간형태 특징을 제공한다고 우리에게 알려준다. 또 아가시[102]는 좀 더 원시적인 동물들은 현존하는 종들의 배아 형태와 유사하다고 강하게 주장한다. 그러나 뚜렷하게 구분되는 무리의 배아는 성체보다 (그리고 실제로는 아주 초기 상태에서는 구분이 불가능하지만) 서로서로 닮은 것으로 알려져 있는데, 이는 다윈의 이론에 근거하여 원시적인 동물들이 정확하게 현존하는 동물들의 조상이어야 한다고 말하는 것과 똑같다. 이는 자연선택 이론에 대한 가장 강력한 반대자 중 한 사람의 증거라는 점을 반드시 기억해야만 한다.

결론

나는 앞에서 말한 바와 같이 자연선택 이론에 대한 가장 흔한 반대 가운데 몇 가지에 대해 공정하게 마주치려고 노력했고, 솔직하게 대답하려고

100 다윈은 『종의 기원』 초판 330쪽에서 "무척추동물에 대해서는 바랑드와 이름을 알 수 없는 유명한 어떤 한 학자의 주장을 소개하고자 한다. 비록 고생대 동물들은 오늘날에도 존재하는 같은 목, 과 또는 속에 속하지만, 그 시대 초기에는 이들을 오늘날처럼 뚜렷하게 구분되는 무리들로 한정시킬 수가 없었을 것이라고 그는 매일매일 가르친다고 했다"고 설명했다.(번역문은 신현철(2019:431)을 인용한 것이다.)

101 Scudder, Samuel Hubbard(1837~1911).

102 Agassiz, Louis(1807~1873).

노력했다. 또한 나는 사례 하나하나에 대해 인정된 사실들과 그 사실들로부터 논리적 추론을 언급하려고 했다.

내가 채택한 논쟁의 노선에 대한 암시와 일반적인 요약으로, 나는 여기에서 다윈 씨의 책에 나오는 **사실들**을 언급하면서 **자연선택**에 의한 **종의 기원**에 대한 간단한 실증을 표 형태로 다음에서 이 책에 설명된 곳의 쪽 숫자와 함께 제시하는데, 어느 정도 완벽하게 정리되었다.

자연선택에 의한 종의 기원에 대한 실증

입증된 사실들	필연적인 결과들 (입증된 사실을 받아들인 다음)
• **생물체의 급격한 증가(61쪽, 337쪽)**. (『종의 기원』 5판, 75쪽) • 정체 상태에 있는 전체 개체수(61쪽, 266쪽)	• **생존을 위한 몸부림**, 평균적으로 죽는 개체수와 태어나는 개체수는 같다(61쪽). 『종의 기원』 3장
• **생존을 위한 몸부림.** • **변이를 수반하는 유전**, 또는 부모와 자손 사이에서 나타나는 개체 차이를 포함하는 일반적인 유사성(338쪽, 360~364쪽, 387쪽). 『종의 기원』 1장, 2장, 5장	• **최적자생존**, 또는 **자연선택**: 요약하면, 전반적으로 자신의 생존을 유지하는 데 있어 최소로 적합한 개체는 죽는다는 것을 의미한다. 『종의 기원』 4장
• **최적자생존.** • **외부 조건의 변화**, 보편적으로 중단되지 않는다. • 라이엘의 『지질학 원리』를 참고하시오.	• **생물 유형의 변화, 변화된 조건**에 자신이 조화되도록 유지하려고: 그리고 조건의 변화가 영구적으로 변함에 따라, 이전의 똑같은 조건으로 돌아가지 않는다는 의미로, 생물 유형의 변화도 같은 의미로 반드시 영구적이며, 그에 따라 종이 기원한다.

9장

자연선택 법칙으로 발달한
인류의 인종들

인류에 대해 관심이 아주 많은 사람들 사이에 인간의 본성과 기원에 관하여 가장 활발하게 논의되는 몇 가지 질문에 대해 폭넓은 의견 차이가 있다. 실제로 오늘날 인류학자들은 인류가 지구 역사상 최근에 나타나지 않았다는 점에 대해서는 대체로 동의한다. 질문을 연구한 모든 사람들은 오늘날 인류의 유물이 아주 엄청나다는 것을 인정하고 있다. 게다가 우리는 인류가 **틀림없이** 존재했을 최소한의 기간을 어느 정도 확인했지만, 우리는 인류가 **존재했을지도 모르는**, 아마도 **존재했던** 엄청난 기간을 결정하는 데 어떤 근사치도 가지고 있지 않다. 우리는 인류가 수천 년 전부터 지구에 틀림없이 거주했다고 충분하고 확실하게 단언할 수는 있다. 그러나 우리는 인류가 분명히 존재하지 않았다고 주장할 수도 없으며, 혹은 수만 년 동안 인류가 존재했다는 것을 부정하는 어떤 좋은 증거가 있다고 단언할 수도 없다. 인류가 현재는 절멸한 수많은 동물들과 동시대에 살았고, 인류 역사[1] 동안 나타났던 그 어떠한 지구 표면의 변화보다 50배 또는 100배나 더 큰 변화에도 살아남았다는 점을 우리는 분명히 알고 있다. 그러나 우리는 인류보다 더 오래 살았던 수많은 종들의 수에 대해, 또는 인류가 목격했을 것으로 보이는 지구상의 변화량에 대해 일정한 한계를 정할 수는 없다.

인류의 기원에 대한 광범위한 견해 차이

그러나 인류의 유물에 관한 이러한 질문에 대해 매우 일반적인 동의가 있다. 그리고 의심으로 가득 차 있는 것으로 인정한 질문들을 명확하게 할 새로운 증거를 우리 모두가 간절히 기다리고 있다. 다른 한편으로는 더 모호하고 더 어려운 질문에 대해서 굉장히 심한 독단주의도 표출되고 있다. 원칙은 확립된 진실에 근거해서 제안된다. 의심이나 주저함은 그 어떤 것도 인정되지 않는다. 그리고 더 이상의 증거가 요구되지 않는다고 가정하거나, 어떤 새로운 사실들이 우리의 신념을 수정할 수 있다고 가정하는 것 같다. 이것은 특히 우리가 질문을 던질 때 나타나는 경우인데, 현재 존재하는 다양한 유형의 인류가 원시적일까 아니면 기존의 유형에서 파생한 것일까, 다시 말해 인류는 한 종일까 아니면 여러 종일까? 이러한 질문을 하자마자 우리는 서로 완전히 반대되는 별개의 대답을 바로 얻는다. 한 집단은 인류는 하나의 종이며[2] 근본적으로도 하나라는[3] 답을 하면서, 모든 차

∴

1 인류의 시작부터 문명이 발달한 시기로, 문자가 없던 선사시대와 문자가 발명된 이후인 역사시대를 포함한다.

이는 지역적이고 일시적인 변이에 불과하며, 변이는 인류를 둘러싸고 있는 서로 다른 물리적·도덕적 조건 때문에 만들어진다고 분명하게 주장한다. 다른 한 집단은, 인류는 **많은 종**들로 이루어진 하나의 속⁴이며, 이 속에 속하는 각각의 종은 실질적으로 변하지 않고, 뚜렷하게 구분되며, 혹은 심지어 오늘날 우리가 바라보고 있는 것보다 더 뚜렷하게 구분된다고 똑같이 확실하게 주장한다. 두 집단이 모두 이런 주제를 너무 잘 알고 있다는 점을 고려하면, 이러한 견해 차이는 어느 정도 주목할 만하다. 두 집단은 모두 방대하게 축적된 똑같은 지식을 사용한다. 두 집단은 자신의 기원을 설명하고 있다고 공언하는 인류의 초기 전통을 거부한다. 그리고 두 집단은 자신이 진실만을 대담하게 추구한다고 분명히 말한다. 그럼에도 각 집단은 질문에 대한 자신만의 입장으로 진실의 일부만을 바라보면서, 반대자의 원칙에 섞여 있는 오류만을 주의 깊게 바라보기를 고집한다. 서로 대립되는 두 견해를 혼합하여 오류는 제거하고 진실은 계속해서 간직할 수 있는 방법을 보여주는 것이 내 의도이다. 그리고 다윈 씨의 유명한 '**자연선택**' 이론에 근거하여 이런 일을 정말로 해보고 싶고, 그에 따라 현대 인류학자들의 서로 상충되는 이론들을 조화시키고 싶다.

우선 각 집단에서 해명하는 내용을 살펴보자. 인류의 통일성을 지지하기 위하여 다른 종족으로 변천되지 않은 종족은 없다고 주장한다. 그리고

⁚⁚

2 분류학적 계급으로 볼 때, 인류는 *Homo sapiens*라는 종 수준에서 논의된다는 설명이다. 인류가 다른 종의 변종이나 아종이 아니라는 의미이다.

3 인류는 *Homo sapiens*라는 하나의 종으로 묶인다는 의미이다. 인류 이전에 지구상에 살았던 직립원인(*Homo erectus*)은 인간이 아니라는 설명이며, 흑인종·황인종·백인종 등의 구분은 인종 차원에서 구분될 뿐이지, 서로 다른 종은 아니라는 설명일 수도 있다.

4 종-속-과-목-강-문-계로 이어지는 분류 체계를 이루는 계급의 하나이다. 종들의 모임을 속이라고 부른다.

종족 하나하나는 색·털·이목구비·형태 등의 변이가 종족 내에서만 나타나며, 이렇게 만들어진 변이는 서로 떨어져 있지만 공백에 따른 차이를 보여주는 다른 종족들을 연결할 수 있을 정도라고 주장한다. 동질적인 종족은 없으며 다양하게 변화하려는 경향이 있다고 주장한다. 기후와 식량, 그리고 습관이 물리적 특이성을 만들고 이를 다시 영구적으로 만들기도 하는데, 비록 우리가 관찰하는 것을 제한된 기간 내에 미미하게 허락하지만, 물리적 특이성은 인류 종족이 생존했던 오랜 기간 동안에 오늘날에 나타나는 모든 새로운 차이가 나타나기에 충분했다고도 주장한다. 반대 이론을 옹호하는 사람들은 서로 의견이 일치하지 않는다고 주장하는데, 일부 사람들은 인류가 종 수준에서 세 종류라고 하고, 일부는 다섯 종류, 또 일부는 50 또는 150종류라고 주장한다. 일부 사람들은 종 하나하나가 쌍으로 창조되었다고 하는 반면, 나머지 사람들은 인류가 출현하면서 동시에 국가가 필요하다고 하며 하나의 원시적인 무리라는 원칙 말고는 그 어떤 원칙에도 안정성 또는 일관성이 없다고 주장한다.

이와는 반대로, 초기 인류가 다양했다고 믿는 사람들은 할 말이 많다. 이들은 인류가 변화했다는 증거가 가장 사소한 것 말고는 결코 발견된 적이 없는 반면, 인류의 영속성을 보여주는 증거는 도처에서 볼 수 있다고 주장한다. 남아메리카에 2~3세기 전에 정착한 포르투갈과 스페인 사람들은 자신의 주요한 신체적, 정신적, 그리고 도덕적 특징을 유지하고 있다. 아프리카 남단의 케이프타운에 정착한 네덜란드의 보어인[5]과 네덜란드 출신으로 말루쿠제도에 처음 정착했던 사람들의 후손들은 게르

5 남아프리카로 이주하여 정착한 네덜란드 출신의 사람들과 그 후손을 말한다. 보어는 네덜란드어로 농부를 의미한다.

만[6] 종족의 특징이나 피부색을 잃지 않았다. 전 세계 곳곳의 다양한 기후 대에 흩어져 있는 유대인[7]들도 어디에서나 같은 얼굴 생김새를 유지하고 있다. 이집트 조각이나 그림들은 적어도 4,000~5,000년 동안 흑인종족[8]과 셈족[9]의 서로 뚜렷하게 대비되는 특징을 두 종족 모두 변하지 않고 유지해 왔음을[10] 보여준다. 좀 더 최근에 발견된 사실들은 미시시피강 계곡에서 고분을 만드는 사람들[11]과 브라질 산악 지대에서 살아가는 사람들[12]이, 더욱이 아주 초기 단계에 있는 사람들에서도 오늘날에 이들을 구분하게 만드는 뇌머리뼈가 독특하고 특유한 기준형으로 만들어졌음을 보여주는 일부 흔적이 남아 있다.

우리가 이처럼 난해한 논쟁의 장점에 대해 공평하게 결정하려고 노력하면, 각 집단이 제시한 증거로만 판단해야 하는데, 초기 인류가 다양성을 유지했다는 집단의 주장이 확실히 가장 좋은 것으로 보인다. 이런 생각을 반대하는 사람들은 우리가 이들을 추적할 수 있는 한 아주 옛날부터 생존해온 종족의 영속성을 반박할 수가 없다. 또한 이전의 어떤 시대에서도 인류의 두드러진 변종들이 오늘날의 인류보다 더 가깝다는 사례를 단 하나라도 보여주는 데 실패할 것이다. 동시에 이런 점은 부정적인 증거에 지나지 않는다. 지난 4,000에서 5,000년 동안 종이 변화하지 않았다고 해서 그 이전 시대에 진보했던 것을 배제할 수는 없다. 그리고 우리가 특정 조건을 만족하면 더 이상의 신체적 변화를 억제하는 어떤 원인이 자연에 존재한다는 것을 보여줄 수 있고, 이러한 관점에서 그 어떤 일반적인 주장이 덧붙여진다고 하더라도 이전 시대의 진보가 불가능하다고 할 수는 없다. 내 생각에는 이러한 원인이 존재하므로, 나는 이제 원인의 속성과 작동 방식을 밝히고자 노력할 것이다.

자연선택 이론의 개요

내 주장을 쉽게 이해하려면, 다윈 씨가 널리 알린 '자연선택'[13] 이론과, 동식물 유형을 변형시키는 과정[14]을 포함하는 이 이론이 지닌 힘에 대해 아주 간략한 설명이 필요하다. 생물체가 번식하면서 보여주는 가장 큰 특징은 일반적으로 가까운 유사성이 개체들 사이에서 나타나는 다소간의 변이와 연결되어 있다는 점이다. 어린이는 그 모든 특징, 기형 또는 아름다움에 있어서 부모나 조상과 다소 높은 유사성을 보이는데, 일반적으로 다

∙∙

13 다윈은 『종의 기원』 81쪽에서 "도움이 되는 변이는 보존되고 유해한 변이는 제거되는 것을, 나는 자연선택이라고 부를 것이다"라고 설명했다. 번역문은 신현철(2019:118)에서 인용한 내용이다.
14 『종의 기원』 1장에서 설명하는 인위선택과 4장에서 설명하는 자연선택을 의미한다.

른 어떤 개체들보다 부모와 유사성이 더 높다. 그럼에도 한 부모에서 태어난 어린이들이 모두 완전히 같지는 않으며, 때로는 부모와 어린이가 그리고 어린이들끼리도 매우 크게 다른 경우가 있다. 이런 점은 인류를 비롯하여 모든 동물과 식물에서도 마찬가지로 사실이다. 더욱이 개체들은 어떤 특정한 특징에서만 부모와 다르지 않는 경우가 발견되는 반면, 다른 모든 특징에서는 부모를 정확하게 복제한 경우도 발견된다. 어린이들은 특징 하나하나, 즉 생김새·크기·색에서 부모와 다르고 자기들끼리도 다른데, 내부 기관과 외부 기관의 구조도 다르고, 체질도 차이가 나며 마음과 성격의 변형을 유도하는 미묘한 특이성에서도 다르다. 다시 말해서, 모든 기관과 기능이 온갖 방법으로 같은 무리의 개체들에서 다양하게 변한다.

이제 건강과 체력, 그리고 장수는 개체와 개체를 둘러싼 세상 사이의 조화로 나타난 결과이다. 어떤 주어진 순간에 이 조화가 완벽하다고 가정해 보자. 어떤 동물은 자신의 먹이를 확보하고, 자신의 적으로부터 도망가고, 혹독한 계절에 잘 버티고, 그리고 많은 건강한 자손을 기르는 데 정확하게 들어맞는다. 그러나 이제 변화가 일어난다. 예를 들어 몹시 추운 겨울이 계속되는데 식량은 부족해지고 어떤 다른 동물들은 이주해 와서 그 지역에서 예전부터 살고 있는 정착생물[15]들과 경쟁하게 된다. 새로운 이주생물들은 발이 빠르고, 사냥감을 구하는 데 있어 경쟁자를 능가한다. 겨울밤은 더 춥고, 보호용으로 더 두꺼운 가죽이 필요하고, 체온을 유지하는 데 더 많은 영양 식품이 필요하다. 우리가 상상하는 완벽한 동물은 더 이상 세상과 조화를 유지할 수 없다. 추위나 굶주림으로 죽을 위험에 빠진다. 그러

••

15 일정한 장소에 자리를 잡고 붙박이처럼 대대로 살아온 생물들로, 다른 곳에서 유입된 외래 생물 또는 도입생물과는 다르다.

나 그 동물의 자손은 다양하다. 이들 중 일부는 다른 자손들보다 더 빠르게 움직일 수 있어 아직은 먹잇감을 충분히 잡을 수 있다. 일부는 추위에 더 잘 견디고, 더 두꺼운 모피를 지니고 있어 추운 밤에도 따뜻함을 충분히 유지할 수 있다. 느리고, 약하고, 모피가 얇은 무리는 곧 죽는다. 몇 번이고 다음 세대마다 같은 일이 반복해서 일어난다. 이러한 불가피한 자연적인 과정이 일어남에 따라 살아가는 데 적응을 가장 잘한 개체들은 살고, 적응을 제일 못한 개체들은 죽는데, 이런 경우가 일어나지 않는다고 상상하는 것은 불가능하다. 때때로 우리는 자연이 이처럼 선택하는 일을 할 수 있는 힘이 있다는 직접적인 증거를 가지고 있지 않다고 말한다. 그러나 우리는 심지어 직접적인 관찰이 가능한 것보다 더 좋은 증거를 가지고 있는 것 같은데 그것은 좀 더 보편적인 것, 즉 필요성이라는 증거이다. 그래야만 한다. 왜냐하면 모든 야생동물이 등비수열[16]로 증가하는 데 반해, 이들의 실제 개체수는 평균 상태에 머물러 있기 때문에, 해마다 죽는 만큼 태어난다는 결론에 이르게 된다. 그러므로 우리가 자연선택을 부정한다면 그것은 내가 가정한 사례에서는 강하고, 건강하고, 빠르고, 좋은 모피를 가지고, 그리고 잘 조직화된 개체들이 모든 측면에서 약하고, 건강하지 못하고, 느리고, 모피가 나쁘고, 그리고 불완전하게 체계화된 개체들보다 평균적으로 더 오래 살지 못하므로 유리한 점이 없다고 주장할 때만 가능하다. 그리고 온전한 정신을 가지고 이런 주장을 할 만큼 제정신인 사람은 아직까지 아무도 없었다. 그러나 이것이 다는 아니다. 왜냐하면 자손은 평

..

16 3, 6, 12, 24, 48처럼 연속한 두 항의 비가 일정하게 증가하는 경우이다. 이 경우 앞선 항에 2를 곱하면 다음 항이 나오는데, 3×2=6이 되고, 6×2=12, 12×2=24, 24×2=48이 된다. 이런 식으로 변하는 것을 등비수열에 따라 증가한다고 말한다.

균적으로 자신의 부모를 닮으므로 계속해서 이어지는 매 세대에 선택된 개체들은 이전 세대 개체들보다 더 강하고, 더 빠르고, 과거보다 모피가 더 두꺼워지게 될 것이다. 그리고 이런 과정이 수천 세대에 걸쳐 반복된다면, 우리의 동물은 다시 자신이 처한 장소의 새로운 조건과 보다 철저하게 조화를 이루게 될 것이다. 그러나 우리의 동물은 이제 다른 창조물이 되었을 것이다. 이 창조물은 더 빠르고, 더 강하고, 모피가 더 두꺼울 뿐만 아니라 색도 형태도 변했을 것인데, 아마도 더 길어진 꼬리나 다른 모양의 귀도 습득했을 것이다. 동물의 한 부분이 변형되면, 이 부분에 동조하여 일부 다른 부분도 항상 변한다는 것은 명백한 사실이기 때문이다. 다윈 씨는 이러한 과정을 '성장의 상관관계'라고 부르고,[17] 털이 없는 개가 불완전한 치아를 갖는 것, 하얀 고양이가 눈이 파란색일 경우에 귀머거리인 것, 집비둘기의 발이 작으면 부리도 짧다는 것, 그리고 똑같이 흥미로운 다른 사례들을 예시로 들고 있다.

따라서 전제는 내키지 않지만 인정한다. 첫 번째, 종류 하나하나마다 지니고 있는 특이성은 어느 정도 유전된다. 두 번째, 동물 하나하나의 자손은 자신의 체제를 이루는 모든 부분이 다소 다양하게 변한다. 세 번째, 이러한 동물들이 살고 있는 세상이 절대적으로 불변하는 것은 아니다. 이들 명제는 어느 것 하나도 부정될 수는 없다. 다음은 어떤 나라에 있는 (적어도 절멸하지는 않은) 동물들이 각각의 연속적인 기간에 주위의 조건과 조

∙∙

17 다윈은 『종의 기원』 143쪽에서 "나는 이 표현을 생물의 전반적인 체제가 성장과 발달 과정에서 하나로 연결되어 있으므로, 한 부위에서 사소한 변이가 나타나고, 자연선택을 거치면서 축적되면, 다른 부위도 변형된다는 의미로 사용한다. 이는 아주 중요한 주제이나, 가장 불완전하게 이해되고 있다"라고 설명했다. 번역문은 신현철(2019:198)에서 인용한 내용이다.

화를 이루고 있음이 틀림없다고 간주하자. 그리고 우리는 세상을 둘러싸고 있는 자연에서 나타나는 변화가 무엇이든 간에 정확하게 보조를 맞추고 있는 동물들의 형태와 구조에서의 변화와 관련된 모든 요소들을 가지고 있다. 이러한 변화는 반드시 서서히 일어나는데, 세상의 변화가 아주 서서히 일어나기 때문이다. 그러나 서서히 일어나는 이들 변화가 중요해지듯이, 우리가 오랜 시간에 걸쳐 일어난 작용의 결과를 바라보면, 지질시대 동안 지구 표면에서 일어난 변화를 감지할 때와 비슷하게 중요해진다. 따라서 동물 유형의 평행관계[18]를 유지하는 변화는 점점 더 두드러지고, 변화가 진행되는 시간에 비례하여 커진다. 이런 점은 우리 주변의 살아 있는 동물들을 연속적으로 더 오래된 각각의 지질 누층에서 발굴한 동물들과 비교하면 알 수 있다.

간단히 말해서, 이는 '자연선택' 이론이다. 이 이론은 생물 세계에서의 변화를 무생물 세계에서의 변화와 평행관계로, 그리고 부분적으로 이에 의존하여 설명한다. 이제 우리가 질문해야 할 것은 다음과 같다. 이 이론을 인류 종족의 기원과 관련된 질문에 어떤 방법으로든 적용할 수 있는가? 그렇지 않다면 여러 세대를 거쳐 변화해오면서 다른 생물들에게 그토록 강력한 지배적 영향력을 행사했던 인류에게, 생물체 범주에서 벗어나게끔 하는 어떤 다른 본성이 있는가?

••

18 평행선은 두 개의 선이 나란히 이어지면서도 결코 만나지 않는다. 따라서 평행관계가 유지된다는 것은 주위의 조건에 따라 생물들이 자신들만의 독특한 특성을 지니도록 변한다는 의미이다.

자연선택이 동물과 인간에 미친 서로 다른 영향

이들 질문에 대한 답을 얻기 위하여, 우리는 '자연선택'이 왜 동물들에게 그토록 강력하게 작용하는지를 반드시 고려해야 한다. 그리고 우리는 자연선택 결과가 주로 동물들의 자기 독립과 개체 격리에 의존함을 알게 될 것이라고 믿는다. 경미한 상처나 일시적인 질병이 때로 죽음에 이르게 하는데, 왜냐하면 이런 것이 개체가 적들에게 대항할 힘을 잃어버리게 하기 때문이다. 초식동물이 조금 아파서 하루나 이틀 동안 잘 먹지 못한다면, 그리고 초식동물 무리가 맹수에게 쫓기게 된다면, 이 불쌍한 개체는 필연적으로 희생될 것이다. 마찬가지로 육식동물도 활력이 너무 부족해지게 되면 먹이를 잡지 못하고 굶어 죽게 된다. 일반적으로 성체들은 서로 도와주지 않으므로, 이들은 아픈 기간을 극복할 수가 없게 된다. 이런 세상에는 분업도 없다. 개체마다 생존에 필요한 모든 조건을 충족해야 하고, 그렇기 때문에 '자연선택'은 매우 일정한 표준 상태를 유지하게 된다.

그러나 사람의 경우, 오늘날 우리가 보는 것처럼 이와는 다른 상황이다. 사람은 사회성과 동정심이 있다. 가장 미개한 부족에서도 환자는 적어도 음식으로 도움을 받는다. 평균보다 건강이 조금 안 좋고 활력이 떨어져도 죽음으로 이어지지는 않는다. 팔다리나 기타 기관이 완벽하지 않더라도 동물에서 나타나는 결과와 똑같지는 않다. 일정 부분 분업도 한다. 가장 빠른 사람은 사냥하고, 활력이 떨어지는 사람은 낚시를 하며 열매를 채취한다. 식량은 어느 정도 교환하거나 나눈다. 따라서 자연선택의 작용이 억제된다. 더 약하고, 정상 크기보다 작고, 팔다리가 조금은 불편하고, 시력이 나빠도 극단적인 불이익으로 발생하는 고통은 받지 않는데, 이런 상황들이 동물에게는 치명적인 큰 결함으로 닥쳐온다.

이러한 신체적 특징이 덜 중요해지는 것에 비례하여 정신적, 도덕적 자질이 종족의 행복에 미치는 영향은 커질 것이다. 자신을 보호하려고 협력하는 행동, 식량과 피난처를 확보하는 능력, 서로서로를 돕는 것으로 귀결되는 동정심, 자신의 동료가 약탈당하는 것을 저지하려는 정의감, 전투적이고 파괴적인 성향의 미약한 발달, 현재 욕구에 대한 자기 억제력, 미래를 대비하는 지적인 예지력 등은 인간이 지구에 태어난 이후 저마다의 공동체 이익을 위한 것임에 틀림없는, 사람에게 필요한 모든 자질들이었으므로, '자연선택'과 관련해서 논의되는 주제가 되었을 것이다. 이러한 자질들은 인류의 행복을 위한 것임이 분명하기 때문에 인간 외부에 있는 적들, 신체 내부의 불화, 그리고 혹독한 계절과 곧 닥칠 기근의 결과들로부터 그 어떠한 단순한 신체적 변형으로 보호받는 것 이상으로 확실히 지켜주었을 것이다. 따라서 이러한 정신적, 도덕적 자질들이 우세한 부족은 생존을 위해 몸부림치는 과정에서 이런 자질들이 덜 발달한 다른 부족들에 비해 유리한 점을 습득하게 되어 살아남아 부족의 인구수를 유지한 반면, 그 다른 부족들은 인구가 감소하여 더 이상 버티지 못했을 것이다.

　다시, 지리적 특징이나 기후에서 서서히 나타나는 변화로 인하여 동물들이 자신의 먹이, 가죽과 털, 또는 무기 등을 변경해야 할 때가 되면 자신의 신체 구조와 내부 체제에 상응하는 변화가 나타나는 것이 필연적이다. 지금까지 영양을 잡아먹고 살던 육식동물이 영양의 수가 줄어들어 버팔로를 공격해야만 할 때처럼, 몸집이 보다 크고 힘이 보다 센 짐승을 포획해서 먹어야만 한다면, 가장 강력한 발톱과 가공할 송곳니 등을 지닌 가장 강한 개체만이 몸부림치면서 이런 동물을 제압할 수 있다. 자연선택은 즉각적으로 작동하기 시작하며, 이 작용으로 이러한 기관들은 점점 자신의 새로운 환경에 적응하게 된다. 그러나 인간은 비슷한 환경에서 더 긴 손발톱이나 이빨, 더 센 신체적 힘이나 민첩함을 요구하지 않는다. 그는 날카로운 창이나 더 강한 활을 만들거나, 새로운 사냥감을 포획하기 위해 정교한 함정을 파거나, 사냥하는 집단을 하나로 결집시킨다. 이런 일을 할 수 있게 하는 그의 능력은 그가 강력할 필요가 있었기 때문에 만들어진 것이며, 그에 따라 이들 능력은 '자연선택'으로 인해 단계적으로 변형될 것이다. 반면에 몸의 형태나 구조는 변하지 않고 그대로 남아 있을 것이다. 그래서 빙하기가 다가오면 어떤 동물들은 더 따뜻한 모피를 반드시 갖추거나 지방층을 두껍게 해야 한다. 그렇지 않으면 얼어 죽는다. 따라서 자연이 마련해준 가장 좋은 옷을 입은 동물들은 자연선택으로 생존하고 있다. 인간은 같은 환경에서 스스로 더 따뜻한 옷을 만들고, 더 좋은 집을 지을 것이다. 그리고 이런 일에 대한 필요성은 그의 정신적 체제와 사회적 조건에 반응할 것인데, 그의 타고난 신체가 이전처럼 무방비 상태에 놓여 있는 동안에도 이것들을 발전시킬 것이다.

어떤 동물에게 익숙한 식량이 부족해지거나 완전히 사라지면, 이 동물은 아마도 영양분이 부족하고 소화도 잘 안 되는 새로운 종류의 식량에 적응해야만 생존할 수 있다. '자연선택'은 이제 위와 내장에 작용할 것이고, 이것들의 모든 개별적인 변이들이 종족을 새로운 식량과 조화를 이루도록 변형시키는 데 이용될 것이다. 그러나 많은 사례에서 이런 과정이 일어나지 않을 가능성이 있다. 내부 기관이 충분히 빠르게 변하지 않을 수도 있어서 동물의 경우에는 개체수가 감소할 것이고, 결국에는 절멸될 것이다. 그러나 인간은 자연의 작용을 관리하고 특정한 방향으로 끌고 가서 이러한 재해로부터 자신을 보호한다. 그는 다양하게 변하는 계절과 자연적인 절멸과 같은 우연한 재해와 무관하게 자신이 제일 좋아하는 식량 자원의 씨앗을 심어서 물자를 조달한다. 그는 동물을 사육하여 식량원으로 잡거나 그 자체를 식량으로 이용하며, 그에 따라 치아나 소화기관에 어떤 엄청난 변화는 불필요해진다. 또한 인간은 도처에서 불을 사용함으로써 다른 방법으로는 거의 사용할 수 없는 다양한 동물과 식물 재료를 구미에 맞는 상태로 만들 수 있으며, 그에 따라 이제는 스스로 식량 공급을 그 어떤 동물이 획득할 수 있는 것보다 훨씬 더 다양하고 풍부하게 얻는다.

따라서 인간은 그저 스스로 옷을 만들어 입고,[19] 무기와 도구를 만드는 능력을 가짐으로써 자연이 다른 모든 동물들에게 행사하는 외부 세계의 변화에 맞춰 외부 형태와 구조를 느리지만 영구적으로 변화시키는 힘을 자연으로부터 빼앗았다. 이들을 둘러싸고 경쟁하는 종족들, 기후, 식생, 또는 이들의 먹이가 되는 동물들이 서서히 변화하고 있기 때문에 이들은 그에 따라 자신이 살아남고 개체수를 유지하기 위해 새로운 조건과 조화를 이루도록 자신의 구조와 습관, 그리고 체질을 변화시켜야만 한다. 그러나 인간은 자신의 지성을 통해서만 이런 일을 하는데, 지성에서 나타나는 변이들은 변하지 않는 몸으로 그가 변화하는 세상과 여전히 조화를 이룰 수 있도록 해준다.

그러나 자연이 여전히 동물에게 작용하는 것처럼 그에게 작용하고 있는 한 가지가 있는데 어느 정도는 그의 외부 특징을 변형시킨다. 다윈 씨는

∙∙

19 인간이 언제부터 옷을 만들어 입었는지는 확실하지 않다. 옷은 인간이 이용했던 돌이나 뼈와 달리 오래 보존되지 않기 때문에 그 기원을 파악하기는 매우 어렵다. 단지 사람의 머리카락에서 기생하여 살아가는 머릿니(*Pediculus humanus*)가 사람들이 옷을 입게 되면서 몸니(*Pediculus humanus corporis*)로 변한 것으로 판단하는데, 이런 근거로 볼 때 몸니와 머릿니가 구분된 시기는 약 8만 년 전에서 17만 년 전 사이로 추정한다. 이 시기는 이미 지구상에 인간(*Homo sapiens*)이 출현한 후이고, 몸니의 유전다양성이 높은 곳은, 아마도 몸니의 기원지로 추정되는, 아프리카 일대이다. 따라서 인간이 출현하고 나서 옷이라는 것을 만들어 입었을 것으로 추정하고 있다.

피부색이 식물과 동물 모두에서 체질의 특이성과 연관되어 있어 특정 질병의 원인이 되거나, 질병으로부터 벗어나게 되면서 종종 뚜렷한 외부 특징이 동반된다는 점을 보여주었다.[20] 이제 자연이 과거에 인간에게 작동했고, 어느 정도는 여전히 계속해서 작동하고 있다고 믿을 만한 한 가지 이유가 있다. 특정 질병이 퍼진 지역에서는 이 질병에 잘 걸리는 부족 사람들은 빠르게 죽었을 것이다. 반면 체질적으로 질병으로부터 자유로운 부족 사람들은 생존했을 것이며, 새로운 종족의 조상으로 역할을 담당했을 것이다. 이처럼 혜택을 받은 사람들은 색 특이성으로 구별될 수 있었을 것인데, 피부색으로 인하여 털의 질감이나 풍부도라는 특이성과도 연관되었을 것이다. 그래서 색에 따른 이들 종족의 차이로 이어졌을 것인데, 이 차이는 단순히 기온이나 기타 기후의 명백한 특성과는 아무런 관련이 없다.[21]

따라서 사회적·동정적 감정이 활발하게 작동하고 지적·도덕적 능력이 제대로 발달하면서부터, 인간은 자신의 신체적 형태와 구조에서 '자연선택'의 영향을 받지 않게 되었다. 동물로서 그는 거의 정체된 상태로 남아 있었으므로, 지금까지는 생물 세계의 다른 생물에 작용하여 강력한 변형 결과를 만들어냈던 그를 둘러싼 주변에서 나타나는 세상의 변화가 더 이상 그에게는 작용하지 못했다. 그러나 그의 몸 형태가 정체되기 시작하면서 그의 마음은 몸에는 작용하지 못한 세상의 변화로 인한 영향을 바로 받게 될 것이다. 그의 정신과 도덕적 속성은 좋지 않은 상황에서 자신을 더 잘

20 389쪽에서 성장의 상관관계를 설명하면서 털이 없는 개는 불완전한 치아를 만들며, 하얀 고양이가 눈이 파란색일 경우에는 귀머거리가 된다고 설명했다.
21 피부색이 진한 흑인은 곱슬머리를 지니는 경향이 있는 반면, 피부색이 밝은 백인은 곧은 머리카락을 지닌다. 반면 피부암의 일종인 악성흑색종은 백인에서는 흔한 반면, 흑인에서는 발생 빈도가 낮은 것으로 알려져 있다.

지키도록 해주며 서로의 안락과 보호와 결합하여 사소한 변이 하나하나는 보존되고 축적될 것이다. 따라서 인간 종족 가운데 더 좋고 더 고등한 사람들은 수가 증가하고 퍼져 나가는 반면, 더 낮고 더 잔인한 사람들은 수가 줄어들고 그에 따라 사라지게 될 것이다. 그리고 정신적 체제가 급속하게 발달함에 따라, 인간의 가장 하등한 종족을 (비록 이들 가운데 일부는 신체적 구조가 거의 다르지 않지만) 야수 수준 이상으로 끌어올렸을 것이고, 또한 거의 감지할 수 없는 형태의 변형과 맞물려 유럽 종족들의 놀라운 지적 능력을 발달시켰을 것이다.

인간 마음의 발달에 미친 외부 자연 요인의 영향

그러나 이러한 정신과 도덕이 진보하기 시작하고, 신체적 특징이 고정되어 거의 변화하지 않게 되었을 때부터 새로운 일련의 원인들이 작동하기 시작할 것이고, 그의 정신적 성장에 관여할 것이다. 자연이 지닌 다양한 측면들을 이제 스스로 느끼게 될 것이고 원시인의 특성에 심오한 영향을 미칠 것이다.

지금까지 신체를 변형시켰던 힘의 작용 방향이 마음으로 옮겨지면서, 종족들은 단지 척박한 땅과 가혹한 계절이 주는 혹독한 시련에 대응해서 진보하고 개선될 것이다. 이러한 영향으로, 이전에 지구가 해마다 식물 식량 자원을 공급해주고 가혹한 겨울을 대비하는 데 필요한 예지력이나 기발한 재주가 없어도 살아갈 수 있는 지역에서 살 때보다 좀 더 강하고, 좀 더 미래를 대비하며, 좀 더 사회적인 종족으로 발달되었을 것이다. 모든 시대에, 그리고 지구상의 지역 곳곳에서 온대 지역에 정착한 사람들이 열대 지역에 정착한 사람들보다 우월했다는 점은 사실이 아닌가? 종족들이 저질렀던 온갖 종류의 엄청난 침략과 그에 따라 촉발된 이주는 북쪽에서 남쪽으로, 이 반대가 아니라, 진행되었다. 우리는 사람들이 이동한 장소에서 현재 존재하는 것처럼 이동한 장소에 이미 사람들이 생존했는지에 대한 기록은 전혀 없는데, 열대 지역들을 연결하는 토착 문명 한 가지 사례만 있다. 멕시코[22]와 페루[23]의 문명과 정부는 북쪽에서 내려온 인종들이 수립하였는데, [페루 문명은] 비옥한 열대 평원 지대가 아니라 안데스산맥의 높고 척박한 고원 지대에 자리를 잡았다.[24] 실론[25]의 종교와 문명은 북부 인도로부터 유입되었고, 인도반도에서 지속적으로 정복자들이 북서쪽으로 밀려 들어왔으며, 북부 몽골은 중국 남부 지역까지 정복했다.[26] 그리고 유럽 남부를 압도하고 이 지역에 새로운 삶을 불어넣은 종족[27]도 북부에 있는 용감하면서도 모험심 많은 종족이었다.

∴

22 해발 2,250미터에 위치한 멕시코의 수도 멕시코시티를 비롯한 인근 지역의 옛 문명인 아즈텍 문명을 의미하는 것으로 보인다. 이 지역보다 북쪽에서 살던 아즈텍인들이 남쪽으로 내려와서 이룬 문명이나 스페인의 침입으로 멸망했다.

23 페루의 해발 2,430미터에 잔존한 마추픽추 유적으로 대표되는 잉카 문명을 지칭하는 것으로 보인다. 스페인의 침입으로 멸망했다. 단지 잉카 문명을 만들었던 잉카족의 기원은 불분명하다.

24 월리스는 멕시코 문명과 페루 문명이 모두 안데스산맥에서 형성된 것으로 설명하고 있으나, 멕시코 문명은 메조아메리카 지역에서 발생한 것으로 안데스산맥과는 떨어져 있다. 따라서 안데스 문명을 설명하는 부분에 [페루 문명은]을 첨가했다.

25 오늘날에는 스리랑카라고 부른다. 인도의 동남쪽에 있는 섬 나라이다.

26 몽골족이 중국을 다스렸던 원나라를 지칭하는 것으로 보인다.

27 게르만족의 대이동을 의미하는 것으로 보이는데, 375년부터 568년에 걸쳐 게르만족을 비롯하여 유럽 북부의 여러 종족들이 로마 영토를 침입해서 결국은 로마 제국의 멸망으로 이어졌다는 하나의 가설이 있다.

하등한 종족의 절멸

'삶을 위한 몸부림 과정에서 유리한 종족의 보존'[28]이라는 동일한 엄청난 법칙에 따라 하등하며 정신적으로 발달하지 않은 개체군 모두는 유럽인들을 만나면서 불가피하게 절멸되었다. 북아메리카와 브라질에 살던 아메리카 원주민, 남반구에 살던 태즈메이니아섬과 호주의 원주민, 그리고 뉴질랜드 원주민은 어떤 한 종류의 특별한 원인이 아니라 불평등한 정신적, 신체적 조건으로 몸부림치다가 필연적인 결과로 죽었다. 유럽인의 자질은 지적이고 도덕적일 뿐만 아니라 신체적으로도 우월하다. 동일한 힘과 능력은 유럽인을 인구수도 적고 정체되어 있던 방랑하는 야만인 상태에서 몇 세기 만에 오늘날의 문화 수준으로 끌어올렸는데, 그들은 평균적인 수명이 길어지고, 평균적으로 더 튼튼해지며, 그리고 보다 빠르게 성장할 수 있는 능력을 지니도록 발전했다. 이러한 발전은 야만인과 접촉했을 때 그가 생존을 위해 몸부림치는 과정에서 야만인을 정복하고, 자신의 경제력도 증가한다. 이는 동물계와 식물계에서 덜 적응된 변종들이 희생되어 더 잘 적응한 생물의 수가 느는 것처럼, 유럽에서 자라던 잡초가 자신의 체제에 내재된 힘과 자신의 생존력과 번식력을 바탕으로 북아메리카와 오스트레일리아 일대에서 자생하던 생물들을 절멸시키는 것과 비슷하다.[29]

..

28 다윈은 생존을 위한 몸부림(the struggle for existence)과 삶을 위한 몸부림(the struggle for life)을 구분했다. 생존을 위한 몸부림은 "한 생명체가 다른 생명체에 의존하는 관계와 개체로서의 일생뿐만 아니라 자손들을 성공적으로 남기는 것"이라고 설명하면서, 삶을 위한 몸부림은 이 가운데 개체로서의 일생을 영위하기 위한 노력을 의미하는데, 살려는 몸부림으로도 풀이된다.

29 『종의 기원』 64쪽에는 "식물의 경우에도 마찬가지이다. 도입식물에서 이런 사례를 볼 수 있는데, 이들은 10년이 채 지나지 않았음에도 [오스트레일리아] 섬 전체로 퍼져 나갔다. 지금

인류 인종의 기원

이러한 견해가 정확하다면, 인간의 사회적·도덕적·지적 능력이 발달하는 것에 비례하여 그의 신체적 구조는 '자연선택'의 작용에 따른 영향을 받지 않게 되었을 것이며, 우리는 인류 인종의 기원에 대한 가장 중요한 증거를 갖게 되었을 것이다. 구조와 외부 형태의 엄청난 변형은 인간이 동물의 어떤 하위 유형에서 발달하는 결과로 이어졌는데, 이러한 변형은 그가 사교성은 있으나 사회성은 거의 없고, 마음으로 직관은 가능하나 사색에는 잠기지 않아 **정의감**이나 **동정심** 같은 의식이 그에게서 발달하기 이전이었던, 즉 그의 지능이 그를 야수 상태 이상으로 끌어올리기 전에 일어났음이 틀림없다. 그는 그때까지는 다른 생물들처럼 '자연선택'의 작용을 쉽게 받았을 것인데, 그 결과 그의 신체적 형태와 체질은 주위 환경과 조화를 이룬 상태였을 것이다. 아마도 이 시기는 그가 지배적인 종족이 되는 바로 초창기로, 지구상에 그때 존재했다면 좀 더 따뜻한 곳으로 퍼져 나갔을 것이고, 다른 지배적인 종들 사례에서 우리가 본 것에 따라 지역 조건에 일치하게 단계적으로 변형되었을 것이다. 그는 자신이 원래 살던 집에서 멀리 떨어져 있었기 때문에, 극한의 기후에 노출되었고, 더 큰 식량의 변화에 노출되었으며, 생물이든 무생물이든 상관없이 새로운 적들과 싸워야 했다. 그의 체질에 나타난 사소하지만 유용한 변이들은 선택되고 영구적인 상태가 되었을 것이다. 또한 '성장의 상관관계' 원리에 따라 상응하는

∴

도 유럽에서 도입된 몇몇 식물들이 [남아메리카] 라플라타 근처 야생 평원에서 자라고 있던 식물 거의 모두를 몰아내고 수 평방리그(리그: 4,1795킬로미터이다)를 덮고 있다"라고 기록되어 있다. 번역문은 신현철(2019:97)쪽에서 인용한 내용이다.

외부 신체적 변화도 수반되었을 것이다. 따라서 인류의 주요 인종을 여전히 구분할 수 있게 만드는 그러한 두드러진 특징과 특별한 변형이 일어날 수 있었을 것이다. 빨간색·검은색·노란색, 또는 홍조를 띠는 하얀색 피부, 곧은 머리카락과 곱슬 머리카락 그리고 양털 머리카락, 풍부하거나 거의 없는 수염, 눈꼬리가 치켜 올라가거나 곧은 눈, 다양한 형태의 골반, 뇌 머리뼈, 그리고 기타 골격 부분 등이 모두 그러한 특징과 변형이다.

그러나 이러한 변화가 진행되는 동안, 그의 정신적 발달은 일부 알려지지 않은 원인들로 인하여 크게 발전했고, 이제는 그의 존재에 전반적으로 강력한 영향력을 발휘할 수 있는 상태에 도달했으며, 그에 따라 '자연선택'이라는 거부할 수 없는 작용의 영향을 쉽게 받게 되었다. 이러한 작용은 마음에 재빠르게 영향력을 행사했다. 언어는 이때 처음 발달하게 되었고, 정신적 능력이 훨씬 더 진보하게 되었다. 그리고 그 순간부터 인간은 그의 신체 대부분의 형태와 구조를 거의 정체된 상태로 남겨두었다. 무기를 만드는 기술, 분업, 미래에 대한 예측, 식욕의 억제, 도덕적이며 사회적이고 동정하는 느낌 등은 오늘날 그의 행복에 다른 요인들보다 무게가 더 나가는 영향을 미치고 있으며, 그에 따라 '자연선택'이 아주 강력하게 작용하는 그의 속성의 한 부분이 되고 있다. 그리고 우리는 단순한 신체적 특징이 놀랍도록 지속되는 현상을 설명할 수 있게 되었는데, 이런 현상은 인류의 통일성을 옹호하는 사람들에게 장애물이다.

따라서 이제 우리는 이 주제와 관련하여 인류학자들이 제기한 상충된 견해들과 화합을 모색해볼 수 있다. 인류는 정말로 내가 믿기로는, 한때 동질적인 종족이었을 것이다. 그러나 우리가 유해를 아직까지 발견하지 못한 시기가 있었고, 그의 역사에서 아주 먼 시기에 그는 놀라울 정도로 발달한 두뇌는 아직 획득하지 못했다. 마음을 관장하는 기관인 두뇌는 오늘날 가장 하등한 인간조차도 가장 고등한 야수들 위에 설 수 있게 만든다. 그가 인간의 형태이기는 하지만 인간의 속성은 거의 없던 시기였고, 그는 인간의 언어를 말할 수도 없었으며, 오늘날 도처에서 어느 정도 인종을 구분하는 특징인 동정심이나 도덕적 감정도 지니지 않았다. 이러한 진정한 인간이 지녀야 할 능력이 그에게 발달했던 것과 정확히 비례해서, 그의 신체적 특징은 고정되고 영구적이 될 것인데, 이렇게 되는 것이 그의 행복에 영향력이 줄어들기 때문이다. 그는 신체적 변화보다는 사고의 진보를 통해 그를 둘러싸고 있는 세상의 느린 변화와 발걸음을 맞추려고 했을 것이다. 그러므로 인간이 그가 이러한 고등 능력이 완전히 발달될 때까지는 정말로 인간이 아니라는 견해를 우리가 지닌다면, 우리는 원래부터 뚜렷하게 구분되는 인류의 인종들이 많이 있었다고 정당하게 주장할 수 있을 것이다. 반면에 형태와 구조라는 관점에서 볼 때 우리와 너무나 비슷하나 정신적 능력은 야수의 능력보다 별로 높지 않은 존재를 여전히 인간으로 간주해야 한다면, 우리에게는 모든 인류의 공통 기원을 유지할 자격이 충분히 있다.

인간의 유물과 관련된 견해들의 이해

앞으로 살펴보겠지만, 이렇게 고려하면 우리는 인류의 기원을 지금까지 생각했던 것보다 훨씬 더 먼 지질학적 시기까지 거슬러 올라갈 수 있다. 아마도 그는 마이오세[30] 또는 에오세[31] 시기에 살았을 것인데,[32] 이 시

∙∙

30 지금부터 2,300만 년 전부터 600만 년 전까지의 지질시대를 말한다. 중신세라고도 부르는데, 신제3기의 전기에 해당한다. 이 시기에 지구의 대륙은 현재와 거의 비슷하나, 북아메리

기에 살던 포유동물은 단 한 종도 현존하는 종들과 형태적으로 비슷하지 않다. 오랜 세월 동안 이 원시 동물들이 오늘날 지구에 서식하는 종으로 서서히 변해가고 있기 때문에 이들을 변형하려고 작용하는 힘은 인간의 정신적 체제에만 영향을 미쳤다. 그의 뇌만 보더라도 크기와 복잡성은 증가했을 것이고, 뇌머리뼈는 형태의 변화에 상응하는 변화를 겪었을 것인 반면, 하등동물은 구조가 전반적으로 변하고 있었다. 이런 점은 우리가 데니스와 엔기스[33]의 화석 뇌머리뼈가 현존하는 유형과 매우 밀접하게 일치하는 정도를 이해할 수 있게 해주는데, 이들은 의심할 여지 없이 오늘날 절멸한 대형 포유동물과 함께 존재했을 것이다. 오늘날 우리가 호주 원주민을 현대인 가운데 가장 하등한 부류로 간주하는 것처럼, 네안데르탈인의 머리뼈는 현존하는 그 어떤 인종보다 가장 하등한 인종 가운데 하나로 간주될 수 있다. 우리는 마음과 뇌, 그리고 두개골이 체제를 이루는 다른 부분에 비해 더 빨리 변형되었다고 가정할 그 어떤 이유도 없다. 그러므로 우리는 외부 조건 때문에 나타나는 변형의 영향과 '자연선택'의 누적 작용을 받은 신체 조건을 제거해서 의식이 충분히 발달하지 않은 초기 조건에 있는 인간을

••

카와 남아메리카는 서로 떨어져 있었으며, 일본이 유라시아 대륙에서 떨어져 나오면서 동해가 형성되었다.

31 지금부터 5,580만 년 전부터 3,390만 년 전까지의 지질시대를 말한다. 시신세라고도 부르는데, 고제3기의 중기에 해당한다. 현존하는 포유류목 대부분이 에오세 초기에 출현했고, 미국과 유럽은 대서양의 확대로 완전히 분리되었으나, 북아메리카와 아시아 대륙은 베링 해협 근처에서 연결되어 있기도 하였으며 아프리카, 남아메리카, 오스트레일리아 등은 바다에서 멀어져 고립되어 있었다.

32 오늘날에는 원숭이와 유사한 인간, 즉 절멸한 화석인류인 오스트랄로피테쿠스(*Australopithecus*)가 신생대 신제3기 마이오세부터 살았던 것으로 추정한다.

33 데니스와 엔기스는 모두 네안데르탈인이 발견된 장소 이름으로 추정된다.

찾으려면 아주 먼 과거로 돌아가야만 한다. 따라서 나는 제3기[34] 지층에서 인간의 흔적이나 그의 유물을 찾는 것에 반대할 **선험적** 이유는 없다고 믿는다. 이 시기에 형성된 유럽 지층에서 이런 유해가 전혀 없다는 점은 그다지 중요하지 않은데, 우리가 시간을 거슬러 과거로 가면 지표상의 인류 분포가 오늘날보다 덜 보편적이라고 가정하는 것이 자연스럽기 때문이다.

게다가 유럽은 제3기 동안 엄청난 면적이 물에 잠겨 있었다.[35] 그리고 흩어져 있던 유럽의 섬들에 인간이 살지 않았을 수도 있지만, 그렇다고 그가 따뜻한 대륙이나 열대 대륙에 동시에 존재하지 않았다는 것은 결코 아니다. 지질학자들이 에오세 또는 마이오세 시기 이후에 물에 잠기지 않았던 지구상의 따뜻한 지역에서 가장 넓은 대륙을 우리에게 제시할 수 있다면, 우리는 그곳에서 인간의 가장 초기 조상의 일부 흔적을 찾을 것으로 기대할 수 있다. 또한 몸이 신체적으로 달라지기 시작하는 시기가 올 때까지 우리는 그곳에서 이전 인종들의 두뇌 용량이 단계적으로 감소하는 과정을 추적할 수 있을 것이다. 그러면 우리는 인간이라는 집단의 출발점에 도달하게 될 것이다. 이 시기 전까지, 그는 변화로부터 자신의 몸을 충분히 보존할 마음이 없었으므로 다른 포유동물들과 똑같이 비교적 **빠른** 형태의 변형을 겪었을 것이다.

..

34 지금부터 6,500만 년 전부터 200만 년 전까지의 기간을 의미하는데, 오늘날에는 이 용어를 사용하지 않는다. 제3기는 오늘날 팔레오세·에오세·올리고세·마이오세 그리고 플리오세 등 5개 시기를 부르는데, 팔레오세·에오세·올리고세는 고제3기로, 마이오세와 플리오세는 신제3기로 부르고 있다.
35 지중해는 마이오세 말기까지 인도양과 연결되어 있어, 오늘날의 이탈리아를 비롯하여 발칸반도 일대는 바닷물에 잠겨 있었던 것으로 추정하고 있다.

인간의 존엄성과 우월성에 대한 그들의 태도

내가 여기에서 뒷받침하려고 노력했던 견해들에 어떤 근거가 있다면, 이 견해들은 인간을 생물 세계를 이루는 위대한 계열의 정점이자 선두라는 위치에만 두는 것이 아니라 어느 정도는 새롭고 뚜렷하게 구분되는 생명체의 한 목[36]에 소속시키는 것으로 따로 떼어놓기 위한 새로운 논쟁거리를 우리에게 줄 것이다. 무한히 먼 시기에 지구상에는 최초의 생명체 흔적이 출현했고, 식물과 동물 하나하나가 하나의 거대한 물리적 변화 법칙에 종속되어 왔다. 지구가 지질학적·기후학적·그리고 생물학적 과정이라는 거대한 주기를 겪음에 따라, 생물 유형 하나하나는 거부할 수 없는 작용에 종속되었고, 끊임없이 변화하는 세상과 조화로운 상태를 보존하려고 지속적으로, 그러나 감지되지 않을 정도로 새로운 모양으로 만들어졌다. 살아 있는 생명체는 (예외적으로 아마도 가장 간단하고 거의 흔적만 남은 생물들은 제외하고) 이 존재의 법칙에서 벗어날 수가 없다. 생물을 둘러싸고 있는 세상이 변하는 상황에서 그 어떤 생물도 변하지 않고 살아남을 수는 없었다.

그러나 마침내 우리가 마음이라고 부르는 미묘한 힘이 단순한 신체 구조보다 더 엄청나게 중요한 존재가 되었다. 비록 털이 없고 보호받지 못하는 몸이지만, 마음은 인간에게 계절에 따른 다양한 혹독함에 대항하는 옷을 주었다. 빠르기로는 사슴과 경쟁할 수 없고 힘으로는 야생 들소와 경쟁할 수 없지만, 마음은 그에게 이 두 가지를 포획하거나 극복할 수 있는 무기를 주었다. 비록 도와주지 않는 자연이 제공하는 풀과 열매에 의존해서

..

36 오늘날 인류는 분류학적으로 영장목(Primates)에 속한다.

살아가는 대부분의 다른 동물들보다는 덜 유능하지만, 이 놀라운 능력은 언제 어디에서나 그가 원하면 자연을 다스리고 그 자신의 이익이 되는 방향으로 그를 이끌었으며, 그를 위해 자연이 식량을 만들게 했다. 처음으로 옷으로 피부를 감쌌을 때, 처음으로 동물을 추격하는 데 도움이 되도록 창을 대충 만들었을 때, 처음으로 불을 이용하여 자신의 음식을 요리했을 때, 처음으로 씨앗을 뿌리거나 줄기를 심었을 때 그 순간부터 자연에서 위대한 혁명이 일어났다. 지구 역사에서 이전의 모든 시기에 이 혁명과 평행관계에 있는 일은 없었다. 이렇게 태어난 존재는 세상의 변화에 종속되어 더 이상 변할 필요가 없었기에 어느 정도 자연보다 우월하게 되었다. 그는 자연의 작용을 통제하고 조절하는 방법을 알아냄으로써 신체의 변화가 아니라 마음의 진보로 스스로 자연과 조화를 이룰 수 있었다.

이제 여기에서 우리는 인간의 진정한 장엄함과 존엄함을 본다. 그가 지닌 특별한 속성이라는 관점에서 볼 때, 우리는 그를 홀로 하나의 목, 하나의 강, 하나의 아계에 소속시키는[37] 사람들조차도 자신들 편에서 그 이유를 어느 정도 보여주고 있다고 인정할 수 있다. 그는 실제로 따로 떨어져 있는 존재인데, 그가 다른 모든 생물체를 꼼짝없이 변형시키는 위대한 법칙의 영향을 받지 않기 때문이다. 그뿐만 아니라, 그가 스스로 쟁취한 이 승리는 그에게 다른 존재들한테 영향력을 행사할 수 있는 힘을 주었다. 인

37 인류는 린네가 1735년에 발표한 『자연의 체계(*Systema Naturae*)』에서 안드로포모르파 (Anthropomorpha)라는 새로운 목(order)에 소속시켰다. 그러나 이후 그는 1758년에 발간된 『자연의 체계』 10판에서 이 용어를 버리고 영장목(Primates)으로 표기했는데, 오늘날 인류는 분류학적으로 영장목(Primates), 포유동물강(Mammalia), 진정후생동물아계 (Eumetazoa)에 속한다. 그럼에도 윌리스가 이렇게 표현한 것은 인간을 신이 창조해서 다른 동물과는 다르다는 창조론적 주장을 빗댄 것으로 보인다.

간은 '자연선택'에서 스스로 벗어났을 뿐만 아니라, 그가 출현하기 전에 자연이 전적으로 행사하던 힘의 일부를 실제로 빼앗아 오는 것도 가능하다. 우리는 지구에서 오직 재배식물과 사육동물만이 나타날 시기, 인간의 선택이 '자연선택'을 대체할 시기, 그리고 수많은 세월 동안 지구 전체를 지배했던 바다가 힘을 발휘될 수 있는 시기를 예상할 수 있다.

인류의 미래 발달에 대한 그들의 태도

이제 우리는, 다윈 씨의 종의 기원에 관한 이론이 진실이라면 인간도 형태가 변해야 하고, 그가 고릴라나 침팬지와 다른 것처럼[38] 현재의 자신이 다른 동물로 발달해야 한다고 주장하는 사람들에게 답을 할 수 있게 되었다. 그리고 우리는 이 형태가 무엇일 것 같은지를 추측하는 사람들에게도 답을 할 수 있게 되었다. 그러나 그러한 경우가 없을 것임은 명백하다. 그 어떤 조건의 변화도 상상할 수가 없기 때문인데, 조건이 변화하면 그는 자신의 형태와 체제를 중대하게 교체하여 자신에게 보편적으로 유용하고 필요하게 할 것이며, 그러한 변화를 갖는 것은 생존에 있어 가장 좋은 기회를 줄 것이고, 그에 따라 새로운 종·속·또는 더 높은 분류 계급에 속하는 인간으로 발전하도록 할 것이다. 이와는 반대로, 우리는 어떤 다른 고도로 조직화된 동물이 변하지 않고 생존할 수 있었던 것보다 훨씬 더 큰 조건의 변화와 그를 둘러싼 환경 전체의 변화가 인간에 의해 일어났다는 것

••

38 고릴라의 팔은 짧아 바로 섰을 때 뒷다리 무릎에도 못 미치며, 팔과 다리를 이용해서 이동하는 사족 보행을 하며, 코는 펑퍼짐한 납작코이고, 흥분하면 뒷발로 서서 이빨을 드러내고

과 이러한 변화가 육체적 적응이 아니라 정신적 적응으로 대응되었다는 것을 알고 있다. 야만인과 문명화된 인간 사이에서 나타나는 습성, 먹이, 의복, 무기, 그리고 적의 차이는 엄청나다. 정신이 더 발달함에 따라 이에 상응하여 뇌 용량이 조금 커진 것을 제외하면, 신체적으로 형태와 구조에서 나타나는 차이는 실질적으로 없다.

그래서 우리는 다른 모든 유형의 동물들이 일련의 지질학적 시기들을 거치며 변하고 또 변하는 것을 보면서, 인간이 존재해 왔고 앞으로도 존재할 것이라고 믿을 모든 이유를 가지고 있다. 마음을 관장하는 기관과 직접 연결되어 있으면서 그의 본성을 가장 정제된 감정으로 잘 표현하는 매개 역할을 하는 이미 특정된 두 개의 기관인 머리와 얼굴을 제외하고는 인간 자체는 변하지 않은 반면에 색, 털, 그리고 질병에 조직적으로 대항하는 체질과 연관된 비율에서는 지금까지도 약간의 변화가 있다.

요약

논의했던 내용을 간단히 요약해보자. 뚜렷하게 구분되는 두 가지 방법으로 인간은 동물 세계에 끊임없는 변화를 만들어온 법칙의 영향에서 벗어났다. ① 인간은 자신의 뛰어난 지능을 이용하여 자신의 옷과 무기를 갖췄

∵

가슴을 두드리면서 '펑펑' 하는 소리를 낸다. 침팬지는 이족 보행을 하기는 하나, 주로 사족 보행을 한다. 온몸이 털로 덮여 있으나 얼굴, 손가락, 발가락, 손바닥, 발바닥 등에는 털이 없다. 이에 비해 사람은 팔과 다리의 기능과 구조가 명확하게 구분되어 있고, 코가 우뚝하고, 얼굴이나 손가락·발가락 등에 털이 거의 없는 차이를 보인다.

으며, 땅에 식물을 재배하여 마음에 드는 식량을 일정하게 공급하였다. 이런 일은 자신의 몸이 하등동물의 몸처럼 변화하는 조건에 맞추어 다음과 같이 변형되는 것을 불필요하게 만든다. 즉, 조금 더 따뜻한 천연 덮개를 구하도록 하고, 좀 더 강력한 이빨과 발톱을 습득하도록 하며, 혹은 주위에서 구할 수 있는 새로운 식량원을 구하여 소화하도록 적응하는 것이다. ② 인간은 자신이 지닌 뛰어난 동정심과 도덕적 감정을 이용하여 사회적 상황에 적합하게 된다. 그는 자신의 부족 가운데 약하고 도움을 청할 수가 없는 사람들을 약탈하지 않는다. 그는 활동력이 떨어지거나 운이 덜 좋은 사냥꾼들과 함께 잡은 사냥감을 공유하거나 그 사냥감을 약하고 몸이 불편한 사람도 만들 수 있는 무기와 교환한다. 그는 병들고 상처 입은 사람을 죽음에서 구해준다. 따라서 모든 측면에서 스스로 도와줄 수 없는 동물들을 모두 융통성 없이 죽이는 데 사용된 힘이 그에게 작용하는 것을 방해한다.

이 힘이 바로 '자연선택'이다. 그리고 개체의 변이가 축적되고 영구적으로 되어 뚜렷한 특징을 지닌 인종이 만들어진 것을 다른 수단으로는 결코 보여줄 수 없다. 오늘날 인류와 다른 동물들을 구분하는 차이는 그가 인간의 지성 또는 인간의 동정심을 갖기 전에 만들어졌어야 한다는 결론에 이르게 된다. 이 견해 역시 인간이 상대적으로 먼 지질학적 시대에 존재했다는 것을 가능하게 하고, 심지어 요구하기도 한다. 다른 동물들이 자신의 전반적인 구조에 뚜렷한 속이나 과를 형성할 정도로 변형을 겪고 있었을 오랜 시간 동안, 인간의 **몸**은 총체적으로 혹은 심지어 구체적으로 동일하게 남아 있었다. 단지 그의 **머리와 뇌**만은 다른 동물들과 동일하게 변형 과정을 겪었다. 따라서 우리는, 머리와 뇌로 판단하건대, 오언 교수가 사람을 포유동물 무리에서 뚜렷하게 구분되는 아강으로 분류한 것을 이해할 수가 있다.[39] 반면, 그의 몸의 골격 구조와 관련해서는 진원류[40]와 매우 높은 해부학적 유사성이 나타나는데, "이빨 하나하나, 뼈 하나하나가 엄밀히 말해서 상동성[41]이므로, 호모속(*Homo*)과 피테쿠스원숭이속(*Pithecus*)[42]의 차이를 결정하는 것이 해부학자들에게 어려움을 주게 된다."[43] 현재의 이론은 이러한 사실들을 충분히 인식하고 설명한다. 그리고 우리는 아마도 이 이론의 진실을 확증한다고 주장할 수 있는데, 이 이론은 인간과 유인원을 구분하는 지적 간격을 평가절하하는 것을 우리에게 요구하지도 않고, 이들 사이에서 나타나는 놀라운 유사성을 완전히 인식하는 것을 거부하지도 않는다. 유사성은 그가 지닌 구조의 다른 부분에서 나타난다.

결론

이 위대한 주제를 짧은 요약으로 마무리하면서, 나는 이 주제가 인류의

∴

39 오언은 1857년 포유동물을 구분하면서 인류만이 독특한 두뇌를 지니고 있다고 주장하면서 독립된 아치형두뇌아강(Archencephala)에 소속시켰는데, 이 아강에는 인간속(*Homo*)만이 포함되어 있다. 다윈은 이러한 오언의 생각을 부정했다.

40 원숭이하목(Simiiformes)에 속하는 영장류들이다. 영장류는 크게 코가 축축하고 동그랗게 말려 있는 곡비원아목(Strepsirrhini)과 코가 말라 있고 바로 솟아 있는 직비원아목(Haplorrhini)으로 구분되는데, 직비원아목은 다시 움직이지 않는 큰 눈을 지닌 안경원숭이하목(Tarsiiformes)과 눈이 얼굴의 양쪽에서 앞쪽으로 옮겨져 있고 양쪽 눈을 동시에 사용할 수 있는 원숭이하목(Simiiformes)으로 구분되는데, 인류는 후자에 속한다.

41 기원이 같음에도 서로 다른 환경에 적응하면서 서로 다른 구조나 형태로 된 경우를 의미한다. 새의 날개와 포유동물의 앞다리가 상동성을 지닌 구조이며, 흔히 상동 구조라고 부른다.

42 한때 *Presytis*와 *Semnopithecus*를 하나의 피테쿠스속(*Pithecus*)으로 간주했으나, 오늘날에는 *Pithecus*라는 학명은 명명규약에 따라 사용하지 않는다. Lee(2011)를 참조하시오.

43 Owen(1858:20)에 나오는 문구이다.

인종이 직면할 미래와 관련이 있다는 점을 지적하고자 한다. 내 결론이 옳다면, 좀 더 지적이고 도덕적인 고등한 인종이 좀 더 하등하고 퇴화한 인종을 대체하는 현상이 불가피하게 뒤따라야 한다. 그리고 그의 정신적 체제에 여전히 작용하고 있는 '자연선택'이 지니는 힘은 인간이 지닌 고등한 능력으로 자연을 둘러싸고 있는 조건과 사회 구조에서 발생하는 긴급 사태에 더 완벽하게 적응하도록 이끌어야 한다. 건강하고 잘 조직된 신체로부터 나타나는 완벽한 아름다움이 발달하는 것을 제외하고는 그의 외부 형태는 아마도 변하지 않은 상태로 남아 있을 것이다. 반면, 최고의 지적 능력과 동정심에 의해 세련되고 고귀하게 된 그의 정신적 체질은 세계에 단 하나뿐인 거의 동질적인 인종이 다시 정착할 때까지 계속해서 진보하고 개선될 것인데, 이런 인종에 속하는 그 어떤 개체도 현존하는 인류에서 가장 고귀한 무리보다 열등하지 않을 것이다.

이러한 결과를 향해 가는 우리의 진보 속도는 매우 느리나 여전히 나아가고 있는 것 같다. 경탄할 만한 과학의 발전과 방대한 실질적인 결과로 인해 우리는 오늘날 세계 역사에서 볼 때 비정상적인 시기에 살고 있다. 우리 사회가 도덕적으로나 지적으로 수준이 너무나 낮아 이러한 결과를 최고로 잘 사용하는 방법을 알 수는 없었다. 결국 이러한 결과는 우리에게 저주인 동시에 축복으로 다가왔다. 오늘날 문명화된 나라들 사이에서는 도덕과 지성의 항구적인 발전을 위해 자연선택이 어떤 방식으로든 작동하는 것이 가능해 보이지는 않는다. 인생에서 최고로 성공하고 가장 빨리 자손을 낳은 사람은 수준이 낮지 않다고 해도, 도덕과 지성이라는 두 가지 관점에서 보통밖에 안 되기 때문이다. 그럼에도 높은 도덕성을 지닌 여론의 영향과 지적 향상을 위한 일반적인 욕구 모두에서 대체로 꾸준하고 영구적인 진보는 의심할 여지 없이 있었다. 그리고 나는 이런 점을 어떤 방식으로든 '최적자생존' 탓으로 돌릴 수는 없다. 나는 진보가 영광스러운 자질들이 지닌 진보하게 만드는 내재력에 의한 것이라고 결론을 내릴 수밖에 없다. 이러한 자질들은 우리를 다른 동물들에 비해 헤아릴 수 없을 정도로 더 높이 발전시키며, 동시에 우리 자신들보다 더 높은 존재가 있다는 가장 확실한 증거를 제시하게 한다. 이러한 자질들은 더 높은 존재로부터 유래했을 수도 있고, 우리가 향하는 쪽으로 항상 전달할 수도 있는 것이다.

10장

자연선택이 인류에게 적용될 때
나타나는 한계

나는 이 책 전체에서 변이, 증식 그리고 유전과 관련해서 알려진 법칙들을 보여주려고 노력했다. 그 결과로 드러나는 '생존을 위한 몸부림'과 '최적자생존'은 동물과 식물 구조에서 나타나는 모든 변이, 모든 놀라운 적응, 형태와 색에서 나타나는 모든 아름다움 등을 만드는 데 아마도 충분했을 것이다. 내가 할 수 있는 한 최선을 다해, 나는 이 이론을 반대하는 가장 명백하고 가장 흔하게 반복되는 원인에 대해 답을 하려고 했다. 그리고 나는 색이 어떻게 만들어질 수 있는지를 보여줌으로써 이 이론이 지닌 일반적인 장점에 색이 추가되기를 바랐다. 색은 지금까지 특별 창조를 뒷받침하는 근거 가운데 하나인데, 거의 모든 변형들에서 성선택과 보호의 필요성이 결합된 영향으로 설명되었다. 나는 또한 동물들을 변형시켰던 힘이 어떻게 똑같이 사람에게도 작용하는지를 보여주려고 노력했다. 그리고 나는 인간이 지능은 낮지만 어느 정도 이상으로 발달하자마자 인간의 신체는 자연선택이 신체에 주는 영향을 더 이상 받지 않았던 것으로 증명되었다고 믿는데, 그 이유는 인간의 정신력 발달이 신체의 형태와 구조에 있어 중요한 변형을 불필요하게 만들었기 때문이다. 따라서 내 독자들은 내가 너무나도 열렬히 지지하는 원리에 근거해서 모든 자연을 설명할 수 있다고 생각하지 않는다는 것과, 내가 지금 스스로 '자연선택'이 지닌 힘을 부정하고, 이 힘에 한계를 부여하려고 하는 것을 알게 된다면 조금은 놀라게 될 것이다. 그러나 나는 분명한 한계가 있다고 믿는다. 생물 유형의 발달에 자연법칙이 작용하는 것을 추적할 수 있는 것과 마찬가지로 완벽한 지식이 이러한 발달의 전 과정을 우리가 단계적으로 따라갈 수 있게 해준다고 명백하게 상상할 수 있다. 그 결과 우리는 조금이라도 알고 있는 법칙 모두를 넘어서서 독립적인 어떤 미지의 상위 법칙의 작용을 확실하게 추적할 수 있다. 우리는 많은 현상들에서 이 작용을 다소 뚜렷하게 추적할 수 있는데, 가장 중요한 두 가지 현상은 자극을 받아서 느끼게 되는 감각이나 의식의 기원과, 하등동물로부터 인간의 발달이다. 나는 먼저 하등동물로부터 인간의 발달이라는 주제가 지닌 어려움이 이 책에서 논의한 주제들과 더 직접 연관되어 있는 것으로 간주할 것이다.

자연선택이 할 수 없는 일

인간이 알려진 자연법칙에 따라 발달했는가라는 질문을 고려하면서, 우리는 일반적인 진화 이론 못지않게 '자연선택'이라는 첫 번째 원리를 반드시 명심해야 한다. 자연선택 이론에 따르면 형태나 구조의 모든 변화, 기관 크기나 그 복잡성의 모든 증가, 더 세분화된 특수화 또는 생리학적 분업 등은 그렇게 변형된 존재의 이익을 위해서만 나타난다. 다윈 씨 스스로는 '자연선택'이 절대적인 완벽함을 만드는 힘은 전혀 없으나 단지 상대적인 완벽함은 만든다고 하여 우리에게 깊은 인상을 주려고 노력했다. 자연선택이 어떤 생물이든 그의 동료 생물들을 크게 능가하게 하는 힘은 없으나, 생존을 위해 몸부림치는 과정에서 그것이 이들을 살아남게 할 정도로만 능가하게 한다는 것이다. 더구나 자연선택이 변형이 일어날 개체들에게 조금이라도 해가 되는 변형을 만들 힘이 있는 것도 아니다. 그리고 다윈 씨는 이런 종류의 사례가 하나라도 있으면 자신의 이론에 치명적이 될 것이라고 자주 강하게 표현한다.[1] 그러므로 만약에 우리가 얻을 수 있는 모든 증거들이 보여주는 어떤 특징이 인간에게서 처음 나타나서 그에게 실제로 해가 되었다면, 이런 특징은 자연선택으로 만들어질 수 없었을 것이다. 어떤 특별히 발달한 기관이 그에게 쓸모가 없었다면 또는 그 용도가 발달 정도에 있어 비례가 맞지 않는다면, 이 기관도 마찬가지로 만들어질 수 없었다. 이와 같은 사례들이 증명된다면, '자연선택'이 작동한 것이라기보다는 다른 어떤 법칙이나 다른 어떤 힘에 의해 만들어졌을 것이다. 그러나 더 나아가면, 우리는 바로 이러한 변형이, 처음 나타났을 때에는 해롭거나 쓸모가 없을지라도 훨씬 더 나중에는 가장 유용한 것으로 되었고, 오늘날 인간의 속성이 완전하게 도덕적·지능적으로 발달하는 데 필수적임을 보여줄 수 있다. 그래서 우리가 재배하는 식물이나 사육하는 동물을 확실하게 개량하려고 노력하는 육종가들을 보면서, 우리만큼 확실히 미래를 내다보고 준비하도록 만드는 마음의 작용을 우리는 추론해야 한다. 나는 이런 탐

..

1 다윈은 『종의 기원』 초판에서 "내 이론에 치명적이다(fatal to my theory)"라는 표현을 5회, "내 견해에 치명적이다(fatal to my views)"라는 표현을 1회 사용했다.

구가 종의 기원 그 자체에 대한 탐구만큼이나 철저하게 과학적이고 합리적이라고 다시 한번 강조하고 싶다. 자연선택 이론에 따르면 일어날 수 없는 사실들을 설명하려고 분명한 특징을 지닌 새로운 힘의 존재를 밝히는 것은 정반대의 문제를 해결하려는 시도이다.[2] 이러한 문제는 과학계에 널리 알려져 있으며, 이 문제를 조사하여 때로 가장 눈부신 결과가 만들어지기도 했다. 인간의 경우 앞에서 언급한 자연과 관련된 사실들이 있는데, 이 사실들에 대한 관심을 불러일으켜서 이 사실들의 원인을 추론하는 일은, 내가 하는 일의 다른 부분에서와 마찬가지로 엄밀하게 과학 연구의 영역 안에 있다고 믿는다.

야만인에게 필요 이상으로 큰 두뇌

뇌의 크기는 정신력의 가장 중요한 요소이다   뇌는 보편적으로 마음과 관련된 기관으로 받아들여지고 있다. 그리고 뇌의 크기는 정신력[3] 또는 정신용량[4]을 결정하는 가장 중요한 요소 가운데 하나라고 보편적으로 받아들여지고 있다. 정도의 차이가 있는 뇌이랑[5]의 복잡함, 회백질[6]의 양, 그리고

••

2 월리스는 자연선택으로는 인간이 탄생할 수 없고, 그렇다고 해서 신에 의해 인간이 탄생했다고 주장하지 않는다. 또 다른 미지의 힘에 의해 인간이 탄생했을 것이라고 이 논문에서 주장하고 있다.
3 정신적 활동의 힘 또는 정신을 지탱하는 힘으로 정의된다. 정신은 마음이나 생각 또는 의식을 의미한다.
4 흔히 단기기억에서 처리할 수 있는 정보 처리 능력(용량)으로 정의되고 있다.
5 대뇌의 표면에서 밭의 이랑이나 둑처럼 솟은 부분을 말한다.
6 뇌나 척수에서 신경세포체가 밀집되어 있어 짙게 보이는 부분을 말한다.

알려지지 않은 체제의 특이성으로 알 수 있듯이 뇌의 질적 차이는 상당하다. 그러나 이런 질적 차이는 단순히 뇌의 양에 따른 영향을 증가시키거나 감소시킬 뿐, 영향을 무력화하지는 않은 것으로 보인다. 따라서 현대의 가장 저명한 작가들은 모두 인류의 하등 종족에서 줄어든 뇌의 크기와 이들의 지적 열등감 사이에 밀접한 연관성이 있다고 본다. 데이비스[7] 박사와 모턴[8] 박사는 주요 종족의 뇌머리뼈[9] 내부의 평균 용량[10]을 조사했는데, 다음과 같다. 튜턴족[11] 1,540밀리리터, 에스키모족[12] 1,490밀리리터, 흑인종 1,390밀리리터, 호주와 태즈메이니아섬의 원주민 1,340밀리리터, 부시맨족[13] 1,260밀리리터이다. 그러나 이 크기는 최근에 상대적으로 극소수의 표본에서 추론되었는데, 소수의 표본에서 추출한 핀인족[14]과 카자크족[15]

∙∙

7 Davis, Joseph Barnard(1801~1881).
8 Morton, Samuel George(1799~1851).
9 머리뼈(두개골)는 뇌머리뼈와 얼굴뼈로 구성되는데, 뇌머리뼈를 뇌두개골이라고, 얼굴뼈는 안면두개골이라고도 부른다. 뇌머리뼈는 뇌를 보호하는 역할을 하며, 뇌가 있는 공간을 두개강이라고 부른다. 뇌머리뼈는 뇌를 감싸고 있는 마루뼈(두정골), 이마뼈(전두골) 등 여섯 종류의 8개 뼈로 구성되며, 얼굴뼈는 코뼈(비골), 광대뼈(관골), 위턱뼈(상악골) 등 아홉 종류의 15개 뼈로 구성된다. 그러나 월리스는 두개골과 뇌머리뼈를 구분하지 않고 같은 의미로 사용한 것으로 보이는데, 원문에 근거해서 머리뼈와 뇌머리뼈로 구분해서 번역했다.
10 오늘날에는 두개강이라고 부른다.
11 고대 유럽 북부, 특히 오늘날 덴마크가 위치한 윌란반도 일대에 거주하던 부족으로 알려져 있다.
12 시베리아와 알래스카 그리고 북아메리카의 극지역 부근에 거주하던 부족을 통틀어 부르는 이름이다.
13 아프리카 남부 지역인 보츠와나, 앙골라, 잠비아, 짐바브웨, 남아프리카공화국 등지에 흩어져 살아가는 수렵채집으로 삶을 영위하는 부족이다. 수풀 속에서 살아간다는 의미에서 부시맨(bushmen)이라고도 부르나, 다소 경멸적인 의미가 담겨 있어 최근에는 산족으로 부르고 있다.
14 핀란드어를 모국어로 사용하며 핀란드를 비롯하여 북유럽에 거주하는 민족이다.

의 1,600밀리리터보다는 평균적으로 낮으며, 게르만족[16]보다는 상당히 높다. 따라서 뇌의 절대적인 용량은 문명인보다 야만인이 꼭 훨씬 더 작은 것이 아님은 명백하다. 에스키모인의 머리뼈 부피는 1,850밀리리터로 알려져 있는데, 이는 유럽인들 가운데 가장 큰 머리뼈 부피를 지닌 사람들과 거의 같기 때문이다. 그러나 선사시대 사람의 유물이 거의 없어 뇌머리뼈 크기가 물질적으로 감소했는지를 알 수가 없다는 점은 아직까지 기이한 상태로 남아 있다. 스위스 메이렌[17]의 호수 근처에 있는 석기시대의 유적지에서 발견된 머리뼈는 오늘날 스위스 청소년의 머리뼈와 정확하게 일치했다. 유명한 네안데르탈인의 머리뼈 둘레 길이와 용량이 평균보다 컸는데, 이는 뇌의 실제 부피를 가리키는 뇌 용량이 1,230밀리리터 그 이상도 이하도 아닌, 즉 현존한 호주인의 뇌머리뼈의 평균과 거의 비슷한 것으로 추정된다. "실제로 매머드[18]와 동굴곰[19]과 동시대에 생존했다는 사실은 의심의 여지가 없는 것 같다"고 언급한 존 러벅 경[20]에 따르면 엔기스족[21] 머리뼈는 아마도 가장 오래되었는데도, 헉슬리 교수에 따르면 "정확하게 평

∙∙

15 오늘날 우크라이나를 비롯하여 인근 지역에서 살아가며 동슬라브어를 사용하는 민족 집단이다.
16 북유럽 민족 집단을 부르는 이름으로, 오늘날 독일인과는 차이가 있다. 단지 게르만어파 언어를 사용하는 민족을 게르만족으로 부르며, 오늘날 독일에 거주하는 사람들은 독일인으로 부르고 있다.
17 스위스 취리히시 남쪽 취리히호에 인접한 도시이다. 이곳에서 선사시대 유적이 발견되었다.
18 매머드속(*Mammuthus*)에 속하는 절멸한 동물로 크게 휘어 있는 엄니와 긴털이 특징으로, 오늘날 코끼리와 비슷하다.
19 *Ursus spelaeus*. 플라이스토세 후기에서 마지막 빙기 극대기인 약 2만 4,000년 전까지 유라시아 지역에서 살던 절멸한 곰 종류이다. 대부분의 화석이 동굴에서 발견되어 동굴곰이라고 부른다.
20 John Lubbock, Sir(1834~1913).
21 벨기에 앤기스(Engis)에서 발견된 네안데르탈인의 화석으로 머리뼈 일부만 발견되었다.

균 정도의 머리뼈로 철학자[22]에 속하거나 생각이 없는 야만인의 두뇌가 포함되었을 수도 있다." 레제지[23]에서 살던 동굴 사람[24]은 의심할 여지 없이 프랑스 남부에서 자라던 순록과 같은 시기에 살았는데, 폴 브로카[25] 교수는 (1868년 선사시대 고고학회에서 발표한 논문에서) "뇌의 위대한 능력, 전두엽 영역의 발달, 머리뼈 윤곽에서 앞부분의 미세한 타원형 형태 등은 우월성을 보여주는 반박할 수 없는 특징으로, 문명화된 종족에서는 익숙하게 볼 수 있다"고 말했다. 그럼에도 얼굴의 큰 넓이, 하악골 상행지[26]의 엄청난 발달, 턱에 부착된 근육, 특히 저작근[27] 표면의 크기와 조잡성, 넙다리뼈[28]에서 거친선[29]의 특이한 발달 등은 엄청난 근육의 힘을 가진 야만인과 종족의 잔인한 습관을 나타낸다.

이러한 사실들은 뇌의 크기가 어떤 직접적인 방식으로 정신력을 나타내는 하나의 지표인지를 의심하게 만드는데, 실제로 이러한 점이 사실이라는 가장 결정적인 증거를 우리가 가지고 있지 않다. 유럽 성인 남자의 머리뼈 둘레는 47센티미터 미만이었다고 한다거나, 약 1,100밀리리터 미만의 뇌를 가지고 있다고 할 때마다 그는 언제나 바보로 간주된다. 우리가 이처럼 동일하게 반박할 여지가 없는 사실과 연결해보면, 나폴레옹,[30] 퀴비에,[31]

∴

22 현대 인류, 즉 호모사피엔스(*Homo sapiens*)로 생각하는 사람을 의미한다.
23 프랑스 남서부에 위치한 도시이다.
24 바위에 구멍을 파서 살던 사람들로, 동굴에 많은 벽화를 남겼다.
25 Broca, Pierre Paul(1824~1880).
26 아래턱, 즉 하악은 이빨이 심겨져 있는 부위인 하악골체와 여러 근육이 달라붙어 아래턱의 운동을 담당하는 하악골 상행지로 이루어져 있다.
27 턱관절의 운동을 일으키는 근육들이다.
28 대퇴골이라고도 부른다.
29 넙다리뼈에는 여러 근육이 붙는 장소이다.
30 Napoléon Bonaparte(1769~1821). 코르시카섬 출신의 군인으로, 쿠데타를 일으켜 프랑스

오코넬[32] 등과 같이 대단한 영향력과 함께 예리한 지각력, 강한 열정 그리고 종합적인 기운을 결합한 위대한 사람들은 항상 평균보다 큰 머리를 지니고 있다. 그러므로 우리는 뇌의 부피가 아마도 지능을 측정하는 가장 중요한 요인 가운데 하나임을 납득해야만 한다. 그리고 이런 사례가 있다면, 우리는 명백한 비정상에 충격을 받지 않을 수 없는데, 이런 비정상 사례는 가장 하등한 야만인들 상당수가 평균적인 유럽인들만큼 큰 뇌를 가져야 한다는 점이다. 이와 같은 생각은 소유자가 필요없는 장치를 지닌 쓸데없는 힘의 과잉을 시사한다.

인간과 진원류[33]의 뇌 비교　이런 생각에 어떤 근거가 있는지 찾으려면, 인간과 동물의 뇌를 비교하면 된다. 오랑우탄 수컷 성체는 체격이 작은 사람 정도로 덩치가 큰 반면, 고릴라는 크기와 무게로 추정하면 평균 크기의 사람보다 상당히 크다. 그럼에도 오랑우탄의 뇌는 오직 450밀리리터이고, 고릴라는 490밀리리터 또는 지금까지 알려진 가장 큰 경우인 550밀리리터이다. 우리는 가장 하등한 야만인의 평균 뇌머리뼈 용량이 아마도 가장 문

황제가 되었다. 이후 실각하고 엘바섬에 유배되었으나, 1815년 섬을 탈출하여 다시 정권을 잡았다가, 워털루 전투에서 패배했고, 세인트헬레나섬에 죽을 때까지 유배되었다.

31　Jean Léopold Nicolas Frédéric Cuvier(1769~1832). 프랑스 출신의 동물학자이자 정치가이다. 라마르크의 진화론을 부정하면서 종은 변하지 않는다고 주장했다.

32　Daniel O'Connell(1775~1847). 아일랜드 출신의 정치인으로 '해방자'로 알려져 있다. 19세기 초 아일랜드 사람들을 결집시키고, 억압받는 가톨릭 신자의 권위를 개선하려고 노력했다.

33　원숭이하목(Simiiformes)에 속하는 무리를 지칭하는 이름이다. 긴꼬리원숭이, 민꼬리원숭이, 사람 등이 여기에 포함된다. 윌리스는 'anthropoid ape'라고 표기했는데, 한때 진원류를 지칭하는 용어였다. 오늘날에는 긴꼬리원숭이는 제외하고 민꼬리원숭이와 사람을 포함하는 유인원으로 풀이하나, 윌리스가 'anthropoid ape'와 'ape'를 구분해 표기해서 anthropoid ape는 진원류로, ape는 유인원으로 번역했다.

명화된 인간 뇌머리뼈의 5/6 이상인 반면, 진원류의 뇌는 인간 뇌의 1/3 정도에도 미치지 못한다는 점을 보았는데, 야만인과 진원류의 평균을 취한 값이다. 그렇지 않으면 비율로 더 명확하게 표현할 수 있는데, 진원류는 10, 야만인은 26, 그리고 문명화된 인간은 32이다. 그러나 이 숫자가 이 세 무리의 상대적인 지적 능력을 조금이라도 대략적으로 보여줄까? 이 숫자가 나타내는 것처럼, 야만인들이 유인원과 상당히 동떨어져 있는 만큼 정말로 철학자와도 동떨어져 있지 않을까? 이 질문을 고려하면서, 우리는 문명화된 유럽인들 머리의 크기가 다양한 만큼 야만인들의 머리 크기도 다양하다는 점을 망각해서는 안 된다. 이를테면, 데이비스 박사가 채집한 것 가운데 가장 큰 튜턴족 머리뼈는 1,840밀리리터인 반면, 아라우카니아어족[34]은 1,890밀리리터, 에스키모족은 1,850밀리리터, 마르키스사스족[35]은 1,810밀리리터, 흑인종은 1,730밀리리터, 심지어 호주 원주민도 1,719밀리미터이다. 따라서 우리는 야만인을 한쪽에, 가장 고등한 유럽인을 다른 한쪽에 두어 오랑우탄·침팬지·또는 고릴라와 공정하게 비교할 수 있고, 뇌와 지능 사이에 어떤 상대적인 비율이 존재하는지 여부도 확인할 수 있다.

인간의 지적 능력의 범위 첫 번째로, 이 놀라운 장치인 뇌가 좀 더 발달하면 할 수 있는 일에 대해 살펴보자. 골턴[36] 씨는 자신이 쓴 『유전의 우월성』[37]이라는 흥미로운 책에서 지적 능력과 이해력이 잘 훈련된 수학자 또

∙∙

34 칠레 중부와 아르헨티나 인접 지역에 거주하는 부족이며 토착 언어를 사용한다.
35 남태평양에 있는 마르키즈제도에 거주하는 부족이다.
36 Galton, Francis(1822~1911).
37 원제목은 『유전의 탁월성, 유전의 법칙과 결과에 대한 탐구(*Hereditary Genius: An In*

는 과학자와 평균적인 영국인 사이에는 엄청난 차이가 나타난다고 언급했다. 수학 졸업 시험에서 제1급 우등 합격자[38]들이 획득한 점수는 수학 실력이 여전히 뛰어난 우등생 명단의 맨 아래에 있는 사람들의 점수보다 보통 30배가 넘는다. 그리고 이런 차이조차도 지적 능력의 차이를 완전히 드러내지 못한다는 것이 노련한 심사관의 의견이다. 이제, 우리가 3이나 5까지만 셀 수 있으면서, 앞에 대상물을 두지 않고서는 2와 3의 덧셈을 이해하는 것이 불가능한 야만인 부족까지 내려가보면, 우리는 이들과 훌륭한 수학자들 사이의 간격이 엄청나게 크다는 것을 느끼는데, 1,000분의 1이라는 것도 아마 이 간격을 완전히 표현하지는 못할 것이다. 그럼에도 우리는 뇌 질량이 이 두 무리에서 거의 같거나, 5 : 6보다 더 큰 비율로 다르지 않음을 알고 있다. 야만인이 교양이 있고 교육을 받고 성장했다면 그가 뇌에 요구했던 것보다 훨씬 더 다양한 종류와 수준에서 일을 할 수 있는 뇌를 갖는다고 합리적으로 추론해도 될 것이다.

다시, 추상적인 생각을 만들고, 다소 복잡한 추론 과정을 수행할 수 있는 고등한 또는 심지어 평균적인 문명화된 인간의 힘을 고려해보자. 우리가 사용하는 언어는 추상적인 개념을 표현하는 용어로 가득 차 있다. 우리의 일과 즐거움에는 수많은 우발적인 사태를 지속적으로 예견하는 과정이 포함되어 있다. 우리의 법, 정부, 과학 등은 예상한 결과와 관련된 다양하면서도 복잡한 현상들을 보면서 지속적으로 추론하는 것을 요구하고 있

∴

quiry into its Laws and Consequences)』이며, 1869년에 출판되었다. 우월한 사람은 환경이 아니라 유전으로 탄생한다는 설명이 실려 있다.

38 영국 케임브리지대학에서 이런 사람을 영어로 wrangler라고 부른다. 원문에는 wrangler로 표기되어 있으나 적절한 번역어가 없어 풀어서 번역했다.

다. 체스와 같은 게임조차도 우리로 하여금 이 모든 능력을 놀라울 정도로 사용하라고 강요한다. 추상적인 개념을 전혀 포함하지 않은 야만인의 언어를 우리의 언어와 비교해보자. 야만인에게는 자신의 가장 단순하고 필수적인 일을 넘어서는 예견력이 완전히 결핍되어 있고, 즉각적으로 자신의 감각에 호소하지 않는 어떤 일반적인 주제를 결합하거나 비교하거나 추론하는 능력이 없다. 그렇기 때문에 인간이 지닌 도덕적·심미적 능력으로 볼 때, 야만인에게는 모든 자연에 대해 폭넓게 공감하는 것이 전혀 없다. 무한하다는 것, 선하다는 것, 숭고하고 아름답다는 것에 대한 개념은 문명화된 인간에게는 크게 발달되어 있다. 사실상 이런 개념들이 상당한 정도로 발달해도 야만인에게는 쓸모가 없거나 심지어 해가 될 것이다. 이런 개념들이 그가 자연과 자신의 동료에 대항하여 치열하게 몸부림치면서 살아가는 삶 속에서 자신의 존재 자체가 때로 의존하는 지각력과 동물적 능력의 우월성을 방해하기 때문이다. 그에게는 그럼에도 이 모든 힘과 감정에 대한 기초는 의심할 여지 없이 존재한다. 이것들 중 하나 또는 다른 하나가 예외적인 경우에, 혹은 어떤 특별한 상황이 이것들을 불러낼 때 자주 나타나기 때문이다. 산탈족[39]과 같은 일부 부족들은 문명화된 인간들 사이에서 가장 도덕적인 것만큼 순수한 진리에 대한 사랑으로 주목할 만하다. 힌두인과 폴리네시아인은 높은 예술적 감정을 지니고 있는데, 첫 번째 흔적은 프랑스에서 순록과 매머드와 함께 동시대에 살았던 구석기시대 사람들의 거친 그림에서 명확하게 볼 수 있다. 이기적이지 않은 사랑, 진정한 감사와 깊은 종교적 감정을 보여주는 사례들이 때로 야만인 대부분의 종

⁞

39 인도 동부와 방글라데시 북부에 거주하는 부족으로 산탈리 언어를 사용한다.

족에서 나타난다.

그래서 전반적으로, 우리는 야만인의 일반적인 도덕적·지적 발달이 수학 한 분야에서 사실인 것으로 밝혀진[40] 문명화된 인간의 도덕적·지적 발달만큼이나 동떨어진 것은 아니라고 결론을 내릴 수 있다. 그리고 모든 도덕적·지적 능력이 때때로 스스로 드러난다는 사실로부터, 우리는 이런 능력들이 항상 잠재되어 있고, 야만인의 커다란 뇌가 야만적인 상태에서 그가 실제로 요구하는 것 이상이라는 결론을 명백히 내릴 수 있다.

야만인과 동물의 지능 비교 야만인의 지적 욕구와 그가 보여주는 지능의 실제 양을 고등동물의 지적 능력과 비교해보자. 안다만족,[41] 호주 원주민, 태즈메이니아인, 북아메리카의 디거인디언족,[42] 또는 푸에지아 원주민[43] 등과 같은 종족은, 많은 동물들이 이들과 동등한 수준으로 지니고 있지 않은, 몇 안 되는 능력만을 발휘하면서 일생을 보낸다. 이들이 사냥감이나 물고기를 잡는 방식을 보면 침을 물에 떨어뜨린 다음 물고기가 침을 먹으려고 다가올 때 잡는 재규어의 독창성이나 사전 숙고를 결코 뛰어넘지 못한다. 또는 무리를 지어 사냥하는 늑대나 자칼을 뛰어넘지 못한다. 또는 필요할 때까지 여분의 음식을 땅에 묻어두는 여우의 방식도 뛰어넘지 못한다. 영양과 긴꼬리원숭이가 세우는 감시병, 들쥐와 비버가 채택한 다양

··

40 424쪽에서 "앞에 대상물을 두지 않고서는 2와 3의 덧셈을 이해하는 것이 불가능한 야만인까지 내려가 보면, 우리는 이들과 훌륭한 수학자들 사이의 간격이 너무나 커서 1,000분의 1 정도는 아마도 이것도 완전히 표현하지 못할 것이다"라고 야만인들의 수학 능력을 평가했다.
41 인도 동부의 인도양에 위치한 안다만제도에 거주하는 부족이다.
42 미국 서부 지역에서 농사를 위주로 생활하던 부족이다.
43 남아메리카 남단에 위치한 티에라델푸에고 지역에 거주하던 부족이다.

한 건축 방식, 오랑우탄의 잠자는 곳, 아프리카 진원류 일부의 나무에 있는 은신처 등은 비슷한 상황에서 살아가는 많은 야만인이 유산으로 받은 보살핌과 사전 숙고 정도와 비교될 수 있다. 야만인이 지닌 자유롭게 움직이는 완벽한 손은, 이동에는 필요가 없지만, 짐승의 신체적 힘을 능가하는 무기와 도구를 만들어 사용할 수 있게 한다. 그러나 야만인은 이렇게 되면서 확실히 많은 하등동물이 사용하는 것보다 손을 사용하려는 마음을 더 드러내지 않는다. 야만인의 삶에서 가장 단순하고 쉬운 방법으로 먹고 싶은 욕망을 충족하는 것 말고 무엇이 있을까? 그를 코끼리나 유인원 이상으로 몇 단계나 끌어올리는 생각, 관념 또는 행동에 어떤 것이 있을까? 그럼에도 그가 가지고 있는 뇌는, 우리가 보았듯이, 크기와 복잡성 차원에서 훨씬 뛰어난다. 또한 이 뇌는 미발달 상태에 있던 그에게 그가 결코 사용할 필요가 없는 능력을 제공한다. 그래서 이런 점이 현존하는 야만인에게 사실이라면, 거칠게 깨서 만든 부싯돌이 유일한 무기였던 사람들에게는 이런 점이 얼마나 사실이었을까, 그리고 이 사람들 가운데 일부는, 우리가 확실하게 내릴 수 있는 결론인데, 그 어떤 현존하는 종족보다 하등했다. 반면에 우리가 가지고 있는 유일한 증거는 이 사람들이 하등한 야만인 종족들이 지닌 평균 정도의 충분히 큰 뇌를 가지고 있음을 보여준다.

그래서 우리가 야만인을 더 고등하게 발달한 인간과 비교하든 야만인 주변에 있는 짐승과 비교하든 그의 크고 잘 발달된 뇌로 볼 때, 우리는 그가 실제로 요구하는 것들과는 균형이 거의 맞지 않는 기관을 소유하고 있다는 결론을 내릴 수밖에 없다. 이 기관은 그가 문명화로 나아갈 때에만 충분히 활용할 수 있는 진보를 위해 미리 준비된 것처럼 보인다. 우리 앞에 놓여 있는 증거에 따르면, 고릴라의 뇌보다 살짝 큰 뇌가 야만인의 제한된 정신 발달에 충분했을 것이다. 그러므로 그가 실제로 지니고 있는 큰 뇌는 진화와 관련된 어떤 법칙에 의해서도 결코 단독으로는 발달할 수 없었을 것이라고 인정해야 한다. 이 법칙의 기본은 각 종의 요구에 정확하게 비례해서 어느 정도의 체제를 만든다는 것이다. 그 이상의 요구는 결코 하지 않는다. 종족의 발달을 위해 어떤 준비도 결코 하지 않는다. 신체 전체가 압박을 받는 긴급한 요구에 대해 엄격하게 조정되는 경우를 제외하고는, 신체의 한 부분의 크기나 복잡성을 결코 증가시키지도 않는다. 선사시대 인간과 야만인의 뇌는 어떤 힘의 존재를 증명하는 것 같다. 이 힘은 끊임없이 변화하는 존재의 유형을 통해서 하등동물의 발달을 유도하는 것과는 뚜렷하게 구분된다.

털로 덮인 포유동물 피부의 용도

이제부터는 사람의 체제가 지닌 또 다른 측면을 살펴보자. 작가들은 이 문제의 두 가지 측면이 지닌 방향성을 대부분 간과해왔다. 육상 포유동물이 지닌 가장 일반적인 외부 특징들 가운데 하나는 몸에 털이 나 있다는 점이다. 피부가 탄력이 있고 부드러우며 민감하여 언제나 기후의 혹독함, 특히 비로부터 몸을 자연스럽게 보호하는 작용을 한다. 피부의 가장 중요한 기능이 이런 작용이라는 점은 물이 흘러내려갈 수 있게 배열되어 있는 방식에서 잘 나타나 있는데, 물은 항상 몸의 가장 높은 곳에서 아래로 향한다. 따라서 항상 아래쪽 피부에는 털이 덜 풍성하고,[44] 많은 사례에서 동

••

44 손등과 손바닥을 살펴보면 이해할 수 있을 것 같다. 손등에는 털이 많지만, 손바닥에는 털이 거의 없다.

그란 부분[45]에는 털이 거의 없다. 걸어 다니는 모든 포유동물의 팔다리에서 털은 어깨에서 발끝까지 아래로 늘어져 있다. 그러나 오랑우탄의 털은 어깨에서 팔꿈치로 향하고, 다시 손목에서 팔꿈치까지 반대 방향을 향한다. 이러한 점은 동물의 습성과 일치하는데, 쉬고 있을 때에는 긴 팔을 머리 위로 올리거나 머리 위쪽에 있는 나뭇가지를 꽉 잡고 있다. 그에 따라 빗물은 팔과 팔뚝 양쪽에서 기다란 털을 따라 흘러내려가 팔꿈치에서 만난다. 이 원리에 따라, 털은 척추나 등 한가운데를 따라 목덜미에서 꼬리까지 항상 더 길거나 더 촘촘하게 달리는데, 때로 등 능선 위에 털이 볏처럼 솟아 있거나 짧고 뻣뻣하게 달린다. 이 특징은 유대류[46]에서부터 사수류[47]에 이르기까지 포유동물 전체 무리에 널리 퍼져 있다. 또한 이 특징이 오래 지속된 점으로 보아 털이 이와 같은 강력한 유전적 성향을 획득한 것이 틀림없으므로, 우리는 털이 가장 엄격한 선택의 시기에 사라진 후에도 지속적으로 다시 나타날 것으로 기대할 수 있다. 그리고 털이 있는 개체들이 거의 회생할 수 없는 절멸로 이어질 정도로 털이 극히 해롭지 않는 한 자연선택의 법칙에 따라 완벽하게 결코 사라질 수 없다는 점을 확실히 느낄 수 있다.

∵

45 배와 엉덩이 부위를 지칭하는 것으로 보인다. 유인원의 경우 상대적으로 이 부위에 털이 거의 없거나 적게 있다.

46 태반이 없거나 불완전하여 새끼들이 미완성 상태로 태어나며 어미 배 부분에 있는 육아낭에서 자라는 동물들이다. 주로 오스트레일리아에서 살고 있는데, 캥거루가 대표적인 동물이다.

47 원숭이처럼 네 발을 손과 같이 자유롭게 사용하는 동물을 이른다.

인간 몸의 특정 부위에는 항상 털이 없다는 주목할 만한 현상

인간의 몸이 털로 덮여 있는 특성은 거의 사라졌고, 매우 주목할 만한 것은 털이 몸의 다른 어떤 부위보다도 등에서 더 완벽하게 사라졌다는 점이다. 수염이 있는 종족과 없는 종족 모두 등이 매끄럽다. 심지어 팔다리와 가슴에 털이 무성하게 나더라도 등은, 특히 척추 부위는 털이 전혀 없어 다른 모든 포유동물의 특징과 정반대이다. 쿠릴열도와 일본에 거주하는 아이누족[48]은 털이 많은 종족이라고 한다. 그러나 빅모어[49] 씨는 이들 중 일부를 보고나서 민족학회 논문에서 이들을 묘사했는데, 신체 어디에 털이 가장 많은지에 대해서는 구체적으로 밝히지 않았다. 단지 일반적으로 "이들의 주요한 특이성은 머리와 얼굴, 그리고 몸 전체에 털이 굉장히 많다는 점이다"라고만 언급했다. 보통 이러한 언급은, 등에 털이 있다고 특별히 말하지 않는 한 팔다리와 가슴에 털이 많은 사람을 아주 잘 표현한 것인데, 이 사례에는 해당하지 않는다.[50] 버마족[51]의 경우 털이 많은 가족은 실제로 가슴보다 등 쪽에 더 긴 털이 있어 진정한 포유동물의 특징을 재현하는 것처럼 보이나, 이들은 아직도 얼굴과 이마 그리고 귀 안쪽에도 긴 털이 나 있어 상당히 비정상적이다. 그리고 이들의 치아가 모두 매우

••

48 일본 홋카이도와 러시아의 쿠릴열도, 사할린섬, 캄차카반도에 정착해 살던 부족으로 독자적 고립어인 아이누어를 사용했다.

49 Bickmore, Albert Smith(1839~1914).

50 얼핏 보면 털이 많은 것처럼 보이나, 아마도 곱슬머리에 수염도 곱슬하기 때문으로 추정된다. 그러나 곱슬이 아닌 머리카락과 수염을 지닌 사람도 상당수 되기에, 월리스는 몸 전체에 털이 많은 사례에 해당하지 않는다고 표현한 것으로 보인다.

51 오늘날 미얀마로 부르는 나라에 거주하는 부족으로 버마어를 사용한다. 버마어는 영어식 이름이고, 미얀마에서는 미얀마어로 부르고 있다.

불완전하다는 사실은 이들이 털로 덮여 있는 피부를 잃기 전의 원시적인 유형의 인간으로 진정하게 회귀[52]한 사례라기보다는 기형의 사례임을 보여준다.

털이 있는 피부가 결핍되었을 때 야만인의 느낌

이제 우리가 보여줄 어떤 증거가 있다면 또는 믿어야 할 어떤 이유가 있다면, 우리는 털로 덮인 등의 피부 상태가 야만인 또는 하등한 동물 유형에서 진보 중인 어떤 단계에 있는 사람에게 어느 정도 해가 될 것인지에 대해 물어보아야만 한다. 그리고 털로 덮인 피부가 단지 쓸모없는 것이라면, 털은 종족들이 섞였을 때에도 지속적으로 다시 나타나지 않을 정도로 완전하고도 완벽하게 제거될 수 있었을까? 이런 점에서 약간의 단초를 제공해줄 야만인을 살펴보자. 야만인이 지닌 가장 흔한 습관 가운데 하나는 이들이 신체의 다른 부위에는 아무것도 걸치지 않을 때조차도 등과 어깨에는 약간의 덮개를 사용하는 것이다. 초기 여행자들은 태즈메이니아인 남녀 모두가 캥거루 가죽을 걸치고 있는 것을 놀라면서 관찰했다. 이 가죽은 이들 남녀의 유일한 덮개로, 겸손을 나타낸다는 느낌은 들지 않고 단지 등을 건조하고 따뜻하게 유지하려고 어깨 너머로 둘렀을 뿐이었다. 어깨에 걸치는 천

..

52 다윈은 『종의 기원』에서 재배 품종을 야생에서 살게 하면, 이들이 야생에서 살아가면서 지녔던 원래 특성을 재배 품종도 다시 드러낼 것으로 생각하면서, 이를 회귀(reversion)라고 설명했다. 월리스도 비슷한 개념으로 사용한 것으로 보인다.

은 마오리족[53]의 자연스러운 복장이기도 하다. 파타고니아족[54]은 어깨에 맨틀이라고 부르는 망토를 걸친다. 그리고 푸에지아족[55]은 때로 등에 작은 가죽 조각을 걸쳐 끈으로 묶는데 바람이 불면 이리저리 움직인다. 코이코이족[56]도 어느 정도 피부와 비슷한 것을 등에 걸치는데, 이들은 절대로 벗지 않으며 죽으면 시신과 같이 매장한다. 열대지방에서조차도 대부분의 야만인은 등을 건조하게 유지하는 방법을 강구한다. 티모르 원주민[57]은 부채야자나무[58] 잎을 조심스럽게 꿰매고 접어서 사용한다. 이들은 이 잎을 항상 가지고 다니며 등을 덮으면 비를 막아주는 훌륭한 비옷이 된다. 거의 모든 말레이제도 종족들과 남아메리카 인디언 종족들은 커다란 야자 잎으로 모자를 만든다. 이 모자는 직경이 1.2미터 정도 또는 그 이상이며, 이들이 카누로 여행하는 동안 만나는 폭우성 소나기로부터 보호해준다. 그리고 육지를 여행할 때에는 이들이 같은 종류지만 더 작은 모자를 사용한다.

그래서 우리는 등에 털로 덮인 피부가 선사시대 사람에게 해롭거나 심지어 쓸모가 없다고 믿을 만한 이유가 전혀 없다는 것을 알게 된다. 현대 야만인의 습관은 정확하게 이와는 정반대 견해를 나타내고 있는데, 이들

••

53 오늘날 뉴질랜드에 거주하는 폴리네시아 출신 사람들이다. 1320~1350년 사이에 폴리네시아에서 뉴질랜드로 이주하여 자신만의 고유한 문화를 유지하면서 생활하고 있다.
54 남아메리카 남단으로 길게 뻗어나온 파타고니아 지방에 거주하는 종족으로, 이 지역의 동쪽은 아르헨티나가, 서쪽은 칠레가 위치한다. 자신만들의 언어를 사용한다.
55 남아메리카 남쪽 끝에 위치한 티에라델푸에고에 거주하는 종족으로, 여러 부족으로 이루어져 있는데, 일부 부족을 제외하고는 공통의 언어를 사용한다.
56 한때 호텐토트라고 불렀으나 인종주의적 차별어로 간주되어 오늘날에는 코이코이인으로 부른다. 아프리카 남부에 거주한다. 월리스도 호텐토트(Hottentots)로 표기했다.
57 술라웨시섬 남쪽에 위치한 티모르섬에 거주하는 부족이다. 지금까지 11종류로 뚜렷하게 구분되는 언어를 사용하는 무리로 구분한다.
58 잎이 부채처럼 생긴 여러 종류의 야자나무를 총칭하는 이름이다.

은 분명히 털로 덮인 피부의 필요성을 느끼기 때문에 다양한 종류의 대체물을 불가피하게 제공받아야 한다. 사람이 완벽하게 직립하고 몸에서 털이 사라지는 것은 어느 정도 관련이 있다고 생각할 수 있다. 반면 머리에는 털이 남아 있다. 그러나 걸어 다닐 때 비바람에 노출되면, 사람은 자연스럽게 자세가 구부정해지면서 등을 보이게 된다. 그리고 야만인 대부분이 몸의 그 부위에서 추위와 축축함을 아주 심하게 느끼게 된다는 의심할 여지 없는 사실은 등에 있는 털이 단순히 쓸모가 없다는 이유로 거기에서 자라는 것이 중단될 수가 없었음을 충분히 보여준다. 설령 그럴 가능성이 있다 하더라도 포유동물이 속하는 모든 목에서 오랫동안 유지되어 왔던 털이라는 형질이 쓸모가 없어짐에 따라 약하게나마 선택압의 영향으로 완벽하게 사라질 수 있었다.

자연선택으로는 만들어질 수 없는 털이 없는 인간의 피부

그래서 내가 보기에 '자연선택'은 털이 많은 조상으로부터 변이들을 축적하여 털이 없는 인간의 몸을 만들 수 없었다는 점을 전적으로 확신하는 것 같다. 모든 증거는 이러한 변이들이 쓸모가 없었을 것이나, 반대로 틀림없이 어느 정도 유해했어야 함을 보여준다. 다른 해로운 특성들과의 알려지지 않은 연관 관계 때문에 열대 지역의 원시적인 인간에서 털이라는 특성이 사라졌다면, 인간이 더 추운 기후 지역으로 퍼져감에 따라 털이라는 특성이 이처럼 오랫동안 지속되는 조상의 유형으로 회귀하려는 강력한 영향력으로 돌아오지 말았어야 했다고 상상할 수는 없다. 그러나 이러한 가정의 기초 자체를 옹호할 수는 없다. 털이 많은 것처럼 포유동물 전체에 걸쳐 나타나는 한 형질이, 단지 한 유형에서만 해가 되는 형질과 항상 연관되어 있어 영구적인 억제로 이어진다고 우리가 가정할 수 없기 때문이다. 이러한 억제는 너무나 완벽하고 효과적이어서 가장 광범위하게 다른 종족끼리의 혼종[59]에서도 결코, 아니 거의 다시 나타나지 않는다.

　두 형질은 인간의 몸의 표면에 난 털의 분포와 그의 뇌의 크기와 발달보다 더 멀리 떨어져 있을 수는 없었다. 그럼에도 이 두 형질은 모두 우리로 하여금 자연선택보다는 또 다른 어떤 힘이 그가 생산하는 데 관여해왔다는 같은 결론에 이르게 한다.

자연선택 이론의 난제로 간주되는 인간의 발과 손

　인간에게는 몇 가지 다른 신체적 특징들이 있는데, 비록 이미 고찰한 것들과 똑같은 중요성을 이 특징들에 부여하지는 않지만, 이 특징들이 단지 비슷한 어려움을 준다고 언급할 수 있다. 인간이 가진 손발의 특수화와 완벽함은 설명하기가 어려워 보인다. 사수류에 속하는 모든 동물들의 발은 물건을 잡을 수 있다. 그러므로 뼈와 근육의 배열을 만들기 위해 매우 엄격한 선택이 필요했음에 틀림없다. 이러한 배열은 엄지손가락을 엄지발가

．．

59 어떻게 만들어졌는지 기원을 알지 못하나, 둘 또는 그 이상의 품종이나 잡종의 교배, 즉 품종끼리 또는 변종끼리 교배해서 만들어진 개체들을 의미한다. 또는 두 종을 교배해서 만들어진 자손, 즉 F1세대는 잡종이라고 부르고, 이 잡종끼리 교배해서 만들어진 자손을 혼종으로 부르기도 한다. 월리스는 인종과 인종 사이의 결혼으로 탄생한 자손들을 혼종으로 불렀던 것으로 보인다.

락으로 전환했는데, 어떤 여행자들이 막연히 반대로 주장하는 것이 무엇이든 간에, 전환은 너무나 완벽하게 일어나서 손가락이 서로 마주볼 수 있는 능력을 종족 하나하나가 모두 완전히 잃어버렸다. 왜 물건을 잡을 수 있는 힘을 빼앗겼어야 했는지를 보여주는 것은 어렵다. 발은 확실히 기어오르기에 유용했을 것이다. 개코원숭이[60] 사례는 발이 육상에서의 이동과 잘 어울린다는 것을 보여준다. 발은 쉬운 직립 이동과는 완벽하게 어울리지 않는다. 그렇지만 **동물의 한 무리로서** 초기 인간이 순수하게 직립 이동으로 무엇이든 얻은 것을 우리는 어떻게 상상할 수 있을까?[61] 다시 말하지만, 인간의 손은 야만인이 사용하지 않는 잠재적인 능력과 힘을 지니고 있는데,[62] 이 능력과 힘을 구석기시대 사람들과 그의 우악스러운 조상들은 훨씬 덜 사용했을 것임에 틀림없다. 손은 문명인이 사용하려는 준비된 기관의 모든 모습을 가지고 있으며, 이 가운데 하나는 문명을 가능하게 하기 위해 필요했을 것이다. 유인원[63]은 갈라진 손가락들과 마주보는 엄지손가락을 거의 사용하지 않는다. 이들은 물건을 거칠고 서투르게 움켜잡는데, 이는 마치 훨씬 덜 분화된 사지 가운데 하나가 자신의 목적에 도움이 되었던 것처럼 보인다. 나는 이 부분을 많이 강조하지는 않지만, 어떤 지능적

∴•

60 아프리카 사바나 초원에 주로 서식하여, 나무를 타기보다는 땅 위에서 주로 생활하는데 일부 개코원숭이 종류는 나무 타는 법을 잘 익히지 못하는 것으로 알려져 있다.

61 오늘날에는 인간이 직립보행을 하면서 자유로운 손을 얻었고, 그에 따라 올림통이 인두가 발달했고, 여성의 경우 아이의 분만을 위한 산도의 폭이 좁아졌다.

62 손으로 도구를 만들게 됨으로써 인간의 두뇌가 급격하게 커진 것으로 알려져 있다.

63 인간을 포함하는 영장류는 꼬리의 유무를 기준으로 꼬리 달린 무리와 꼬리가 없는 무리로 구분한다. 민꼬리원숭이 종류는 꼬리가 발달하지 않은 종류로, 진화적으로 볼 때 꼬리가 달린 무리보다 늦게 지구에 출현했다. 침팬지, 고릴라 등이 이에 해당한다. 민꼬리원숭이로도 부르며, 분류학적으로 사람상과(Hominoidea)에 속한다.

힘이 인간의 발달을 인도했거나 결정했다는 것이 입증되고 나면, 우리는 이 힘의 조짐을 볼 수 있는데, 이 힘은 실제로 스스로 자신의 존재를 입증하는 데 도움이 되지 않을 것이다.

인간의 목소리 인간에게만 나타나는 또 다른 특징에도 같은 언급을 할 것이다. 이는 인간, 특히 여성의 후두가 만들어내는 음악적 소리의 경이로운 힘, 넓은 음역대, 나긋나긋함, 그리고 감미로움이다. 야만인의 습관은 어떻게 이런 능력이 자연선택으로 발달할 수 있었는지 알려주지 않는다.[64] 왜냐하면 야만인은 이런 능력을 결코 요구하거나 사용하지 않았기 때문이다. 야만인의 노래는 다소 단조로운 울부짖음에 불과하며, 여성은 좀처럼 노래하지 않는다. 야만인은 확실히 자신의 아내를 절대 고운 목소리를 기준으로 선택하지 않으며, 대신 건강함·체력·육체적 아름다움을 우선으로 선택한다. 그러므로 성선택은 이 경이로운 힘을 발달시킬 수 없었을 것이고, 단지 이 힘은 문명인들 사이에서만 작동한다. 후두는 마치 인간의 미래 발달을 예견한 듯 준비된 기관처럼 보이는데, 인간의 초기 상황에서는 이 기관이 인간에게 쓸모가 없는 잠재된 능력을 포함하고 있기 때문이다. 따라서 이 기관에 신비로운 힘을 제공한 구조의 섬세한 상관관계는 자연선택이라는 수단을 통해 습득될 수 없었을 것이다.

∴

64 인간의 말하기 능력은 직립보행을 시작하면서 발달한 것으로 추정하고 있다. 사족 보행을 하는 동물들은 네 다리로 움직일 때, 네 다리의 움직임과 폐에서의 호흡이 공조하는데, 사람은 폐가 발로부터 멀어지면서 발의 운동과 폐의 운동이 구분되었다. 또한 직립보행을 하기 전에는 구강에서부터 인두, 후두 그리고 기관으로 이어지는 발성기관이 모두 지면과 수평하게 발달했으나, 직립보행을 하면서 구강을 제외한 나머지 부위들이 지면과 수직 방향에 위치하게 되었고, 그에 따라 빈 공간, 즉 인두의 부피가 커지면서 울림통이 발달했고 다양한 목소리를 내게 된 것으로 추정하고 있다.

가능한 것이 아니라 유용한 변이를 보존함에 따라 만들어진 인간 정신 능력의 기원

인간의 마음으로 논의의 방향을 바꿔서 특히 인간에게 있는 정신 능력이 유용한 변이를 보존함으로써 어떻게 습득될 수 있는지를 이해하려고 시도할 때 우리는 많은 어려움에 직면한다. 얼핏 보기에, 추상적인 정의와 자비심과 같은 감정이 결코 그렇게 습득될 수 없었던 것처럼 보일 것이다. 왜냐하면 이런 감정은 자연선택의 핵심인 가장 강한 자들의 법칙과 맞지 않기 때문이다. 그러나 내가 생각하기로는, 이것은 잘못된 견해인데 왜냐하면 우리는 개인이 아니라 사회를 바라봐야 하기 때문이다. 정의와 자비심은 같은 부족에 속하는 구성원들을 향해 행사될 때는 확실히 그 부족을 강하게 만들어주는 경향이 있다. 이는 가장 강한 자가 권리를 획득하고 결과적으로 약한 자와 병든 자가 죽게 내버려지며, 그리고 소수의 강한 자가 많은 약한 자들을 무자비하게 파괴하는 다른 부족에 비해서는 우월함을 부여한다.

그러나 인간은 자신의 동료를 고려하지 않는 또 다른 부류의 능력을 지니고 있는데, 이는 설명할 수가 없다. 이러한 능력들에는 공간과 시간, 영원과 무한에 대한 이상적인 개념을 형성하는 것, 형태·색·구성에서 즐거움이라는 강렬한 예술적 감정을 느끼는 것, 그리고 기하학과 산술을 가능하게 하는 형태와 숫자에 대한 추상적인 개념을 이해하는 것이 있다. 이 능력들은 인류 초기에 야만 상태로 살던 인간에게는 아무런 쓸모가 없었을 것인데, 이 능력들 가운데 전부 혹은 어떤 것이 어떻게 처음으로 발달하게 되었을까? 생존을 위해 몸부림칠 때 '자연선택' 또는 최적자생존은 어떻게 야만인의 물질적 요구와는 완전히 동떨어진 정신 능력의 발달을 위해서 그리고 우리의 상대적으로 고등한 문명과 함께, 지금도 야만인이 시대를 앞서 가장 발달되어 있으며, 종족의 현재 상태보다는 미래와 더 연관된 것으로 보일 수 있을까?

도덕적 감각의 기원에 대한 어려움

야만인을 상대로 도덕적 감각이나 의식의 발달을 설명하려고 노력하게 되면, 정확하게 똑같은 어려움이 나타난다. 왜냐하면 비록 선행·정직 또는 진실의 실천이 이들 미덕을 소유한 부족에게 유용했을 수도 있지만, 특이한 **신성함**을 전혀 설명하지 못하기 때문이다. 이 신성함은 각 부족이 옳고 도덕적이라고 고려하는 행동에 수반되는데, 이들 행동은 단지 **유용한** 것으로 간주하는 다른 감정과는 대비된다. (자연선택 이론을 마음에 적용한) 공리주의[65] 가설은 도덕적 감각의 발달을 설명하는 데 부적절한 것으로 보인다. 이 주제는 최근에 많이 논의되었는데 나는 여기에서 내 주장을 보여 줄 수 있는 단 한 사례만을 제시한다. 공리주의에 근거한 정직함에 대한 구속력은 결코 강력하지도 보편적이지도 않다. 이를 강제하는 법은 없다. 부정직함 뒤에는 그 어떠한 심한 비난도 따르지 않는다. 모든 시대와 나라에서 거짓말은 사랑에서 허용될 수 있고, 전쟁에서 칭찬받을 만하다고 간주되어 왔다. 반면에 오늘날에는 대부분의 사람들이 무역, 상업, 투기에서 거짓말을 용서할 수 있는 것으로 받아들인다. 동서양을 막론하고 어느 정

••

65 최대 다수가 최대 행복을 느끼게 하는 행동이 선하고 정의로운 행동이라고 주장하는 이론이다. 다른 말로 최대 행복의 원리라고도 부른다.

438

도의 부정직함은 예절의 필수 요소인데도, 엄격한 도덕주의자들조차도 적을 피하거나 범죄를 예방하려고 거짓말을 정당하게 한다. 부정직함이라는 미덕은 이를 실천할 때 나타나는 많은 예외들과, 그리고 미덕의 열렬한 신봉자들을 파괴하거나 죽음에 이르게 하는 수많은 사례들과 맞서 싸워야만 하는 어려움들이다. 우리가 유용성을 어떻게 고려하면서, 사람들로 하여금 진실 그 자체를 소중히 여기도록 유도하고 결과에 상관없이 진실을 실천하도록 유도할 수 있는 가장 고결한 미덕의 신비한 신성함을 거짓말에 부여할 수 있다고 말할 수 있을까?

그럼에도 문명화된 상류 계층에서뿐만 아니라 완벽한 야만인 전체 부족에서도 이러한 잘못을 대하는 신비로운 감정이 부정직함에 무게를 두고 있다는 점은 사실이다. 월터 엘리엇 경[66]은 (『런던민속학회지』에 발표한 「인도 중부와 남부 인구의 특징에 대하여」[67]라는 논문 107쪽에서) 인도 중부에 거주하며 잔혹한 고산족으로 알려진 쿠루바족[68]과 산탈족이 진실하기로 유명하다고 언급한다. "쿠루바족은 항상 진실을 말한다"는 속담이다. 저비스[69] 소령은 "산탈족이 내가 지금까지 만난 가장 진실한 사람들이다"고 말한다. 이렇게 말할 정도면 주목할 만한 사례인데, 사실은 다음과 같다. 산탈족이 봉기한 반란 동안에[70] 체포된 많은 수감자들은 가석방되어 자유를 얻고 임금을 받으며 특정한 장소에서 일할 수 있는 허가를 받았다. 얼마 후, 콜레라가 창궐하면서, 이들은 자유롭게 어디든지 갈 수 있었다. 그러나 이

••

66 Sir Walter Elliot(1803~1887).
67 1869년, 『런던민속학회지』 1권, 94~128쪽에 게재된 논문이다.
68 인도 남부 지역에서 양을 치면서 유목 생활을 하던 부족이다.
69 Jervis, William(생몰연대 미상).
70 1855년 6월부터 1855년 11월까지 산탈족이 동인도회사의 폭정에 저항하여 일으킨 반란이다.

들 한 사람 한 사람은 수감되기 위하여 자신의 수입을 포기했다. 야만인 200명이 돈을 전대에 넣은 채로 약속을 깨지 않고 5킬로미터 정도를 걸어서 교도소로 돌아갔다![71] 야만인들 사이에서 내가 경험한 바에만 따르면, 비록 엄격하게 검증되지는 않았지만, 이와 비슷한 사례들이 나타났다. 그리고 우리는 묻지 않을 수 없다. 어째서 이런 극소수의 사례에서 '유용성의 경험'이 이토록 압도적인 인상을 남겼으며, 반면에 다른 많은 사례에서는 아무것도 남기지 않았는가? 진실의 유용성과 관련된 야만인의 경험은 장기적으로 거의 동등해야만 한다. 그렇다면 어째서 어떤 사례에서는 결과가 개인의 이익에 대한 모든 고려를 무시하는 신성함으로 나타나고, 반면에 다른 사례에서는 이러한 감정의 조짐조차도 없는가?

지금 내가 선호하는 직관[72] 이론은 이러한 차이를 우리의 본성에게 옳고 그름이라는 감정으로 설명한다. 이 감정은 유용성의 경험에 대해 선행하고 독립적으로 존재한다. 사람과 사람의 관계에 자유로운 활동이 허용되는 곳에서는 이 감정이 보편적인 유용성이나 자기희생과 같은 행동에 얽매여 있다. 이 감정은 애정과 공감 능력의 산물이며, 도덕이라고 부른다.[73]

..

71 당시 콜레라가 창궐하여 사망률이 급격히 높아지면서 나타난 현상으로도 풀이될 수 있다. 1856년 수감자가 길에서 작업할 경우 사망률이 17.4퍼센트이나, 교도소에서 봉사할 경우 7.06퍼센트로 알려졌다. 또한 종교 갈등에 따라 다른 종교인들에게 죽임을 당하는 것보다는 같은 종교인 사이에서 죽는 것을 선호했기 때문으로도 풀이된다. Clare Anderson(2007:103)을 참조하시오.

72 직관은 감성적인 지각처럼 추리, 연상, 판단 등의 사유 과정을 거치지 않고, 즉 어떻게 지식이 취득되는가를 이해하지 않고 대상을 직접 파악하는 것을 말한다. 달리 말해 세상이 어떻게 작동하는지에 대해 따로 배우지 않고서도 사람이 자발적으로 터득한다는 것이다.

73 타인의 생각을 인식하면서 공감 능력이 발달했을 것이다. 이러한 공감 능력은 동물을 잡아 식량을 확보하려고 하거나 적과 전쟁을 할 때, 적이나 동물의 행동을 보다 잘 예측했을 것이고, 아마도 생존을 위한 몸부림을 치는 과정에서 성공적인 요인으로 작용했을 것이다.

그러나 정말로 부도덕하고 편협하며 관습적인 유용성에 따른 행동을 똑같이 제재하는 것은 왜곡될 수도 있으며 실제로 때로는 왜곡되고 있다. 힌두교 신자는, 거짓말이겠지만, 부정한 음식을 먹으니 차라리 굶겠다고 하고, 성인 여성의 결혼을 심각한 부도덕으로 간주한다.[74]

도덕적 감정의 강도는 개인이나 종족의 체질과 교육, 그리고 습관에 좌우될 것이다. 행동을 제재하는 것은 우리의 본성에 있는 단순한 감정과 애정이 관습, 법, 또는 종교에 의해 얼마나 변형되었는지에 따라 좌우될 것이다.

옳고 그름에 대한 이처럼 강렬하고 신비로운 (개인적인 이익이나 유용성에 관한 모든 관념을 극복할 정도로 강렬한) 감정이 축적된 조상들의 유용성의 경험으로 발달할 수 있었다고 상상하기는 어렵다. 그리고 일련의 유용성에 근거해서 발달할 감정이 어떻게 부분적이고 가상적이며, 또는 완전히 존재하지 않는 유용성과 관련된 행동으로 옮겨질 수 있는지를 이해하는 것은 더욱더 어렵다. 그러나 도덕적 감각이 우리의 본성에서 필수적인 부분이라면, 마치 술고래가 파멸의 길로 들어서는 것을 자신이 천성적으로 술을 좋아하기 때문이라고 왜곡하는 것처럼 쓸모가 없거나 부도덕한 행동은 때로 쉽게 제재된다.

⁝

74 인도에서는 자기 집단의 여성을 오염 가능성이 없는 시기, 즉 생리가 시작되기 전에 결혼시키는 조혼의 풍습이 있다. 또한 과부는 부정하고 불길한 대상으로 여겼다(류경희, 2004: 35). 윌리스가 '성인 여성의 결혼(adult marriage)'이라고 표현한 부분에서 성인이 어떤 의미인지 정확하게 파악이 되지 않으나, 조혼과 과부라는 개념에서 보면 성인 여성은 생리 중인 미혼 여성이나 과부를 의미하는 것으로 보인다.

인간의 발달을 설명하는 자연선택 이론이
불충분하다는 논의의 요약

내 주장을 간단히 요약하고자 한다. 나는 가장 하등한 야만인의 뇌와, 우리가 지금까지 알고 있는 한, 선사시대 종족의 뇌가 크기에서는 가장 고등한 유형의 인간의 뇌와 비교해서 거의 뒤떨어지지 않으며, 고등한 동물의 뇌에 비해서는 엄청나게 우월함을 보여주었다.[75] 반면 뇌의 용량은 보편적으로 정신 능력을 결정하는 가장 중요하고 아마도 가장 근본적인 요인 가운데 하나로 받아들여지고 있다. 그럼에도 야만인의 정신적인 요구 사항과 이들이 실제로 보여주는 능력은 동물의 요구 사항과 능력에 비해 아주 조금 높을 뿐이다. 순수한 도덕성과 정제된 정서의 고귀한 감정, 그리고 추상적 추론과 이상적 관념에 대한 능력이 이들에게는 쓸모가 없고, 드러난다고 해도 거의 드물며, 자신의 습관·바람·욕망 또는 행복과 어떤 관계도 없다. 이들은 자신에게 필요한 것을 뛰어넘는 정신 기관이 있다. 자연선택은 단지 야만인에게 유인원보다 약간 뛰어난 뇌를 주었을 뿐이지만, 야만인은 실제로 철학자보다 아주 조금 열등한 뇌를 가지고 있다.

인간의 부드러우며 털이 없는 민감한 피부는 다른 포유동물들 사이에서 매우 보편적으로 나타나는 털로 덮인 피부로부터 완전히 벗어났는데 이는 자연선택 이론으로는 설명할 수가 없다. 야만인들의 습관은 이들이 이

..

75 선사시대를 흔히 구석기시대로 간주하는데, 이때 인류는 현생 인류, 즉 호모사피엔스(*Homo sapiens*)가 아닌 호모하빌리스(*Homo babilis*)이다. 호모하빌리스의 뇌 용량은 600밀리리터정도이며, 이후 출현한 호모에렉투스(*Homo erectus*)의 뇌용량은 1,200밀리리터이다. 반면 침팬지의 뇌용량은 400밀리리터정도, 호모사피엔스는 1,400밀리리터로 간주하고 있다. 월리스는 호모에렉투스를 선사시대 인종으로 간주한 것으로 보인다.

런 피부의 필요성을 느끼고 있음을 보여주는데, 이런 피부는 다른 동물들의 가장 두꺼운 곳이 정확히 인간에게는 가장 완벽하게 없다. 우리는 이런 피부가 원시인에게 해롭거나 심지어 쓸모가 없을 수도 있었다고 믿을 어떠한 이유도 없다. 그리고 이러한 상황에서 이런 피부가 완벽하게 사라진 것은 혼혈에서도 결코 되돌아가지 않는다는 것을 보여주는데, 이는 하등동물에서 인간이 발달할 때 최적자생존 법칙 말고 어떤 다른 힘의 작용에 대한 입증이다.

비록 같은 정도는 아니더라도, 다른 형질들도 이와 비슷한 종류의 어려움을 보여준다. 인간의 손과 발 구조가 야만인의 필요성에는 불필요하게 완벽해 보이는데, 이들에게서 손과 발은 가장 고등한 종족에서처럼 인간적으로 완벽하게 발달했다. 인간의 후두 구조[76]는 말을 하고 음악적 소리를 만드는 능력을 보여주며, 특히 여성에게서 극도로 발달했는데 야만인의 필요성을 넘어선 것으로 밝혀졌다. 또한 이들의 알려진 습관으로 보면 성선택이나 최적자생존으로는 이 구조가 만들어지는 것이 불가능하다.

인간의 마음은 같은 맥락의 논증을 제안하게 하는데, 신체 구조에서 파생된 논증보다 그다지 강력하지는 않다. 인간의 많은 정신 능력은 자신의 동료나 육체적 진보와는 아무 관련이 없다. 문명화된 종족의 삶에 매우 큰 역할을 하는 영원과 무한을 상상하는 힘, 그리고 형태·수·조화와 관련된 순수하게 추상적인 모든 개념들은 야만인의 사고 영역에서 완전히 벗어나 있으며, 개개인의 존재 또는 자신이 속한 부족의 존재에 아무 영향을 주지 않는다. 그러므로 이런 것들은 유용한 형태의 사고력을 보존한다고 해서

..

76 성대라고도 부른다.

발달될 수 있는 것은 아니다. 그럼에도 우리는 이런 것들의 흔적을 낮은 문명과 개인, 가족, 또는 종족의 성공에 실질적인 영향이 전혀 미치지 않았을 시기 속에서 때로 발견한다. 그리고 비슷한 방법으로 도덕적 감각이나 양심이 발달하는 것도 똑같이 상상할 수 없다.

그러나 이와는 반대로, 우리는 이러한 특징들 가운데 하나하나가 인간의 본성을 완전하게 발달시키는 데 필요하다는 것을 발견한다. 유리한 조건들 속에서 문명이 빠르게 발전할 수 있었던 것은 인간의 마음과 관련된 기관이 크기·구조·비율 면에서 완전히 발달된 상태로 미리 준비되어 있지 않았다면, 그리고 기관의 복잡한 기능들을 조정하는 데 단지 몇 세대 동안에 걸쳐 사용해보고 습관으로 만드는 것이 필요하지 않았다면 불가능했을 것이다. 털이 없는 민감한 피부는 옷과 집이 필요하므로, 인간의 창의적이고 건설적인 능력을 좀 더 빨리 발달하게 만들었을 것이다. 그리고 개인적인 겸손함이라는 좀 더 세련된 감정은 인간의 도덕적 속성에 상당히 큰 영향을 주었을 것이다. 인간이 직립하면서 모든 이동 용도로부터 자유롭게 된 손은 필연적으로 인간의 지적 능력을 향상시켰다. 그리고 극단적으로 완벽해진 인간의 손은 그 자체로 인간을 야만인 이상으로 끌어올려준 문명의 모든 기술 분야를 탁월하게 만들었지만, 아마도 더 높은 지적·도덕적 진보의 전조가 되었을 것이다. 인간이 가진 발성 기관의 완벽함은 먼저 명확하게 발음하여 말하기를 가능하게 한 다음에 정교한 어조로 맞춰진 소리를 내도록 발달하였다. 이러한 발성 기관은 고등한 종족에게만 인정받고 있는데, 어쩌면 우리가 아직 도달하지 못한 수준보다 더 높은 조건에서 좀 더 고상한 용도와 좀 더 세련된 즐거움을 향유하도록 정해져 있을 것이다. 그래서 우리가 시공간을 초월할 수 있게 하며, 수학과 철학의 놀라운 개념들을 인식할 수 있게 하는 능력들, 또는 우리가 추상적인 진리에 열렬히 동경하게 하는 능력들은 (이 능력들 모두가 때로는 인간의 역사 초기에 드러난 이후로 성장한 몇 안 되는 실제적인 적용들 가운데 어떤 것보다도 훨씬 앞서 있는데) 인간이 정신적 존재로서 완벽하게 발달하는 데 명백하게 필수적이다. 그러나 이 능력들이 개인이나 종족의 즉각적인 육체적 행복만을 바라볼 수 있게 하는 법칙의 작용으로 만들어진 것이라고는 전혀 상상할 수 없다.

내가 이런 종류의 현상에서 이끌어낼 수 있는 추론은, 특별한 목적을 위해 인간이 많은 동식물 유형의 발달을 인도하듯이, 우월한 지능이 인간을 일정한 방향으로 발달시키는 안내 역할을 했다는 것이다. 아마도 진화 법칙만으로는 인간의 용도에 그토록 잘 적응한 밀과 옥수수 같은 곡물을 생산하지 못했을 것이다. 이 밖에 씨앗이 없는 바나나와 빵나무[77] 열매, 또는 건지소[78]나 런던짐수레말[79]도 마찬가지이다. 그럼에도 이들 산물들은 자연에서 인간의 도움없이 살아가는 산물들과 너무나도 비슷하여, 그 어떤 새로운 힘이 이들 산물에 관여했다는 믿음을 부정하면서, 그리고 이들 소수의 사례에서 조절하는 지능이 인간의 목적에 맞도록 변이·증식 그리고 생존의 법칙에 작용하는 것을 총괄했다는 이론을 (다른 관점에서는 내 의견에 동의하는 많은 사람들도 내 이론을 거부할 것인데) 경멸적으로 거부하면서, 우리는 지난 세월 동안 생물 유형의 발달과 관련된 법칙에 통달한 존재가 있다고 상상할 수 있다. 그러나 우리는 이런 행위가 실제로 행해졌음

:.

77 *Artocarpus altilis*. 뽕나무과(Moracee)에 속하는 빵나무속(*Artocarpus*) 식물로 동남아시아와 태평양 일대에 자란다.
78 영불 해협에 위치한 건지섬이 원산지인 소 품종이다.
79 수레를 끌거나 밭을 갈 때 사용하는 말이다.

을 알고 있다. 그에 따라 우리가 우주에서 가장 높은 지능을 가지고 있지 않다면, 우리는 어떤 더 높은 지능이 우리가 알고 있는 것보다 더 교묘한 수단을 이용하여 인간 종족이 발달하는 과정을 총괄했을 가능성을 인정해야만 한다. 이와 동시에, 나는 이 이론에는 어떤 뚜렷하게 구분되는 개체의 지능이 간섭하는 것을 요구하는 단점이 있다고 고백한다. 그것은 우리가 거의 피할 수 없는 것으로 간주하는 모든 조직화된 존재의 궁극적인 목적과 결과, 즉 지적이고 끊임없이 발전하는 정신적인 인간을 만드는 데 도움을 준다. 그러므로 주위에 있는 모든 생물들의 작용이 생물 발달을 촉진하는 매개자 가운데 하나인 것처럼, 우리가 (공정하게 생각하는 것처럼) 이러한 고등한 지능의 조절 작용이 위대한 법칙들에 필수적인 부분이라고 고려하지 않는 한, 물질 세계를 지배하는 위대한 법칙들은 인간의 산물에 충분하지 않음을 암시한다. 그러나 내 특별한 견해가 사실이 아니라고 해도, 내가 제기한 어려움은 여전히 남아 있고, 좀 더 일반적이고 좀 더 근본적인 법칙이 '자연선택'이라는 법칙의 기초가 된다는 것을 나는 증명해야 할 것 같다. 모든 생물 세계에 만연한, 레이콕[80] 박사가 제안하고 머피[81] 씨가 수용한 '무의식적 지능'이라는 법칙이 바로 이런 법칙의 하나이다. 그러나 내 생각에 이 법칙은 이해할 수도 없고 어떤 종류의 증거도 입증할 수 없는 이중의 단점이다. 진정한 법칙은 우리가 발견하기에는 너무 깊숙이 있다고 하는 것이 더 그럴듯하다. 그러나 내게는 이러한 법칙이 실제로 존재하고, 생명과 체제의 절대적인 기원과 관련이 있을 수 있다는 암시들이 충분히 있는 것 같다.

∶∶

80 Laycock, Thomas(1812~1876).
81 Murphy, Joseph John(1827~1894).

의식의 기원

감각과 사고의 기원에 대한 질문은 여기에서는 간단하게만 논의될 수 있다. 이 주제를 적절하게 다루려면 별도의 책이 필요할 만큼 방대하기 때문이다. 그 어떤 생리학자나 철학자도 감각이 어떻게 체제의 산물일 수 있는지에 대해 납득할 수 있는 이론을 감히 제기하려고 시도하지 않았다. 반면 많은 사람들은 물질에서 정신으로 가는 통로를 상상할 수 없다고 분명하게 말했다. 1868년 노리치에서 개최된 영국과학진흥협의회[82] 물리학 분과회의에서 틴들[83] 교수는 회장 연설에서 다음과 같이 자신의 생각을 발표했다.

뇌에서 일어나는 물리 현상에서 의식에 대응하는 사실로 가는 통로는 생각할 수가 없다. 뇌에서 특정한 사고와 특정한 분자 운동이 동시에 일어나는 것을 당연하게 간주한다면, 우리는 한 현상에서 다른 현상으로 이어지는 과정을 이성적으로 전달해줄 지능 기관도, 명백한 지능 기관의 어떤 흔적도 가지고 있지 않다. 이들 현상들은 함께 나타나지만, 우리는 왜 그런지 이유를 모른다. 우리의 마음과 감각이 아주 확장되고 강화되고 향상되어서, 우리가 뇌에 있는 분자들을 보고 느낄 수 있다고 해보자. 우리가 뇌에 있는 분자들의 모든 움직임, 모든 집단, 모든 전기 방전을 (이러한 것이 있다면) 추적

··

82 월리스는 'British Association'이라고만 표기했는데, 1868년 노리치에서 개최된 행사명은 'The Thirth-Eight Meeting of the British Association for the advancement of Science'로 검색된다.

83 Tyndall, John(1820~1893).

할 수 있다고 해보자. 그리고 우리가 사고와 감정에 대응하는 상태를 상세하게 잘 알고 있다고 해보자. 그러면 우리는 '어떻게 이러한 물리적 과정들이 의식에 대응하는 사실들과 연결되는가?'라는 질문에 대한 해답으로부터 멀어져야만 한다. 두 부류의 현상 사이에서 나타나는 아주 깊은 틈은 여전히 지능적으로 극복할 수 없는 상태로 남아 있을 것이다.

헉슬리 교수는 최근인 1869년에 출판된 책, 『동물 분류 소개』에서, "잘 확립된 원칙, 즉 생명 현상은 체제의 결과가 아니라 원인이다"라는 주장을 주저하지 않고 받아들인다. 그러나 그는 자신의 유명한 논문인 「생명의 물리적 기초」[84]에서 생명은 원형질[85]의 한 특성이며, 원형질의 특성은 원형질을 이루는 분자의 속성과 배열에서 비롯된다고 주장한다. 그래서 그는 원형질을 '생명의 물질'이라고 부르면서, 생물이 지닌 모든 물리적 특성은 원형질의 물리적 특성에 기인한다고 믿는다. 우리가 어느 정도는 그의 견해를 따랐을지 모르지만, 그는 여기에서 멈추지 않는다. 그는 틴들 교수가 선언한 '지능적으로 극복할 수 없는 상태'가 지닌 깊은 틈을 뛰어넘으려고 하면서, 그가 논리적이라고 말하는 방법으로 우리의 '사고는 우리에게서 나타나는 생명 현상의 근원인 생명 물질의 분자들 변화로 표현'된다는 결론에 다다른다. 분자들에 대한 그의 마지막 분석에 따르면, 생명 유지에 필수적인 현상들은 물질 입자의 운동으로만 이루어지는데, 이 현상에서 우리는 사고, 감각, 또는 의식이라고 부르는 다른 현상으로 넘어가는 단계들에 대한

∙∙

84 1869년 『포트나이트리뷰(Fortnightly Review)』 5권, 129~145쪽에 게재된 논문으로, 원제목은 「생명의 물리적 기초(On the physical basis of life)」이다.
85 세포막 안에 들어 있는 모든 것을 의미한다.

단서를 헉슬리 교수의 책에서는 찾을 수 없었다. 그러나 이러한 의견에 대한 그의 표현이 너무나 분명해서 많은 사람들에게 큰 영향을 주었을 것이다. 내가 보기에 이 이론은 입증할 수 없을 뿐만 아니라 분자물리학 분야의 정확한 개념과 일치하지 않는다는 점을 명료하게 맞아 떨어질 정도로 간결하게 보여주려고 노력할 것이다. 이를 위해서, 그리고 내 견해를 조금 더 발전시키기 위해서, 나는 물질의 궁극적인 속성과 구성에 관한 최근의 추측과 발견을 간단하게 설명하고자 한다.

물질의 속성

이 분야 최고의 사상가들은 우리가 물질이라고 부르는 것의 성질에 부여하는 인력[86]과 척력[87]이 나오는 미소강체[88]로 간주되는 원자들이 그 어떤 역할도 하지 않는다고 오랫동안 알고 있었다. 이는 이른바 원자들이 서로서로 결코 접촉하지 않는다고 보편적으로 받아들여졌기 때문이며, 이러한 균질하고 쪼갤 수 없는 고체 단위 자체가 자신의 중심으로부터 발생하는 힘들의 궁극적인 원인이라고는 생각할 수 없었기 때문이다. 따라서 물질의 성질은 그 어떤 것도 원자 자체에 의한 것일 수는 없으며, 원자 중심으로 나타나는 공간상의 점들로부터 나오는 힘으로만 설명할 수 있다. 그리하여 원자의 크기가 완전히 사라질 때까지 지속적으로 줄여 힘의 중심으

··

86 두 물체가 서로 끌어당기는 힘이다.
87 두 밀체가 서로 밀어내는 힘이다.
88 변하지 않는 질량을 가진 물체를 의미한다.

로만 국한해서 원자를 나타내는 것이 논리적이다. 물질의 성질이 어떻게 그처럼 변형된 (단지 힘의 중심으로만 간주되는) 원자들로 설명할 수 있는지에 대한 다양한 시도들 가운데 가장 성공적인 것은 바이마 씨의 것이다. 왜냐하면 가장 단순하고 가장 논리적이기 때문이다. 그는 자신의 책『분자 역학』에서 어떻게 그러한 중심들이 인력과 척력을 (둘 다 중력과 마찬가지로 크기가 거리 제곱에 반비례해서 다양하게 변하는데) 가졌다는 단순한 가정으로부터 설명될 수 있는지를 보여주었다. 중심들을 대칭적인 도형에 맞춰서 척력을 가진 중심, 인력을 가진 핵, 그리고 하나 또는 그 이상의 척력을 가진 면들로 분류하면 물질의 모든 일반적인 성질들을 설명할 수 있다는 것이다. 또한 이러한 중심들을 더욱더 복잡하게 배열하면 심지어 특수한 형태의 물질이 갖는 특별한 화학적, 전기적, 그리고 자기적인 성질들로 설명할 수 있다는 것이다.* 따라서 각각의 화학적 요소는 더 이상 쪼갤 수 없는 원자(또는 바이마 씨가 혼동을 피하기 위해 지칭한 '물질 요소')들이 수가 많든 적든, 구조가 복잡하든 단순하든 배열되어 형성된 분자로 이루어져 있을 것이다. 분자는 안정된 상태에 있지만, 서로 다르게 조직된 분자들의 인력이나 척력의 영향으로 인해 형태가 변하기 쉬운데, 화학적 결합 현상

---

* 바이마 씨의 책 제목은 『분자 역학의 기초(*The Elements of Molecular Mechanics*)』이며, 1866년에 출판되었다. 이 책은 받아야 할 평가보다 관심을 많이 받지 못했다. 이 책의 특징은 대단히 명쾌하다는 것, 논리적으로 배열되어 있다는 것, 그리고 비교적 단순한 기하학적 증명과 대수학적 증명으로 되어 있다는 것이다. 그렇기에 수학에 적당한 지식만 있으면 이 책을 이해할 수 있고, 이 책의 진가를 알아볼 수 있다. 이 책은 물질의 알려진 속성에서 추론된 일련의 명제들로 구성되어 있다. 이 명제로부터 많은 정리가 유도되었고, 이 정리는 더 복잡한 문제를 해결하는 데 도움을 준다. 이 책에서 당연한 것으로 여기는 것은 하나도 없고, 결론에서 벗어날 수 있는 유일하면서도 타당한 방식은 기본 명제를 반증하거나 다음 추론에서 오류를 찾아내는 것이다.

을 구성하여 더 복잡하고 다소 안정성이 있는 새로운 형태의 분자를 만들어낸다.[89]

조직화된 존재[90]를 구성하는 유기화합물은, 잘 알려져 있듯이, 극도로 복잡하고 엄청나게 불안정한 물질로 이루어져 있다. 그 때문에 지속적으로 영향을 받기 쉬운 형태의 변화가 생긴다. 이런 관점은 우리로 하여금 식물에서 나타나는 현상들이 열·습도·빛·전기 그리고 아마도 잘 알려져 있지 않은 요인들의 자극으로 확실하게 바뀌게 되는, 분자 조합의 거의 무한한 복잡성 때문에 나타날 수 있는 **가능성**을 이해하게 해준다. 그러나 점점 더 커지는 이 복잡성이, 무한한 범위에 이르더라도, 그 자체로는 그러한 분자들이나 분자들 무리에서 의식을 일으키는 경향이 조금도 없다. 물질 요소 또는 분자 내에 있는 천 개의 물질 요소의 조합이 부지불식간에 비슷하다면, 좀 더 복잡한 분자 하나를 만들려고 하나, 둘, 또는 천 개의

••

89 여기에서 화학적 요소(chemical element)는 오늘날 원소로 번역되나, 해당 저널에서 설명하는 정의와는 다르기에 이에 따라 구분하여 번역했다. 여기에서 말하는 화학적 요소는 물질을 구성하는 원자와는 다른 개념으로, 질량을 갖고 인력과 척력을 가질 수는 있으나 부피는 없는 질점이다. 오늘날의 언어로 해석하면 전하를 띠고, 질량을 갖지만, 부피는 없는 질점이다. 여기에서 '중심들을 대칭적인 도면에 맞추어 척력을 가진 중심, 인력을 가진 핵, 그리고 하나 또는 그 이상의 척력을 가진 면들로 분류'한다는 상황은 해당 논문에서 첫 번째로 든 예시이다. 대칭적인 도형, 예를 들어 정다면체의 무게중심에 척력을 가진 중심, 각 꼭짓점에 인력을 가진 핵, 그리고 각 면에 척력을 가진 화학적 요소들을 배치한다는 것이다. 각 위치에 서로 다른 척력과 인력을 가진 화학적 요소들을 배치할 수도 있다. 해당 논문의 결론은 더욱 일반적인 형태의 도형의 경우에도 이러한 화학적 요소들을 분포시킴으로써 분자들의 성질을 설명할 수 있다는 것이다. 분자들의 성질을 일반적으로 예측하거나 설명하는 것은 오늘날 양자역학 해석의 도움을 받고 있으나, 여전히 온전히 이해되지는 못하고 있다는 점에서, 당시 알려진 역학 지식을 바탕으로 물질의 일반적인 성질을 설명하려고 했던 시도라고 생각된다.

90 생물을 의미한다.

다른 물질 요소를 단순히 더한다고 해서 어떤 식으로든 자기의식이 있는 존재가 만들어지는 경향이 있다고 믿기는 어렵다. 사물은 근본적으로 뚜렷하게 구분된다. 마음을 원형질 또는 원형질의 분자 변화에 따른 산물이나 기능이라고 말한다면, 우리는 어떤 명확한 개념도 부여할 수 없는 단어를 사용하는 것이다. 당신은 절대로 그 어디에도 존재하지 않는 것을 가질 수는 없다. 그래서 이렇게 주장하는 사람들은 명료하게 밝혀진 성질들을 지닌 물질에 대해 명확한 개념을 제시해야 한다. 또한 그 물질을 이루는 요소 또는 원자의 어떤 복잡한 배열의 필연적인 결과가 자기의식의 산물이 될 것이라는 것도 보여주어야 한다. 모든 물질이 의식적이라거나 의식은 물질과 뚜렷하게 구분된다는 딜레마에서 벗어날 수는 없다. 그리고 후자의 경우, 물질적인 형태로 의식이 있다는 의미는 우리가 물질이라고 부르는 것 말고도 물질과는 무관한 의식이 있는 존재가 실재한다는 증거이다.

물질은 힘이다　앞의 고찰에서 우리는 물질이 근본적으로 힘이며, 힘을 제외하면 아무것도 아니라는 아주 중요한 결론에 도달했다. 일반적으로 이해되는 바와 같이, 그러한 물질은 존재하지 않으며 실제로는 철학적으로 상상도 할 수 없다. 물질을 만질 때, 우리는 척력을 암시하는 저항이라는 느낌만을 실제로 경험하게 된다. 그리고 우리에게 촉각처럼 물질의 실재성에 대한 확실한 증거를 제공하는 다른 어떤 감각도 없다. 이러한 결론이 마음에 항상 존재한다면, 거의 모든 수준 있는 과학적이고 철학적인 문제에 대해, 그리고 특히 우리 자신의 의식적 존재와 관련하여 가장 중요한 관계가 있는 것으로 밝혀질 것이다.

모든 힘은 아마도 의지력이다　우리가 힘 또는 힘들이 물질세계에 존재하는 모든 것이라는 점에 만족한다면, 우리는 다음으로 '힘이란 무엇인가' 하고 묻게 될 것이다. 우리는 근본적으로 뚜렷하게 구분되는 또는 명백하면서도 뚜렷하게 구분되는 두 종류의 힘을 잘 알고 있다. 첫 번째는 자연에 존재하는 주요 힘들로 중력, 응집력, 반발력, 열, 전기 등이다. 두 번째는 우리 자신의 의지력이다. 많은 사람들은 의지력의 존재를 바로 부인할 것이다. 의지력은 앞에서 언급한 주요 힘들의 단순한 변형일 뿐이고, 힘들의 상관관계는 동물의 삶에서 나타나는 힘들을 포함하며, 그리고 **의지력** 자체는 뇌에 있는 분자들이 변한 결과라고 말한다. 그러나 나는 후자의 주장이 증명된 적도 없고, 심지어 증명될 수도 없다는 것을 보여줄 수 있다고 생각한다. 그리고 이 주장이 성립하는 과정에서 알려진 것에서부터 알려지지 않은 것으로까지 큰 비약이 있었다는 것도 보여줄 수 있다고 생각한다. 동물과 사람이 가진 **근육의 힘**이 단지 자연에 존재하는 주요 힘들로부터 파생되어 변형된 에너지일 뿐이라는 점은 바로 인정될 것이다. 이 주장의 대부분은 확실하게 증명되지 않았지만, 자연의 힘과 자연의 법칙을 완벽하게 따를 가능성은 높아 보인다. 그러나 생리학적 힘의 균형이 이처럼 정확하게 맞아떨어진 적이 없어서 물질세계에서 이미 알려진 주요 힘들에서 파생된 것보다 낱알 한 개의 1000분의 1도 안 되는 힘이 어떤 조직화된 몸이나 그 어떤 부분에서 발휘되었다고 우리가 말할 자격이 있다고는 주장할 수 없다. 만약 그랬다면, 이는 바로 의지의 존재를 철저히 부정하는 것이 된다. 왜냐하면 무엇이든 의지가 있다면 의지력은 몸 안에 저장된 힘들의 작용을 **총괄하는** 능력이며, 생물체의 일부분에서 일정 수준의 힘을 가하지 않고 이러한 **총괄작용**이 일어날 수 있다고는 상상할 수가 없기 때문이다. 기계가 아무리 정교하게 제작되었다고 해도 무게추나 용수철을 고정하는 가장 정교하게 고안된 걸쇠를 가능한 한 적은 힘을 들여 풀려고 해도 어느 정도의 외부 힘은 항상 필요하다. 그러므로 동물을 기계에 비유하면 신경 전기 신호가 억눌려 있는 특정 근육에 힘을 느슨하게 하거나 흥분시키는 데 필요한 뇌의 세포나 섬유의 변화가 아무리 미세하더라도 어느 정도의 힘은 이러한 변화를 만들기 위해 반드시 필요하다. "이러한 변화가 자동적이어서 외부 원인에 의해 유발된다"고 말한다면, 우리의 의식에서 중요한 한 부분인 일정 정도의 자유 의지를 무효화하는 것이다. 그리고 이렇게 순수한 스스로 움직이는 생물에서 어떤 의식이나 어떤 명백한 의지가 어떻게 또는 왜 발생했는지를 상상할 수 없다. 이런 것이 사실이라면, 우리의 명백한 **의지**는 착각일 뿐이며, "우리의 자유 의지가 사건이 진행되는 조건으로서 중요하다"는 헉슬리 교수의 신념은 틀린 것이 된다. 왜냐하면 우리의 자유 의지는 일련의 사건들 가운데 오직 하나의 연결고리에 불과하며, 다른 어떤 연결고리들과 유사한 수준으로만 중요해지기 때문이다.

따라서 우리가 힘의 다른 주요 원인에 대해서는 전혀 알지 못한 채로, 우리 자신의 **의지**에서 기원한 하나의 힘을 아무리 미세하더라도 추적해보면, 모든 힘이 의지력일 수 있다는 결론에 이르는 것이 불가능해 보이지는 않는다. 그래서 온 우주는 더 높은 지능을 가진 존재 또는 하나뿐인 **최고 지성**을 가진 존재의 **의지**에 단순히 의존하는 것이 아니라 실제로 의지 그 자체이다. 진정한 시인은 앞을 내다볼 수 있는 사람이라고 흔히들 말한다. 미국의 한 여류 시인이 쓴 명시에서 우리는 최고 수준의 과학적 사실로 입증될 수 있는 것이 철학에서 가장 고귀한 진실로 표현된 것을 발견한다.

화강암과 장미의 신이시여!
참새와 꿀벌의 영혼이여!
주님, 당신으로부터 셀 수 없는 경로를 통해
거대한 존재의 물결이 흘러갑니다.
창조물의 빛나는 탑에서부터

별과 태양에서 그 영광의 불꽃이 타오르고 있는 동안

존재의 단계 하나하나의 움직임을 통해

그것은 풀과 꽃 속에서 살아납니다.[91]

결론

이러한 추측들은 대개 과학의 범위를 훨씬 벗어나는 것으로 여겨진다. 그러나 나에게는 이러한 추측들이 우주 전체를 단순히 물질에 대한 것이 아닌 철학적으로는 상상할 수 없을 정도로 생각하고 정의된 물질로 환원하는 것이라기보다는 과학에서 추출된 사실들로부터 좀 더 합리적으로 추론된 것으로 보인다. **물질**은 그 자체가 사물이라는 관념을 제거하는 것은 확실히 엄청난 발전인데, 그것은 **그 자체로** 존재할 수 있고 영원할 것이다. 그것은 파괴할 수 없고, 창조되지 않은 것으로 간주되기 때문이다. 힘, 말하자면 자연의 힘들은 또 다른 사물로, 물질에 부여되거나 추가된 것, 또는 그 밖의 필요한 성질들이다. 그리고 마음도 역시 또 다른 사물로, 이러한 물질과 그 본래의 힘의 산물이거나 물질과는 뚜렷하게 구분되면서 공존한다. 또한 끝없는 난제와 모순을 유발하는 이 복잡한 이론을 대체할 수 있으려면, 훨씬 단순하고 일관된 믿음이 필요하다. 물질은 힘과는 뚜렷하게 구분되는 하나의 실체로서 존재하지 않으며, **힘**은 **마음**의 산물이라는

••

91 미국의 여류 시인 리지 도텐(Lizzie doten, 1827~1913)이 1864년에 출간한 『내면의 시
(*Poems from inner life*)』에 실린 시이다.

것이다. 철학은 오랫동안 우리가 보통 생각하는 대로 물질의 존재를 입증할 능력이 없음을 증명했다. 반면에 철학은 우리 각자가 우리의 자아를 의식하는 이상적인 존재라는 점에 대한 증명을 인정했다. 과학은 이제 같은 결과에 도달했다. 철학과 과학 사이에서 만들어진 이러한 합의는 우리에게 이것들이 결합한 가르침으로 약간의 확신을 줄 것이다.

우리가 지금 도달한 견해는 다른 어떤 견해보다 더 웅장하고 숭고할 뿐만 아니라 훨씬 더 단순하게 보인다. 이 견해는 지능과 의지력의 세계로서 우주를 보여준다. 그리고 우리 스스로 마음을 생각할 수 없는 일에서 벗어날 수 있게 해주지만, 물질에 대한 우리의 오래된 관념과 관련이 있다. 이 견해는 우리가 물질이라고 부르는 것과는 완전히 다르지만 실제와 같은 무궁무진한 힘의 발현과 연결되어 존재의 무한한 가능성을 열게 해준다.

우리는 우주에 만연해 있는 연속성이라는 위대한 법칙[92]을 볼 수 있는데, 이 법칙은 우리로 하여금 존재의 무한한 단계를 추론하게 하며, 모든 공간을 지능과 의지력으로 가득 채우게 할 것이다. 그래서 우리가 점점 더 높은 지능을 갖도록 점진적으로 발달하는 것이 그토록 고귀한 목적임을 믿는 데 전혀 어려움이 없다고 해보자. 그러면 원시적이고 일반적인 의지력은 더 하등한 동물을 만드는 데 충분했을 것이고, 새로운 길로 틀어서 특정 방향으로 수렴하도록 했을 것이다. 나는 이런 일이 행해졌을 가능성이 있다고 생각하는데, 만일 그러하다면, 나는 연속성이라는 위대한 법칙이 다윈 씨의 위대한 발견이 지닌 진실성 또는 보편성에 어느 정도 영향을

∴

92 라이프니츠가 주장한 것으로 알려진 법칙으로, 자연은 한 단계씩 진행되지 비약적으로 진행되지 않는다는 원리이다.

준다고 인정할 수가 없다. 이는 단지 생물 발달 법칙을 사람이 자신의 특정 목적을 위해 사용하듯이, 때때로 특정 목적을 위해 이용되었을 것이다. 그리고 인간이 자신의 모든 신체적, 정신적 발달이 자연선택의 결과가 아니었다는 것을 보일 수 있게 되면, 마찬가지로 푸들이나 파우터비둘기가 똑같이 자연선택의 방향성 없는 힘을 넘어서는 산물로 존재한다는 것으로 자연선택이 틀렸음을 보일 수 있게 되면, 나는 '자연선택' 법칙의 오류가 입증된다고 말할 수 있다고는 생각하지 않는다.

이 논문에서 나는 동물의 발달에 충분했던 것으로 보이는 같은 법칙이 인간의 우월한 신체적·정신적 속성이 만들어진 원인일 뿐이라는 견해에 대해 반대 입장을 취했는데, 이 반대들은 내가 의심하지 않는 한 지나치게 과장되어 설명된 것이다. 그러나 나는 감히 그것들을 그럼에도 불구하고 논리적 근거를 유지할 것이며, 지금까지 알려진 것과는 전혀 다른 자연의 새로운 사실들이나 새로운 법칙들의 발견에 의해서만 충족될 수 있다고 생각한다. 내가 주제에 대해 처리한 내용이, 비록 필연적으로 매우 미약하지만, 명확하고 쉽게 이해될 수 있고, **자연선택** 이론의 반대자와 지지자들 모두에게 시사하는 바가 있기를 바랄 뿐이다.

옮긴이 해제

1. 월리스의 생애

월리스(Alfred Russel Wallace, 1823~1913)는 1823년 1월 8일 영국 남서부 웨일스의 몬머스셔주[1] 우스크시에서 노동을 하며 먹고 사는 중간층 집안의 아홉 명의 자식들 가운데 여덟째로 태어났다. 그가 다섯 살이 되었을 때, 가족은 잉글랜드의 하트퍼드로 이사했고, 열두 살까지는 하트퍼드문법학교를 다니면서 교육을 받았으나, 열세 살이 되면서부터는 집안 경제 사정이 어려워 학교를 그만두고 형과 함께 경제적 활동을 시작했다. 특히 형을 도와 철도 사업을 하려고 영국 곳곳을 돌아다니면서 야생 동식물에

: :

1 권트주의 옛 이름.

많은 관심을 갖게 되었고, 또한 다소 급진주의적 사고를 접하게 되어 이후로 평생 힘없는 약자에 대한 동정심을 갖게 되었다.

그러나 자연의 역사를 독학한 베이츠를 만나 영국을 돌아다니면서 곤충 채집에 몰두했다. 그러할 때, 훔볼트가 쓴 『남아메리카 여행기』와 다윈이 쓴 『비글호 여행기』를 읽기도 했고, 처음에 저자 이름이 없이 출판된 『창조의 자연사적 흔적』을 읽고 베이츠와 토론을 하기도 했다. 그러면서 월리스는 베이츠와 함께 남아메리카를 답사하면서 영국에서 곤충을 채집하며 생각했던 '종(species)'의 기원을 연구하기로 마음을 굳히게 되는데, 남아메리카에서 다양한 생물을 채집하여 종의 문제에 대한 실마리도 찾고, 이들 지역에서 채집된 표본을 영국에서 판매하여 수익도 얻고자 했다.

실제로 월리스는 베이츠와 함께 1848년 4월 25일 영국 리버풀을 출발해 5월 26일 브라질 파라에 도착했다. 월리스는 채집한 표본들을 영국의 표본수집상인 새뮤얼 스티븐슨에게 보냈고, 스티븐슨은 이 표본들의 목록을 『자연사 연보(The Annals and Magazine of Natural History)』에 「남아메리카 자연사 탐구를 위한 여정(Journey to Explore the Natural History of South America)」이라는 제목으로 게재했다. 비록 월리스가 학자는 아니었지만, 전문적인 채집가로서 학계에 소개된 것이다. 월리스가 브라질에 있을 때 동생도 합류하여 채집하고 조사했으나, 동생이 풍토병에 걸려 사망하고 자신도 향수병에 걸려 4년 뒤인 1852년 7월 12일 브라질을 떠나 귀국길에 올랐다.

그러나 배를 타고 귀국하는 도중, 남아메리카 일대에서 채집하여 배에 싣고 가던 표본과 조사 자료와 일기, 그리고 그림이 모두 소실되었다. 월리스 자신도 가까스로 구조되어 10월 1일에야 영국에 도착했다. 영국에 온 월리스는 12월 14일 『런던동물학회지(The Society of Zoology)』에 「아마존강의 신세계원숭이(On the Monkeys of the Amazon)」라는 논문을 발표하며 학자의 길을 걷기 시작했다. 그는 이 논문에서 아마존강 지역에 있는 생물들이 하천이라는 장벽 때문에 서로 격리되어 있다고 설명했다.

잠시 영국에서 활동하던 월리스는 1854년 1월 다시 말레이제도로 조사와 채집을 위해 출발했다. 그는 말레이제도에서 8년을 머무르면서 많은 종류의 곤충과 새를 조사하고 연구하며 125,000여 점의 생물 표본을 채집했다. 이런 표본을 근거로 그는 학계에 수많은 새로운 종을 보고했는데, 조류의 경우만 하더라도 지구상에 생존하는 모든 새 종류의 2퍼센트 정도를 새로운 종으로 발표했다.

1862년 1월 싱가포르를 거쳐 4월 1일 다시 영국으로 돌아온 월리스는 다윈을 비롯하여 라이엘, 스펜서, 후커 등 당대의 유명한 과학자들을 만났고, 이들과 편지를 주고받으면서 의견을 나누었다.[2] 그러나 그는 당시 자연사학자들이 연구하면서 월급을 받던 박물관의 연구사 자리를 얻지 못해 경제적으로 힘든 생활을 하다가 1865년 심령주의에 빠져들었는데, 이후 본격적으로 의식에 관한 연구를 시도했다.

월리스는 1863년부터 1913년 죽을 때까지 무려 700여 편의 논문과 글을 발표했고 20권의 책을 집필했다. 그가 집필한 책으로는 1869년에 발간된 『말레이제도(*Malay Archipelago*)』, 1876년의 『동물의 지리적 분포(*The Geographical Distribution of Animals*)』, 1881년의 『섬 생물(*Island Life*)』, 그리고 1889년의 『다윈주의, 자연선택 이론에 대한 설명과 적용(*Darwinism: An Exposition of the Theory of Natural Selection, with Some of the Its Appli-*

••

2 그가 주고 받은 편지는 「월리스 편지 활동(The Alfred Russel Wallace Correspondence Project; https://wallaceletters.myspecies.info/content/homepage)」에서 볼 수 있다.

cation)』 등이 있으며, 1905년에 발간한 자서전인 『내 인생(*My Life*)』이 있
다. 이들 책 가운데 『말레이제도』만이 우리말로 번역되어 있다.

한편, 월리스는 1864년에 「말레이제도의 호랑나비과(Papilionidae) 나비
들이 보여주는 변이와 지리적 분포 현상(On the Phenomena of Variation
and Geographical Distribution as Illustrated by the Papilionidae of the Malayan
Region)」이라는 제목의 논문을 『런던 린네학회회보(*Transactions of the
Linnean Society of London*)』 2권에 발표한 것을 비롯하여, 1867년에 「법
칙에 따른 창조(Creation by Law)」를 『계간 과학 잡지(*Quarterly Journal of
Science*)』에, 1869년에는 「인류에게 적용될 때 나타나는 자연선택의 한계
(The Limits of Natural Selection as Applied to Man)」를 『계간 평론(*Quarterly
Review*)』에 발표했다.

월리스의 이토록 왕성한 논문 발표에 영향을 받은 다윈은 자신의 말년
인 1881년에 연간 200파운드[3]의 과학연금을 월리스가 받을 수 있게 도와
주었다. 게다가 월리스는 1882년 6월 29일 더블린대학교에서 명예법학박
사학위를 받게 되는데, 박사학위 수락 연설에서 자신을 "다윈의 친근한 경
쟁자, 실제로는 두 번째 다윈"이라고 소개했다. 이를 계기로 1886년부터
1887년까지 미국 일대를 돌아다니면서 강연을 했다.

월리스는 1913년 11월 7일 잉글랜드 남서부 도싯주의 브로드스톤에 자
신이 10년 전에 지은 집에서 사망했고, 이 도시의 묘지에 안장되었다. 『뉴
욕타임스』는 월리스를 가리켜 "다윈, 헉슬리, 스펜서, 라이엘, 오언 등과

••

[3] 과거 화폐가치를 현재 가치로 계산해주는 사이트(http://measuringworth.com)에서 계산하
면, 오늘날 가치로 20,600파운드가 되며, 1파운드를 1,600원으로 계산하면 32,960,000원 정
도이다.

같은 뛰어난 지식인 가운데 마지막 거인"이라고 칭송했다.

2. 월리스의 국내 소개

월리스는 다윈의 『종의 기원』이 우리나라에 번역되면서 동시에 소개되었다. 다윈이 『종의 기원』에서 "내가 이 책을 출판하게 된 특별한 계기도 있는데, 말레이제도의 자연사를 연구하는 월리스 씨도 종의 기원에 대해 내가 내린 결론과 거의 딱 들어맞는 일반적인 결론에 도달했기 때문이다[4]"라고 설명하면서 월리스라는 이름을 언급했기 때문이다. 그럼에도 월리스는 우리나라에 거의 알려져 있지 않다. 단지 2017년 월리스가 쓴 『말레이제도』가 지오북에서 번역, 출판되었을 뿐 그의 저서가 우리나라에 번역된 것은 없다.

하지만 월리스가 다윈에게 보낸 편지에 동봉되어 린네학회에서 낭독된 원고가 2016년에는 「원래 종과는 지속적으로 달라지려는 변종의 경향에 대하여」라는 제목으로,[5] 2017년에는 「변종이 원형에서 끝없이 멀어지는 경향에 대하여」라는 제목으로 번역되었다.[6] 한편 『도도의 노래』[7]에는 월리스가 말레이제도를 조사한 경로를 따라가면서 느낀 그의 생각들이 정리되어 있으며, 『진화론은 어떻게 진화했는가』에는 그가 남아메리카와 말레이제도를 조사하면서 던진 질문을 아주 간략하게 소개하였다.

●●

4 찰스 다윈(2019: 12).
5 신현철(2016: 201~215).
6 월리스(2017: 791~801).
7 쾀멘(2017).

이 밖에도 「알프레드 월리스와 조셉 콘라드의 열대성에 대한 인식」(『문화역사지리』, 24권, 93~110쪽)과 「다윈과 월리스의 성선택: 진화론적 상상력의 힘과 한계」(『한국과학사학회지』 31권, 261~277쪽)라는 두 논문만이 한국학술연구정보서비스(riss.or.kr)에서 '월리스'를 키워드로 검색된다. 키워드로 '다윈'을 검색하면, 논문만 491건이 검색되는 것에 비교하면 다윈과 함께 자연선택 이론의 공동 창시자로 알려진 월리스에 대한 연구는 전무하다고 할 수 있다.

더군다나 기린의 목이 길어진 사례를 월리스가 다윈에게 보낸 논문에서 "기린이 더 높은 곳에 있는 관목의 잎들을 따먹기 위해서 끊임없이 목을 늘리려고 하다가 기다란 목을 얻은 것이 아니다. 단지 대조형으로부터 생긴 보통보다 더 기다란 목을 지닌 변종이 목이 짧은 다른 기린들보다 같은 곳에서 더 많은 싱싱한 잎들을 뜯어 먹을 수 있었기 때문이다. 그리고 먹이가 부족해지기 시작하자 목이 긴 개체가 짧은 개체보다 더 많이 살아남았다"라고 맨 처음 설명했음에도, 우리나라에서는 다윈이 설명한 것으로 잘못 알려져 있다. 우리나라에서는 '다윈의 그늘'**8**에 완전히 가려져 있는 실정이다.

그렇지만 월리스 개인뿐만 아니라 그가 남긴 연구 결과들은 오늘날 재검토가 필요하다. 그가 주장한 자연선택 이론은 자신이 직접 남아메리카와 말레이제도에서 살아가는 야생 생물을 관찰하고 조사한 결과를 토대로 정립한 것이므로, 다윈이 『종의 기원』에서 언급한 자연선택과는 결을 달리하기 때문이다. 또한 말레이제도의 동물 분포를 근거로 그가 주장한 생물

:

8 미국의 과학 분야 작가이자 역사가인 마이클 셔머가 월리스 평전을 쓰면서, 제목을 『다윈의 그늘(*In Darwin's Shadow*)』로 붙였다.

의 분포 양상을 오늘날 '월리스 선'이라고 부를 정도로 널리 받아들이고 있기 때문이다.

단지 월리스가 1865년부터 심령주의에 심취한 것이 과학의 관점에서 보면 다소 이상할 수도 있지만, 뉴욕에서 발간되는 잡지인 『아웃룩(Outlook)』에 있는 그의 인터뷰 기사를 보면, 이 기사는 그가 죽은 다음인 1913년 11월 22일 자에 게재되었는데, 자신은 인간의 의식을 탐구하려고 심령주의 주장을 수용했다고 고백했다. 다음은 그의 인터뷰 일부이다.

인류의 정신적인 본성을 '부산물'로서, 우리가 생존을 위해 몸부림치는 과정에서 발달했다고 하는 것은 이 작은 세상이 받아들이기에 너무 큰 농담이다. (중략) 과학이 열린 마음으로 죽음에 다가가는 인류 영혼의 존재를 증명할 때까지는. 나는 영혼의 존재와 죽음 뒤에 의식이 존재한다는 것이 이미 증명되었다고 생각한다. 이는 영매 물질들에 대한 과학적 조사가 대부분의 사람들을 사칭이나 사기로 혼동시켰고, 사람들이 무비판적으로 심령술을 가짜라고 간주했기 때문이다. (중략) 진실은 고통과 고난 속에서만 세상에 나오며, 모든 새로운 진실은 마지못해 인정된다. 세상이 새로운 진실을 받아들일지 아니면 심지어 오래된 진실을 받아들일지 기대하는 것은 도전해보지 않고서는, 일어나지 않은 기적들 중 하나를 기대하는 것과 같을 것이다.[9]

당시까지 정확하게, 물론 지금도 마찬가지이지만, 월리스는 인간의 정신 세계 또는 의식의 문제를 파헤치려고 노력했고 이와 관련된 진실을 심

··

9 원문은 Wallace Online(wallace-online.org)에서 검색된다. 『아웃룩(Outlook)』 619~622쪽에 게재되었다.

령주의에 입각해서 찾고자 한 것으로 보인다. 역설적으로 월리스를 지적설계론자들이 자신들의 전임자라고 주장하기도 하나,[10] 그는 무신론자로서 당시에 해결할 수 없었던 의식의 문제에 도전한 것이다. 또 다른 오해가 생기지 않으려면 월리스에 대한 조사와 연구가 필요할 것이다.

3. 『자연선택 이론에 기여』에 대하여

이 책은 월리스가 1855년부터 1870년까지 발표한 아홉 편의 논문과 이 책에서 처음으로 발표한 5장에 나오는 「인간과 동물의 본능에 대하여」 한 편의 논문으로 이루어져 있다.

월리스는 이 열 편의 논문을 논문 출판 연대 순이 아닌 논문의 주제에 따라 배열했다. 첫 번째 논문과 두 번째 논문은 자연선택 이론을 발견하기까지 자신의 생각을 정리한 것으로, 다윈의 『종의 기원』이 출판되기 전에 발표되었다. 세 번째와 네 번째 논문은 자연선택 이론으로 설명이 가능한 동물의 변이를 설명하고 있는데, 세 번째 논문은 한 동물이 다른 동물과 비슷해져 자신을 보호하는 의태에 대해 논의하고 있으며, 네 번째 논문은 말레이제도에 분포하는 다양한 호랑나비 종류를 설명하고 있다. 이어서 다섯 번째 논문에서는 인간과 동물의 본능에 대해 자신의 생각을 설명하고 있는데, 여섯 번째와 일곱 번째 논문에서 새들의 본능과 둥지 만들기를 자연선택 이론으로 설명할 수 있음을 보여주었다. 여덟 번째 논문에서는 다윈의 진화 이론을 반박하면서 모든 생물은 창조되었다는 주장을 제

••

10 Gross, C(2010), 505쪽.

기한 글에 대한 반박으로 생물은 진화의 결과임을 설명하고 있다. 그리고 아홉 번째와 열 번째 논문에는 인간의 의식을 설명하는 내용으로, 인간의 의식은 자연선택 이론으로는 설명할 수 없다는 내용이 담겨 있다.

한 권의 책에서 월리스는 자연선택 이론을 발견하기까지의 과정부터 시작해서, 발견된 자연선택 이론을 설명이 가능한 생물들의 다양한 사례를 제시했고, 자연선택 이론을 반박하는 글을 재반박하면서, 동시에 인간의 의식만은 자연선택 이론으로는 설명할 수 없는 한계가 있어 초자연적인 힘이 의식을 형성했다는 내용까지를 담았다.

그러면서 월리스는 이 책을 발간하게 된 계기를 서문에서 첫 번째 논문과 두 번째 논문이 일반인들의 관심을 끌 수 없도록 출판되었기에 일반인들에게 자신도 다윈 못지않게 자연선택 이론을 생각했음을 널리 알리려고 했으며, 또한 자연선택 이론으로 널리 알려진 다윈의 생각과 자신의 생각이 어느 정도는 다르다는 점을, 특히 인간의 의식과 관련해서는 상당히 다르다는 점을 알리려고 했다고 속내를 드러내고 있다. 실제로 다윈은 월리스가 쓴 두 번째 논문을 원고 상태였을 때 읽고 나서 자신의 생각을 『종의 기원』으로 발간했고, 열 번째 논문을 읽고 나서는 『인류의 친연관계와 성선택』이라는 책을 발간했다고 밝혔다.

그런데 이 책에 있는 논문 열 편을 발표 시기별로 나열하면, 책의 차례와는 다른 순서임을 아래 표를 보면 한눈에 알 수 있다. 월리스는 이 책을 발간하면서 발표 순서와 상관없이 자신이 생각하는 주제별로 두세 편의 논문을 같이 묶은 것으로 보인다. 그에 따라 논문에서 사용하는 용어도 발표 순서에 따라 조금씩 다른 것이 확인되고 있다. 즉, 첫 번째 논문과 두 번째 논문에서는 '자연선택'이라는 용어를 사용하지 않았으나, 다윈이 두 번째 논문을 읽고 나서 『종의 기원』을 발간한 이후에 발표한 논문들에서는 자연선택이라는 용어를 사용했다. 또한 최적자생존이라는 용어는 1866년 스펜서가 『생물학 원리』에서 처음 사용했기 때문에, 이 이후에 나온 논문부터 사용되었을 것이므로, 세 번째 논문에는 이 용어가 있지만, 이보다 먼저 출판된 네 번째 논문에는 없다.

논문의 발표 순서와 책에 있는 순서 비교

발표 순서	발표 시기	논문 제목(요약)	책 순서	비고
1	1855. 9.	새로운 종의 출현	1	
2	1858. 8.	변종들의 경향성	2	1859년 다윈 『종의 기원』 출판
3	1864. 3.	호랑나비과 나비	4	월리스 자연선택 사용
4	1864. 5.	인류의 인종들	9	1866년 스펜서 최적자생존 사용
5	1867. 7.	동물의 의태	3	
6	1867. 7.	둥지의 과학	6	
7	1968. 2.	법칙에 따른 창조	8	
8	1868. 2.	새 암컷과 둥지 만들기	7	
9	1869. 4.	인류와 자연선택 한계	10	
10	1870.	인간과 동물의 본능	5	1871년 다윈 『인간의 친연관계』 출판

한편 월리스가 1870년에 이 책에서 처음 발표한 「인간과 동물의 본능」을 다섯 번째에, 1864년에 발표한 「인류의 인종들」을 아홉 번째에, 그리고 1869년에 발표한 「인류와 자연선택 한계」를 마지막인 열 번째에 배열한 것도 논문의 발표 순서보다는 자신의 논리를 전개하는 순서에 더 중점을 두었던 것이다. 단지 1864년에 발표한 「인류의 인종들」이라는 아홉 번째 논문 때문에, 다윈과 갈등이 시작된 것으로 알려져 있는데, 이 이후로 월리

스가 심령주의에 빠져들면서 다윈과의 갈등의 골은 훨씬 더 깊어졌다. 특히 아홉 번째와 열 번째 논문은 다윈으로 하여금 인간의 정신 또는 의식이 자연선택으로 설명할 수 있음을 입증하도록 만들었는데, 그 결과가 『인간의 친연관계와 성선택』으로 이어진 것으로 평가하고 있다.

이 책에 실린 열 편의 논문을 주제별로 구분해서 그 내용을 책의 순서에 따라 살펴보면 다음과 같다.

1장의 「새로운 종의 출현을 조절하는 법칙에 대하여」에서 설명하는 내용은 흔히 사라왁 법칙이라고 부른다. 월리스는 지리학과 지질학에서 발견된 아홉 가지 사실로부터 "종 하나하나는 같은 시공간에서 기존에 존재하던 가까운 동류종과 함께 출현했다"는 사실을 추론했다. 그 이전까지 모든 생물을 신이 창조했다고 믿던 시절에, 기존에 존재하던 생물에서 새로운 생물이 출현했다는 주장은 혁명적인 사건이었지만, 이 논문은 많은 사람들에게 큰 영향을 주지는 못했다. 월리스는 이런 사실 때문에 실망했지만, 다윈은 월리스에게 그래도 영향을 받은 사람으로 라이엘과 블리스가 있다고 격려했다. 실제로 라이엘은 이 논문을 다윈에게도 읽어보라고 권했고, 다윈은 "새로운 내용이 없다"는 메모만 월리스 논문에 썼을 뿐이다.

2장의 「원래 종과는 지속적으로 달라지려는 변종들의 경향에 대하여」는 월리스가 인도네시아 테르나테에서 한동안 아프고 난 다음 쓴 논문이다. 후일 월리스는 이 논문에 대해 자서전에서 「새로운 종의 출현을 조절하는 법칙에 관하여」에서는 해결하지 못했던 새로운 종의 출현 과정을 파악한 결과가 설명되어 있다고 자평했다. 즉, 그는 논문에서 "한 종의 수가 증가한다면, 그 종과 같은 먹이를 먹는 종의 수는 그에 따라 감소해야 한다. 결국 매년 죽어야 하는 동물의 수는 엄청나게 된다. 이때 어떤 동물의 생존 여부는 각각의 개체에 따라 달라지므로, 결국 죽는 경우는 가장 약한, 즉 너무 어리거나, 늙었거나, 병든 개체들인 반면에 생존을 유지할 수 있는 개체들은 건강 상태도 완벽하고 혈기도 왕성한, 즉 가장 규칙적으로 먹이를 잘 구할 수 있고, 천적으로부터 가장 잘 도망칠 수 있어야 하는 경우이다. 바로 가장 약하고 가장 덜 최적화된 종들이 반드시 굴복해야 하는 것인데, 여기에서 우리는 '생존을 위한 몸부림'이라고 처음으로 말하고자 한다"고 주장했다. 요약하면, 유용한 변이를 지닌 개체는 살아남고 유용하지 않거나 해로운 변이를 지닌 개체들은 사라질 것이며, 우월한 변종이 원래 있던 종을 궁극적으로 완전히 밀어내고 이 변종이 새로운 종으로 진화할 것이라고 설명한 것이다. 그리고 후일 자서전에서 이러한 결과를 최적자생존이라고 생각한다고 토로했다.

월리스는 1장과 2장에서 진화의 기본 원리로 한 종에서 다른 종이 생존을 위해 몸부림치는 과정에서 새로운 종이 만들어진다고 설명한 것이다. 당시 월리스와 같은 생각으로 종의 기원을 풀어나가려고 했던 다윈에게 이 두 논문은 큰 충격이었을 것이다. 그래서 다윈은 부리나케 『종의 기원』 원고를 작성해서 1859년에 출판하게 된 것이다. 다윈은 단지 유리한 변이를 지닌 개체들이 생존한 결과를 자연선택이라고 부른 반면, 월리스는 최적자생존으로 부른 차이가 있다. 1866년 월리스는 다윈에게 자연선택이라는 용어보다는 최적자생존이 더 적합하다고 권유했는데, 이에 대해 다윈은 『종의 기원』 5판부터 4장의 제목을 「자연선택, 즉 최적자생존」으로 수정하면서 "이 용어가 더 정확하고 때로는 더 편하다"고 설명했다.[11]

••

11 Darwin, C.R(1869: 72).

3장과 4장에는 다윈이 사용한 '자연선택'이라는 용어와 함께 월리스가 판단한 자연선택의 사례를 제시하고 있는데, 월리스가 다윈의 견해를 수용했음을 방증한다. 단지 3장은 1867년에, 4장은 1864년에 발표되었고, 그에 따라 3장에는 최적자생존이라는 용어가 나오나, 4장에는 나오지 않는다. 최적자생존이라는 용어는 1866년 스펜서가 『생물학 원리』에서 처음 사용했다.

3장에는 다양한 동물들이 생존을 위해 몸부림치는 과정에서 위협을 덜 받을 것으로 추정되는 다른 동물을 모방하거나 주위 환경에 적합하도록 자신을 변형해 생존함에 따라 자연선택된 사례들이 설명되어 있다. 다른 동물을 모방한 현상을 의태라고 부르며, 주위의 환경에 자신을 변형하는 현상을, 특히 몸색을 변형하는 현상을 보호색 또는 은폐색이라고 부른다. 그리고 이런 현상들을 그때까지 창조자의 직접적인 의지 또는 우연이라고 부르는 신뢰할 수 없는 법칙들에 의해 좌우되었다고 설명해왔으나, 월리스는 그렇지 않다고 3장에서 마무리한다.

자연사학자들은 일반적으로 '종이란 무엇인가'라는 질문에 답을 하기 위해 특정 생물 무리를 선택해서 조사하고 연구하는 방법론을 선택한다. 월리스 역시 이런 방법으로 생물들이 보여주는 변이의 한계와 종의 실체를 말레이제도에 분포하는 호랑나비과(Papilionidae) 나비들을 대상으로 조사하고 연구했고, 그 결과를 4장에 제시했다. 왜 이들은 다양할까, 변이란 무엇이고 어떻게 해서 변이가 만들어질까, 그리고 변이를 보이는 생물들을 어떻게 종 수준에서 구분할 수 있을까라는 문제에 대한 월리스의 생각이 4장에 설명되어 있다. 월리스는 "서로 격리된 지역에서 살아가는 두 유형들 사이에서 나타나는 차이가 항상 일정할 때와 단어들로 정의할 수 있을 때, 그리고 단 하나의 특이성에만 국한되지 않을 때, 나는 이러한 유형을 종으로 간주한다"고 설명한다. 다양한 종이 특정 지역에 분포한다는 의미는 일정한 형질 차이를, 즉 변이를 보여주는 개체들이 많다는 것이며, 변이는 지역의 환경에 따라 달라지므로 다양한 환경 조건이 조성되어 있음을 반영할 것이다. 월리스는 말레이제도에는 호랑나비 종류의 변이가 많고, 이들이 살아가는 환경이 매우 다양하다고 설명한다.

5장은 6장부터 10장까지 나오는 본능과 이성, 또는 의식을 설명하기 위해서, 이 책에서 처음으로 발표된 논문이다. 월리스는 본능을 "본능이나 경험의 도움이 없는 상태에서 작동되는 타고난 기질", "신체 조직과는 완전히 무관한 정신력" 또는 "사람이 할 수 있는 일에서 볼 수 있는 것처럼 동물이 추론에 추론을 거듭해서 어떤 행동을 하게 만들고, 사람은 할 수 없는 일에서 볼 수 있는 것처럼 지적 능력의 노력만으로는 설명할 수 없는 행동을 하게 하는 동물의 능력"으로 정의한다. 그러면서 "과학 탐구라는 관점에서, 증명할 수 있는 부분이 가정되어서는 안 되며, 완전하게 알려져 있지 않은 능력은, 알려진 능력이 충분하다고 해서 사실을 설명하기 위해 도입되면 안 된다. 이 두 가지 이유로 나는 모든 가능한 설명 방식이 완전히 고갈되지 않은 어떤 경우라면 본능이라는 이론을 정중히 거절하고자 한다"고 주장했다. 그리고 인간에게 본능은 없는 것 같다고 암시하는데, 9장과 10장에서 인간의 의식은 자연선택이 아니라 초자연적인 힘이 만들었다는 자기 논리를 펴나가기 위해 이런 설명을 먼저 한 것으로 보인다.

그래서 6장의 시작을 "새들은 자신의 둥지를 본능으로 짓지만, 사람은 자신의 집을 이성을 발휘하여 짓는다고 알고 있다"는 문장으로 시작한다. 새와 인간이 다르다고 설명하면서 "이성은 전진하나 본능은 정체되어 있다"는 문장으로 첫 문단을 마무리한다. 그리고 실제로 새들이 둥지를 본능으로 짓는지를 설명한다. 그러나 결론적으로 새들이나 인간은 정신력으로 집을 만들지 본능으로 만들지 않는다고 주장하면서, 정신력은 본질적으로 모방이며, 새로운 조건에 서서히 진행되는 특별한 적응이라고 설명한다. 이런 점에서 볼 때, 새들이나 인간은 다른 점이 없을 것이다.

7장에서는 새들이 둥지를 짓는 방식과 몸 색, 특히 새 암컷의 색에 대한 상관관계를 설명한다. 암컷의 경우 움직이지 않으면서 다음 세대를 이어나갈 새끼를 부화하는 고유의 역할을 담당하고 있으나, 이 기간에 천적의 공격으로부터 보호도 받아야 한다. 따라서 새 암컷이 지닌 색과 이들이 만드는 둥지는 연관될 수밖에 없으며, 이러한 연관성은 다음 장에서 월리스가 신랄하게 비판하는 특별 창조 이론으로는 설명될 수 없으나 자연선택 이론으로는 설명된다고 마무리짓는다.

8장은 자연에서 볼 수 있는 아름다움은 자연선택의 결과가 아니라 인간에게 기쁨을 주려고 창조자가 설계한 자연의 법칙에 따라 만들어졌다고 주장하는 아가일 공작이 쓴 『법칙의 지배』의 내용을 비판하는 내용이다. 아름다움과 같은 표현을 다윈이 은유적으로 사용함으로써 많은 사람들에게 오개념으로 자리 잡게 만들었다고 월리스는 비판하면서도, 그렇다고 해서 이를 창조자의 설계로 설명할 수는 없다고 주장한다. 그렇기에 새로운 종을 만들어내는 데 필요한 변이는 한계가 있다는 자연선택에 대한 비판도 재반박한다. 이 장은 시기적으로 다음에 나오는 9장과 10장의 논문 사이에 발표되었으나, 이 책에서는 두 장의 앞에 배열되어 있다. 다음 두 장에서 월리스는 인간의 의식을 초자연적인 힘으로 풀어내려고 노력하고 있는데, 이 초자연적인 힘이 그렇다고 해서 창조자는 아니라는 주장을 하기 위함으로 보인다. 월리스는 무신론자의 삶을 살았다.

9장은 1864년에 월리스가 인류학자들의 모임에서 발표한 논문이다. 월리스는 이 논문에서 인간과 동물에 자연선택이 영향을 주었으나, 인간이 지닌 다른 인간에 대한 동정심과 같은 마음은 자연선택으로 형성될 수 없다고 주장한다. 즉, "나는 이런 점을 어떤 방식으로든 최적자생존 탓으로 돌릴 수는 없다. 나는 진보가 영광스러운 자질들이 지닌 진보하게 만드는 내재력에 의한 것이라고 결론내릴 수밖에 없다. 이러한 자질들은 우리를 다른 동물들에 비해 헤아릴 수 없을 정도로 더 높이 발전시키며, 동시에 우리 자신들보다 더 높은 존재가 있다는 가장 확실한 증거를 제시하게 된다. 이러한 자질들은 더 높은 존재로부터 유래했을 수도 있고, 우리가 향하는 쪽으로 항상 전달할 수도 있는 것이다"라고 논문을 마무리한다. 마음을 최적자생존, 즉 자연선택으로 설명할 수 없고 내재력 또는 더 높은 존재로부터 유래했다고 주장하는 것이다. 이 논문은 마음도 자연선택으로 형성되었다고 주장하는 다윈의 견해를 정면으로 반박하고 있다. 월리스는 이 책 서문에서 "지금 내가 이 책을 출판하게 된 또 다른 이유는 몇 가지 중요한 논의의 핵심에서 나와 다윈 씨의 의견이 다르고, 이에 다윈 씨의 새 책이 출판되기 전에, (이미 출판되었다고 알려져 있는데) 나는 내 의견을 쉽게 접근할 수 있는 형태로 기록에 남기고 싶은 것이다. 나는 이 논란거리가 되는 질문들 대부분이 충분히 논의될 것으로 믿는다"고 했는데, 이는 마음에 대한 연구를 지속적으로 하되, 자연선택 이론을 사용하지 않겠다는 월리스의 다짐으로 보인다.

10장은 제목부터가 도발적이다. 「자연선택이 인류에게 적용될 때 나타나는 한계」이다. 인류의 기원은 자연선택 이론으로는 설명할 수 없다는 느낌이다. 인간의 손과 발, 털이 없는 피부 등은 자연선택 이론으로 도저히 설명할 수 없다고 주장하면서, "어떤 지능적 힘이 인간의 발달을 인도했거나 결정했다는 것이 입증되고 나면, 이 힘의 조짐을 볼 수 있는데, 이 힘은 실제로 스스로 자신의 존재를 입증하는 데 도움이 되지 않을 것이다"라고 자신의 생각을 밝혔다. 9장에서 언급한 내재력과 더 높은 존재가 10장에서는 '어떤 지능적 힘'으로 표현된 것 같다. 다윈은 『종의 기원』 6장 「이론의 어려움」에서 "나는 인종 간의 차이가 아주 뚜렷하다는 점만을 언급하고자 하는데, 주로 특정한 종족들이 성선택을 해서 만들어 낸 차이의 기원을 확실하게 해결할 수 있는 상당수의 실마리를 덧붙일 수가 있었음에도, 여기에서는 자세한 정보를 풍부하게 제시하지 않았는데, 내 논리가 경솔한 것으로 보일 수도 있을 것이다"라고 썼다. 인류의 기원에 대한 논의를 의도적으로 하지 않았던 다윈은 월리스의 이 논문을 읽고 나서 곧바로 인류의 기원과 성선택에 관한 『인류의 친연관계와 성선택』을 집필해서 1871년에 발간했고, 1872년에 발간한 『종의 기원』 6판에서 초판에 있는 이 부분을 삭제했다.

참고문헌

구교성, 박소현, 김종선, 권세라, 최우진, 박일국, 조한나, 박재진, 오홍식, 박대식. (2017), 「국내 뱀류 9종의 비늘 크기와 형태 비교」, 『생태와 환경』. 50: 207~215.

데이비드 쾀멘, 이충효(역)(2012), 『도도의 노래』, 김영사.

류경희. (2004), 「인도문화의 가부장적 여성 관념과 오염 타부 의례 및 사회관습」, 『종교학연구』, 23: 27~46.

신현철(2016), 『진화론은 어떻게 진화했는가』, 컬처룩.

앨프리드 러셀 월리스, 노승영(역)(2017), 『말레이 제도』, 지오북.

에이드리언 데스먼드 · 제임스 무어, 김명주(역)(2009), 『다윈 평전』, 『뿌리와이파리』.

찰스 다윈, 신현철(역). (2019), 『종의 기원 톺아보기』, 소명출판.

Argyll, George Douglas Campbell, Duke of 1868 Strahan and Co.,

Clare Andersson(2007), *The Indian Uprising of 1857~8. Prisons, Prisoners and Rebellion*. Anthem Press.

Darwin, C. (1869), *On the origin of species by means of natural selection, or the preservation of favoured races in the struggle for life*. 5th ed. John Murray.

Darwin, R. (1862), *On the various contrivances by which British and foreign orchilds are fertilised by insects and on the good effects of intercrossing.* Murray.

Forbes, E.(1854), "On the Manifestation of Polarity in the Distribution of Organized Beings in Time". *Notices of the Proceedings of the Meetings of the Members of the Royal Institution* 1: 428~433.

Gross, C.(2010), "Alfored Russel Wallace and the Evolution of the Human mind". *The Neuroscientist* 16(5): 496~507.

Higgins, L. G.(1963), "Dates of publication of the Novara Reise", *The Journal of the Society for the Bibliography of Natural History.* 4: 153~159.

Kawahara, A. Y. and J.W. Breinholt.(2014), "Phylogenomics provides strong evidence for relationships of butterflies and moths", *Proceedings of Royal Society B.* 281: 1~8.

Lee, E. H.(2011), "Traehypitheeus de/aeouri(Primates: Cercopithecidae)", *Mammalian* Species 43(880): 118~128.

Mallet, J.(2009), "Alfred Russel Wallace and the Darwinian Species Concept: His paper on the swallowtail butterflies (Papilionidae) of 1865", *Gayana* 73, Supplement, 35~47.

Owen, R.(1858), "On the characters, Principles of Division and Primary groups of the Class Mammalia". *Journal of the Proceedings of the Linnaean Society of London* 2: 1~37.

Peters, I.(2011), "UK Overseas Territories and Crown Dependencies: 2011 Biodiversity Snapshot.(Pelembe, T. and G. Cooper eds.) St. Helena: Appendices. Peterborough, UK, Joint Nature Conservation Committee.

Rich, C. G.(2020), "List of vascular plants endemic to Britain, Ireland and the Channel Islands 2020", *British and Irish Botany.* 2(3): 169~189.

Ruse, M.(2005), "Darwinism and mechanims: metaphor in Science", *Studies in History and Philosophy of Biological and Biomedical Sciences* 36: 285~302.

Stauffer, R. C.(1975), *Charles Darwin's Natural Selection. Being the second part of his big species book written from 1856 to 1858,* Cambridge University Press.

Strickland, H. E.(1840). "On the true method of discovering the natural system in zoology and botany", *The Annals and magazine of natural history; zoology, botany, and geology*. 6: 184~194.

The Duke of Argyll(1872), *The Reign of Law*. George Routledge & Sons.

Tristram, H. B.(1859), "Characters of apparently new species of Birds collected in the great Desrt of the Sahara, southwards of Algeria, and Tunis", IBIS 1: 59~69.

인명 사전

고드리(Gaudry, Jean Albert, 1827~1908) 프랑스의 지질학자이자 고생물학자로, 유신론적 진화를 주장했고, 자연선택과 생존을 위한 몸부림 개념을 반대했다.

골턴(Galton, Francis, 1822~1911) 영국의 인류학자로, 『유전 천재』라는 책을 발간하면서 우생학을 주장했다. 다윈의 사촌 동생이다.

굴드(Gould, John, 1804~1881) 영국의 조류학자로, 1862년 『영국의 새들』을 발간했다가, 1873년 5권으로 된 책으로 다시 출판했다.

귄터(Gunther, Albert Charles Lewis Gotthilf, 1830~1914) 독일의 동물학자로 어류와 파충류, 특히 뱀을 연구했다.

그레이(Gray, John Edward, 1800~1875) 영국의 동물학자로 영국 박물관에서 동물 분류학을 연구했다.

그린(Greene, Joseph, ?~?) 1863년 『곤충 채집가의 동료』 초판을 출판했다.

더블데이(Doubleday, Edward, 1810~1849) 영국의 곤충학자로 나비를 주로 연구했다.

데이비스(Davis, Joseph Barnard, 1801~1881) 영국의 의사이자 두개골학자이다. 많은 인종의 두개골을 비교 연구했다.

데인스 배링턴(Daines Barrington, 1727/28(?)~1800) 영국의 자연사학자이자 법률가이다.

도르비그니(D'Orbigny, Alcide, 1802~1857) 프랑스의 자연사학자로 연체동물, 지질학, 인류학 등을 연구했다.

드캉돌(De Candolle, Augustine Pyramus, 1778~1841) 프랑스의 식물학자로, 식물의 자연 분류 체계를 논의했다.

드 한(de Haan, Wilhem, 1801~1855) 네덜란드의 동물학자로 곤충과 갑각류를 연구했는데, 특히 일본의 동물을 유럽에 최초로 소개했다.

라드너(Lardner, Dionysius, 1793~1859) 영국의 과학 저술가로 133권에 달하는 『라드너의 잡동사니 백과사전』을 편집했다.

레스터(Lester, J.M, 생몰연대 미상) 알려진 바가 없다.

레이콕(Laycock, Thomas, 1812~1876) 영국의 의사이자 신경생리학자로, 신경계와 심리학에 관심이 많았다.

로니(Lowne, Benjamin Thompson, 1839~1893) 영국의 의사이자 자연사학자로, 서남아시아와 호주를 여행했다. 잉글랜드의 도시 『그레이트야머스의 자연사』라는 책을 발간하여, 곤충에 대해 다윈이 생각했던 성선택에 대한 관점을 변경하도록 했다.

로벨 리브(Lovell Augustus Reeve, 1814~1865) 달팽이 등과 같은 연체동물을 연구했다.

르바양(Levaillant, François, 1753~1824) 프랑스의 자연사학자로 아프리카에 분포하는 새를 연구해서 많은 신종을 발표했다.

매클레이(Macleay, William Sharp, 1792~1865) 영국의 곤충학자이다. 오환설을 주장했다.

머리(Murray, Andrew, 1812~1878) 스코틀랜드 출신의 식물학자이자 곤충학자이다. 농작물에 피해를 주는 곤충들을 연구했다.

머피(Murphy, Joseph John, 1827~1894) 영국의 철학자이자 과학자로, 『진실의 과학적 기반』 등의 책을 발간했다.

모턴(Morton, Samuel George, 1799~1851) 미국의 의사이자 자연과학자로 두개골을 연구했으며, 인종이 한 번 창조되지 않고 여러 인종이 창조되었다고 주장했다.

몽트루지에(Montrouzier, Xavier, 1820~1897) 프랑스의 탐험가이자 곤충학자로, 뉴기니섬 동쪽에 있는 멜라네시아제도, 특히 뉴칼레도니아섬의 동식물을 조사했다.

밀(Mill, John Stuart, 1806~1873) 영국의 철학자이자 경제학자로 여성의 권리를 옹호했다. 경험주의 인식론과 공리주의 윤리학, 자유주의적 정치경제사상을 바탕으로 현실 정치에 적극적으로 참여했다.

바랑드(Barande, Joachim, 1799~1883) 프랑스의 지질학자이자 고생물학자로, 다윈의 진화 이론을 반대했다.

바이마(Bayma, Joseph, 1816~1892) 이탈리아 출신으로 미국에서 연구한 수학자이자 과학자로 입체 화학을 연구했다. 1866년『분자역학』이란 책을 발간했다.

버틀러(Butler, Arthur Gardiner, 1844~1925) 영국의 생물학자로 곤충, 조류, 거미 등을 연구했다.

베히슈타인(Johann Matthäus Bechstein, 1757~1822) 독일의 자연사학자이자 조류학자로 새들의 노래를 연구했다.

베이츠(Bates, Henry Walter, 1825~1892) 영국의 자연사학자로 동물의 의태를 연구했다. 윌리스와 함께 1848년부터 아마존강 유역을 탐사했다.

베이커(Baker, John Gilbert, 1834~1920) 영국의 식물학자로 1866년부터 1899년까지 큐왕립식물원 표본관과 도서관에서 연구했다.

벨트(Belt? 생몰연대 미상). 알려진 바가 없다.

보카르메(Bocarmé, Julien Visart de, 1787~1851) 벨기에 출신의 귀족으로 자와섬의 부총독을 지냈다.

부와드발(Boisduval, Jean Baptiste Alphonse Déchauffour de, 1799~1879) 프랑스의 니비학자이자 식물학자이다.

브로카(Broca, Pierre Paul, 1824~1880) 프랑스의 해부학자이자 인류학자로, 전두엽에 있는 브로카 영역은 그의 이름에서 따 온 것이다.

빅모어(Bickmore, Albert Smith, 1839~1914) 미국의 자연사학자로 1868년『동인도제도 여행기』를 발간했다. 동인도제도란 오늘날 동남아시아 일대를 의미한다.

샐빈(Salvin, Francis Henry, 1817~1904) 영국의 작가로 새를 길들여 사냥하는 일에 대한 글을 썼다.

스미스(Smith, Frederick, 1805~1879) 영국의 동물학자로, 영국박물관에서 벌 종류를 연구했으며, 1851년부터는 개미 분류에 관한 논문들을 발표했다.

스웨인슨(Swainson, William John, 1789~1855) 영국의 곤충학자이자 연체동물학자이다. 매클레이가 주장한 오환설을 널리 퍼트렸다.

스커더(Scudder, Samuel Hubbard, 1837~1911) 미국의 곤충학자이자 고생물학자

로, 나비 화석을 주로 연구했다.

스테인턴(Stainton, Henry Tibbats, 1822~1892) 영국의 곤충학자로『영국의 나비와 나방』을 1857년부터 1859년에 걸쳐 출간했다.

스트릭랜드(Strickland, Hugh Edwin, 1811~1853) 영국의 지질학자이자 조류학자 이다.

스펜서(Spencer, Herbert 1820~1903) 영국의 사회학자이자 철학자이나, 생물학 특히 진화에 관심을 가지고『생물학 원리』를 펴냈다.

스펜스(Spence, William, 1783~1860) 영국의 경제학자이자 곤충학자이다. 커비와 함께『곤충학 입문』이라는 책을 발간했다.

시지윅(Sidgwick, Arthur, 1840~1920) 영국의 교사이자 고전전문가이며, 자연사학 자이다.

아가시(Agassiz, Louis, 1807~1873) 스위스 태생의 미국 생물학자이자 지질학자로 어류를 주로 연구했으며, 다윈의 진화 이론에 반대했다.

아가일(George John Douglas Campbell, 8th and 1st Duke of Argyll, 1823~ 1900) 영국의 정치가이자 조류학자. 새들이 비행하는 원리를 상세하게 설명한 사람 가운데 하나로 알려졌다. 아가일 공작 집안의 8대 공작이다.

오스버트 샐빈(Osbert Salvin, 1835~1898) 영국의 박물학자이자 조류학자이다.

오언(Owen, Richard, 1804~1892) 영국의 생물학자이자 고생물학자로, 공룡 (Dinosauria)이라는 용어를 만들었다. 다윈의 진화 이론을 반대했다.

위어(Weir, John Jenner, 1822~1894) 영국의 곤충과 조류 애호가이다. 곤충들, 특히 애벌레의 경계색에 대해 조사하고 실험을 했다.

우드(Wood, Thomas, 1839~1910) 영국의 동물 삽화가이다. 월리스가 쓴『말레이제도』와 다윈이 쓴『인간의 친연관계』에 나오는 그림의 일부를 그렸다. 동물의 위장색에 관심이 많았다.

월시(Walsh, Benjamin Dann, 1808~1869) 영국 출신의 미국 곤충학자로, 미국의 곤충학 발달에 크게 기여했다. 미국 과학자로서 처음으로 다윈의 진화 이론을 지지했다.

월터 엘리엇 경(Sir Walter Elliot, 1803~1887) 영국의 자연사학자이자 고고학자로, 인도에서 연구와 조사 활동을 했다.

웨스터만(Westermann, Bernt Wilhelm, 1781~1868) 덴마크 출신의 사업가로 아마추어 곤충채집가이다. 인도와 인도네시아 등지, 특히 자와섬에서 친구들을 위해 곤충을 채집했다.

웨스트우드(Westwood, John Obadiah, 1805~1893) 영국의 곤충학자이자 고생물학자이다. 표본을 근거로 연구를 수행했다.

웰스(Wells, William Charles, 1757~1817) 스코틀랜드 출신의 의사다. 다윈은 『종의 기원』 4판과 5판 xiv쪽에서 "그는[웰스 박사는] [1813년에 구두로 발표하고 1818년에] 인쇄된 논문에서 자연선택 원리를 명확하게 인식하고, 자신이 인식한 원리를 알려주었다. 그러나 그는 사람 인종이 지닌 일부 형질에만 적용했다"고 언급했다.

윌슨(Wilson, Alexander, 1766~1813) 스코틀랜드 출신의 미국 시인이자 조류학자로, 미국 조류학의 아버지로 불린다. 아홉 권으로 된 『미국의 조류학』을 집필했다.

저비스(Jervis, William, 생몰연대 미상) 영국 군대의 소령으로, 1855년 6월부터 11월에 걸친 산탈족의 반란을 목격했다.

존 러벅(John Lubbock, Sir, 1834~1913) 영국의 은행가이자 정치가, 생물학자이자 고고학자이다. 석기시대를 구석기시대와 신석기시대로 구분하는 용어를 제안하기도 했다.

쥐던(Jerdon, Thomas Caverhill, 1811~1872) 영국의 생물학자로, 특히 인도의 조류를 연구해서 많은 신종을 발표했고, 1862년부터 1864년에 걸쳐 『인도의 조류』를 발간했다.

카펜터(Carpenter, William Benjamin, 1813~1885) 영국의 의사이자 무척추동물학자이다. 주로 해양동물, 특히 유공충과 바다나리류를 연구했다.

커비(Kirby, William, 1759~1850) 영국의 곤충학자이다. 『곤충학 입문』이라는 책을 출간해서 곤충학의 창시자로 알려져 있다.

크라메르(Cramer, Pieter, 1721~1776) 네덜란드 상인으로 곤충학자로 알려져 있다. 네덜란드 식민지 또는 무역상대국인 수리남, 실론 등지에서 채집된 나비와 나방의 채색 그림을 수집했다. 『외국 예배당』이라는 책을 발간했는데, 이 책에 실물 크기의 채색된 나비 종류의 많은 그림들이 실려 있다.

톰슨(Thomson, William, 1824~1907) 아일랜드 출신의 수리물리학자이자 공학자이다. 절대온도의 단위인 켈빈(Kelvin)은 그의 남작 이름이다.

트리멘(Trimen, Roland, 1840~1916) 영국 출신으로 아프리카 남부 지역에서 나비 종류를 연구했다.

트리스트럼(Tristram, Henry Baker, 1822~1906) 영국의 목사이자 조류학자이다.

틴들(Tyndall, John, 1820~1893) 아일랜드의 물리학자로, 공기의 물리적 특성을 연구해서, 오늘날 온실효과로 알려진 현상을 규명했다.

파스코에(Pascoe, Francis Polkinghorne, 1813~1893) 영국의 곤충학자로 딱정벌레에 흥미를 가지고 조사했다.

파앵(Payen, Aritoine, 1792~1853) 벨기에 출신의 화가이자 자연사학자이다. 네덜란드 동인도 회사에 있으면서 이 지역의 새와 나비를 채집하고 그림을 그렸다.

패트릭 매슈(Patrick Matthew, 1790~1874) 스코틀랜드 출신의 씨앗 판매자이자 과수원 농부로,『해군의 목재와 수목재배』라는 책을 썼다. 다윈은『종의 기원』4판 xv쪽과 5판 xvii쪽에서 "그는 명확하게 자연선택 원리가 지니는 완벽한 힘을 보여주었다"라고 썼다.

펠더(Felder, Baron Cajetan von, 1814~1894) 오스트리아의 법률가이자 곤충학자이다. 1864년부터 1867년에 걸쳐『호위함 노바라 탐험기: 동물학 부분. 나비목』을 출간했다.

포브스(Edward Forbes, 1815~1854) 그레이트브리튼섬과 아일랜드섬 사이에 있는 만스섬 출신의 자연사학자이다. 1854년에 발간된『왕립학회 회원 회의 자료집』1권, 428~433쪽에「시간에 따른 생명체 분포의 극성의 발현에 관하여」라는 제목의 논문을 발표했다.

프리처드(Prichard, James Cowles Prichard, 1786~1848) 영국의 의사이자 민족학자이다.

휴잇슨(Hewitson, William Chapman, 1806~1878) 영국의 자연사학자로, 딱정벌레와 나비, 나방을 주로 채집했다.

호스필드(Horsfield, Thomas, 1775~1859) 미국의 자연사학자로 인도네시아에서 활동하면서 많은 신종 동물과 식물을 발표했다.

화이트(White, Gilbert, 1720~1792) 영국의 자연사학자로,『셀본의 자연의 역사와 유물』을 발간했다.

후커(Hooker, Joseph Dalton, 1817~1911) 영국의 탐험가이자 식물학자로, 남극과 북극 일대를 탐험하면서 식물을 조사했다. 영국 큐식물원 책임자를 역임했다.

찾아보기[1]

●●

1　이 찾아보기는 월리스가 『자연선택에 기여』를 발간하면서 만든 색인을 번역한 것이다. 그리
　고 이 책을 번역하면서 추가된 항목에는 *가 첨가되어 있다.

••

2 월리스는 "woodpigeon"으로 표기했으나, 본문에는 "wood-dove"로 표기되어 있다.

• •

3 본문에는 흰나비과(Leptalides) 나비들로 표기되어 있어, 색인과는 차이가 있다.

4 원문에는 Sylviadae로 표기되어 있으나, 오늘날에는 Sylviidae로 표기한다. 주로 구대륙 저위도 지역에 서식한다. 한때 굴뚝새사초속(*Chamaea*)이 미국 서해안에 분포하는 것으로 알려졌으나, 오늘날에는 굴뚝새사초과(Paradoxornithidae)에 소속시키고 있다.

지은이

:: 앨프리드 러셀 윌리스 Alfred Russel Wallace, 1823~1913

영국 남서부 웨일스의 몬머스셔주 우스크시에서 노동자 집안의 여덟째로 태어나, 정규적인 교육은 받지 못하고, 혼자 힘으로 생물학을 공부했다. 그러다 곤충을 채집하던 베이츠를 만나, 남아메리카를 조사해서 종의 기원을 연구하기로 마음을 먹었고, 실제로 1848년 5월부터 1852년 7월까지 남아메리카 일대에서 생물을 조사하고 채집했으며, 귀국해서 「아마존강의 신세계원숭이」라는 논문을 발표하여 학자로서의 길을 시작했다. 다시 1854년 1월부터 1862년까지 8년에 걸쳐 말레이제도 일대의 생물을 조사했는데, 1855년 보르네오섬의 사라왁에서 집필하여 다윈에게 보낸 논문은 다윈의 논문과 함께 린네학회에서 발표되어 자연선택 이론의 공동 창시자로 평가받게 만들었는데, 이것이 한편으로 다윈이 『종의 기원』을 서둘러 발표하게 한 계기가 되었다. 그는 1863년부터 1913년 죽을 때까지 700여 편의 논문과 글을 발표했고, 20권의 책을 집필했다. 대표작으로는 1869년에 출판된 『말레이제도』를 비롯하여 『섬 생물』(1881), 『다윈주의, 자연선택 이론에 대한 설명과 적용』(1889) 등이 있다. 1882년 6월 더블린대학교에서 명예법학박사학위를 받았다.

옮긴이

:: 신현철

서울대학교 식물학과를 졸업하고 같은 학교 대학원에서 식물분류학을 공부해서 「한국산 수국과 식물의 종속지」로 이학박사를 취득했다. 1994년부터 순천향대학교에서 연구와 교육을 했으며, 2023년 은퇴했다. 다윈이 쓴 『종의 기원』을 번역하고 주석을 단 『종의 기원 톺아보기』, 진화론에 대한 『진화론은 어떻게 진화했는가』와 『다윈의 식물들』 등을 썼고, 마이어의 『진화론 논쟁』, 멘델의 『식물의 잡종에 관한 실험』, 심슨의 『식물계통학』 등을 번역했다. 이 밖에 고려 의서 『향약구급방』에 나오는 식물을 소개한 『향약구급방에 나오는 고려시대 식물들』도 썼다.

한국연구재단총서 학술명저번역 **650**

자연선택 이론에 기여

1판 1쇄 찍음 | 2023년 10월 30일
1판 1쇄 펴냄 | 2023년 11월 10일

지은이 | 앨프리드 러셀 월리스
옮긴이 | 신현철
펴낸이 | 김정호

책임편집 | 박수용
디자인 | 이대웅

펴낸곳 | 아카넷
출판등록 2000년 1월 24일(제406-2000-000012호)
10881 경기도 파주시 회동길 445-3
전화 | 031-955-9510(편집) · 031-955-9514(주문)
팩시밀리 | 031-955-9519
www.acanet.co.kr

ⓒ 한국연구재단, 2023

Printed in Paju, Korea.

ISBN 978-89-5733-889-6 94470
ISBN 978-89-5733-214-6 (세트)

이 번역서는 2020년 대한민국 교육부와 한국연구재단의 지원을 받아 수행된 연구임.
(NRF-2020S1A5A7085326)
This work was supported by the Ministry of Education of the Republic of Korea
and the National Research Foundation of Korea. (NRF-2020S1A5A7085326)